高等职业教育专业基础课系列教材

液压与气动技术

苟维杰　主　编

中国铁道出版社有限公司

2019年·北　京

内 容 简 介

本书为高等职业教育专业基础课系列教材之一。主要以液压和气动两条主线，分别介绍了传动原理、工作介质、执行元件、控制元件、辅助元件以及两种系统的典型应用。全书分为十七章，主要内容包括：液压传动概述、液压液和流体传动简介、液压动力元件、液压执行元件、液压控制元件、液压辅助元件、液压回路、液压技术在汽车生产线上的应用、气压传动概述、气源装置、气辅助元件、气动执行元件、气动控制元件、气动真空元件、气动回路、纯气动控制系统设计、气动技术在汽车生产线上的应用等内容。每章后配有自测题及分值分配，便于教师对学生进行考核。

本书可作为高等职业学校工科院校机械类专业相关专业基础课教材，也可供相关技术人员参考用书。

图书在版编目（CIP）数据

液压与气动技术/苟维杰主编．—北京：中国铁道出版社，2019.09

高等职业教育专业基础课系列教材

ISBN 978-7-113-25340-0

Ⅰ.①液… Ⅱ.①苟… Ⅲ.①液压传动-高等职业教育-教材②气压传动-高等职业教育-教材 Ⅳ.①TH137②TH138

中国版本图书馆CIP数据核字（2019）第000973号

书　　名：液压与气动技术
作　　者：苟维杰

责任编辑：阚济存　　**编辑部电话**：51873133　　**电子信箱**：td51873133@163.com
封面设计：崔丽芳
责任校对：苗　丹
责任印制：郭向伟

出版发行：中国铁道出版社有限公司（100054，北京市西城区右安门西街8号）
网　　址：http://www.tdpress.com
印　　刷：三河市航远印刷有限公司
版　　次：2019年9月第1版　2019年9月第1次印刷
开　　本：787 mm×1 092 mm　1/16　印张：17　字数：440千
书　　号：ISBN 978-7-113-25340-0
定　　价：45.00元

前　　言

高等职业教育的目的是培养现代制造业、现代服务业紧缺的高素质、高技能的专门人才,课程内容应满足企业相关岗位的需求,强调理论和实践相结合。学生除了学到专业知识,还要掌握相当的专业技能。合格的毕业生能够在最短的时间内上岗工作,实现学校教学和企业需求的融合,缩短甚至消除毕业生的岗位适应期,真正为企业提供来之即用,用之好用的专业人才。

本书的核心内容是液压和气动技术及其应用。为了保证知识的系统性,使初学者能够完整地认识液压和气动技术,编者不是简单地以够用为原则删减理论知识和基本技能,而是进一步将以往的知识体系进行了归类和划分。液压和气压传动尽管同属流体传动,但它们又有自己的传动特点,如在元器件的结构和应用上及在控制方式上有很多不同之处。液压部分以液压传动原理、工作介质、动力元件、执行元件、控制元件、辅助元件、典型应用和液压系统在汽车生产线上的应用为主线;气动部分以工作介质、动力元件、执行元件、控制元件、辅助元件、真空元件、典型应用、纯气动系统设计和气动技术在汽车生产线上的应用为主线。本书具有如下特点:将液压和气动技术的五大组成部分进行了严格的划分;为避免内容编写上的重复,在液压回路中突出电液系统,在气动回路中突出纯气动系统;为了使学生清楚地知道液压和气动技术的具体应用场合,分别选取了来自汽车生产线的几个独立的典型案例进行强化提高;为适应气动技术日益广泛的应用,增加了气动技术的篇幅。全书的知识和技能的层次清晰,循序渐进。

本书在编写过程中结合了汽车制造业的职业规范、先进的机电一体化设备和先进的管理方式,如"绿零图"安全管理模式,现场故障的紧急处理制度,设备保养和维护规定,先进的半自动化和自动化设备。通过对生产现场设备的分析,从中筛选、提炼了一些和液压、气动技术相关的素材,这些案例除了自身具有典型性和综合性外,对于学生来说也具有一定的挑战性,能使他们理解设备的工作原理,熟悉操作程序,在最短的时间内掌握设备操作和维护。一些毕业生受到工作现场师傅的好评。

本书的主编为天津职业技术师范大学博士生、北京电子科技职业学院荀维杰(第一~四、八、十二~十七章),北京电子科技职业学院冯志新(第五、六、七章)、夏广辉(第九~十一章)也参与了本书的编写。编写过程中参考了众多优秀的教材、行业手册和企业的设备说明书,力求细化和优化知识结构。本书可作为机械类相关专业、轨道交通类专业的学习教材,亦可作为相关专业参考用书。

由于编者经验和学识有限,难免存在疏漏和错误,敬请广大读者予以指正,欢迎提出您的宝贵意见。

编　者

2019 年 8 月

目　　录

第一章　液压传动概述

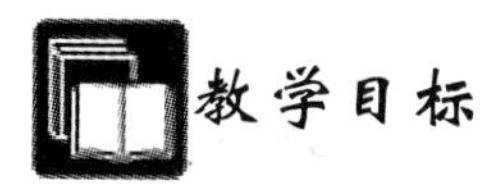

了解液压传动的应用现状、优点、缺点以及液压职能符号的作用；理解液压传动系统的传动原理、液压系统的功率、压力和流量之间的关系；牢记液压传动系统的五大组成部分和各部分的作用，掌握液压系统的压力取决于负载，流量决定执行元件运动速度这两个重要结论。

第一节　液压传动系统的工作原理

一、液压系统的传动原理

在液压传动系统中，液压液工作在密封的管路系统中，是液压系统动力传递的媒介。液压传动系统是利用静压传递原理工作的，其传动模型如图 1-1 所示。在大活塞缸 3、小活塞缸 6 和连接管路 5 构成的密封容器中装满液压液 4，当小活塞 1 在主动力 F 的作用下向下移动时，小活塞缸内的液体经过连接管路 5，流进大活塞缸内。主动力 F 的能量通过密封的液压液 4 传递给大活塞 2 和重物 W，驱动大活塞和重物的上升。此模型中液压液是传递力和运动的工作介质。

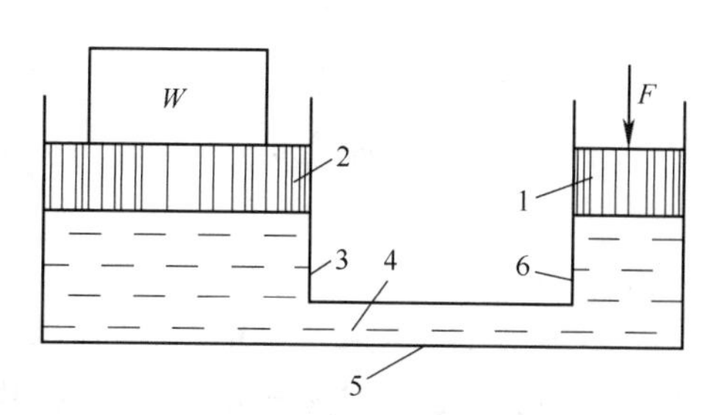

图 1-1　静压传递模型

1—小活塞；2—大活塞；3—大活塞缸；4—液压液；5—连接管路；6—小活塞缸

二、液压传动系统应用举例

液压千斤顶是一个典型的液压传动装置。其结构示意图如图 1-2 所示。举升重物前，关闭泄油阀 3。操作手柄 7 向上运动时，小活塞 8 向上运动，吸油压油缸 9 的下腔产生真空度，压油阀 10 在弹簧的作用下关闭，吸油阀 11 开启，液压油被吸到吸油压油缸 9 的腔内，此为吸油过程；操作手柄 7 向下运动时，小活塞 8 下移并挤压下腔的液压油，吸油阀 11 关闭，压油阀 10 被顶开，压力油进入到大活塞 5 的下腔，推动大活塞 5 开始向上运动，实现对重物 W 的举升，此过程为压油过程。操作手柄 7 完成一次上、下运动，吸油压油缸 9 就完成一次吸油和一次压油过程，大活塞 5 就会上升一小段位移。重复操作手柄 7 的动作，压力油便断续地进入举升缸 6 的下腔，重物 W 被不断举升。需要下放重物 W 时，开启泄油阀 3，大活塞 5 下腔的压力油流回到储油室 2。

1. 力的传递

如图 1-1 所示，假设小活塞 1 的有效作用面积为 A_1，作用在小活塞 1 上的主动力为 F，大活塞 2 的有效作用面积为 A_2，负载为 W。根据帕斯卡定律，密闭容器内的静止液体的压强处

处相等。根据压强相等的关系得到表达式

$$p = \frac{F}{A_1} = \frac{W}{A_2}$$

整理后得到关于 W 的表达式为

$$W = pA_2 = F\frac{A_2}{A_1}$$

当 A_1 和 A_2 不变时,负载(重物 W)越大,系统中的压强 p 就越大,举升此负载所需要的主动力 F 就越大;反之,负载越小,系统中的压强 p 就越小,所需要的主动力 F 就越小。可见,**液压系统的工作压力取决于负载。**

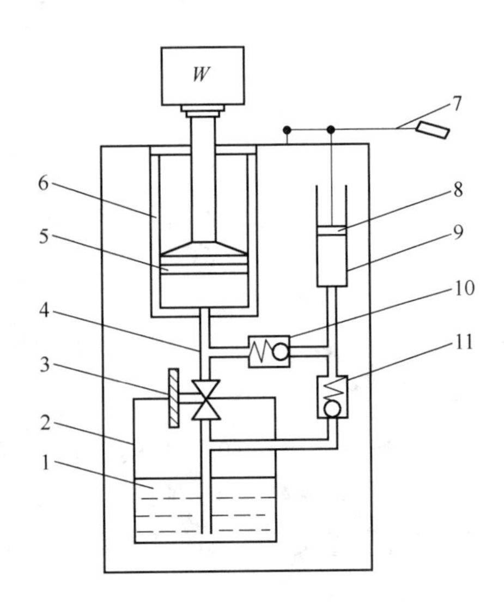

图 1-2　液压千斤顶结构示意图

1—液压油;2—储油室;3—泄油阀;4—液压管路;5—大活塞;6—举升缸;7—操作手柄;8—小活塞;9—吸油压油缸;10—压油阀;11—吸油阀

2. 运动的传递

如图 1-1 所示,如果忽略液体的可压缩性、泄漏、缸体和管路的变形等因素,从小活塞缸 6 流出的油液体积 V 等于进入到大活塞 2 的油液体积 V。假设在主动力 F 的作用下,小活塞 1 向下移动的距离为 h_1,大活塞 2 上升的距离为 h_2,得到表达式

$$V = A_1h_1 = A_2h_2$$

对小活塞移动的距离 h_1 和大活塞移动的距离 h_2 同时除以时间 t,得到表达式

$$A_1v_1 = A_2v_2$$

上式中的 v_1 和 v_2 分别是小活塞和大活塞的运动速度。

“Av”乘积的物理意义是单位时间内流过截面积为 A 的油液的体积,称为体积流量,习惯上称为流量,一般用“q”来表示。流量的国际单位是立方米每秒(m^3/s),常用的工程单位是升每分钟(L/min)。因为 $q = Av$,所以

$$v = \frac{q}{A}$$

可见,**液压系统的活塞运动速度取决于流量的大小,与液流的压力无关。**

3. 功率的计算

在机械传动系统中,功率是力与速度的乘积。在如图 1-2 所示的液压系统中,如果忽略各种能量损失,其输入功率 P 和输出功率 P 相等,可得到表达式

$$P = Fv = pA_1v_1 = pA_2v_2 = pq$$

可见,**液压系统的功率是流量与压力的乘积。**

第二节　液压传动系统的组成

液压传动系统由五部分组成,各部分的作用和典型元件见表 1-1。

表 1-1　液压系统的组成

组成部分	作　用	元件举例
动力元件	将其他形式的能变成液体的压力能	液压泵

续上表

组成部分	作　　用	元件举例
执行元件	将液压系统的压力能转换成机械能	液压缸、液压马达
控制元件	控制液流的压力、流量和方向	换向阀、节流阀、减压阀
辅助元件	连接液压元件、储油、过滤、测量等	油管、油箱、压力表、滤油器
工作介质	传递动力和信号	液压液

第三节　液压系统的职能符号

如图1-3(a)所示的一个液压系统原理图较直观、容易理解，但图形较复杂，难以绘制。在工程上，为了简化表示方法，突出控制关系，便于阅读、分析、设计和绘制，人们常使用图形符号(职能符号)表示系统的工作原理。用职能符号表示的液压系统原理图如图1-3(b)所示。

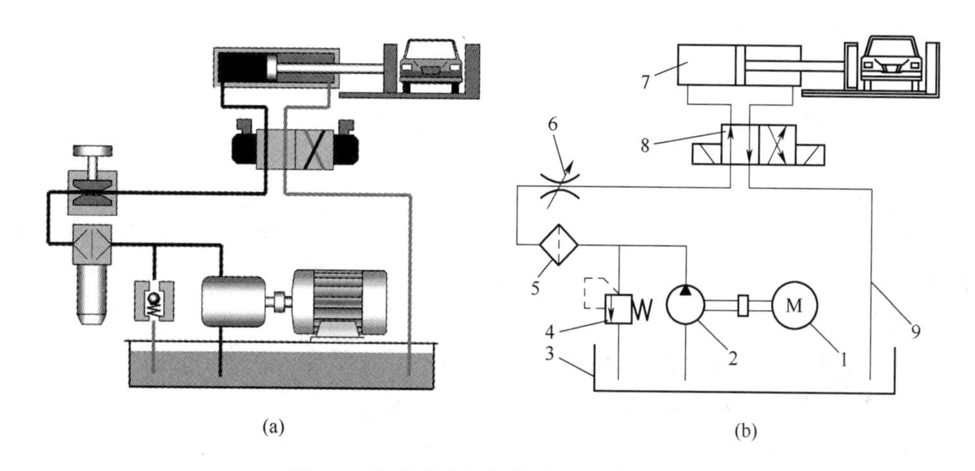

图1-3　汽车报废机构的液压系统原理图

1—电动机；2—液压泵；3—油箱；4—安全阀；5—滤油器；6—节流阀；7—液压缸；8—换向阀；9—油管

第四节　液压系统的优、缺点

一、液压传动的优点

液压传动系统与机械传动、电力传动等系统相比具有如下优点：

(1)在同等功率的情况下，液压装置的体积小、重量轻、惯性小。

(2)液压传动系统容易实现无级调速，调速范围比较大。

(3)液压传动系统工作比较平稳、反应快、冲击小，能频繁启动和换向。

(4)液压传动系统与电气控制系统结合易于实现自动化。

(5)液压传动系统易于实现过载保护，工作安全可靠，使用寿命长。

(6)液压元件易于实现系列化、标准化、通用化。

(7)液压传动系统易于实现回转运动和直线运动。

(8)省略降温和润滑环节。

二、液压传动的缺点

液压传动的缺点如下：

(1)因为液压传动存在泄漏、管路变形等因素，难以保证严格的传动比。

(2)油液对油温变化比较敏感，不适于在很高或很低的温度下工作。

(3)液压系统对油液质量要求较高。

(4)液压传动中需要进行两次能量转换，传动效率低。

(5)在能量传递过程中，有机械损失、压力损失、泄漏损失等，不能远距离传动。

(6)液压元件制造精度高，造价较高。

(7)液压传动装置出现故障时不易追查原因，不易迅速排除故障。

自 测 题 一

一、填空题(每空 2 分，共 24 分。得分________)

1. 液压传动系统是基于________原理工作的。

2. 在液压传动系统中，传递动力和运动的工作介质是________。

3. 液压传动的工作原理表明依靠________来传递运动，依靠________来传递动力。

4. 液压传动系统由________、________、________、________、________五部分共同构成。

5. 液压传动具有传递功率________，传动平稳性________，能实现过载________易于实现自动化等优点。

二、判断题(每题 2 分，共 10 分。得分________)

1. 液压千斤顶能举起重物的原因是大活塞的面积比小活塞面积大得多。 ( )

2. 液压系统的压力越高，执行元件的运动速度就越快。 ( )

3. 液压传动只能用于重工业而不能轻工业生产中。 ( )

4. 液压系统原理图中的职能符号只表示元件功能不能说明元件的具体参数。 ( )

5. 液压系统受环境温度影响大，应用较少。 ( )

三、选择题(每题 3 分，共 15 分。得分________)

1. 液压系统的动力元件是________。

A. 电动机　　B. 液压泵　　C. 液压缸或液压马达　　D. 油箱

2. 不属于液压系统控制元件的是________。

A. 减压阀　　B. 压力表　　C. 节流阀　　D. 换向阀

3. 将液压系统的压力能转化为机械能的元件是________。

A. 电动机　　B. 液压泵　　C. 液压缸或液压马达　　D. 液压阀

4. 对液压传动的缺点描述不正确的是________。

A. 液压液对油温变化比较敏感，不适于在很高或很低的温度下工作。

B. 液压传动过程中能量损失大，不能远距离传动。

C. 系统过载时，不能实现过载保护。

D. 液压传动装置出现故障时，不易追查原因，不易迅速排除故障。

5. 对液压传动优点描述不正确的是________。

A. 液压传动系统工作比较平稳、执行元件运动速度快。

B. 液压传动系统容易实现回转运动和直线运动。

C. 液压传动系统容易实现无级调速，调速范围比较大。

D. 液压元件易于实现系列化、标准化、通用化。

四、问答题（共 51 分。得分________）

1. 液压传动系统由哪些部分构成，各部分的作用是什么？（10 分）

2. 写出液压传动的四个优、缺点。（8 分）

3. 举出生活或工业生产中液压传动系统应用的例子，并描述其工作过程。（6 分）

4. 有一个液压千斤顶，其结构如图 1-2 所示。大活塞的有效作用面积是 31 400 mm^2，小活塞的有效作用面积是 628 mm^2，需要被举升的重物 W 的质量是 300 kg，忽略该液压系统的所有损失，求通过操作手柄作用在小活塞上的主动力至少是多少牛顿？如果小活塞在一个动作循环中，最大有效行程是 200 mm，请问重物被举升了多少 mm？（15 分）

5. 有一个平面磨床的液压系统，其结构原理图如图 1-4 所示。把图中元件分别归类到动力元件、控制元件、执行元件、辅助元件和工作介质中。（12 分）

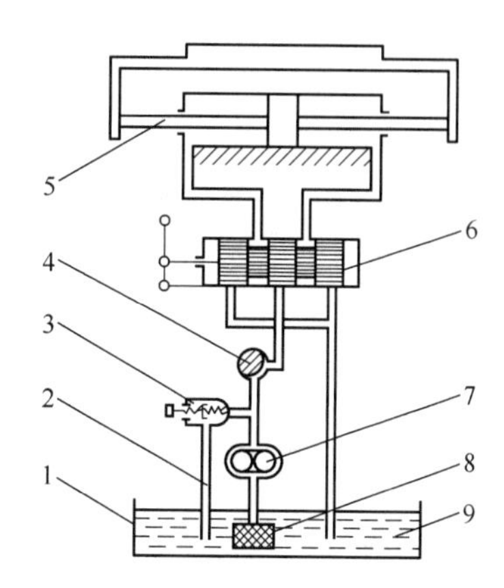

图 1-4　平面磨床液压系统结构原理图

1—油箱；2—液压管路；3—溢流阀；4—节流阀；5—带工作台的双端伸出杆液压缸系统；6—换向阀；7—液压泵；8—滤油器；9—油液

第二章　液压液和流体传动简介

了解液压液的作用、种类、不同液压液的特点、选用、污染及其控制；了解液压冲击和气穴现象，了解能量损失的原因和种类；理解液压液的黏性、可压缩性；理解流量连续性方程的含义；熟练掌握执行元件的受力和运动速度的分析和相关计算。

第一节　液　压　液

液压传动的工作介质是液压液，又称液压油。液压液主要用来传递能量和运动，还起着润滑、冷却和防锈的作用。液压液有石油基液压液、难燃型液压液、高水基液和水介质等。

一、液压液的物理性质

液压系统能否可靠、有效地工作，也取决于系统中所用的液压液的物理性质。

1. 液压液的密度

单位体积的液体质量称为液体的密度，用ρ来表示。

$$\rho = \frac{m}{V}$$

式中　ρ——液体的密度（kg/m^3）；

V——液体的体积（m^3）；

m——液体的质量（kg）。

液压液的密度因液体的种类而异。液压传动中常用的液压液的密度数值见表 2-1。

表 2-1　液压传动液压液的密度

液压液种类	L-HM32 液压液	油包水乳化液	水包油乳化液	水-乙二醇	通用磷酸酯
密度（kg/m^3）	0.87×10^3	0.932×10^3	$0.997\ 7\times10^3$	1.06×10^3	1.15×10^3

液压液的密度随温度的升高略有减小，随工作压力的升高而略有增加，通常对这种变化忽略不计。一般计算中，石油基液压液的密度可取为$\rho=900\ kg/m^3$。

2. 液体的可压缩性

（1）定义

液体的可压缩性是指液体受压力作用时，体积减小的性质，用体积压缩系数“k”表示。液体的可压缩性定义为受压液体在发生单位压力变化时的体积相对变化量，即

$$k = -\frac{1}{\Delta p}\frac{\Delta V}{V}$$

式中　V——压力变化前的液体体积；

Δp——压力变化值；

ΔV——在 Δp 作用下，液体体积的变化值。

(2)弹性模量

由于压力增大时液体的体积减小，“ΔV”为负值，为了使“k”成为正值，在上式的右侧加负号。体积压缩系数“k”越小，说明液体越不容易被压缩。液体体积压缩系数的倒数，称为体积弹性模量“K”，简称体积模量。体积弹性模量“K”越大，说明液体越不容易被压缩。

$$K=\frac{1}{k}=-\frac{V\Delta p}{\Delta V}$$

温度为 20 ℃、压力为一个大气压时，几种常用液压液的体积弹性模量见表 2-2。

表 2-2　常用液压液的体积弹性模量

液压液种类	石油基	水-乙二醇基	乳化液型	磷酸酯型
K(Pa)	$(1.4\sim2.0)\times10^9$	3.15×10^9	1.95×10^9	2.65×10^9

(3)可压缩性对液压系统的影响

在中、低压液压系统中，液体的可压缩性很小，认为液体不可压缩；在压力变化很大的高压系统中，特别是液体中混入空气时，液体的可压缩性显著增加，系统稳定性变差。为降低液体可压缩性对液压系统的影响，应尽量减少液压液中空气的含量。

3. 液体的黏性

液体在外力作用下流动(或有流动趋势)时，其分子间的内聚力使流动受到牵制，液体内部产生了摩擦力或切应力，这种性质称为黏性。液体黏性的作用是阻滞、延缓液体内部液层的相互滑动过程，即反映了液体抵抗剪切流动的能力。黏性的大小可以用黏度来度量。

4. 液压液的黏度

液压液黏性的大小用黏度来表示。黏度是选择液压液的主要指标，黏度大小会直接影响系统的正常工作、效率和灵敏性。当液压液所受的压力增加时，其分子间的距离就缩小，内聚力增加，黏度也有所变大。在低压时，液体黏度变化不明显，可以忽略不计；当压力大于 50 MPa 时，液体黏度会急剧增大。黏度有动力黏度、运动黏度和相对黏度三种。工程上广泛采用相对黏度。

5. 黏度指数

液压液黏度的变化直接影响到液压系统的性能和泄漏，因此其黏度随温度的变化越小越好，该变化用黏度指数来度量。黏度指数越高，说明该液压液的黏度随温度变化越小。常用液压液的黏度指数见表 2-3 中的部分内容。液压系统中使用的石油基通用液压液和抗磨液压液对温度的变化很敏感，当温度升高时，黏度会显著降低。当系统的工作温度范围较大时，应选用黏度指数高的液压液。

二、液压系统对液压液的要求

1. 对液压液的要求

使用的机械和使用情况不同，对液压液的要求也不同。为了很好地传递运动和动力，液压系统使用的液压液应具备如下性能。

(1)黏度合适，即液压液在使用中无泄露并利于设备顺畅动作。

(2)黏温性好，即在工作温度变化的范围内，液压液的黏度随温度的变化要小。

(3)具有良好的润滑性能和足够的油膜强度,使系统中的各摩擦表面获得足够的润滑而不致磨损。

(4)不得含有蒸汽、空气及容易汽化和产生气体的杂质,否则会起气泡。气泡是可压缩的,而且在其突然被压缩和破裂时会放出大量的热,造成局部过热,使周围的油液迅速氧化变质。另外气泡还是产生剧烈振动和噪声的主要原因之一。

(5)对金属和密封件有良好的相容性。不含有水溶性酸和碱等,以免腐蚀机件和管道,破坏密封装置。

(6)对热、氧化、水解和剪切都有良好的稳定性,在储存和使用过程中不变质。温度低于57 ℃时,油液的氧化进程缓慢,之后,温度每增加10 ℃,氧化的程度增加一倍,所以控制液压液的温度特别重要。

(7)抗泡沫性好,抗乳化性好,腐蚀性小,防锈性好。

(8)热膨胀系数低,比热高,导热系数高。

(9)凝固点低,闪点(对于可燃的石油基液压液,明火能使油面上油蒸汽闪燃,但油本身不燃烧时的温度)和燃点高。普通液压液的闪点在130~150 ℃之间。

(10)质地纯净,杂质少。

(11)对人体无害,成本低。对轧钢机、压铸机、挤压机、飞机等机器所用的液压液则必须突出油的耐高温、热稳定性、不腐蚀、无毒、不挥发、防火等项要求。

2. 液压液的性质

(1)石油型的液压液以矿物油为基料,精炼后加入添加剂。其润滑性好,抗燃性差。

(2)合成型的液压液包括磷酸酯液和水-乙二醇液。磷酸酯液的燃点高,氧化稳定性好,润滑性好,使用温度范围宽,对大多数金属不会产生腐蚀作用;能溶解很多非金属材料,必须选择合适的橡胶密封圈材料;磷酸酯液有毒。水-乙二醇液适用于要求防火的液压系统;其高温易蒸发,低温黏度小,润滑性比石油型液压液差,对大多数橡胶密封圈无腐蚀作用,会使油漆脱落。

(3)乳化液分两大类:一类是少量油(约5%~10%)分散在大量的水中,称为水包油乳化液,也称高水基液;另一类是水分散在大量的油中(油约占60%),称为油包水乳化液。后者的润滑性比前者好。

3. 液压液的种类

液压液有三种,分别是石油型、合成型和乳化型,其对应的性质见表2-3。

表2-3 液压液的种类和性质

种类 \ 性质	可燃性液压液			抗燃性液压液			
	石油型			合成型		乳化型	
	通用液压液	抗磨液压液	低温液压液	磷酸酯液	水-乙二醇液	油包水液	水包油液
密度(kg/m^3)	850~900			1 100~1 500	1 040~1 100	920~940	1 000
黏度	小~大	小~大	小~大	小~大	小~大	小	小
黏度指数 ≥	90	95	130	130~180	140~170	130~150	极高
润滑性	优	优	优	优	良	良	可
防锈蚀性	优	优	优	优	良	良	可
闪点(℃)≥	170~200	170	150~170	难燃	难燃	难燃	不燃
凝点(℃)≤	-10	-25	-35~-45	-20~-50	-50	-25	-5

三、液压液的选用

1. 选用思路

(1)应根据液压系统的环境与工作条件选用合适的液压液类型,即先确定选择石油型、合成型还是乳化型的液压液。

(2)根据确定的类型选择液压液的牌号。选择液压液牌号时,主要考量的是黏度等级,因为黏度对液压系统的稳定性、可靠性、效率、温升以及磨损都有显著的影响。

2. 选择黏度时的注意事项

(1)液压系统的工作压力。工作压力较高的液压系统应选用黏度较大且耐磨的液压液,以利于密封,减少泄漏;反之,可选用黏度较小的液压液。

(2)环境温度。环境温度较高时,宜选用黏度指数较大的液压液。因为环境温度升高会使液压液的黏度下降。

(3)运动速度。当工件的运动速度较高时,宜选用黏度较小的液压液,以减小液流的摩擦损失,提高系统的传动效率。

(4)根据液压泵的工况选择液压液黏度。在液压系统的所有元件中,液压泵内零件的运动速度最高,承受的压力最大,承压时间长,温升高,所以液压泵对液压液的性能最为敏感。因此,通常根据液压泵的类型及其要求来选择液压液的黏度。根据液压泵的要求,推荐的液压液黏度范围及牌号见表2-4。

表2-4　推荐的液压液黏度范围及牌号

<table>
<tr><th rowspan="2" colspan="2">名称</th><th colspan="2">黏度范围(mm²/s)</th><th rowspan="2">工作压力
(MPa)</th><th rowspan="2">工作温度
(℃)</th><th rowspan="2">推荐用液压液</th></tr>
<tr><th>允许</th><th>最佳</th></tr>
<tr><td rowspan="4" colspan="2">叶片泵</td><td rowspan="4">16~220</td><td rowspan="4">26~54</td><td rowspan="2"><7</td><td>5~40</td><td rowspan="2">L-HM32,L-HM46,L-HM68</td></tr>
<tr><td>40~80</td></tr>
<tr><td rowspan="2">≥7</td><td>5~40</td><td rowspan="2">L-HM46,L-HM68,L-HM100</td></tr>
<tr><td>40~80</td></tr>
<tr><td rowspan="4" colspan="2">齿轮泵</td><td rowspan="4">4~220</td><td rowspan="4">25~54</td><td rowspan="2"><12</td><td>5~40</td><td rowspan="2">L-HM32,L-HM46,L-HM68</td></tr>
<tr><td>40~80</td></tr>
<tr><td rowspan="2">≥12</td><td>5~40</td><td rowspan="2">L-HM46,L-HM68,
L-HM100,L-HM150</td></tr>
<tr><td>40~80</td></tr>
<tr><td rowspan="4">柱塞泵</td><td rowspan="2">径向</td><td rowspan="2">10~65</td><td rowspan="2">16~48</td><td rowspan="2">5~40</td><td>5~40</td><td rowspan="2">L-HM32,L-HM46,L-HM68,
L-HM100,L-HM150</td></tr>
<tr><td>40~80</td></tr>
<tr><td rowspan="2">轴向</td><td rowspan="2">4~76</td><td rowspan="2">16~47</td><td rowspan="2">5~40</td><td>5~40</td><td rowspan="2">L-HM32,L-HM46,L-HM68,
L-HM100,L-HM150</td></tr>
<tr><td>40~80</td></tr>
<tr><td rowspan="2" colspan="2">螺杆泵</td><td rowspan="2">19~49</td><td rowspan="2"></td><td rowspan="2">≥10.5</td><td>5~40</td><td rowspan="2">L-HM32,L-HM46,L-HM68</td></tr>
<tr><td>40~80</td></tr>
</table>

注:在推荐的液压液的型号中,L表示润滑剂;H表示液压液;M表示抗磨型;数字(如32)为黏度等级的数值。

四、使用液压液的注意事项

(1)对于长期使用的液压液,应使其工作在氧化、热稳定性温度界限以下。

(2)储存、搬运及加注过程中,应防止油液被污染。

(3)对油液定期抽样检验,并建立定期换油制度。

(4)油箱中油液的储存量应充分,以利于系统的散热。

(5)保持系统的密封,一旦有泄漏,就应立即排除。

五、液压液的污染及控制

液压液被污染是指液压液中含有水分、空气、微小固体颗粒及胶状生成物等杂质。液压系统 70% 的故障是由于液压液被污染造成的。

1. 污染的危害

(1)固体颗粒和胶状生成物堵塞滤油器,使液压泵吸油困难,产生噪声;堵塞阀类元件的小孔或缝隙,使其动作失灵。

(2)微小固体颗粒会加速零件的磨损,影响液压元件的正常工作;擦伤密封件,增加泄漏。

(3)混入的水分和空气会降低液压油的润滑能力并使液压液变质;产生气蚀,加速液压元件的损坏,使液压系统出现振动,爬行等现象。

2. 污染的原因

(1)残留物污染。这种污染是指液压元件在制造、储存、运输、安装、维修过程中带入的砂粒、铁屑、磨料、焊渣、锈片、油垢、棉纱和灰尘等。这些残留物虽经清洗但未清洗干净,造成液压油污染。

(2)侵入物污染。此种污染是指周围环境中的污染物、空气、尘埃、水滴等通过一切可能的侵入点,如外露的往复运动活塞杆、油箱的进气孔和注油孔等侵入系统,造成液压油污染。

(3)生成物污染。该种污染是指液压系统在工作过程中产生的金属微粒、密封材料磨损颗粒、涂料剥离片、水分、气泡及油液变质后的胶状生成物等造成液压油污染。

3. 污染的控制

液压液污染的原因复杂,自身会不断产生污染物,无法彻底消除污染。为了延长液压元件的寿命,保证液压系统正常工作,必须将液压油的污染程度控制在一定限度之内。在生产实际中,常采取如下几方面措施来控制液压油的污染。

(1)消除残留物污染,液压装置组装前后,必须对其零部件进行严格清洗。

(2)力求减少外来污染,油箱通大气处要加空气滤清器,向油箱灌油应通过滤油器,维修拆卸元件应在无尘区进行。

(3)在系统的有关部位设置适当精度的滤油器,要定期检查、清洗或更换滤芯。

(4)定期检查更换液压油,应根据液压设备使用说明书的要求和维护保养规程的规定,定期检查更换液压油,换油时要清洗油箱,冲洗系统管道及元件。

第二节　液压传动力学基础

一、压力的含义

液体在单位面积上所受的法向力称为压力,此“压力”即物理学中的压强。压力通常用 p 表示。若与液体接触的面积 A 上均匀分布着作用力 F,则压力可表示为

$$p = \frac{F}{A}$$

压力的国标单位为 N/m^2(牛/米^2),即 Pa(帕);工程上常用 MPa(兆帕)表示,它们的换算关系为

$$1\ \text{MPa} = 10^6\ \text{Pa}$$

二、静压力的产生

液体的静压传递需要满足两个条件:一是发生在密闭的容器内部;二是被密封的液压液受到外力的挤压作用。对于采用液压泵连续供油的液压传动系统,其管路中某处的压力是因为受到各种负载的挤压产生的。除静压力外,液流流动时还存在动压力,但在一般的液压传动中,液流的动压力很小,可忽略不计。因此,液压传动系统中主要考虑液流的静压力。

三、液体流动时的参数

液体流动时,由于重力、惯性力、黏性摩擦力等的影响,其内部各质点的运动状态截然不同。这些质点在不同时间、不同空间处的运动变化影响液体的能量损耗。

1. 流量

单位时间内流过某通流截面的液体体积称为流量,一般用符号 q 表示,即

$$q = \frac{V}{t}$$

式中　q——流量,流量的国际单位是 m^3/s,常用单位为 L/min;

V——液体的体积;

t——流过液体体积 V 所需的时间。

2. 平均流速

实际液体具有黏性,液体在管道内流动时,通流截面上各点的流速是不相等的。管壁处的流速为零,管道中心处流速最大。在液压传动中,常用一个假想的平均流速 v 来求流量,认为液体以平均流速 v 流经通流截面的流量等于以实际流速流过的流量,即平均流速公式可表示如下:

$$v = \frac{q}{A}$$

3. 流量连续性方程

在液压传动中,液体可近似认为作一维恒定流动。当液体在密闭的管路中流动时,从一个截面流经另一个截面,其流量在单位时间内是恒定的,即

$$q = vA = 常数$$

上式就是液体作恒定流动时的流量连续性方程。它说明不可压缩液体在恒定流动中,通过流管各截面的流量是相等的。液体以同一个流量在流管中连续地流动着,液体的流速与通流截面的面积成反比,即液体通流的截面越小,液流的流速越快,以保证液体作恒定流动时的体积守恒。

第三节　液体流动时的能量损失

一、压力损失

1. 液阻

液流各质点之间以及液压液与管壁之间的摩擦与碰撞会产生阻力,这种阻力称为液阻。

液体要流动就必须克服液阻,从而会产生能量损失,这种损失主要表现为压力损失。

如图 2-1 所示为某一液流的路径,液压液从 A 处流到 B 处,中间经过较长的直管路、弯曲管路、各种阀孔和管路截面的突变等。受到液阻的影响,液压液在 A 处的压力 p_A 显然大于在 B 处的压力 p_B,其压力损失为 $\Delta p = p_A - p_B$。压力损失包括沿程压力损失和局部压力损失。

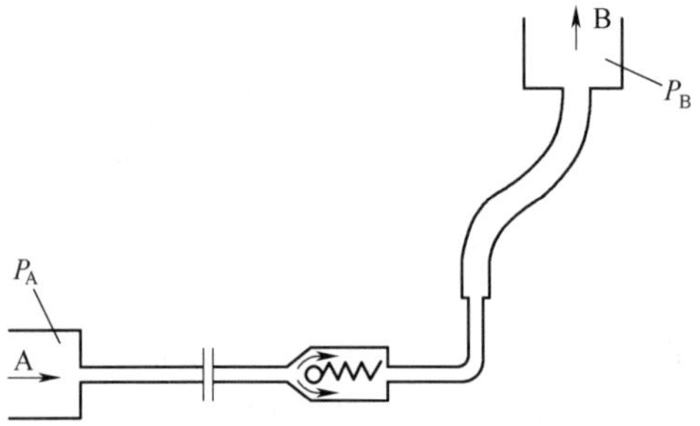

图 2-1　液流的压力损失

2. 沿程压力损失

液体在等径直管中流动时,因摩擦力而产生的压力损失称为沿程损失。沿程损失受液体的流速、黏性、管路长度、油管内径和粗糙度影响。管路越长沿程压力损失越大。

3. 局部压力损失

液体流经管道的弯头、接头、突变截面以及阀口时,由于流速或流向的剧烈变化,形成漩涡、脱流,造成液体质点相互撞击而产生压力损失,称为局部压力损失。因为各种液压元件的结构、形状、布局等原因,导致管路形式复杂,所以局部压力损失是主要的压力损失形式。损失的压力转变为热能,会导致油液温度升高,黏度下降,增加泄漏,同时液压元件受热膨胀也会影响正常工作,甚至“卡死”。为了减少压力损失应该选择粘度适当的油液,光滑管路的内壁,缩短管路长度,减少管路的截面变化和弯曲,减少元件数量和优化系统构成,控制压力损失在很小的范围内。

二、流量损失

液压元件都存在间隙,当间隙的两端有压力差时,总会有少量油液从液压元件的密封间隙漏过,这种现象称为泄漏。凡是液压系统必然存在泄漏现象。

液压系统的泄漏包括内泄漏和外泄漏两种。液压元件内部高压腔向低压腔的泄漏称为内泄漏。液压系统内部的油液漏到系统外部的泄漏称为外泄漏。如图 2-2 所示为液压缸的两种泄漏现象。无论内泄漏还是外泄漏必然使理想密封容积内的液压减少,产生流量损失。

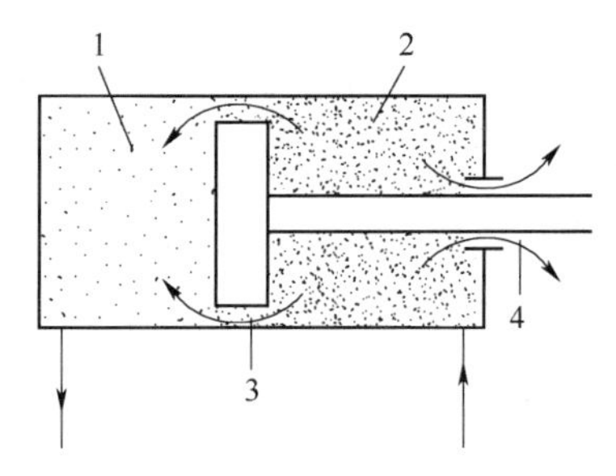

图 2-2　液压缸的泄漏

1—低压腔;2—高压腔;

3—内泄漏;4—外泄漏

第四节　液压冲击和气穴现象

一、液压冲击

1. 液压冲击

在液压系统的工作过程中,工作液体的压力瞬间急剧上升而形成压力峰值的现象称为液压冲击。

2. 产生液压冲击的原因

(1)液体具有惯性,当液流通道迅速关闭或液流迅速换向时,液流速度的大小或方向发生突然的变化,液体的惯性将导致液压冲击。

(2)受液压驱动的运动部件突然制动或换向时,运动部件的惯性也会导致系统发生液压冲击。

3. 液压冲击的不良影响

(1)出现液压冲击时,瞬时的峰值压力比正常工作的压力高好几倍。它不仅会损坏密封装置、管路和液压元件,而且还会引起振动和噪声。

(2)液压冲击有时使某些压力控制元件产生误动作,造成事故。

4. 减小液压冲击的措施

液压冲击实质上是液流的动能瞬时被转变为压力能,而后压力能又瞬时转变为动能的多种能量互相转化形成的液体振动现象。液压冲击往往由于液体受到摩擦力的作用而衰减,其具体措施如下。

(1)延长阀门关闭和运动部件制动换向的时间,可采用换向时间可调的换向阀。只要阀门关闭或换向的时间超过 0.2 s,冲击就能大幅减轻。

(2)限制液流和运动部件运动的速度。如把液流速度控制在 4.5 m/s 以内,运动部件速度控制在 10 m/s 以内。

(3)适当增大管径和缩短管路,以减小压力冲击波的传播时间。

(4)在容易发生液压冲击的部位使用橡胶软管或设置蓄能器来吸收冲击压力;或在这些部位设置安全阀来限制压力升高。

(5)如果换向精度要求不高,可使液压缸等执行元件的两腔油路在换向阀过程中瞬时互通,达到换向泄压的目的。

二、气穴现象

1. 气穴现象

在液压系统中,如果某处的压力低于空气分离压时,原先溶解在液体中的空气就会分离出来,导致液体中出现大量气泡,这种现象称为气穴现象。如果液体中的压力进一步降低到饱和蒸气压时,液体将迅速气化,产生大量蒸气泡,这时的气穴现象将会更加严重。

2. 气穴产生的原因

(1)气穴多发生在阀口和液压泵的进油口处,由于阀口的通道狭窄,液流的速度增大,压力则大幅度下降,以致产生气穴。

(2)当泵的安装高度过高,吸油管直径太小,吸油阻力太大或泵的转速过高,造成进油口处真空度过大时,也会产生气穴。

3. 气穴现象的危害

(1)当液压系统中出现气穴现象时,大量的气泡会破坏液流的连续性,造成流量和压力脉动,气泡随液流进入高压区时又急剧破灭,以致引起局部液压冲击,发出噪声并引起振动。

(2)当附着在金属表面上的气泡破灭时,如在 20 MPa 压力下破灭的气泡,其局部温度可以达到上千摄氏度,局部压力可以达到几百兆帕,这样的局部高温和冲击压力,一方面会使金属表面疲劳,另一方面还会使工作介质变质,对金属产生化学腐蚀作用,从而使液压元件表面受到侵蚀、剥落,甚至出现海绵状的小洞穴。这种因气穴而对金属表面产生腐蚀的现象称为气蚀。气蚀会严重损伤元件表面质量,大大缩短其使用寿命,必须加以防范。

4. 防止气穴发生的措施

要防止气穴现象的发生,最重要是避免液压系统中的压力过分降低。

(1)减小阀孔或缝隙前后的压差,建议其前、后压力比小于3.5。

(2)降低泵的吸油高度,适当加大吸油管内径,限制吸油管内液体的流速,尽量减少吸油管路中的压力损失,对自吸能力差的泵采用辅助泵供油。

(3)液压系统各元件的连接处要密封可靠,严防空气侵入。

(4)液压元件材料采用抗腐蚀能力强的金属材料,提高零件的机械强度,降低零件表面粗糙度。

自测题二

一、填空题(每空2分,共22分。得分________)

1. 液压传动以液体作为工作介质来传递________和________。
2. 油液的两个最主要的特性是________和________。
3. 随着温度的升高,液压油的黏度会________,________会增加。
4. 液压液的黏度有________、________和________三种。
5. 液压系统压力的大小取决于________,而________的大小决定执行元件的运动速度。

二、判断题(每题2分,共10分。得分________)

1. 液体黏度指数越低,说明液体黏度随温度变化越小。　(　　)
2. 水的体积弹性膜量小于钢,说明水比钢更容易被压缩。　(　　)
3. 油液流经无分支管道时,横截面积较大的截面通过的流量就越大。　(　　)
4. 大多数液压系统的故障都是由于液压液被污染造成的。　(　　)
5. 液压系统只有静压力没有动压力。　(　　)

三、选择题(每题3分,共15分。得分________)

1. 关于油液特性的描述错误是________。

A. 在液压传动中,油液可近似看作不可压缩。

B. 油液的黏度与温度变化有关,油温升高,黏度变大。

C. 黏性是油液流动时,其内部产生摩擦力的性质。

D. 液压传动中,压力的大小对油液的流动性影响不大,一般不予考虑。

2. 液压缸活塞的有效作用面积一定时,活塞的运动速度取决于________。

A. 液压缸中油液的压力　　B. 负载阻力的大小

C. 进入液压缸的流量　　D. 液压泵的输出流量

3. 对于液压系统压力描述正确的是________。

A. 液流的流量越大压力越高　　B. 液流的流量越小压力越高

C. 液流的压力大小与流量无关　　D. 液压系统的负载越大液流压力越小

4. 液体在管道中流动的流量损失不体现在________。

A. 内泄漏　　B. 外泄漏　　C. 内泄漏和外泄漏　　D. 更换液压液

5. 对于液压系统的能量损失描述错误的是________。

A. 液体只要流动就会有能量损失,静止的液体没有能量损失。

B. 液体流过细长管时,主要的能量损失形式是局部压力损失。

C. 液压系统的流量损失是不可避免的,包括内泄漏和外泄漏两种形式。

D. 在液压系统中压力损失比流量损失更普遍也更严重。

四、问答题(共 38 分,得分________)

1. 液体流动中为什么会有压力损失？压力损失有哪几种？分别与哪些因素有关？(10 分)

2. 黏度和黏性有什么区别？(7 分)

3. 空穴现象产生的原因和危害是什么？如何减小这些危害？(7 分)

4. 被污染的液压液有哪些危害？(7 分)

5. 液压冲击是如何产生的,如何减小液压冲击？(7 分)

五、计算题(共 15 分。得分________)

两个结构相同互相串联的液压缸,如图 2-3 所示。无杆腔的有效作用面积 $A_1=100\ \mathrm{cm}^2$,无杆腔的有效作用面积 $A_2=80\ \mathrm{cm}^2$,缸 1 输出的压力 $p_1=0.9\ \mathrm{MPa}$,输入流量 $q_1=12\ \mathrm{L/min}$,不计各种泄漏和损失,求：

(1)两缸承受相同负载时,该负载的数值及两缸的运动速度是多少？

(2)缸 2 的输入压力是缸 1 的一半时,两缸各能承受多大的负载？

(3)缸 1 不承受负载时,缸 2 能承受多大负载？

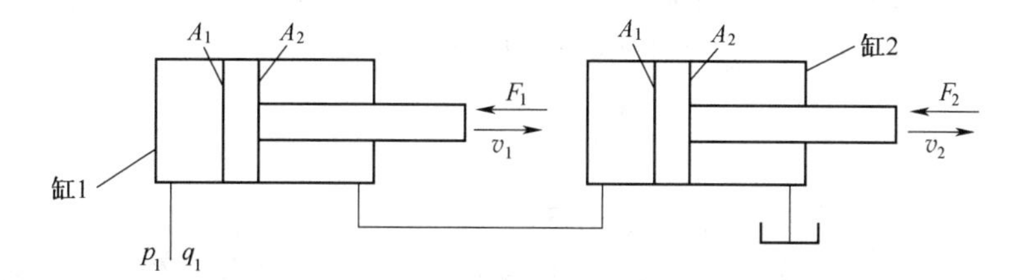

图 2-3　双缸串联液压系统

第三章　液压动力元件

了解液压泵的种类、各种泵的应用场合和各种液压泵的职能符号；理解容积泵的流量和排量的区别；理解齿轮泵、螺杆泵、叶片泵、柱塞泵的工作原理；能合理选择液压泵。

第一节　液压泵概述

液压泵是液压系统中的能量转换装置。液压泵将原动机输出的机械能转换成液体的压力能。液压泵属于动力元件，用于给液压系统提供足够的压力油。

一、液压泵的工作原理

如图 3-1 所示为单柱塞液压泵的工作原理。泵体 3 和柱塞 2 构成一个密封容积，偏心轮 1 由原动机带动旋转，当偏心轮按照顺时针方向转半周时，假设凸轮上某点 a 转到 a′点，柱塞 2 在弹簧 5 的作用下向下移动，密封容积逐渐增大，形成局部真空，油箱内的油液在大气压作用下，顶开吸油单向阀 6 进入密封腔中，实现吸油；当偏心轮再沿顺时针从 a′点转回到 a 点时，推动柱塞向上移动，密封容积逐渐减小，油液受柱塞挤压而产生压力，使吸油单向阀 6 关闭，油液顶开压油单向阀 4，压力油便可输送给后面的液压系统。液压泵的供油压力为 p，供油流量为 q。原动机驱动偏心轮不断旋转，液压泵就不断地吸油和压油。液压泵排出油液的压力取决于油液流动需要克服的阻力，排出油液的流量取决于密封腔容积变化的大小和速率。

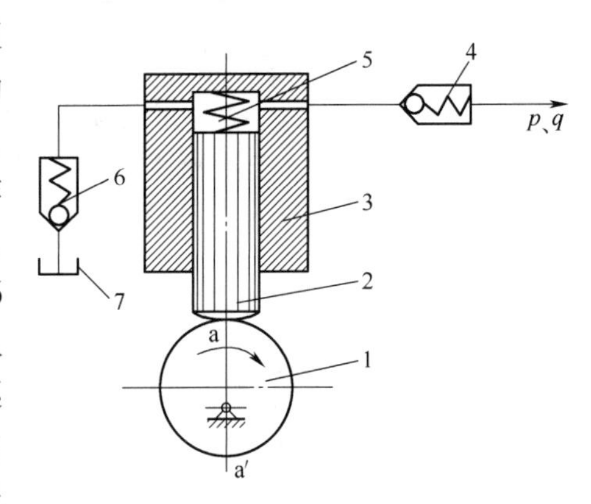

图 3-1　单柱塞液压泵工作原理图
1—偏心轮；2—柱塞；3—泵体；
4—压油单向阀；5—弹簧；
6—吸油单向阀；7—油箱

这种单柱塞泵是靠密封油腔的容积变化进行工作的，称为容积式泵。容积式液压泵工作必须满足如下几个条件：

(1) 容积式泵必定具有一个或若干个密封油腔。

(2) 密封油腔的容积能产生由小到大和由大到小的变化，以形成吸油和压油过程。

(3) 具有相应的配流装置以使吸油和排油过程能各自独立完成。配流装置的作用是保证密封容积在吸油过程中与油箱相通，同时关闭供油通路；且压油时与供油管路相通而与油箱切断。如图 3-1 所示的压油单向阀 4 和吸油单向阀 6。

(4)吸油过程中保证油液被顺利吸入工作腔体。

二、液压泵的主要性能参数

1. 液压泵的压力

(1)额定压力

在正常工作条件下,泵连续运转所允许的最高压力。额定压力值与液压泵的结构形式、零部件的强度、工作寿命和容积效率有关。铭牌标注的就是此压力。

(2)最高允许压力

最高允许压力是指泵短时间内所允许超载使用的极限压力。

(3)工作压力

液压泵在实际工作时的实际输出压力,泵的工作压力由负载决定。当负载增加,输出压力就增大;负载减小,输出压力就降低。

2. 液压泵的排量和流量

(1)理论排量

液压泵主轴每转一周所排出的液体的体积称为排量,即理论排量。理论排量的国际单位为 m^3/r,常用单位为 mL/r。

(2)理论流量

理论流量的国际单位是 m^3/s,常用单位为 L/min。在不考虑泄漏的情况下,液压泵在单位时间内所排出的液体的体积称为理论流量。

理论流量=理论排量×泵的额定转速

(3)实际流量

指实际运行时,在不同压力下液压泵所排出的流量。实际流量低于理论流量,其差值为液压泵的泄漏量。

(4)额定流量

在额定压力、额定转速下,按试验标准规定必须保证的输出流量。

3. 液压泵的转速

(1)额定转速

在额定压力下,根据试验结果推荐能长时间连续运行并保持较高运行效率的转速。

(2)最高转速

在额定压力下,为保证使用寿命和性能所允许的短暂运行的最高转速。

(3)最低转速

为保证液压泵可靠工作或运行效率不致过低所允许的最低转速。

4. 液压泵的效率和功率

(1)容积效率 η_V

泵因泄漏而引起的流量损失,可用容积效率 η_V 表示,其大小为泵的实际流量 $q_{实}$ 和理论流量 $q_{理}$ 之比,即

$$\eta_V = \frac{q_{实}}{q_{理}}$$

(2)机械效率 η_m

由机械运动副之间的摩擦而产生的转矩损失,可用机械效率 η_m 表示。由于驱动泵的实

际转矩总是大于理论上需要的转矩，所以，机械效率为理论转矩 $T_{理}$ 与实际转矩 $T_{实}$ 之比，即

$$\eta_m = \frac{T_{理}}{T_{实}}$$

(3)总效率 η

泵的实际输出功率 $P_{出}$ 与驱动泵的输入功率 $P_{入}$ 之比称为总效率 η，它也等于容积效率和机械效率之乘积，即

$$\eta = \frac{P_{出}}{P_{入}} = \eta_V \cdot \eta_m$$

(4)泵的输出功率 $P_{出}$

液压泵的实际输出功率为泵的实际工作压力 p 和实际供油流量 q 的乘积，即

$$P_{出} = p \cdot q$$

(5)泵的输入功率 $P_{入}$

为驱动液压泵的电动机的功率 $P_{电}$，即

泵的输入功率 $P_{入}$

$$P_{入} = P_{电} = \frac{P_{出}}{\eta} = \frac{pq}{\eta}$$

三、液压泵的分类

液压泵类型很多。液压泵按照主要运动构件的形状和运动方式分为齿轮泵、叶片泵、柱塞泵和螺杆泵四大类；按照排量能否改变和供油方式的不同可分为单向定量泵、单向变量泵、双向定量泵和双向变量泵；液压泵也可以按照压力来分类，详见表 3-1。

表 3-1　按照压力液压泵的分类

压力分级	低压	中压	中高压	高压	超高压
压力(MPa)	≤2.5	2.5~8	8~16	16~32	>32

第二节　齿　轮　泵

齿轮泵按齿轮啮合形式的不同分为外啮合和内啮合两种；按齿形曲线的不同分为渐开线齿形和非渐开线齿形两种。

一、齿轮泵的工作原理

外啮合齿轮泵的工作原理如图 3-2 所示。在泵体内有一对模数相同、齿数相等的齿轮，吸油口连接油箱，压油口连接工作回路。两相邻齿轮和泵体以及泵的前后端盖间形成密封工作腔，相互啮合的齿轮所形成的分隔线把吸油腔和压油腔分隔开。

当齿轮按照如图 3-2 所示的方向旋转时，泵的右侧(吸油腔)轮齿脱开啮合，使密封容积逐渐增大，形成局部真空，油箱中的油液在大气压力作用下被吸入吸油腔内，并充满齿间。随着齿轮的旋转，吸入到轮齿间的油液便被带到左侧(压油腔)。压油腔侧的齿轮不断趋于啮合，使密封容积不断减小，油液从齿间被挤出而输送到系统。

齿轮连续旋转，泵连续不断地吸油和压油。齿轮啮合点处的齿面接触线将吸油腔和压油腔分开，起到了配油(配流)作用，因此不需要单独设置配油装置，这种配油方式称为直接

配油。

二、齿轮泵的结构问题

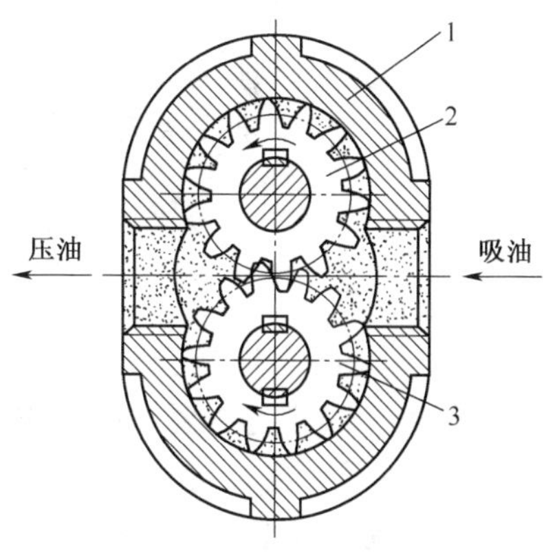

图 3-2　外啮合齿轮泵工作原理图

1—泵体；2—主动齿轮；3—从动齿轮

1. 泄漏问题

外啮合齿轮泵中构成密封工作容积的零件要作相对运动，因此存在间隙。其泄漏主要通过有三处：由于齿形误差会造成啮合间隙，使压油腔与吸油腔之间形成的少量泄漏；泵体的内圆和齿顶径向间隙的较少泄漏；齿轮端面与前后盖之间的端面间隙较大，此端面间隙封油长度又短，所以泄漏量最大。

2. 困油现象

为保证吸、压油腔严格地隔离以及齿轮泵供油的连续性，要求齿轮重叠系数 $\varepsilon>1$，即在前一对轮齿退出啮合之前，后一对轮齿已经进入啮合。在两对轮齿同时啮合的时段内，就有一部分油液困在两对轮齿所形成的封闭油腔内，既不与吸油腔相通也不与压油腔相通。随着齿轮的回转，该密封容积会发生变化，在容积缩小的阶段压力将急剧升高，而在容积增大阶段将产生气穴，这些将使齿轮泵产生强烈的振动和噪声，这就是困油现象。消除困油现象的措施是在齿轮端面两侧板上开卸荷槽，即在困油区油腔容积增大时，通过卸荷槽与吸油区相连，反之与压油区相连。

3. 径向不平衡力

由于吸、压油区液压力分布不均匀，从压油口到吸油口按递减规律分布，使齿轮轴受力不平衡，并且压油腔压力越高，这个力就越大。其带来的危害是加重了轴承的负荷，并加速了齿顶与泵体之间磨损，影响泵的寿命。可以采用减小压油口的尺寸、加大齿轮轴和轴承的承载能力、开压力平衡槽、适当增大径向间隙等办法来解决。

四、外啮合齿轮泵的特点和应用

外啮合齿轮泵的特点是结构简单、制造方便、重量轻、自吸性能好、价格低廉、对油液污染不敏感，有径向力不平衡力，流量脉动较大，噪声也大。外啮合齿轮泵主要用于小于 2.5 MPa 的低压液压系统，如负载小、功率小的机床设备及机床辅助装置如送料、夹紧等不重要的场合。

五、内啮合齿轮泵

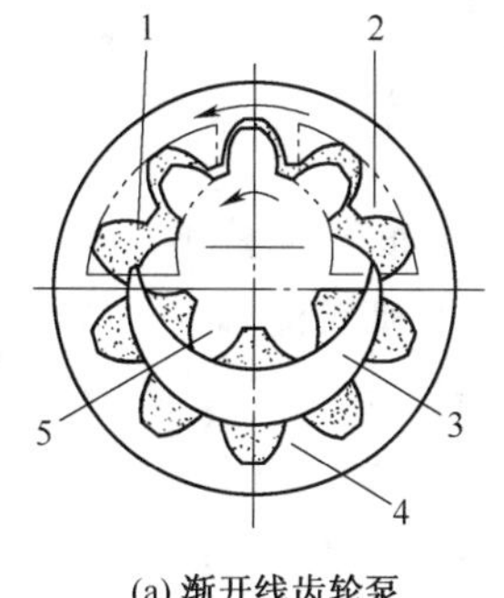

(a) 渐开线齿轮泵

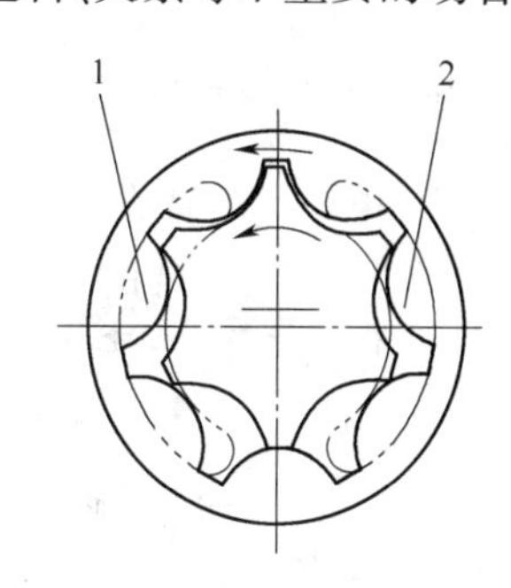

(b) 不设隔板的摆线齿轮泵

图 3-3　内啮合齿轮泵工作原理图

1—吸油腔；2—压油腔；3—隔板；4—从动齿圈；5—主动小齿轮

内啮合齿轮泵有渐开线齿轮泵和摆线齿轮泵两种。如图 3-3(a)所示为渐开线内啮合齿轮泵，其主动小齿轮和从动齿圈偏心安装，当主动小齿轮按图示方向旋转时，轮齿因退出啮合而使容积增大，实现吸油，随后经过月牙形隔板，隔板把吸油腔 1 和压油腔 2 隔开。被封闭的油液随着齿轮的继续回转，进入啮合，实现压油。如图 3-3(b)所示为摆线齿形内啮合泵又称摆线转子泵，由于小齿轮和内齿轮相差一齿，因而不需设置隔板。

内啮合齿轮泵的最大优点是无困油现象，流量脉动性比外啮合齿轮泵小，噪声低。当采用轴向和径向间隙补偿措施后，泵的额定压力可达 30 MPa，容积效率和总效率均较高。缺点是：齿形复杂，加工精度要求高，价格较贵。

第三节　螺　杆　泵

螺杆泵是由互相啮合且装于定子内的三根螺杆和前、后端盖等主要零件组成。如图 3-4 所示，其中中间的主动螺杆 3 由电机带动，旁边两根为从动螺杆 1。主动螺杆和从动螺杆的螺旋面在垂直于螺杆轴线的横截面上是一对共轭摆线齿轮，故又称为摆线螺杆泵。螺杆的啮合线把主动螺杆和从动螺杆的螺旋槽分割成多个相互隔离的密封腔。随着螺杆的旋转，这些密封工作腔一个接一个地在左端形成，不断地从左到右移动。主动螺杆每转一周，每个密封工作腔便移动一个螺旋导程。因此，在左端吸油腔，密封油腔容积逐渐增大，进行吸油，而在右端压油腔，密封油腔容积逐渐减小，进行压油。

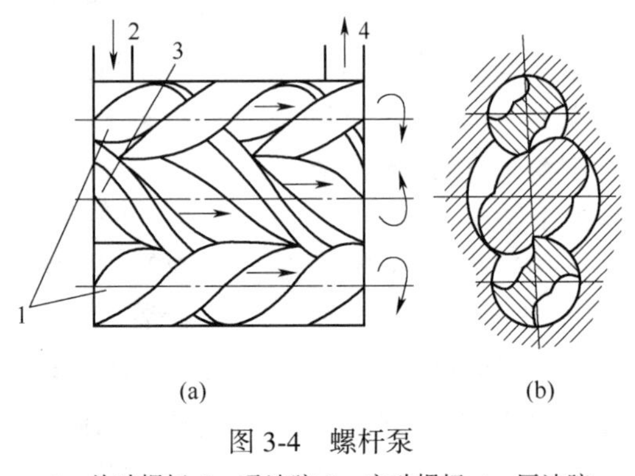

图 3-4　螺杆泵

1—从动螺杆；2—吸油腔；3—主动螺杆；4—压油腔

螺杆直径越大，螺旋槽越深，泵的排量就越大；螺杆越长，吸油口 2 和压油口 4 之间密封层次越多，泵的额定压力就越高。

螺杆泵优点是结构简单紧凑、体积小、动作平稳、噪声小、流量和压力脉动小、螺杆转动惯量小、快速运动性能好。因此已较多地应用于精密机床的液压系统中。其缺点是螺杆形状复杂，加工比较困难。

第四节　叶　片　泵

叶片泵分为单作用式和双作用式两种。

一、单作用叶片泵

1. 单作用叶片泵的工作原理

单作用叶片泵的工作原理如图 3-5 所示。它由转子 1、定子 2、叶片 3 和配流盘 4 等组成。配流盘的左侧与吸油口相通，配流盘的右侧与压油口相通。定子与转子不同心安装，有一偏心距 e。叶片装在转子槽内可灵活滑动。转子回转时，叶片在离心力和叶片根部压力油的作用下，叶片顶部贴紧在定子内表面上。在定子、转子以及每两个叶片和两侧配流盘之间就形成了一个个密封腔。当转子按图示方向转动时，右边的叶片逐渐伸出，密

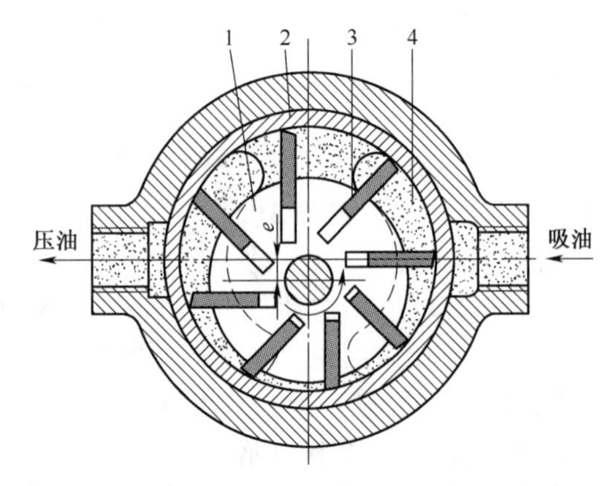

图 3-5　单作用叶片泵工作原理图

1—转子；2—定子；3—叶片；4—配流盘

封腔容积逐渐增大,产生局部真空,经过配流盘实现吸油。当密封腔转到左侧时,通过配流盘实现压油。

泵的转子转一周,叶片在槽中往复动作一次,进行一次吸油和压油,称为单作用式叶片泵。泵只有一个吸油区和一个压油区,因而作用在转子上的径向液压力不平衡,所以又称为非平衡式叶片泵。

2. 变量特性

如图 3-6(a)所示为限压式变量叶片泵的工作原理,如图 3-6(b)所示为其变量特性曲线。转子的中心 O_1 是固定的,定子 2 可以左右移动,在限压弹簧 3 的作用下,定子被推向右端,使定子中心 O_2 和转子中心 O_1 之间有初始偏心量 e_0,它决定泵的最大流量。e_0 的大小可用螺钉 6 调节。泵的出口压力 p,经泵体内通道作用于有效面积为 A 的柱塞 5 上,使柱塞对定子 2 产生一作用力 p_A。泵的限定压力 p_B 可通过调节螺钉 4,改变弹簧 3 的压缩量来获得,设弹簧 3 的预紧力为 F_s。

当泵的工作压力小于限定压力 p_B 时,则 $p_A<F_s$,此时定子不作移动,最大偏心量 e_o 保持不变,泵输出流量基本上维持最大,如图 3-6(b)所示曲线的 AB 段,AB 段稍有下降是泵的泄漏所引起;当泵的工作压力升高而大于限定压力 p_B 时,$p_A \geqslant F_s$,定子左移,偏心量减小,泵的流量也减小。泵的工作压力愈高,偏心量就愈小,泵的流量也就愈小,如图 3-6(b)所示曲线的 BC 段;当泵的压力达到极限压力 p_C 时,偏心量接近零,泵不再有流量输出。单作用叶片泵可作成变量泵。

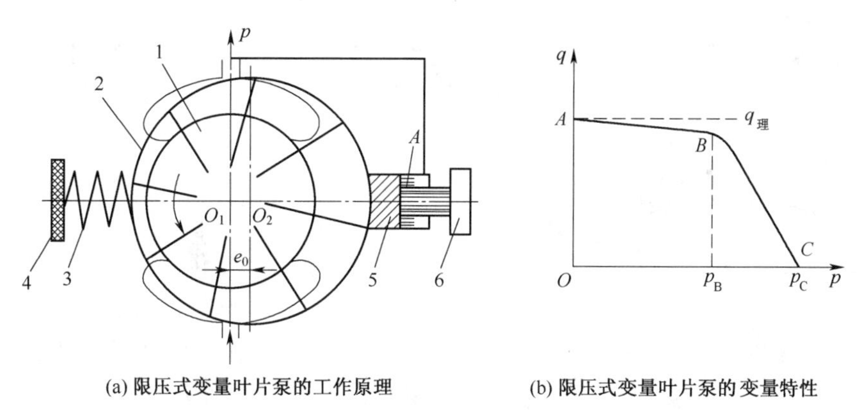

(a) 限压式变量叶片泵的工作原理　　(b) 限压式变量叶片泵的变量特性

图 3-6　限压式变量叶片泵的工作原理及特性曲线

1—转子;2—定子;3—限压弹簧;4、6—调节螺钉;5—反馈缸柱塞

3. 单作用叶片泵的特点

单作用叶片泵的流量有脉动,但泵内的叶片数越多,流量脉动率越小,奇数叶片泵的脉动率比偶数叶片泵的脉动率小;单作用式叶片泵易于实现流量调节,常用于快慢速运动的液压系统;单作用叶片泵的吸、压油腔压力不平衡,轴承易受径向不平衡力的影响。

二、双作用叶片泵

1. 双作用式叶片泵的工作原理

双作用式叶片泵的工作原理如图 3-7 所示,双作用式叶片泵的组成同单作用式叶片泵。它分别有两个吸油口和两个压油口。定子 1 和转子 2 通心装配,定子内表面近似于长径为 R,短径为 r 的椭圆形,并有两对均布的配油窗口。两个相对的窗口连通后分别接进、出油口,构成两个吸油口和两个压油口。转子每转一周，每个密封工作油腔完成两次吸油和压油，所以称为双作用式叶片泵。泵的两个吸油区和两个压油区是径向对称的，因而作用在转子上的径向液压力平衡，所以又称为平衡式叶片泵。

2. 双作用叶片泵的特点

双作用叶片泵的转子和定子为同心安装，其排量固定，因此又称为定量式叶片泵。双作用叶片泵没有径向不平衡力，且运转平稳、输油量均匀、噪声小。但它的结构较复杂，吸油特性差，对油液的污染较敏感，一般用于中压液压系统。

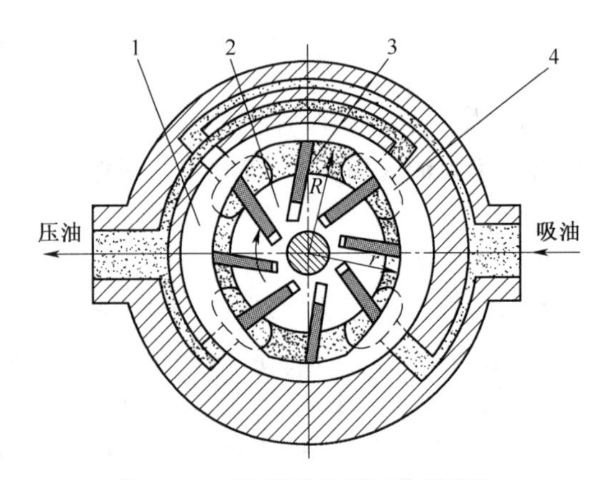

图 3-7　双作用叶片泵工作原理图

1—定子；2—转子；3—叶片；4—配油盘

第五节　柱　塞　泵

柱塞泵是依靠柱塞在缸体内往复运动，使密封容积产生变化，来实现吸油和压油的。由于柱塞与缸体内孔均为圆柱表面，因此加工方便，配合精度高，密封性能好，容积效率高。柱塞泵具有压力高、结构紧凑、效率高、流量能调节等优点。

根据柱塞排列和运动方式的不同分轴向柱塞泵和径向柱塞泵。轴向柱塞泵是柱塞的轴线和传动轴的轴线平行，径向柱塞泵是柱塞的轴线和传动轴的轴线垂直。因径向柱塞泵的尺寸大，结构较复杂，自吸能力差，配流轴上有不平衡液压力，容易磨损等缺点，在此只介绍轴向柱塞泵。

一、轴向柱塞泵的工作原理

柱塞泵是依靠柱塞在缸体内作往复运动，使得密封油腔容积变化而实现吸油和压油的，如图 3-8 所示。在图 3-8(a)中，斜盘式轴向柱塞泵是由缸体 3(转子)、柱塞 2、斜盘 1、配油盘 4 和传动轴 5 等主要部件组成。柱塞和配油盘形成若干个密封工作油腔，斜盘工作表面与垂直于轴线方向的夹角称为斜盘倾角，用“γ”表示。缸体内的某直径的圆周上均布着几个柱塞孔，柱塞在柱塞孔里滑动。当传动轴带着缸体和柱塞一起旋转时，柱塞在缸体内作往复运动。

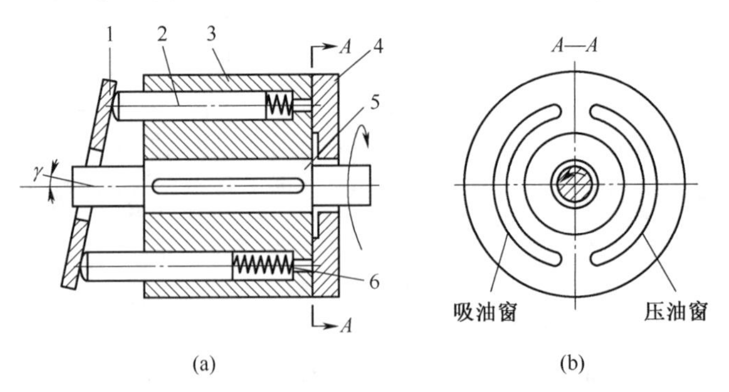

图 3-8　轴向柱塞泵的工作原理

1—斜盘；2—柱塞；3—缸体；4—配油盘；5—传动轴

在自上而下回转的半周内，柱塞逐渐向外伸出，使缸体内密封油腔容积增加，形成局部真空，于是油液通过配油盘的吸油窗进入缸体中；在自下而上的半周内，柱塞被斜盘推着逐渐向里缩回，使密封油腔容积减小，将液体从压油窗排出去。缸体每转动一周，完成一次吸油和一次压油。如图 3-8(b)所示为吸油窗和压油窗的形状。

由于斜盘和缸体呈一个倾斜角，才引起柱塞在缸体内往复运动。因此，当泵的结构和转速一定时，泵的流量就取决于柱塞往复行程的长度，故调节斜盘倾角的大小，就可以改变输出流量；此外，若改变斜盘倾斜的方向就使泵的吸油口和压油口的性质互换，所以轴向柱塞泵还能作为双向变量泵使用。

二、轴向柱塞泵的结构特点

(1)为减小泄漏，柱塞和柱塞孔的加工、装配精度高。

(2)缸体端面间隙的自动补偿。为了使缸体紧压配流盘端面，除机械装置或弹簧的推力外，还有柱塞孔底部台阶面上所受的液压力，此液压力比弹簧力大很多，而且随泵的工作压力增大而增大。由于缸体始终受力紧贴着配油盘，就使端面间隙得到了补偿。

(3)采用滑靴结构。在斜盘式轴向柱塞泵中，如果各柱塞球形头部直接在斜盘上滑动，即为点接触式，因接触应力大极易磨损，故只能用在中低压场合，当工作压力增大时，通常都在柱塞头部装一滑靴，如图 3-9 所示。滑靴按静压原理设计，缸体中的压力油经柱塞球头中间小孔流入滑靴油室，致使滑靴和斜盘间形成液体润滑，因此改善了接触应力，提高了泵的输出压力和流量。

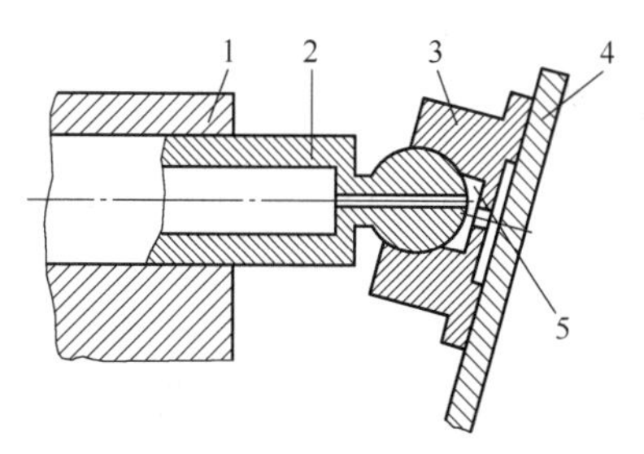

图 3-9　滑靴结构
1—缸体；2—柱塞；3—滑靴；4—斜盘；5—油室

(4)轴向柱塞泵没有自吸能力，可以在柱塞泵前安装一个辅助泵提供低压油液强行将柱塞推出，以便吸油充分。

(5)变量机构可采用手动、手动伺服、恒功率、恒流量、恒压变量等。

三、轴向柱塞泵的优缺点

轴向柱塞泵的柱塞与缸体柱塞孔之间为圆柱面配合，其优点是加工工艺性好，易于获得很高的配合精度，因此密封性能好，泄漏少，能在高压下工作，且容积效率高，流量容易调节；缺点是其结构复杂，价格较高，对油液污染敏感，常用于高压、大流量及流量需要调节的液压系统中。

第六节　液压泵的选用

选择液压泵的原则是：应根据主机工况、功率大小和系统对工作性能的要求，首先确定液压泵的结构类型。一般在负载小、功率小的机械设备中，选择齿轮泵或双作用叶片泵；精度较高的机械设备(如磨床)，选择螺杆泵或双作用叶片泵；对于负载较大，并有快速和慢速工作的机械设备(如组合机床)，选择限压式变量叶片泵；对于负载大、功率大的设备(如龙门刨)，选择柱塞泵；一般不太重要的液压系统(机床辅助装置中的送料、夹紧等)，选择齿轮泵。

然后按系统所要求的压力、流量大小确定其规格型号。常用液压泵的性能特点和应用见

表 3-2。

表 3-2 常用液压泵的性能特点和应用

性能参数＼类型	齿轮泵	叶片泵		柱塞泵	
		单作用(变量)	双作用	轴向	径向
压力范围(MPa)	2~21	2.5~6.3	6.3~21	21~40	10~20
排量范围(mL/r)	0.3~650	1~320	0.5~480	0.2~3 600	20~720
转速范围(r/min)	300~7 000	500~2 000	500~4 000	600~6 000	700~1 800
容积效率(%)	70~95	85~92	80~94	88~93	80~90
总效率(%)	63~87	71~85	65~82	81~88	81~83
流量脉动(%)	1~27			1~5	<2
噪声	稍高	中	中	大	中
耐污染能力	中等	中	中	中	中
价格	最低	中	中低	高	高
应用	机床液压系统及低压大流量的控制系统	中、低压液压系统，如精密机床及大功率设备	各类机床及工程设备	各类高压系统，如锻压、起重机械等	各类中高压液压系统，耐冲击

自测题三

一、填空题(每空 2 分，共 28 分。得分________)

1. 液压泵是将电动机输出的________转换为________的能量转换装置。

2. 外啮合齿轮泵的啮合线把密封容积分成________和________两部分，一般________油口较大，这是为了减小________的影响。

3. 液压泵正常工作的必备条件是：应具备能交替变化的________，以形成吸油和________过程，吸油过程中，油箱必须和________相通。

4. 输出流量不能调节的液压泵称为________泵，可调节的液压泵称为________泵。外啮合齿轮泵属于________泵。

5. 叶片泵的转子转 1 周，实现吸油和压油一次和两次的泵分别称为________泵和________泵。

二、判断题(每题 2 分，共 10 分。得分________)

1. 液压泵的排量大则其输出的油液流量一定大。 (　　)

2. 外啮合齿轮泵中，轮齿不断脱离啮合的那一侧油腔是吸油腔。 (　　)

3. 双作用式叶片泵存在径向不平衡力，属于非平衡式液压泵。 (　　)

4. 内啮合齿轮泵由于有多对齿轮同时进入啮合状态，所以困油现象更严重。 (　　)

5. 改变轴向柱塞泵斜盘的倾角大小和方向，则可使其成为双向变量液压泵。 (　　)

三、选择题(每题 3 分，共 15 分。得分________)

1. 对外啮合齿轮泵的特点描述错误的是________。

A. 结构紧凑，流量调节方便

B. 价格低廉,工作可靠,自吸性能好

C. 噪声大,不能消除径向不平衡力

D. 对油液污染不敏感泄漏小,主要用于高压系统

2. 不能成为双向变量液压泵的是________。

A. 双作用式叶片泵　　B. 单作用式叶片泵

C. 轴向柱塞泵　　D. 径向柱塞泵

3. 不存在径向不平衡力的泵是________。

A. 外捏合齿轮泵　　B. 径向柱塞泵

C. 单作用叶片泵　　D. 双作用叶片泵

4. 对液压泵的特点描述正确的是________。

A. 液压泵的实际流量通常大于理论流量

B. 所有的变容积的液压泵都能实现自动吸油

C. 液压泵的泄漏总是不可避免的

D. 调节齿轮泵两齿轮之间的轴距就能调节齿轮泵的排量

5. 通常情况下,柱塞泵多用于________系统。

A. 10 MPa 以上的高压　　B. 2.5 MPa 以下的低压

C. 6.3 MPa 以下的中压　　D. 各种压力

四、问答题(每小题 6 分,共 30 分。得分________)

1. 液压泵在吸油过程中,油箱为什么必须与大气相通?

2. 齿轮泵的困油现象是怎样产生的?采用什么措施加以解决?

3. 液压泵的工作压力和额定压力分别指什么?

4. 何谓液压泵的排量、理论流量、实际流量?它们的关系怎样?

5. 描述单作用可调叶片泵的工作原理。

五、计算题(共 17 分。得分________)

有一个轴向柱塞泵,柱塞直径 $d=20$ mm,柱塞孔的分布圆直径 $D=70$ mm,柱塞数 $z=7$,当斜盘倾角 $\gamma=22°$,转速 $n=960$ r/min,输出压力 $p=18$ MPa,容积效率 $\eta_v=0.95$,机械效率 $\eta_m=0.9$,试求理论流量 $q_{理}$、实际流量 $q_{实}$ 及所需电动机功率 $P_{电}$。

第四章　液压执行元件

教学目标

了解液压执行元件的结构、作用、分类和常用液压执行元件的工作特点；了解常用执行元件的应用场合；理解典型液压缸和液压马达的结构特点和工作原理；掌握液压缸的设计和校核方法；掌握单杆活塞式液压缸的三种工作方式及其重要回路参数的计算。

第一节　液压缸的类型和特点

液压执行元件将液压能转换成机械能，包括液压缸和液压马达两大类。液压缸将液压能转换成直线运动或摆动的机械能；液压马达将液压能转换成连续回转的机械能。液压缸按结构分为活塞式、柱塞式、摆动式和其他类型，详见表 4-1。

表 4-1　液压缸的类型和特点

名　称			图　形	特　点
活塞式液压缸	单杆	单作用		活塞靠液压力作用向右动作，依靠弹簧使活塞复位
		双作用		活塞双向动作都受液压力作用，左、右运动速度不相等
	双杆			活塞左、右运动速度相等
柱塞式液压缸	单柱塞			柱塞向右运动靠液压力的作用，依靠外力使柱塞复位
	双柱塞			两个柱塞被机械连接，靠液压力的作用使两柱塞同向动作
摆动式液压缸	单叶片			输出转轴摆动角度小于 300°
	双叶片			输出转轴摆动角度小于 150°

续上表

名　　称		图　　形	特　　点
其他液压缸	增压液压缸		活塞 A 的面积大于活塞 B 的面积，可提高 B 腔中的液压力
	伸缩液压缸		由两层或多层液压缸组成，缸筒由细至粗逐级伸出，可增加活塞行程
	多位液压缸		活塞 A 有三个确定的位置
	齿条液压缸		活塞带动齿条并驱动小齿轮产生旋转运动

第二节　液压缸的工作原理

如图 4-1 所示为单杆活塞式双作用液压缸。此种液压缸在液压系统中使用最为普遍，由缸筒、活塞、活塞杆、前后端盖、密封组件等主要部件组成。根据需要，其运动形式分为缸筒固定和活塞杆固定两种。

一、缸筒固定式

当缸筒固定不动，从左侧油口进油、右侧油口回油（出油）时，活塞左腔油液体积增加，压力升高，当油的压力足以克服作用在活塞杆上的负载时，推动活塞以速度 v_1 向右运动，活塞在动作过程中，压力不再继续上升；当活塞右侧油口进油、左侧油口回油时，活塞以速度 v_2 向左运动。活塞活塞两个方向的运动都靠液压力驱动的方式称为双作用方式，有两个工作油口的液压缸称为双作用液压缸。

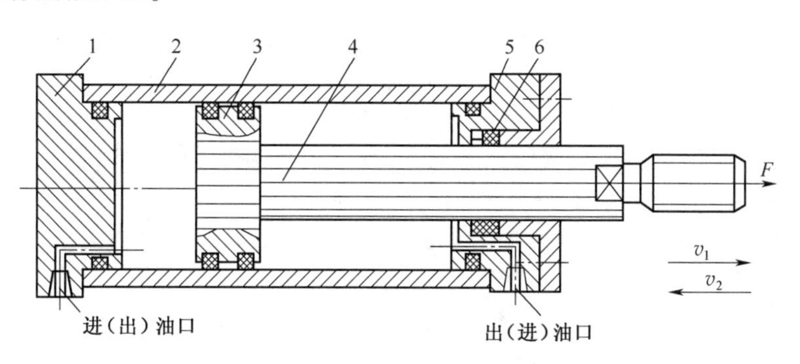

图 4-1　单杆活塞式双作用液压缸

1—后端盖；2—缸筒；3—活塞；4—活塞杆；5—前端盖；6—密封组件

二、活塞杆固定式

当活塞杆固定不动，缸的左侧油口进油、右侧油口回油，缸筒向左运动；缸的右侧油口进油、左侧油口回油，则缸筒向右移动。

第三节　常用液压缸的结构和参数计算

一、单杆活塞式液压缸

单杆活塞缸具有 3 种连接方式如图 4-2 所示。

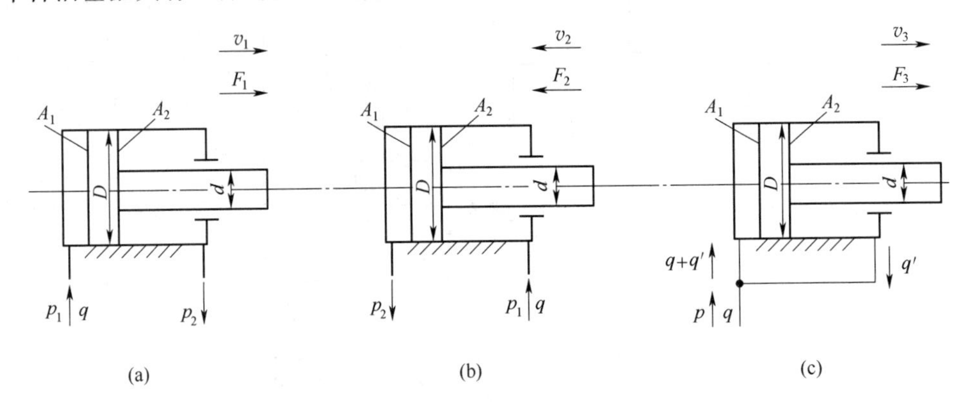

图 4-2　单杆活塞式液压缸的工作方式

在活塞两侧的腔体中，没有活塞杆的一侧称为无杆腔，其液压力的有效作用面积为 A_1；有活塞杆的一侧称为有杆腔，其液压力的有效作用面积是环形面积 A_2。v_1、v_2、v_3 为活塞运动速度，F_1、F_2、F_3 为推力，p_1 为进油压力、p_2 为回油压力，q 为液压源的输入流量、q'为回油流量。

1. 无杆腔进油、有杆腔回油

无杆腔进油、有杆腔回油的情形如图 4-2(a)所示，忽略损耗，其产生的推力 F_1 为

$$F_1 = p_1A_1 - p_2A_2 = p_1\frac{\pi D^2}{4} - p_2\frac{\pi}{4}(D^2 - d^2)$$

若有杆腔油液直接回油箱，$p_2 \approx 0$，则有

$$F_1 = p_1\frac{\pi D^2}{4}$$

活塞运动速度 v_1 为

$$v_1 = \frac{q}{A_1} = \frac{4q}{\pi D^2}$$

此时，活塞的运动速度较慢，能克服较大的负载，常用于实现机床的工作进给。

2. 有杆腔进油、无杆腔回油

有杆腔进油、无杆腔回油的情形如图 4-2(b)所示，忽略损耗，其产生的推力 F_2 为

$$F_2 = p_1A_2 - p_2A_1 = p_1\frac{\pi}{4}(D^2 - d^2) - p_2\frac{\pi D^2}{4}$$

若无杆腔油液直接回油箱，$p_2 \approx 0$，则有

$$F_2 = p_1\frac{\pi}{4}(D^2 - d^2)$$

活塞运动速度 v_2 为

$$v_2 = \frac{q}{A_2} = \frac{4q}{\pi(D^2 - d^2)}$$

此时，活塞的运动速度较快，能克服的负载较小，常用于实现机床的快速退回。

v_2 与 v_1 之比称为液压缸的速度比 λ_V

$$\lambda_V = \frac{v_2}{v_1} = \frac{1}{1 - \left(\frac{d}{D}\right)^2}$$

3. 液压缸两个油口都接压力油

当单杆活塞式液压缸两腔同时通压力油时，此种接法称为差动连接。此时，无杆腔的有效作用面积 A_1 大于有杆腔的有效作用面积 A_2，使得作用在活塞无杆腔的力大于有杆腔，活塞带动活塞杆向外伸出。

差动连接的情形如图 4-2(c)所示，忽略损耗，其产生的推力 F_3 为

$$F_3 = pA_1 - pA_2 = p(A_1 - A_2) = p\frac{\pi d^2}{4}$$

活塞的运动速度为 v_3，有杆腔的回油流量 $q'=v_3A_2$，液压源提供的流量为 q，无杆腔的总进油量 $q+q'=v_3A_1$，得到

$$v_3A_1 = q + v_3A_2$$

整理后，得到活塞的运动速度 v_3 为

$$v_3 = \frac{q}{A_1 - A_2} = \frac{4q}{\pi d^2}$$

接成差动连接的双作用液压缸可获得较大的运动速度，常用于实现机床的快进。

二、双端出杆活塞式液压缸

活塞两侧都有活塞杆伸出的液压缸称为双端出杆活塞式液压缸，其工作方式如图 4-3 所示。假设活塞的直径为 D，两活塞杆直径为 d 且相等，液压缸的供油压力为 p，流量为 q，活塞（或缸体）两个方向的运动速度均为 v，推力均为 F，且两个方向的运动速度 v 和推力 F 均相等。

如图 4-3(a)所示为缸体固定式结构。当液压缸的左腔进油，推动活塞向右移动，右腔活塞杆向外伸出，左腔活塞杆向内缩进，液压缸右腔的油液回油箱；反之，活塞向左移动。其工作台的往复运动范围约为有效行程 L 的 3 倍。这种液压缸因运动范围大，占地面积较大，一般用于小型机床或液压设备。

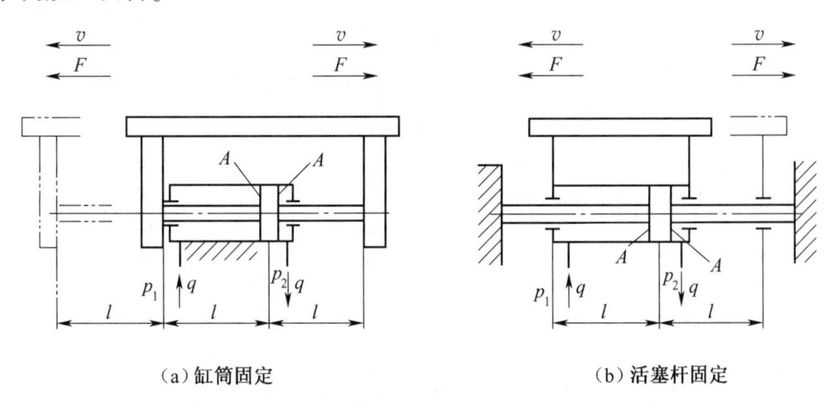

图 4-3　双杆活塞式液压缸的工作方式

如图 4-3(b)所示为活塞杆固定式结构。液压缸的左腔进油,缸体左移;反之,缸体右移。其工作台的往复运动范围约为有效行程 L 的 2 倍,因运动范围不大,占地面积较小,常用于中型或大型机床或液压设备。

液压缸有效作用面积为

$$A = A_1 = A_2 = \frac{\pi}{4}(D^2 - d^2)$$

往复运动推力

$$F = F_1 = F_2 = pA = p\frac{\pi}{4}(D^2 - d^2)$$

往复运动速度

$$v = v_1 = v_2 = \frac{q}{A} = \frac{4q}{\pi(D^2 - d^2)}$$

三、柱塞式液压缸

龙门刨床、导轨磨床等大行程设备常使用柱塞式液压缸。行程长的活塞缸的缸孔加工精度要求高,而柱塞缸的内壁不需要精加工,只对柱塞杆进行精加工,所以柱塞缸的结构简单、制造方便、成本低。柱塞缸只能在压力油作用下产生单向运动,回程依靠自重或外力的作用;为实现油液的双向作用,柱塞缸常成对使用,如图 4-4 所示。

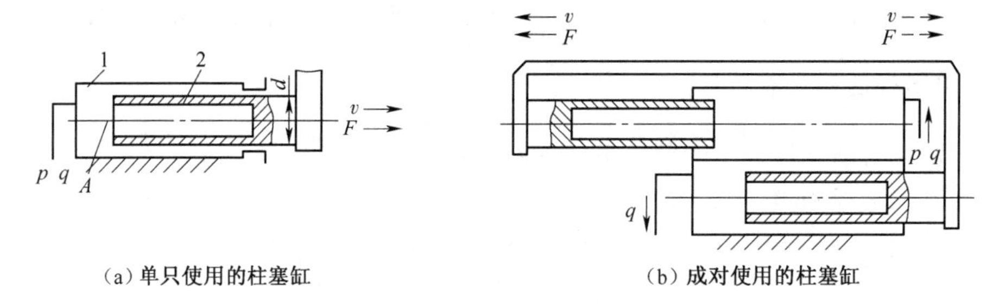

(a) 单只使用的柱塞缸　　(b) 成对使用的柱塞缸

图 4-4　柱塞式液压缸

1—缸体;2—柱塞

若柱塞的直径为 d,则柱塞缸的有效作用面积为

$$A = \frac{\pi d^2}{4}$$

柱塞输出的推力为

$$F = pA = p\frac{\pi d^2}{4}$$

柱塞的运动速度为

$$v = \frac{q}{A} = \frac{4q}{\pi d^2}$$

四、伸缩式液压缸

伸缩式液压缸由二级或多级活塞缸套组合而成。如图 4-5 所示为二级伸缩式液压缸的结构示意图,前一级的活塞 2 与后一级的缸筒 3 连为一体。活塞伸出的顺序是先大后小,相应的

推力也是由大到小,速度为由慢到快;活塞缩回的顺序一般是先小后大。伸缩式液压缸活塞杆伸出时行程大,缩回后的结构尺寸小,因而它适用于起重运输车辆等占空间小且可实现长行程工作的机械上,如起重机伸缩臂缸、自卸汽车举升缸等。

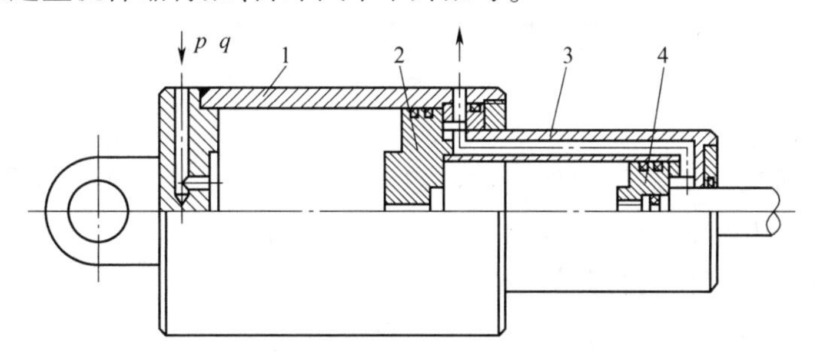

图 4-5　二级伸缩式液压缸

1——一级缸筒;2——一级活塞;3—二级缸筒;4—二级活塞

五、摆动式液压缸

1. 工作原理

摆动式液压缸输出转矩,并实现往复摆动,也称为摆动式液压马达,在结构上有单叶片和双叶片两种形式。摆动液压缸的工作原理如图 4-6 所示,定子挡块固定在缸体上,而叶片和摆动轴联结在一起,当两油口分别通压力油时,叶片即带动摆动轴作往复摆动。

2. 转矩和角速度

如图 4-6(a)所示,若单叶片摆动缸的叶片宽度为 b,缸的内径为 D,输出轴的直径为 d,进油压力为 p_1,回油压力为 p_2,流量为 q,同时不计回油腔压力时,则单叶片摆动式液压缸输出转矩 T 和回转角速度 ω 为

$$T = \frac{(D^2 - d^2)b}{8}(p_1 - p_2)$$

$$\omega = \frac{8q}{b(D^2 - d^2)}$$

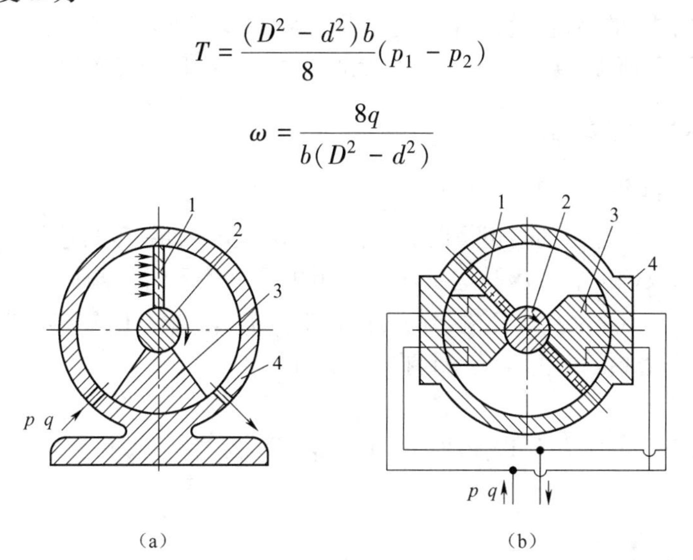

图 4-6　摆动式液压缸

1—叶片;2—摆动轴;3—定子挡块;4—缸体

3. 应用

单叶片摆动液压缸的摆角一般不超过 300°,双叶片摆动液压缸的摆角一般不超过 150°,其结构如图 4-6(b)所示。此类液压缸常用于机床的送料装置、间歇进给机构、回转夹具、工业

机器人手臂和手腕的回转机构等液压系统。

六、增压缸

当液压系统中的局部区域需要获得高压时，可使用增压缸。如图 4-7 所示为由活塞缸和柱塞缸组合而成的单作用增压缸。

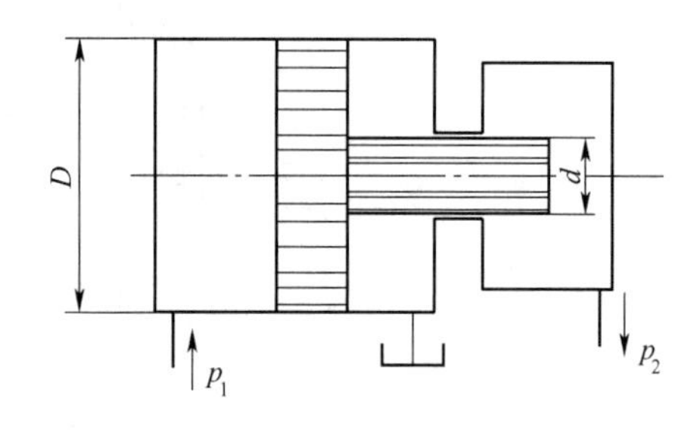

图 4-7　单作用增压缸

在增压缸中，活塞缸活塞的有效工作面积大于柱塞的有效工作面积，所以向活塞缸无杆腔送入低压油时，可以在柱塞缸腔体内得到高压油。假设活塞的直径为 D，柱塞的直径为 d，活塞左侧的无杆腔进油压力为 p_1，柱塞右侧的出油压力为 p_2，它们之间的关系为

$$p_1 \frac{\pi D^2}{4} = p_2 \frac{\pi d^2}{4}$$

$$p_2 = \left(\frac{D}{d}\right)^2 p_1 = Kp_1$$

式中 K 称为增压比，$K=D^2/d^2$。当 $D=2d$ 时，$p_2=4p_1$，即压力增大 4 倍。单作用增压缸只能单方向间歇增压，若要连续增压就需采用双作用式增压缸。

第四节　液压马达

液压马达将输入的液压能转换成工作机构所需要的机械能。液压马达的输入参量为压力和流量，液压马达输出的参量为转矩和转速。尽管从工作原理上讲，液压泵和液压马达是可逆的，但由于用途不同，所以，在实际工作中的大部分泵和马达是不可逆的。

一、液压马达的性能参数

1. 液压马达的转矩

液压马达在工作中输出的转矩是由负载转矩所决定的，而液压马达的工作能力又是通过工作容积的大小来反映的。液压马达工作容积用排量 V 表示，液压马达进、出口的压力差为 Δp，输入液压马达的流量为 q，马达输出的理论转矩为 T_t，马达输出的实际转矩为 T，输出的角速度为 ω。根据能量守恒定律，忽略一切损失，得到

$$\Delta p q_t = T_t \omega$$

因为 $q_t = Vn$，$\omega = 2\pi n$，所以液压马达的理论转矩为

$$T_t = \frac{1}{2\pi}\Delta p V$$

考虑马达实际运行中的摩擦损失，得到其实际转矩为

$$T = \frac{1}{2\pi}\Delta p V \eta_m$$

2. 液压马达的转速

马达的转速取决于供给液压油的流量和液压马达本身的排量。由于液压马达内部有泄

漏,并不是所有进入液压马达的液体都推动液压马达做功,一小部分液体因泄漏损失掉了,所以马达的实际转速要比理想情况低一些。

$$n = \frac{q}{V}\eta_V$$

3. 液压马达的效率

摩擦损失会造成液压马达的转矩损失 ΔT,所以,液压马达的实际输出转矩 T 一定小于理论输出的转矩 T_t。液压马达的机械效率为

$$\eta_m = \frac{T}{T_t} = \frac{T_t - \Delta T}{T_t} = 1 - \frac{\Delta T}{T_t}$$

由于泄露,液压马达实际输入的流量大于理论流量,有 Δq 损失掉了。液压马达的理论输入流量 q_t 与实际输入流量 q 之比称为液压马达的容积效率 η_V,即

$$\eta_V = \frac{q_t}{q} = \frac{q - \Delta q}{q} = 1 - \frac{\Delta q}{q}$$

二、叶片马达

叶片马达的工作原理如图 4-8 所示,当压力油经过配油窗口进入叶片 1 和叶片 3(或叶片 5 和叶片 7)之间时,叶片 1 和叶片 3 的一侧作用高压油,另一侧作用低压油,同时由于叶片 3 伸出的面积大于叶片 1 伸出的面积,因此使转子产生合成的逆时针转动的力矩。同时叶片 5 和叶片 7 的压力油作用面积之差也使转子产生逆时针转矩。两者之和即为液压马达产生的转矩。在供油量一定的情况下,液压马达将以确定的转速旋转。位于压油腔叶片 2 和叶片 6 两面同时受压力油作用,受力平衡对转子不产生转矩。

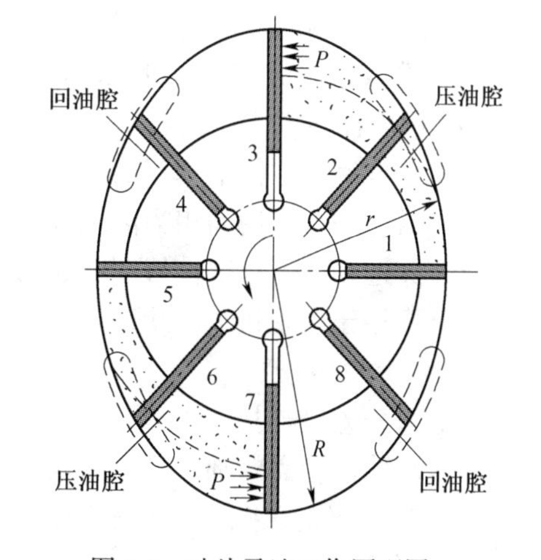

图 4-8　叶片马达工作原理图

叶片马达和叶片泵相比有自己的结构特点:

(1)转子的两侧面开有环形槽,槽内放有燕式弹簧,使叶片始终压向定子内表面,以保证启动时叶片与定子内表面密封,并有足够的启动力矩。

(2)马达需要正反转,因此叶片沿转子径向放置,叶片的倾角等于零。

(3)为获得较高的容积效率,工作时叶片底部始终要与压油腔连通。可以在叶片底部油路中并联两个与吸压油腔相通的单向阀。

三、液压马达的工作特点

液压马达是用来驱动外负载做功的,只有当外负载转矩存在时,液压泵进入液压马达的压力油才能建立起压力,液压马达才能产生相当的转矩去克服它。所以液压马达的转矩是随外负载转矩而变化的。

自 测 题 四

一、填空题(每空 2 分,共 34 分。得分________)

1. 液压缸是将________转变为________的转换装置,一般用于实现________

或________。

2. 当双出杆活塞缸的________固定时，其工作台运动范围约为有效行程的________倍；当________固定时其工作台运动范围约为有效行程的________倍。

3. 若供给液压缸的流量和压力一定，则无杆腔进油时的运动速度________有杆腔进油时的运动速度；无杆腔进油时产生的推力________无杆腔进油时产生的推力；两腔同时通压力油称为________，此时液压缸的运动速度________，产生的推力________。

4. 液压缸常用的密封方法有________和________。

5. 液压马达是将________转变为________的执行元件。

二、判断题（每题 2 分，共 10 分。得分________）

1. 单出杆活塞缸的活塞杆面积越大，活塞往复运动的速度差别就越小。（　　）

2. 两个单作用柱塞缸相连可以实现双作用功能。（　　）

3. 在尺寸较小，压力较高，运动速度较低的场合，可采用间隙密封的方法。（　　）

4. 差动连接的单出杆活塞缸，可使活塞实现快速运动。（　　）

5. 液压缸内的缓冲装置通常是靠节流作用实现的。（　　）

三、选择题（每题 3 分，共 15 分。得分________）

1. 单出杆活塞式液压缸________。

A. 活塞两个方向的作用力相等。

B. 活塞有效作用面积为活塞杆面积 2 倍时，工作台往复运动速度相等。

C. 其运动范围是工作行程的 3 倍。

D. 常用于实现机床的快速进给及工作进给。

2. 柱塞式液压缸________。

A. 可作差动连接　　B. 可组合使用完成工作台的往复运动

C. 缸体内壁需精加工　　D. 往复运动速度不一致

3. 起重设备要求伸出行程长时，常采用的液压缸形式是________。

A. 增压缸　　B. 柱塞缸

C. 摆动缸　　D. 伸缩缸

4. 下列描述正确的是________。

A. 在缸筒内径和流量不变的情况下，柱塞直径越大，其运动速度越慢。

B. 柱塞缸在缸筒内径和压力不变的情况下，柱塞直径越大，其推力越小。

C. 伸缩式液压缸伸出时，总是从内经小的缸筒开始动作。

D. 双叶片摆动缸用于实现 300°以内的往复摆动。

5. 液压龙门刨床的工作台长，为降低孔加工难度，所以采用________液压缸较好。

A. 单出杆活塞式　　B. 双出杆活塞式

C. 柱塞式　　D. 摆动式

四、问答题（每题 5 分，共 25 分。得分________）

1. 液压缸主要分为哪几类？各有什么特点？

2. 液压缸为什么要有缓冲装置？常见的缓冲装置有哪几种？

3. 描述增压缸是如何工作的？

4. 液压缸为什么要设置排气装置？

5. 描述叶片式液压马达的工作原理。

五、计算题(共16分。得分________)

单出杆活塞缸的输入流量为25 L/min,压力 $p=4$ MPa。工进时速度为 v_1,无杆腔进油,有杆腔回油;快进时速度为 v_2,接成差动连接;快退时速度为 v_3,有杆腔进油,无杆腔回油。要求满足:

(1)往返快速运动速度相等,即 $v_2=v_3=6$ m/min。

(2)液压油进入无杆腔时,其推力 F 为2 500 N。试分别求出上述两种情况下的液压缸内径 D 和活塞杆直径 d。

第五章　液压控制元件

了解液压控制元件的分类、性能参数和基本要求,了解插装阀和电液比例控制阀的结构特点及应用;理解各种液压控制阀的结构和工作原理,掌握调速阀和节流阀,溢流阀和减压阀,顺序阀和溢流阀等相似元件的异同;能熟练绘制和识读各种元件的职能符号。

第一节　液压控制元件概述

液压控制元件也称液压控制阀,简称液压阀。它是控制液压系统中流体的压力、流量及流动方向,以满足液压缸、液压马达等执行元件不同的动作要求的重要元器件。

一、液压阀的基本结构及工作原理

液压阀的基本结构主要包括阀芯、阀体和驱动阀芯在阀体内做相对运动的操纵机构。阀芯的主要形式有滑阀、锥阀和球阀;阀体上开有与阀芯配合的阀体孔、阀座孔以及外接油管的进油口、出油口和泄油口;驱动阀芯在阀体内动作的有手动机构、弹簧机构、电磁机构、液压力机构以及这些机构的组合形式。

液压阀是利用阀芯在阀体内的相对运动来控制阀口的通、断及开口的大小,以实现对液流的压力、流量和方向的控制。

二、液压阀的分类

液压阀有如下的分类方式。

(1)根据阀的功用可分为:方向控制阀、压力控制阀和流量控制阀。

(2)根据控制方式分为:开关控制阀、电液比例阀、伺服控制阀和数字控制阀。

(3)根据阀芯的结构形式分为:滑阀、锥阀、球阀等。

(4)根据连接和安装形式分为:管式阀、板式阀、叠加式阀和插装式阀。

三、液压阀的性能参数

液压阀的通用参数是公称通径和额定压力。公称通径代表阀的通流能力的大小,对应于阀的额定流量。进、出油口的油管规格应与阀的通径相一致;额定压力是液压阀长期工作所允许的最高工作压力。

四、对液压阀的基本要求

(1)动作灵敏、使用可靠,工作时冲击和振动小、噪声小、使用寿命长。

(2)流体通过液压阀时,压力损失小。

(3)阀口关闭时,密封性能好,内泄漏小,无外泄漏。

(4)所控制的参量(压力或流量)稳定,受外部干扰时变化量小。

(5)结构紧凑,安装、调整、使用、维护方便,通用性好。

第二节　方向控制阀

方向控制阀是改变油路通、断或油液的流动方向的元件,用于控制液压执行元件的启动、停止或改变运动方向。

一、单向阀

单向阀分为普通单向阀和液控单向阀两类,普通单向阀在使用中简称为单向阀。

1. 普通单向阀

单向阀又称止回阀,液流只能沿一个方向流通,反向液流被截止。普通单向阀有直通式和直角式两种。直通式单向阀如图 5-1(a)所示,其进口和出口流道在同一轴线上,钢球式阀芯的结构简单,密封性较差,常用于小流量场合;直角式单向阀如图 5-1(b)所示,其进、出口流道成直角布置,椎阀式阀芯的结构较复杂,导向性好,密封可靠。单向阀的职能符号如图 5-1(c)所示。

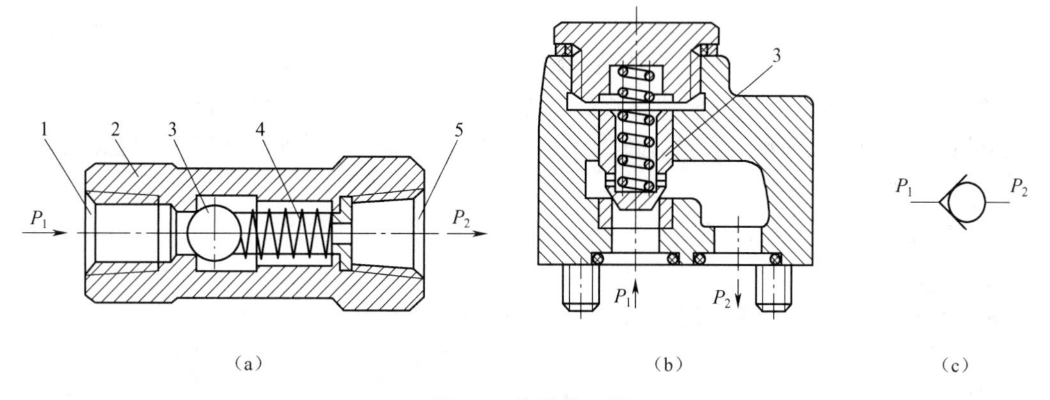

图 5-1　普通单向阀

1、5—工作油口;2—阀体;3—阀芯;4—弹簧

单向阀的工作原理如图 5-1(a)所示,当压力油从油口 1 进入时,油压作用在球形阀芯上,阀芯右移,压缩软弹簧,阀口打开,压力油从油口 5 流出;当压力油反向进入时,油液压力和弹簧力将阀芯压紧在阀座上,阀口关闭,油液不能通过。

单向阀中的弹簧,主要用来克服摩擦力、阀芯的重力和惯性力,使阀芯在反向流动时能迅速关闭,所以单向阀中的弹簧较软,单向阀的开启压力一般为 0.03~0.05 MPa。将单向阀中的软弹簧更换成合适的硬弹簧,就成为背压阀,用以产生 0.3~0.5 MPa 的背压,如装在液压马达的回油油路中。

单向阀常安装在泵的出口,一方面防止系统的压力冲击影响泵的正常工作;另一方面在泵不工作时防止系统的油液倒流经泵回油箱。单向阀还用来分隔油路以防止干扰,或与其他阀并联组成复合阀,如单向节流阀等。

2. 液控单向阀

液控单向阀是一种有条件逆向流动的单向阀。液控单向阀有筒式液控单向阀和带卸荷阀芯的卸载式液控单向阀两种。如图 5-2(a)所示为筒式液控单向阀的结构，当控制口 K 无压力油时，工作原理与普通单向阀一样，压力油只能从 P_1 口流向 P_2 口，反向液流被截止；当控制口 K 有控制压力作用时，在液压力作用下，控制活塞组件 1 向右移动，顶开主阀芯 2，使 P_2 口和 P_1 口相通，油液可以在 P_2 口和 P_1 口之间双向流动。由于控制活塞组件右腔的油液与进油口 P_1 相通，即随着活塞组件的右移，其右腔的油液直接排到工作回路中，这种回油方式称为内泄式。要使得活塞组件动作，内泄式液控单向阀的控制压力最小应为主油路压力的 30% ~50%。

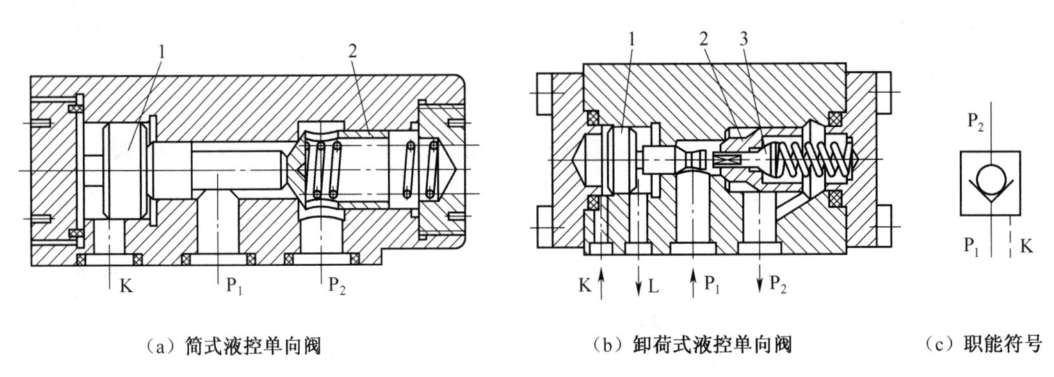

图 5-2　液控单向阀

1—控制活塞组件;2—主阀芯;3—卸荷阀芯

如图 5-2(b)所示为带卸荷阀芯的卸载式液控单向阀。当控制油口 K 通入压力油时，控制活塞组件 1 右移，先顶开卸荷阀芯 3，使主油路卸压，然后再顶开主阀芯 2。控制活塞组件 1 右腔的油液通过外泄口回油，这种回油方式称为外泄式。由于控制回路和工作回路相互独立，所以 K 口的控制压力可以很小，约为主油路工作压力的 5%。液控单向阀的职能符号如图 5-2(c)所示。

液控单向阀具有良好的密封性能，常用于执行元件的长时间保压、锁紧、防止下滑等。如图 5-3 所示为采用两个液控单向阀的锁紧回路，称为双向液压锁。当 A 口通压力油，B 口回油时，液控单向阀 1 正常开启，液控单向阀 2 逆向开启；当 B 口通压力油，A 口回油时，液控单向阀 2 正常开启，液控单向阀 1 逆向开启；当 A、B 口都无压力油时，两个液控单向阀关闭，液压缸锁紧。

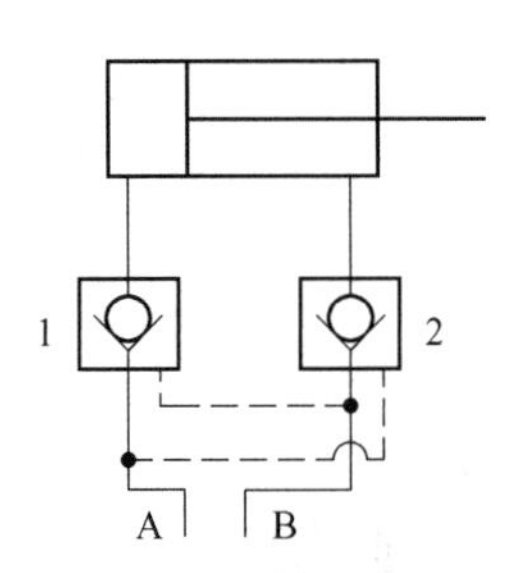

图 5-3　双向液压锁

二、换向阀

换向阀的作用是通过改变阀芯和阀体的相对位置，从而改变阀体上各油口的通断状态，用以实现控制油路的接通、断开或改变液流方向。

1. 换向阀的分类

换向阀用途广泛，种类很多，见表 5-1。其中，滑阀式换向阀是液压系统中用量最大、品种和名称最复杂的一类阀，它主要由阀体、阀芯、操纵机构和定位机构组成。

2. 滑阀式换向阀的工作原理

滑阀靠阀芯在阀体内作轴向运动，从而使相应的油路接通或断开的换向阀。如图 5-4 所示为二位四通滑阀式换向阀的工作原理，其阀体内孔由五个环形沉割槽组成，每条沉割槽都通过相应的孔道与外部相通,其中 P 为进油口,T 为回油口,A 和 B 为工作油口(可以接液压缸或其他液压元件);阀芯由 3 个长度不同的台肩组成。

表 5-1　换向阀的分类

分类方式	类　型
按阀的操纵方式	手动、机动、电动、液动、电液动等
按阀的通路和阀芯的工作位置数	二位二通、二位三通、三位四通、三位五通等
按阀的结构	滑阀式、转阀式、锥阀式
按阀的安装方式	管式、板式、法兰式等

当阀芯处于阀体内的左侧,如图 5-4(a)所示位置时,P 口与 B 口相通、A 口与 T 口相通;当阀芯向右移至如图 5-4(b)所示位置时,P 口与 A 口相通、B 口与 T 口相通。两图右侧的简化图形符号表示了阀芯处于两个位置时对应油口的通断情况。可见,只要改变阀芯的停留位置,就可以改变阀口的通断状况,即油路的通断状况。

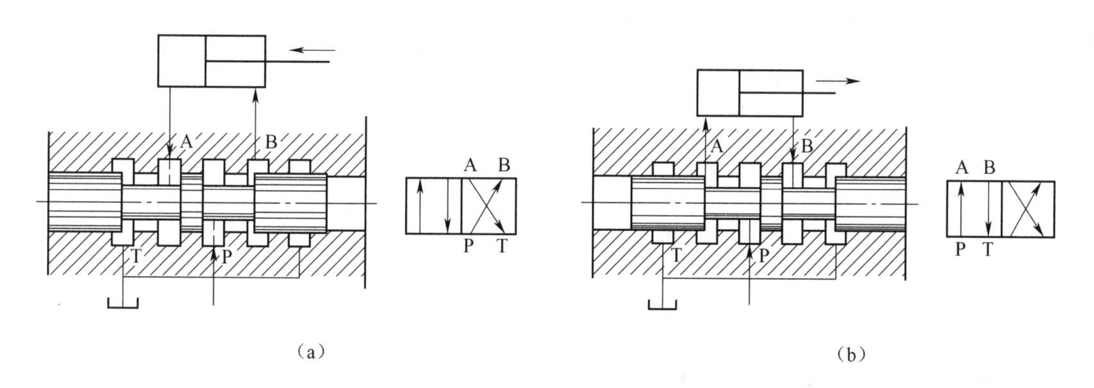

图 5-4　滑阀式换向阀工作原理

3. 换向阀的职能符号

换向阀职能符号有如下含义。

(1)换向阀的“位”数

换向阀的“位”是指换向阀的稳定工作位置。滑阀的阀芯相对于阀体有几个不同的稳定工作位置,就称该阀是一个几“位”的阀。换向阀的“位”用方框表示,即方框数等于阀芯的位数。

(2)换向阀的“通”数

阀体内孔沉割槽的孔道与外部连接的主油口称为“通”。主油口指的是接工作回路的压力油口或回油口,非驱动阀芯动作的控制油口。油口有通和断两种情况:用箭头表示两油口相通,箭头方向不代表液流的流向;用“⊥”或“⊤”表示此油口不通流。从职能符号的表示上看,“通”数为箭头、“⊥”、“⊤”与表示阀芯工作位置的方框的上框和下框的交点总数,有几个交点就称为几“通”。

(3)字母符号含义

字母表示油口的功能符号,P 表示进油口,T 表示回油口,A 和 B 表示接其他元件的工作油口。

(4)阀芯的静态位置

阀芯的静态位置是指换向阀不工作时阀芯的位置。由于阀芯在不同稳定位置时的通断关系不同，为规范绘图时阀口的状态，油路连接一般应标注在阀芯处于静态位置时的“位”上；规定三位阀的静态位置为中间位（简称中位），靠弹簧复位的二位阀的弹簧侧方框为静态位。此外，对于“二通阀”和“三通阀”还要注意静态位的常通（静态位置时两油口连通）状态和常断（静态位置时两油口不连通）状态。

（5）其他

一个换向阀完整的图形符号还应表示出驱动阀芯动作的操纵方式、复位方式和定位方式等。滑阀式换向阀主体部分的结构形式和职能符号见表 5-2。

表 5-2　常用滑阀阀芯结构和应用

名称	结构原理图	图形符号	使用场合
二位二通	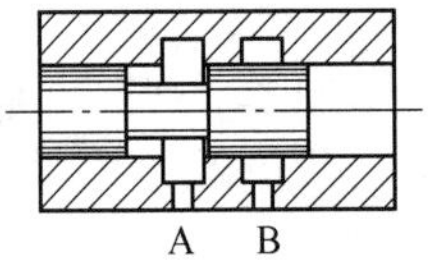 A　B	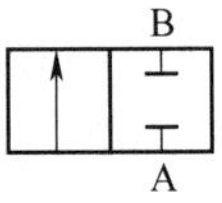 B A	控制油路接通或断开（常断）
二位三通	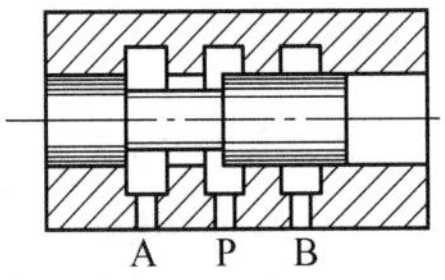 A　P　B	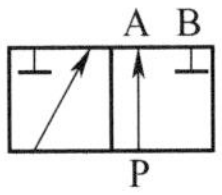 A　B P	控制液流反向流动（常通）
二位四通	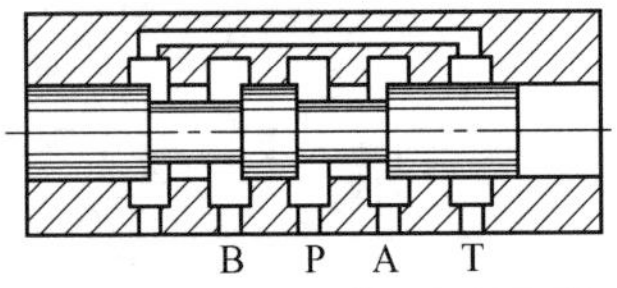 B　P　A　T	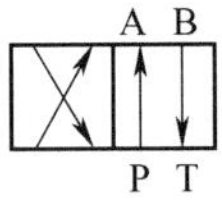 A　B P　T	执行元件正、反向运动，两个方向的回油方式相同
三位四通	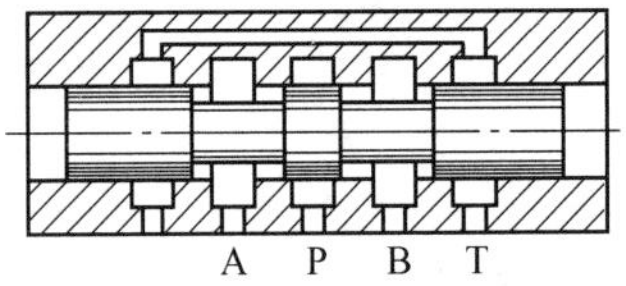 A　P　B　T	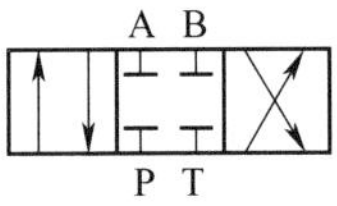 A　B P　T	执行元件两个方向运动并可任意停位，两个方向的回油方式相同
三位五通	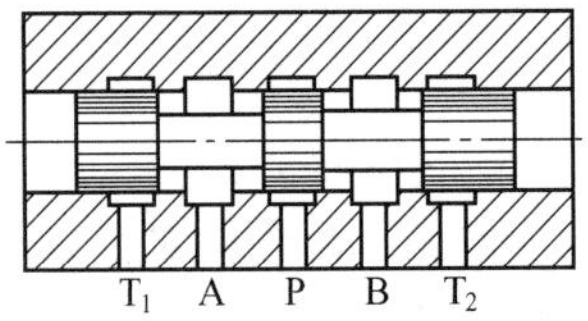 T_1　A　P　B　T_2	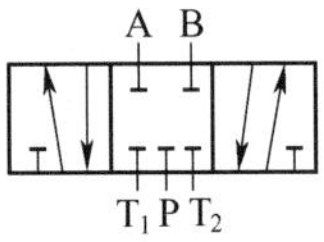 A　B T_1 P T_2	执行元件正、反向运动，两个方向的回油方式不同

4. 滑阀的中位机能

三位换向阀的滑阀在中位时各油口的连通方式称为滑阀机能，也称中位机能。不同中位机能的滑阀可以满足不同系统的要求。常见的中位机能见表 5-3，表中列出了不同中位机能的滑阀的结构、图形符号、特点和应用。

表 5-3　常见的滑阀中位机能

中位机能	滑阀中位状态	中位机能符号		特点
		四通	五通	
O 形	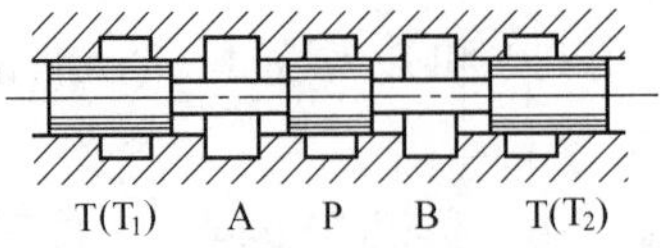 T(T_1)　A　P　B　T(T_2)	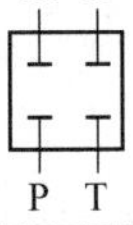 A　B P　T	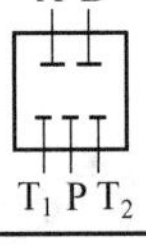 A B T_1 P T_2	各油口全部封闭，液压缸被锁紧，液压泵不卸荷，不影响并联缸的运动

续上表

中位机能	滑阀中位状态	中位机能符号		特点
		四通	五通	
H 形	T(T1) A P B T(T2)	A B / P T	A B / T_1 P T_2	各油口全部连通，液压缸浮动，液压泵卸荷，不能并联其他缸使用
Y 形	T(T1) A P B T(T2)	A B / P T	A B / T_1 P T_2	液压缸两腔通油箱，液压缸浮动，液压泵不卸荷，并联缸可运动
P 形	T(T1) A P B T(T2)	A B / P T	A B / T_1 P T_2	压力油口与液压缸两腔连通，回油口封闭，液压泵不卸荷，并联缸可运动，活塞式单杆缸实现差动连接
M 形	T(T1) A P B T(T2)	A B / P T	A B / T_1 P T_2	液压缸两腔封闭，液压缸被锁紧，液压泵卸荷，其他缸不能并联使用
U 形	T(T1) A P B T(T2)	A B / P T	A B / T_1 P T_2	液压缸两腔连通，液压缸浮动，压力油口和回油口封闭，不影响其他并联缸使用

有时，当换向阀的阀芯从一个工作位置过渡到另一个工作位置，各油口之间的通断关系也有要求，则规定和设计了过渡机能。过渡机能被画在各工作位置通路符号之间，并用虚线与之隔开。如图 5-5 所示，虚线部分为二位四通滑阀的过渡机能，在换向过程中，四个油口呈连通状态，这样可实现压力的释放，避免在换向过程中的压力冲击。

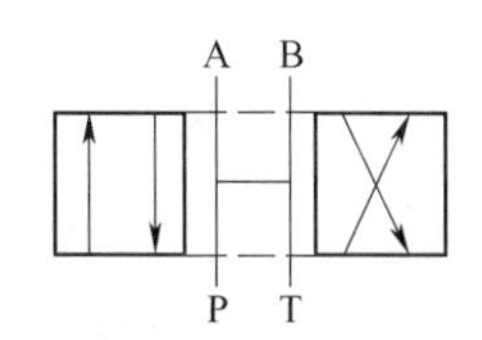

图 5-5 带过渡机能的换向阀职能符号

5. 滑阀式换向阀的操纵方式

(1) 手动换向阀

手动换向阀是用手操作杠杆机构带动阀芯换位的换向阀。如图 5-6 所示，通过操作手柄 1 可以带动阀芯 2 动作，实现阀口连接关系的变化。手动换向阀有弹簧复位式和钢球定位式两种。如图 5-6(a) 所示的换向阀采用复位弹簧 3 进行复位，当操纵手柄使阀芯处于左侧位置或右侧位置时，可实现换向阀的左位或右位机能起作用；若手柄上的操作力消失，阀芯便在弹簧力作用下自动恢复至中位，适用于换向动作频繁，工作持续时间短的场合，其职能符号如图 5-6(b) 所示。

如图 5-6(a) 所示，如果把复位弹簧 3 改成钢球定位机构 4，操作手柄推动阀芯端部分别到达左、中、右三个钢球的定位装置时，撤销操作力，阀芯仍保持在已经停位的工作位置上。由于阀芯可以自己锁位，所以钢球定位式的手动阀可用于工作持续时间较长的场合，其职能符号如

图 5-6(c)所示。

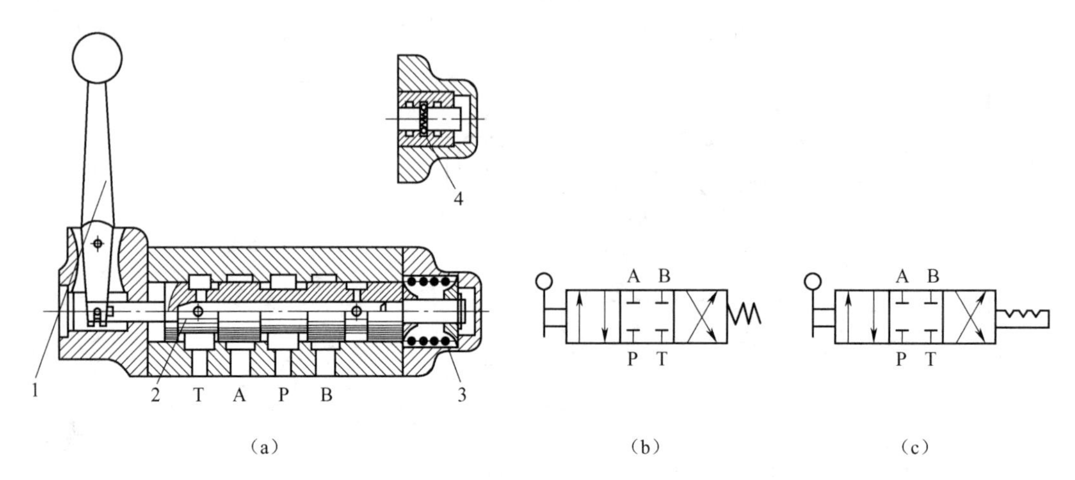

图 5-6　手动换向阀

1—操纵手柄;2—阀芯;3—复位弹簧;4—钢球定位机构

(2)机动换向阀

机动式换向阀是依靠安装在运动部件上的挡块或凸轮推动阀芯动作的阀。由于挡块或凸轮安装在运动部件的行程上,故机动阀又称为行程阀。

如图 5-7(a)所示为二位二通滚轮式机动阀,在图示位置(静态位置),阀芯 3 在弹簧 4 作用下处于上位,P 口与 A 口不通;当运动部件上的行程挡块 1 触发滚轮 2 时,推动阀芯移至下位,P 口与 A 口相通。如图 5-7(b)所示为二位二通滚轮式机动阀的职能符号。

机动换向阀结构简单,换向时阀口逐渐关闭或打开,故换向平稳、可靠、位置精度高,常用于控制运动部件的行程。当把该元件与速度控制阀结合使用时,可实现快、慢速度的转换。

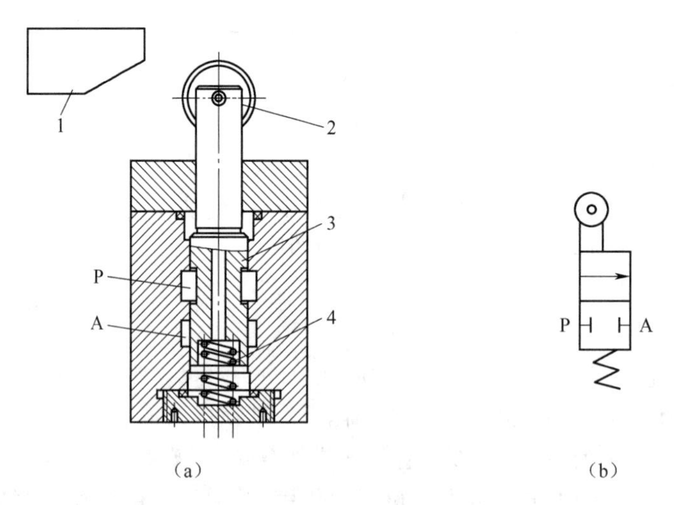

图 5-7　二位二通滚轮式机动阀

1—运动部件;2—滚轮;3—阀芯;4—复位弹簧

(3)电动换向阀

电动换向阀又称为电磁换向阀或电控换向阀,它是利用电磁铁通电后产生的吸力(或推力)使阀芯动作的。电控换向阀包括换向滑阀和电磁机构两部分。

按照电磁铁使用电源不同可分为交流电磁铁和直流电磁铁两种。交流电磁铁使用电压为220 V 或 380 V,直流电磁铁使用电压为 24 V。交流电磁铁的优点是电源简单方便,电磁吸力大,换向迅速。交流电磁铁的缺点是噪声大,起动电流大,在阀芯被卡住时易烧毁电磁铁线圈;直流电磁铁工作可靠,换向冲击小,噪声小,需要直流电源。

按照电磁铁按衔铁是否浸在油里,又分为干式和湿式两种。干式电磁铁不允许油液进入电磁铁内部,因此推动阀芯的推杆处要有可靠的密封。湿式电磁铁可以浸在油液中工作,运动件之间不需密封装置,阀芯运动阻力小,滑阀换向的换向可靠性高。

按照电磁机构的个数分为单电控换向阀和双电控换向阀两种。如图 5-8(a)所示为干式单电控换向阀的工作原理图。当电磁铁不通电时,阀芯处于静态位,复位弹簧将阀芯推到左侧, P 口与 A 口相通,B 口封闭;当电磁铁通电时,衔铁推动推杆右移,阀芯克服弹簧反力移至右端,P 口与 B 口接通,A 口封闭。如图 5-8(b)所示为二位三通单电控换向阀的图形符号。

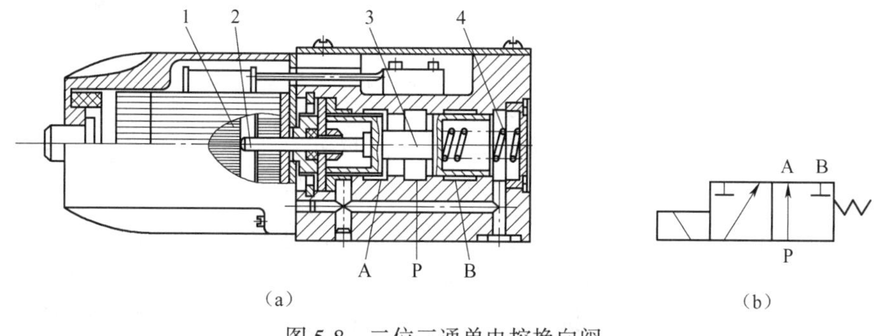

图 5-8　二位三通单电控换向阀

1—衔铁;2—推杆;3—阀芯;4—复位弹簧

如图 5-9(a)所示为湿式双电控换向阀的工作原理图。阀芯两个方向的动作都靠电磁力驱动,当电磁力消失时,在复位弹簧的作用下,阀芯处于中位。电控换向阀操纵方便,布置灵活,易于实现动作转换的自动化。由电磁力直接驱动阀芯动作的方式称为直动式,因电磁铁吸力有限,所以直动式电控换向阀只适用于流量不大的场合。如图 5-9(b)所示为双电控换向阀的职能符号。

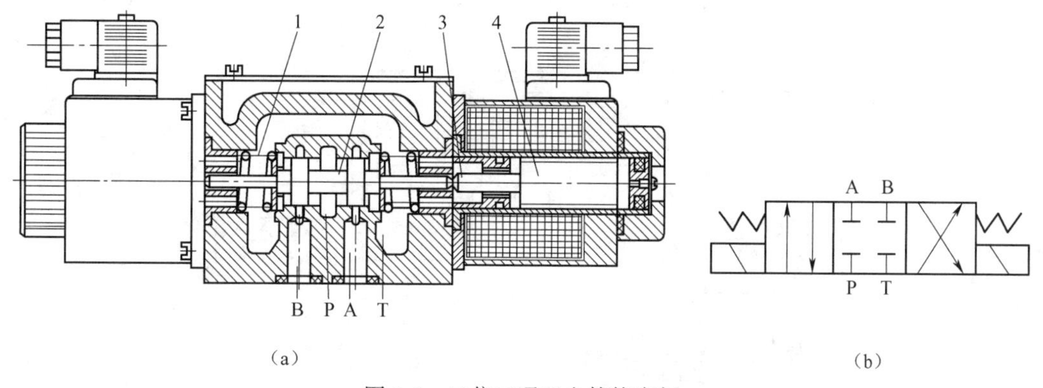

图 5-9　二位三通双电控换向阀

1—复位弹簧;2—阀芯;3—推杆;4—衔铁

(4)液动换向阀

液动换向阀是利用控制油路的油液压力作用在阀芯端部,推动阀芯移动从而改变阀芯位置的换向阀,液动换向阀也称为液控换向阀。三位的液动换向阀分为可调式和不可调式两种。

如图 5-10(a)所示为不可调式三位四通弹簧对中型液动换向阀结构原理图,阀芯两端分别接通控制油口 K_1 和 K_2。当控制油口 K_1 通压力油、K_2 回油时,压力油使阀芯右移,P 口与 A 口相通,T 口与 B 口相通;当 K_2 通压力油、K_1 回油时,压力油使阀芯左移,P 口与 B 口相通,T 口与 A 口相通;当 K_1、K_2 都不通压力油时(静态位置),阀芯在两端弹簧对中的作用下处于中间位置。如图 5-10(b)所示为其职能符号。

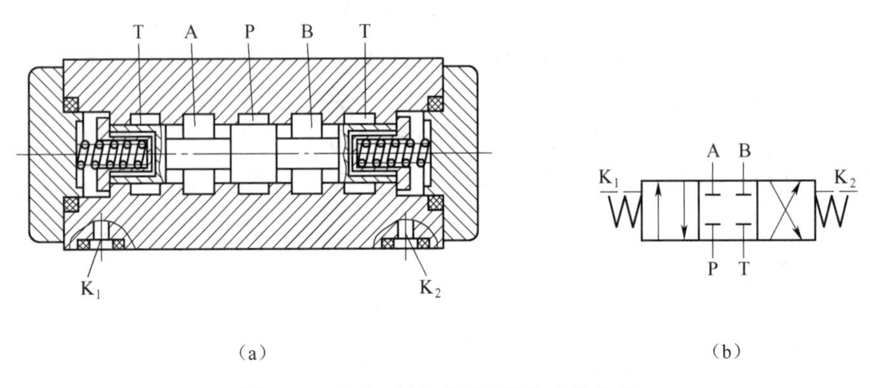

图 5-10　换向时间不可调式液动换向阀

(5)电液动换向阀

电液动换向阀由电磁换向阀和液动换向阀组合而成。在液动换向阀中,实现主油路的换向的阀称为主阀;电磁换向阀用于改变液动换向阀内部的控制油路的连通情况,决定是否有压力油作用在主阀芯端面上,这种为驱动主阀芯动作而接通或断开油路的引导阀称为先导阀。由于推动主阀芯的液压推力可以很大,所以主阀芯的尺寸可以做得很大,允许大流量通过。这样,用较小的电磁铁就能控制较大的流量。

弹簧对中型电液换向阀如图 5-11 所示。当电磁线圈 4、6 都不通电时,先导阀芯 5 处于中位,主阀芯 1 两端都未接通控制油液,主阀芯在其对中弹簧的作用下也处于中位。若电磁线圈 4 通电,电磁先导阀的阀芯 5 移向右位,控制压力油经单向阀 2 流入主阀芯 1 的左端,推动主阀芯 1 移向右端,主阀芯 1 右端的油液则经节流阀 7 和电磁先导阀流回油箱。主阀芯 1 运动的速度由节流阀 7 的开口大小决定。此时,主油路状态是 P 口和 A 口通,B 口和 T 口通;同理,

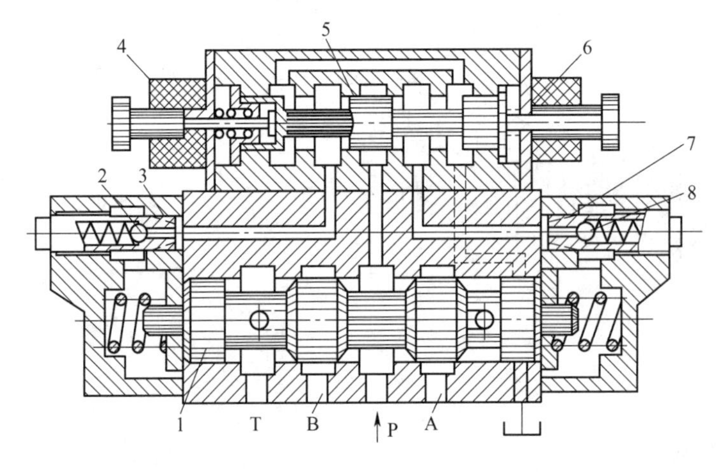

图 5-11　弹簧对中型电液换向阀

1—主阀芯;2、8—单向阀;3、7—节流阀;4、6—电磁线圈;5—先导阀芯

当电磁线圈6通电时,电磁先导阀的阀芯5移向左位,控制压力油通过单向阀8,推动主阀芯1移向左端,其移动速度的快慢由节流阀3的开口大小决定。这时主油路状态是P口和B口通,A口和T口通。电液动换向阀的复杂职能符号如图5-12(a)所示,简化职能符号如图5-12(b)所示。

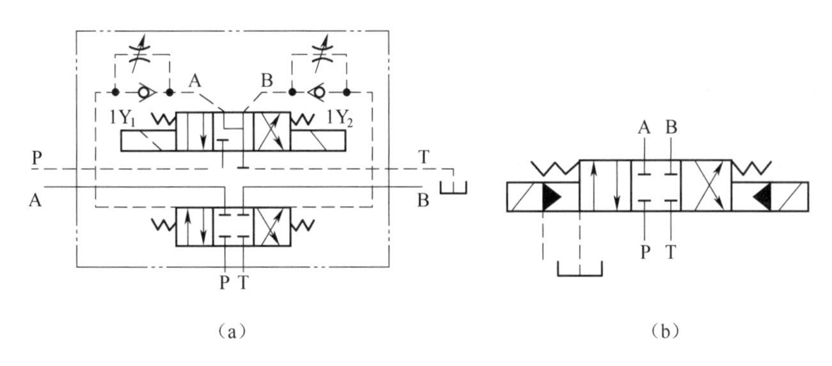

图5-12　电液换向阀的职能符号

第三节　压力控制阀

压力控制阀是用来调节和控制液压系统中油液压力的阀,简称压力阀。按其功能和用途,压力阀可分为溢流阀、减压阀、顺序阀、压力继电器等。压力阀都是利用作用于阀芯上的液压力与弹簧力相平衡的原理工作的。

一、溢流阀

1. 溢流阀的功用和分类

溢流阀的主要用途有两点:一是用来保持系统或回路的压力恒定,如在定量泵节流调速系统中作溢流恒压阀,用以保持泵的出口压力恒定;二是在系统中作安全阀用,在系统正常工作时,溢流阀处于关闭状态,而当系统压力大于或等于其调定压力时,溢流阀才开启溢流,对系统起过载保护作用。溢流阀可分为直动型和先导型两类。

2. 溢流阀的结构和工作原理

(1)直动式溢流阀

直动式溢流阀是依靠压力油直接作用在阀芯上产生的液压力与弹簧力相平衡,来控制阀芯的开启或关闭的。直动式溢流阀的阀芯有锥阀式、球阀式和滑阀式三种形式。图5-13(a)所示为低压直动式溢流阀的结构,它由调压螺母、弹簧、阀芯等组成,P为进油口,T为回油口。

直动式溢流阀的工作原理是:进油口P的压力油经阀芯3下部的阻尼孔a通入阀芯底部,阀芯的下端面受到压力为p的油液的作用,作用面积为A,该压力油作用于该端面上的力为F(pA),弹簧2作用在阀芯上的预紧力为F_s。

当进油压力较小,即$pA<F_s$时,阀芯处于下端位置,进油口P和回油口T被阀芯隔断,阀口关闭,不溢流。

随着进油压力升高,当$pA>F_s$时,阀芯上移,弹簧被压缩,阀芯上移一段行程后,阀口开启,进油口P与回油口T接通,溢流阀开始溢流。

当溢流阀稳定工作时,若不考虑阀芯的自重、摩擦力和液动力的影响,从如图5-13(b)所

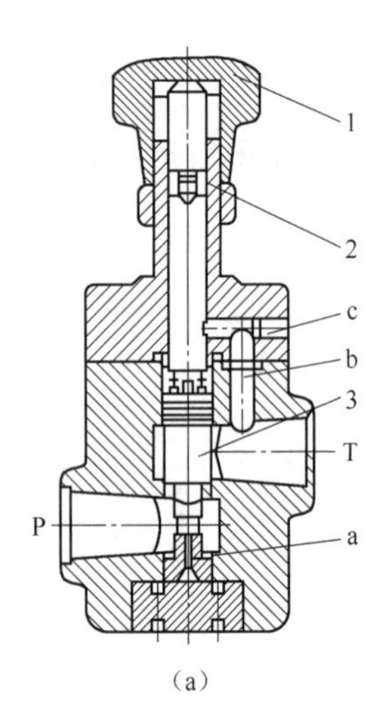

（a）

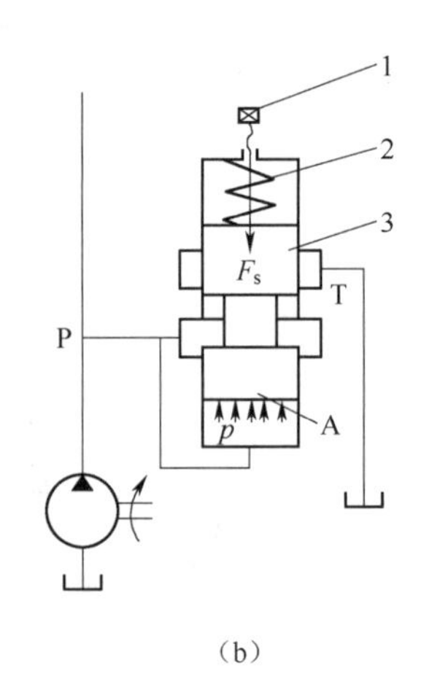

（b）

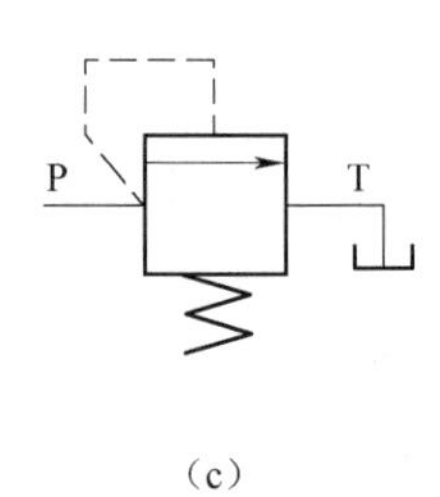

（c）

图 5-13　直动式溢流阀

1—调压螺母;2—弹簧;3—阀芯

示的阀芯受力分析可以得出溢流阀进口压力为

$$P=\frac{F_s}{A}$$

当弹簧比较软时,F_s 变化不大,故可以认为溢流阀进口处的压力 p 基本保持恒定,这时溢流阀起定压溢流作用。调节螺母用于改变弹簧的预压缩量,从而调定溢流阀的工作压力 p。阀芯上阻尼孔 a 用于减小油压的脉动,提高阀工作的平稳性。通道 b 连通弹簧腔与回油口 T,当泄油口 c 堵住时,弹簧腔内的油液经 T 口排出,称为内泄式;若通过泄油口 c 直接接油箱,称为外泄式。如图 5-13(c)所示为直动式溢流阀的图形符号。

(2)先导式溢流阀

先导式溢流阀由先导阀和主阀两部分组成。先导阀多为锥阀(或球阀)形阀座式结构,流量较小,用于控制主阀的溢流压力。主阀要求密封性好,阀口通流面积大,在相同流量的情况下,主阀开启高度小。先导型溢流阀常用于高压、大流量液压系统的溢流、定压和稳压。

先导式溢流阀的结构原理图如图 5-14(a)所示。a 为连通主阀芯底部通道、b 为连通主阀芯顶部的阻尼通道、c 为连接主阀芯上腔与先导阀进油腔的通道、e 为先导阀溢流通道,P 为进油口、T 为回油口、K 为远程控制口。

先导式溢流阀内部油路情况如图 5-14(b)所示。压力油经进油口 P 和通道 d 分成两部分,一部分油液经通道 a,进入主阀芯 5 的底部油腔,主阀芯有效作用面积为 A,在主阀芯上产生向上的液压作用力 pA;另一部分油液经节流小孔 b 进入主阀芯上部油腔,产生向下推主阀芯的作用力 pA,同时,主阀芯上腔的油液经通道 c 进入先导阀右侧油腔,给锥阀 3 向左的作用力,先导阀调压弹簧 2 给锥阀以向右的弹簧力。

当进油口 p 压力较小时,先导阀右腔的油液压力也较小,作用于锥阀上的液压作用力小于弹簧力,先导阀关闭。此时,没有油液流过节流小孔 b,油腔 A、B 的压力相同,在主阀弹簧 4 的作用下,主阀芯处于最下端位置,回油口 T 关闭,没有溢流。

随着进油口 p 压力的增大,先导阀右腔的油液压力也随之的增大,当作用于锥阀上的液压作用力大于先导阀调节弹簧 2 的弹簧力时,先导阀开启,主阀芯上腔和先导阀右腔的油液经通

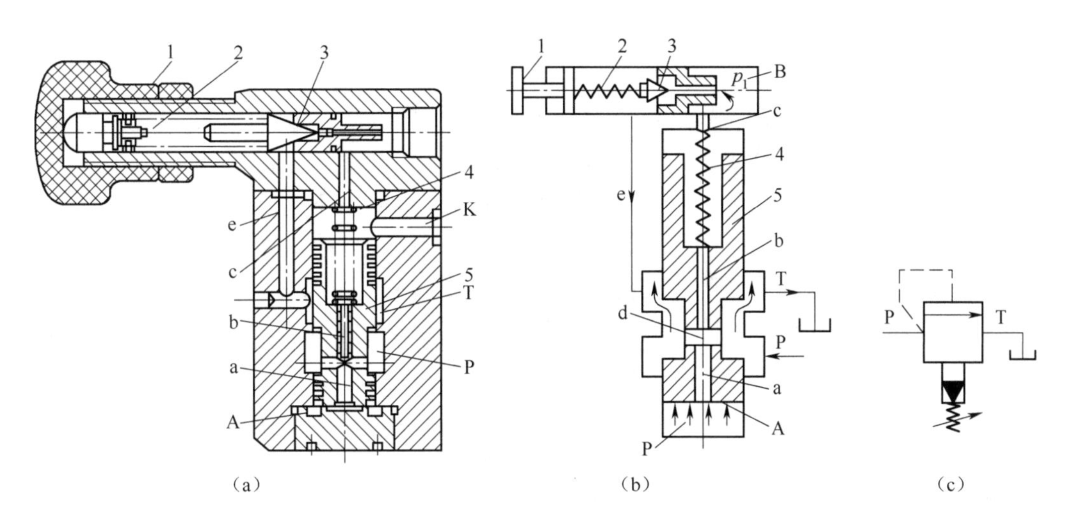

图 5-14　先导式溢流阀结构原理图

1—调节螺母;2—先导阀调节弹簧;3—先导阀椎形阀芯;4—主阀弹簧;5—主阀芯

道 e、回油口 T 流回油箱。这时,压力油流经节流小孔 b 时产生压力降,使主阀芯上、下腔产生压力差,当此压力差($\Delta p = p - p_1$)产生的向上作用力超过主阀弹簧 4 的弹簧力并克服主阀芯自重和摩擦力时,主阀芯向上移动,进油口 P 和回油口 T 接通,溢流阀溢流。

当溢流阀稳定工作时,则溢流阀进口处的压力为

$$P = P_1 + \frac{F_s}{A}$$

由于主阀芯上腔有 p_1 存在,且它由先导阀弹簧调定,先导阀弹簧可以做得非常软,所以 p_1 基本为定值;同时主阀芯上可用刚度较小的弹簧,且 F_s 的变化也较小,所以压力 p 在阀的溢流量变化时变动仍较小。因此,先导式溢流阀克服了直动式溢流阀的缺点,具有压力稳定、波动小的特点,主要用于中、高压液压系统。先导式溢流阀设有远程控制口 K,当 K 口接远程调压阀(如接一个溢流阀)时,可实现远程压力控制;当 K 口接油箱时,可实现主阀芯上腔油液的卸荷;当 K 口不需要使用时,可以将其封闭。先导式溢流阀的图形符号如图 5-14(c)所示。

3. 溢流阀的应用

溢流阀在液压系统中可以用于溢流调压,安全保护,远程调压,卸荷以及形成背压等多种作用,如图 5-15 所示。

(1)溢流调压

系统采用定量泵供油的节流调速时,常在其进油路或回油路上设置节流阀或调速阀,使泵油的一部分进入液压缸工作,而多余的油须经溢流阀流回油箱。调压时溢流阀处于开启状态,调节弹簧的预紧力,也就调节了系统的工作压力,如图 5-15(a)所示。

(2)安全保护

系统采用变量泵供油时,系统内没有多余的油需溢流,其工作压力由负载决定。这时与泵并联的溢流阀只有在过载时才需打开,以保障系统的安全。因此,这种系统中的溢流阀又称为安全阀,系统正常工作时,安全阀处于闭合状态,如图 5-15(b)所示。

(3)卸荷

如图 5-15(c)所示为采用先导式溢流阀调压的定量泵系统。当二位二通单电控换向阀的电磁铁通电时,左位机能处于工作位置,溢流阀外控口 K 接通油箱,其主阀芯在进口压力很低

时即可迅速抬起,使泵卸荷,以减少能量损耗。

(4)远程调压

如图 5-15(d)所示,当先导式溢流阀的外控口 K 与调压较低的溢流阀(或远程调压阀)连通时,其主阀芯上腔的油压只要达到低压阀的调整压力,主阀芯即可抬起溢流(此时其导阀不溢流),从而实现远程调压。具体动作过程是:当二位二通电磁阀不通电时,其右位机能工作,将先导式溢流阀的外控口与低压调压阀接通,先导式溢流阀的外控口压力由接油箱的低压溢流阀决定,实现先导阀主阀的低压溢流;当二位二通电磁阀通电时,其左位机能工作,堵塞先导阀的外控口 K,此时由主阀上的导阀调压(导阀调定的溢流压力较高)。利用电磁阀可实现两级调压,但远程调压阀的调定压力必须低于导阀调定的压力。

(5)形成背压

如图 5-15(e)所示,将溢流阀设置在液压缸的回油路上,可使缸的回油腔形成背压,用以消除负载突然减小或变为零时液压缸产生的前冲现象,提高运动部件运动的平稳性。因此这种用途的阀也称背压阀。溢流阀用作背压阀时,应并联一个单向阀,使油液可以反向流动。

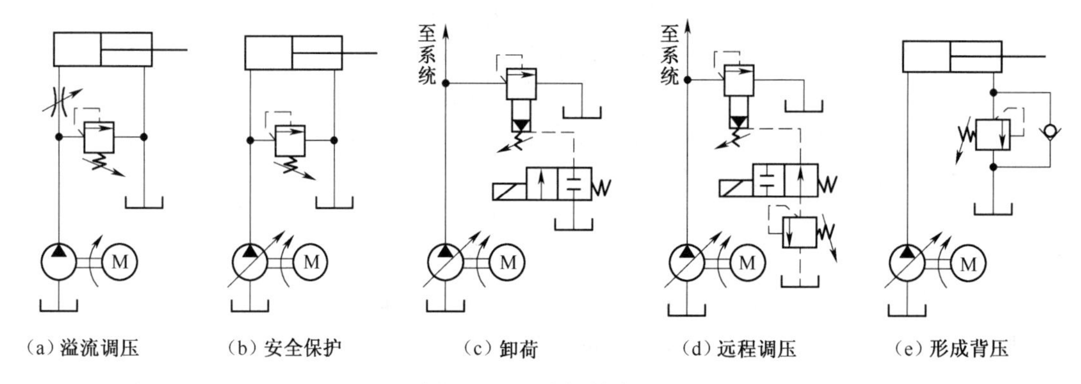

(a)溢流调压　(b)安全保护　(c)卸荷　(d)远程调压　(e)形成背压

图 5-15　溢流阀的应用

二、减压阀

1. 减压阀的功用和分类

减压阀用于降低液压系统中某一分支油路的压力,使之低于液压泵的供油压力,以满足执行机构不同的压力需求,如夹紧、制动或构成系统的控制油路等。

减压阀按照功能可分为定压减压阀、定差减压阀和定比减压阀,其中定压减压阀应用最多。

2. 定压减压阀

定压减压阀应用较为广泛,根据结构和工作原理不同,定压减压阀分为直动式减压阀和先导式减压阀两类,一般使用先导式减压阀。先导式定压减压阀又分为"出口压力控制式"和"进口压力控制式"两种控制方式。

(1)出口压力控制式定压减压阀

如图 5-16(a)所示为出口压力控制的先导式定压减压阀的结构原理图。其工作原理是:进油口压力为 p_1 的油液流经减压阀阀口后,压力降低为 p_2 并流出,同时压力为 p_2 的油液通过通道 b、阻尼孔 2、通道 c 进入先导阀 6 的前腔,一部分油液作用在锥阀 7 上,另一部分油液通过管道 d、阻尼孔 5 与主阀弹簧腔相通,作用在主阀芯 1 的上端面,增加主阀芯上移的阻力,保证主阀芯的稳定性。

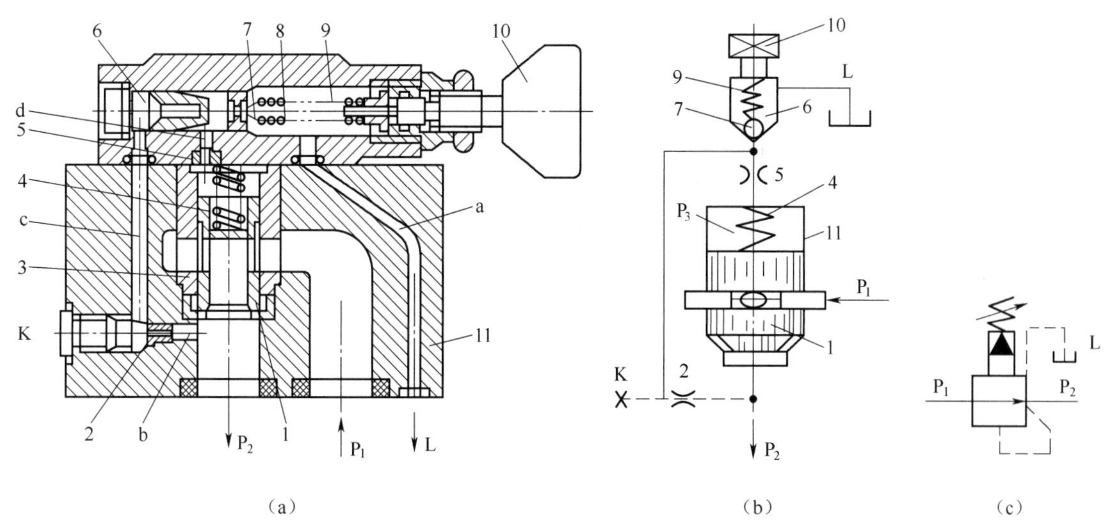

图 5-16　出口压力控制式定压减压阀

1—主阀芯;2—阻尼孔;3—阀套;4—主阀弹簧;5—阻尼孔;6—先导阀;7—椎阀;

8—先导阀弹簧腔;9—先导阀弹簧;10—调压螺母;11—阀体

当出口压力 p_2 小于先导阀的调整压力时,锥阀 7 关闭,阻尼孔 2 中无油液流动,主阀芯 1 两端液压力相等,主阀芯在弹簧 5 的作用下处于最下端位置,减压阀口全开,不起减压作用,此时,$p_2 \approx p_1$。

随着 p_2 的增大,当 p_2 大于先导阀的调定压力时,锥阀 7 打开,油液经阻尼孔 2、管道 c、先导阀弹簧腔 8、泄油管道 a、泄油口 L 流回油箱。由于阻尼孔 5 有油液通过,使主阀弹簧腔的压力变为先导阀的溢流压力 p_3,随着 p_2 的增大,必然使 p_3 低于 p_2,造成主阀芯两端的压力失衡。当此压差所产生的合力大于主阀弹簧力时,主阀芯上移,减压阀阀口减小,使 p_2 减小并维持在某一压力。

如图 5-16(b)所示,当 p_2 增大到先导阀的溢流压力时,主阀芯上腔的油液溢流,其压力从溢流前不断增加的 p_2 变为定值 p_3,当主阀芯因溢流作用处于平衡状态时,其受力情况为

$$p_2A = p_3A + F_s$$

出油口的压力 p_2 为

$$p_2 = p_3 + \frac{F_s}{A} \approx \text{恒定值}$$

p_3 是先导阀的溢流压力,基本恒定,F_s 为主阀弹簧的弹力,当弹簧较软是,F_s 变化很小,所以,出口压力控制式定压减压阀的出油口 p_2 的压力基本恒定。如图 5-16(c)所示为出口压力控制式定压减压阀的职能符号。

(2)进口压力控制式定压减压阀

如图 5-17 所示为“进口压力控制式”定压减压阀。油流量恒定器 8 代替如图 5-16(a)所示的固定阻尼孔 2,它形成一个固定阻尼孔 7 和一个可变阻尼孔 6 串联的阻尼结构。可变阻尼孔 6 借助油流量恒定器 8 的轴向运动的小活塞来改变通油孔 N 的通流面积,从而改变液阻。小活塞左端的固定阻尼孔,使小活塞两端出现压力差。小活塞在此压力差和右端弹簧的共同作用下而处于某一平衡位置。

若因 p_1 的上升而引起通过油流量恒定器 8 的流量增大时,由于总液阻来不及变化而导致

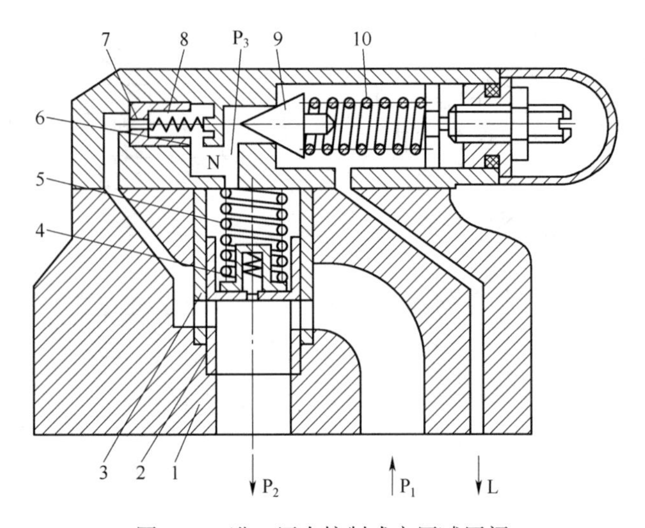

图 5-17　进口压力控制式定压减压阀

1—阀体;2—主阀芯;3—阀套;4—单向阀;5—主阀弹簧;6—可变阻尼孔;7—固定阻尼孔;8—油流量恒定器;9—先导阀;10—调压弹簧

小活塞两端压力差增大,使之右移,通油孔 N 的面积减小,即油流量恒定器的总液阻增大,要增大的流量被迅速减小,最终使流量恢复到原来的值,即通过油流量恒定器的流量恒定。

定压减压阀的工作原理为:从减压阀进口引入的压力油通过油流量恒定器 8,到达先导阀前端,当压力增大到调压弹簧 10 的调定值时,先导阀 9 开启,液流经先导阀口流回油箱。这时,油流量恒定器前部的压力为减压阀进口压力 p_1,其后部的压力为先导阀控制压力 p_3(主阀芯上腔压力)。由于 $p_3<p_1$,主阀芯 2 在上、下腔压力差的作用下,克服主阀弹簧 5 的推力向上抬起,主阀开口量减小,起减压作用,使主阀出口压力降低为 p_2。

如果忽略主阀芯的自重以及摩擦力,则主阀芯的力平衡方程式为

$$p_2A = p_3A + F_s$$

出油口的压力 p_2 为

$$p_2 = p_3 + \frac{F_s}{A} \approx \text{恒定值}$$

由于 p_3 由先导阀决定,流过先导阀的溢流量由油流量恒定器保证。所以,进口控制式定压减压阀的出口压力 p_2 与阀的进口压力 p_1 和流经主阀的流量无关。如果阀的出口压力出现冲击,主阀芯上的单向阀起到缓冲作用。

需要注意的是,减压阀的出口压力还与出口的负载有关,若因负载建立的压力低于调定压力,则出口压力由负载决定,此时减压阀不起减压作用,进、出口压力相等;只有当由负载建立的压力高于调定压力时,减压阀出口压力才能保持在调定压力上,即减压阀保证出口压力恒定的条件是先导阀开启。

(3)先导式减压阀和先导式溢流阀的区别

①减压阀保持出口压力基本不变,溢流阀保持进口压力基本不变。

②常态下,减压阀的阀口是打开的,溢流阀是关闭的。

三、顺序阀

顺序阀是利用油液压力作为控制信号变换油路的通断,以控制执行元件顺序动作的压力

阀。按控制压力来源的不同,顺序阀可分为内控式和外控式。内控式是直接利用阀进口处的油压力来控制阀口的启闭;外控式是利用外来的控制油压力控制阀口的启闭。按结构的不同,顺序阀也有直动式和先导式之分。

1. 结构和工作原理

(1)直动式内控顺序阀

如图 5-18(a)所示为直动式内控顺序阀,其结构和工作原理都和直动式溢流阀相似。压力油从进油口 P_1 进入阀体,经阀芯中间小孔流入阀芯底部油腔,对阀芯产生一个向上的液压作用力。当油液的压力较低时,阀芯下部受到的液压作用力小于其上部的弹簧压力,在弹簧力作用下,阀芯处于下端位置,P_1 和 P_2 两油口被隔断,即处于常闭状态。

当油液的压力升高到其作用于阀芯底部的液压作用力大于调定的弹簧力时,在液压作用力的作用下,阀芯上移,进油口 P_1 与出油口 P_2 相通,压力油液自 P_2 口流出,可以控制其他元件的动作。

顺序阀阀芯上腔的油液通过与油箱相连的 L 口实现泄油,即外泄式;如果阀芯上腔通过阀体内的通道直接连 P_2 口,通过 P_2 口泄油,即为内泄式。由于 P_2 口所接回路通常为压力回路,为了泄油顺畅,顺序阀多采用外泄式结构。

图 5-18(b)所示为直动式内控顺序阀的职能符号,直动式顺序阀一般用于低压系统。

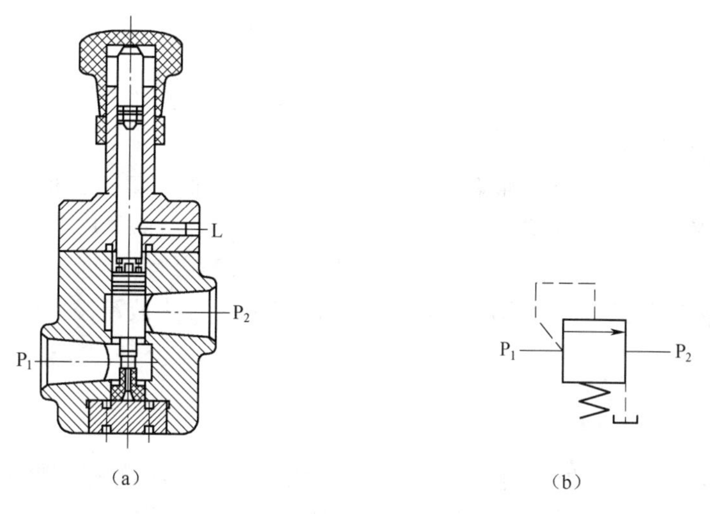

图 5-18　直动式内控顺序阀

(2)先导式内控顺序阀

如图 5-19(a)所示为先导式内控顺序阀,其工作原理与先导式溢流阀相似,P_1 为进油口,P_2 为出油口。由于顺序阀开启后,压力会继续升高,所以先导阀处还会有油液溢流,因此,这种结构的先导式内控顺序阀只适用于小流量场合。先导式内控顺序阀的职能符号如图 5-19(b)所示。

(3)外控式顺序阀

外控式顺序阀的阀芯动作是受外部液压回路的油压控制的,所以也称为液控顺序阀。如图 5-20(a)所示为液控顺序阀的结构原理图。它和直动式顺序阀的主要差别是阀芯底部有一个控制油口 K。当进入 K 口的控制压力油产生的液压作用力大于阀芯上端调定的弹簧力时,阀芯上移,阀口打开,P_1 口与 P_2 口相通。由于控制口 K 的油液与进油口 P_1 口的油液不相通,所以，阀的开、闭只与控制回路的油液压力有关。

如图 5-20(b)所示为作液控顺序阀用时的职能符号；如图 5-20(c)所示为作液控卸荷阀用时的职能符号。此时，液控顺序阀的端盖若转过一定角度，使泄油小孔 a 与阀体上接通 P_2 口的小孔连通，并使顺序阀的出油口与油箱连通。当阀口打开时，进油口 P_1 的压力油可以直接通往油箱，实现卸荷。

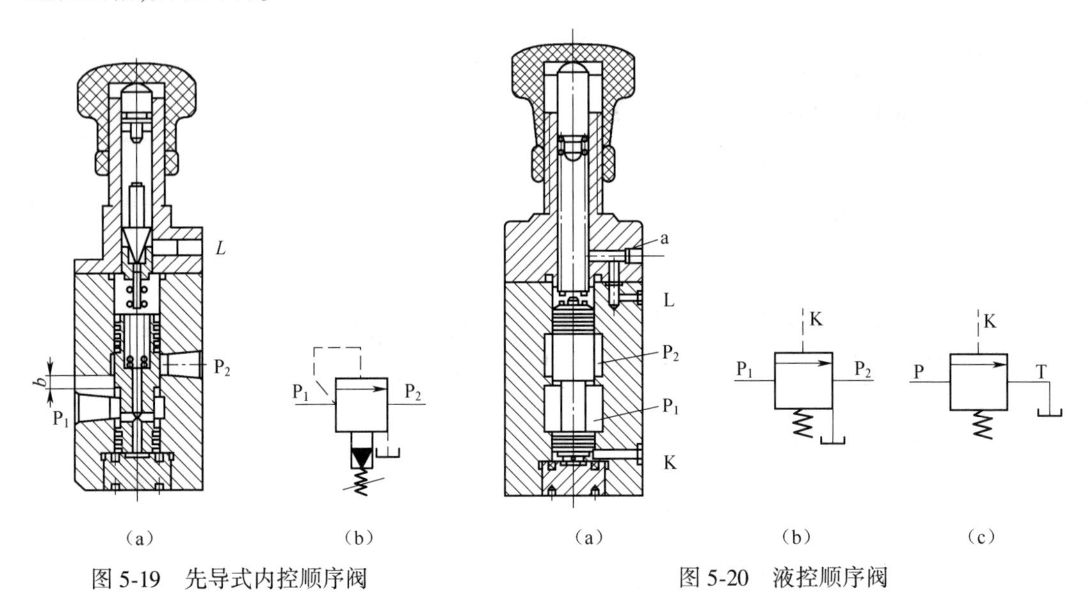

图 5-19　先导式内控顺序阀　　图 5-20　液控顺序阀

2. 顺序阀与溢流阀的区别

(1)顺序阀的出油口与负载油路相连接，而溢流阀的出油口直接接回油箱。

(2)顺序阀的泄油口单独接回油箱，而溢流阀的泄油则通过阀体内部孔道直通阀的出口。

(3)顺序阀的进口压力由液压系统工况来决定，阀口开启时，接通油路，其出口压力油对下游负载做功；溢流阀的进口最高压力由调压弹簧来限定，因为液流溢回油箱，所以损失了液体的全部能量。

四、压力继电器

压力继电器是将液体的压力信号转换成电气触点开关信号的转换元件。其作用是根据液压系统压力的变化，自动接通或断开有关电路，发出控制或安全保护的电信号。

1. 结构和工作原理

压力继电器有膜片式、柱塞式、弹簧管式和波纹管式 4 种结构形式。如图 5-21(a)所示为膜片式压力继电器原理图。控制油口 K 与液压系统相连通，当油液压力达到克服弹簧 6 动作的开启压力，薄膜 1 向上鼓起，使柱塞 5 上升，钢球 2、8 在柱塞锥面的推动下向外水平移动，通过杠杆 9 压下微动开关 11 的触销 10，微动开关内的触头系统动作，变化所接电路的通断状态。

当控制油口 K 的压力下降到一定数值(闭合压力)时，弹簧 6 和弹簧 4 推动钢球 2 将柱塞 5 压下，这时钢球 8 落入柱塞的锥面槽内，微动开关的触销复位，将杠杆推回，触头系统复位。

改变弹簧 6 对柱塞 5 的压力，可调节压力继电器的开启压力。如图 5-21(b)所示为压力继电器的职能符号。一般中压系统的调压范围为 1.0～6.3 MPa，返回区间一般为 0.35～0.8 MPa。

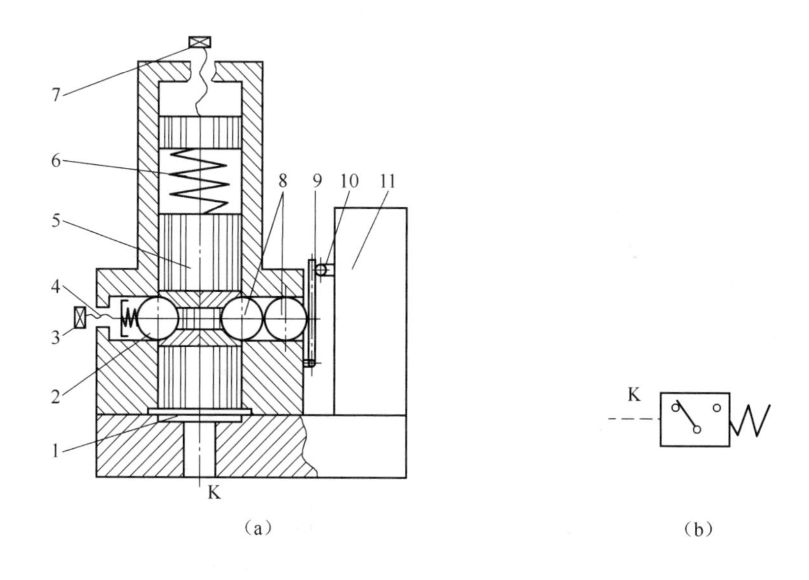

图 5-21　压力继电器

1—膜片;2、8—钢球;3、7—调节螺钉;4、6—弹簧;5—柱塞;9—杠杆;10—触销;11—微动开关

2. 压力继电器的应用

由于膜片式压力继电器的膜片位移很小,压力油容积变化小,所以反应快,重复精度高;缺点是易受压力波动的影响,不宜用在高压系统中。压力继电器常用于系统的顺序控制、安全控制及卸荷控制等。

第四节　流量控制阀

流量控制阀是通过改变节流口通流面积或通流通道的长短来改变局部液阻的大小,从而实现对流量的控制。

一、节流阀

节流阀是通过改变阀口的通流面积,从而调节输出流量的流量控制阀。由于其结构最简单、因而应用最为普遍。

1. 节流阀结构和工作原理

如图 5-22(a)所示为一种典型的可调节流阀的结构原理图。压力油从进油口 P_1 流入,经节流口后从 P_2 流出,节流阀芯 5 在弹簧 6 的推力作用下,始终紧靠在推杆 2 上。调节顶盖上的手轮,借助推杆 2 可推动阀芯 5 作上下移动。阀芯上的节流口形状为轴向三角槽式,所以随着阀芯的上下移动,三角槽与阀口之间的通流面积发生变化,实现流量的调节。进油口的一部分压力油进入到阀芯上腔,所以在高压时也能较容易的调节阀芯的位置。如果阀芯做成固定式,则通流面积就不能调节,称为固定节流阀。如图 5-22(b)和(c)所示分别为可调节流阀和固定节流阀的职能符号。

2. 节流口形式

节流口的形式很多,常见的节流口形式如图 5-23 所示。

如图 5-23(a)所示为针阀式节流口,针阀芯作轴向移动时,将改变环形通流截面积的大

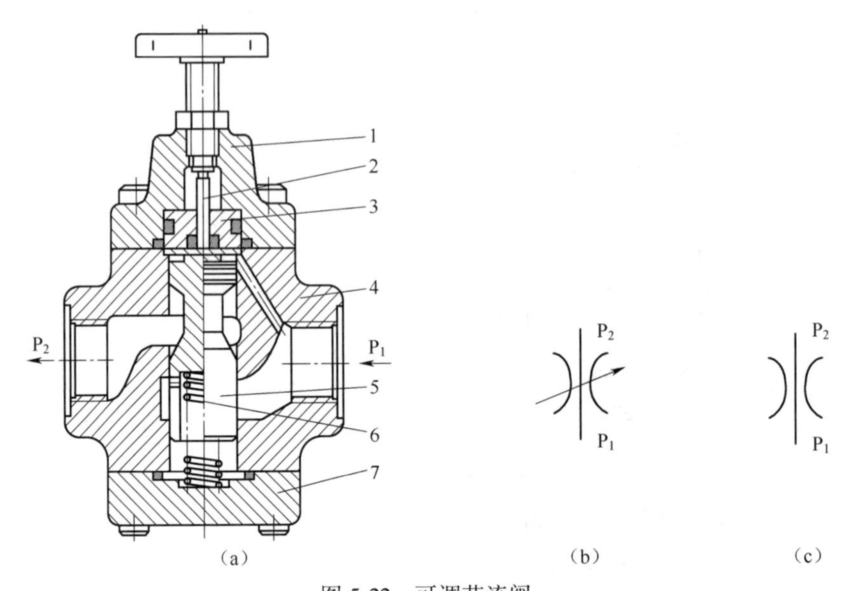

图 5-22　可调节流阀

1—顶盖;2—推杆;3—导套;4—阀体;5—阀芯;6—弹簧;7—底盖

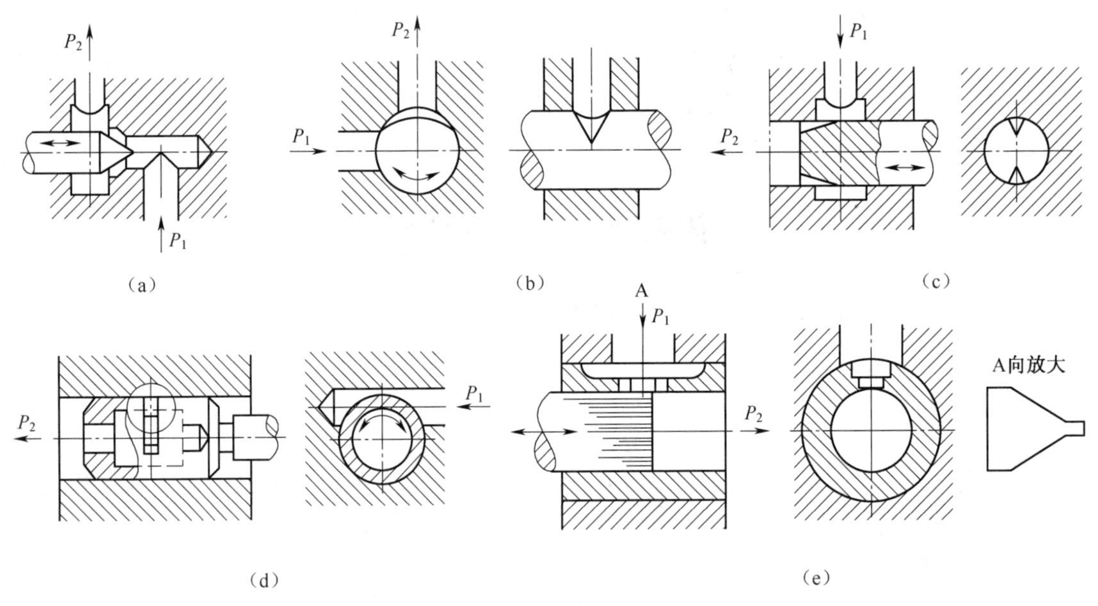

图 5-23　节流口形式

小,从而调节流量。

如图 5-23(b)所示为偏心式节流口,在阀芯上开有一个截面为三角形(或矩形)的偏心槽,当转动阀芯时,就可以调节通流截面积大小而调节流量。

上述两种形式的节流口结构简单,制造容易,但节流口容易堵塞,流量不稳定,适用于性能要求不高的场合。

如图 5-23(c)所示为轴向三角槽式节流口,在阀芯端部开有一个或两个斜的三角沟槽,阀芯轴向移动时,就可以改变三角槽通流截面积的大小,从而调节流量。这是目前应用很广的节流口形式。

如图 5-23(d)所示为周向缝隙式节流口,阀芯上开有狭缝,油液可以通过狭缝流入阀芯内孔,然后由左侧孔流出,旋转阀芯就可以改变缝隙的通流截面积。

如图 5-23(e)所示为轴向缝隙式节流口,在套筒上开有轴向缝隙,轴向移动阀芯即可改变缝隙的通流面积大小,以调节流量。

轴向缝隙式节流口,其节流通道厚度可薄到 0.07~0.09 mm,可以得到较小的稳定流量。

3. 其他节流阀

如图 5-24(a)所示为单向节流阀的结构图。从工作原理来看,单向节流阀是节流阀和单向阀的组合。在结构上,单向节流阀是利用一个阀芯控制液流在一个方向上通流,在另一个方向上节流通流的两种作用。当压力油从 P_1 口流入时,油液经阀芯上的轴向三角槽节流口从 P_2 口流出,旋转手柄可改变节流口通流面积大小而调节流量;当压力油从油口 P_2 流入时,压力油直接使阀芯下移并从 P_1 口流出,起单向阀作用。单向节流阀具有单方向调节流量和反方向不节流通流的作用。如图 5-24(b)所示为单向节流阀的职能符号。

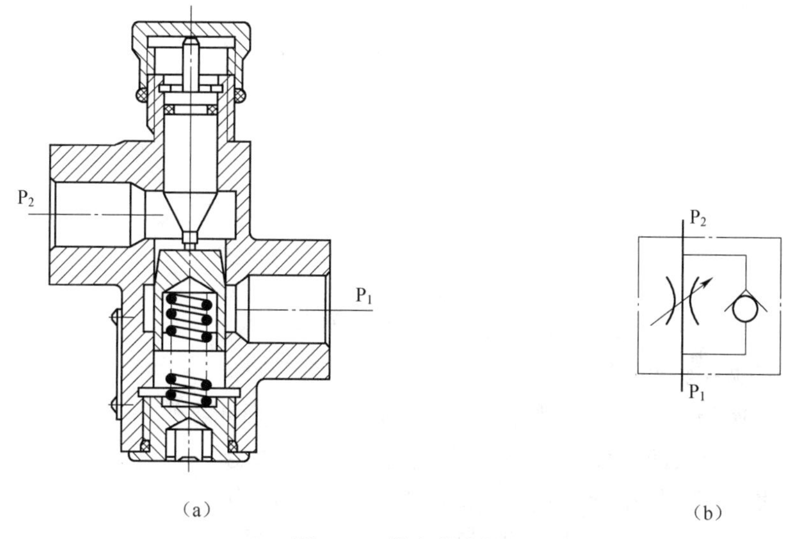

图 5-24　单向节流阀

二、调速阀

调速阀是进行了压力补偿的节流阀,在结构上由定差减压阀结构和节流阀结构串联而成,利用定差减压阀保证节流阀的前后压差稳定,从而保持流量稳定。

1. 调速阀的结构和工作原理

如图 5-25(a)所示为调速阀的工作原理图,定差减压阀 1 与节流阀 2 串联。假设减压阀进口压力为 p_1,出口压力为 p_2,节流阀出口压力为 p_3;则减压阀 a 腔、b 腔、c 腔的油压分别为 p_1、p_2、p_3;若 a 腔、b 腔、c 腔的有效工作面积分别为 A_1、A_2、A_3。如图 5-25(b)所示为主阀芯受力图,受力平衡方程为

$$p_2A_1 + p_2A_2 = p_3A_3 + F_s$$

因为 $A_3=A_1+A_2$,则节流阀入口和出口的压力差为

$$\Delta p = p_2 - p_3 = \frac{F_s}{A_3}$$

因为减压阀阀芯弹簧刚度很低,当阀芯左右移动时,其弹簧作用力 F_s 变化不大,所以节流阀前后的压力差 Δp 基本上不变而为一常量。也就是说当负载变化时,通过调速阀的油液流

量基本不变,液压系统执行元件的运动速度保持稳定。

若负载增加,使 p_3 增大的瞬间,减压阀向左推力增大,使阀芯左移,阀口开大,阀口液阻减小,使 p_2 也增大,其差值($\Delta p=p_2-p_3$)基本保持不变。同理,当负载减小,p_3 减小时,阀芯右移,阀口减小,阀口液阻增大,p_2 也减小,其差值亦不变。因此调速阀适用于负载变化较大,速度平稳性要求较高的液压系统。

调速阀的职能符号如图 5-25(c)所示。

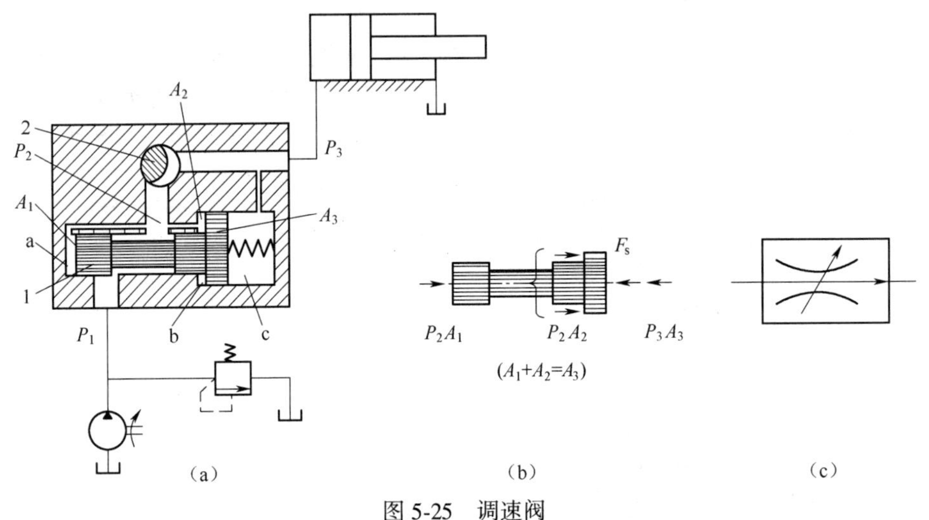

图 5-25　调速阀

1—定差减压阀;2—节流阀

2. 调速阀的调速特性

节流阀和调速阀的流量特性如图 5-26 所示。当调速阀进、出口压差大于一定数值后(内部减压阀结构开启减压功能的压力值),通过调速阀的流量不随压差的改变而变化。而当其压差小于此数值时,由于压力差对阀芯产生的作用力不足以克服阀芯上的弹簧力,此时阀芯仍处于左端,阀口完全打开,减压阀不起减压作用,故其特性曲线与节流阀特性曲线重合。因此,欲使调速阀正常工作,就必须保证其进出、口之间达到一最小压差,一般为 0.5 MPa。

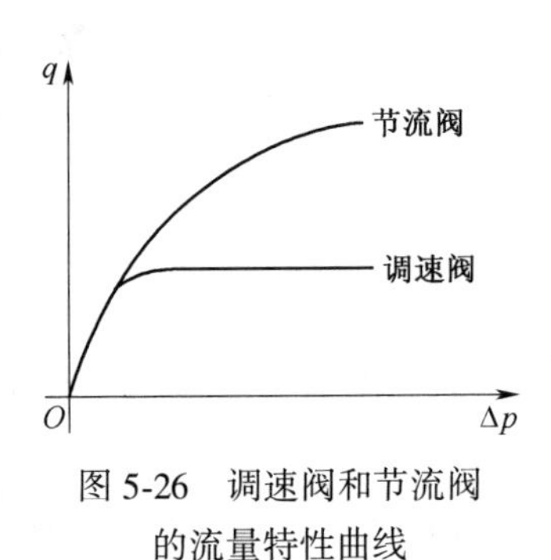

图 5-26　调速阀和节流阀的流量特性曲线

三、分流集流阀

分流集流阀是分流阀、集流阀和分流集流阀的总称。分流阀用于把输入的油液等流量的或按比例的分成两部分输出流量;集流阀用于把输入的两个等流量的油液或比例流量的油液汇集成一个输出流量;分流集流阀则兼有分流阀和集流阀的功能。分流集流阀用于控制两条回路中的油液等流量或按比例流量流动,实现两执行元件的某种同步动作。

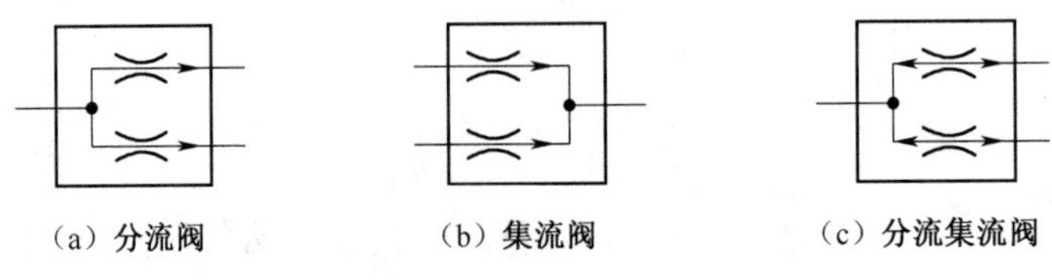

图 5-27　分流集流阀图形符号

1. 分流阀

如图 5-28 所示为分流阀的结构原理图。阀芯的中间台肩将阀分成完全对称的左、右两部分,阀的油室 a 通过阀芯上的轴向小孔 f 与阀芯右端弹簧腔 c 相通,阀的油室 b 通过阀芯上的另一轴向小孔 e 与阀芯左端弹簧腔相通。在对中弹簧 7 的作用下,静态时,阀芯处于中间位置,阀芯与阀体构成的可变节流口 3、4 的初始通流面积相等。

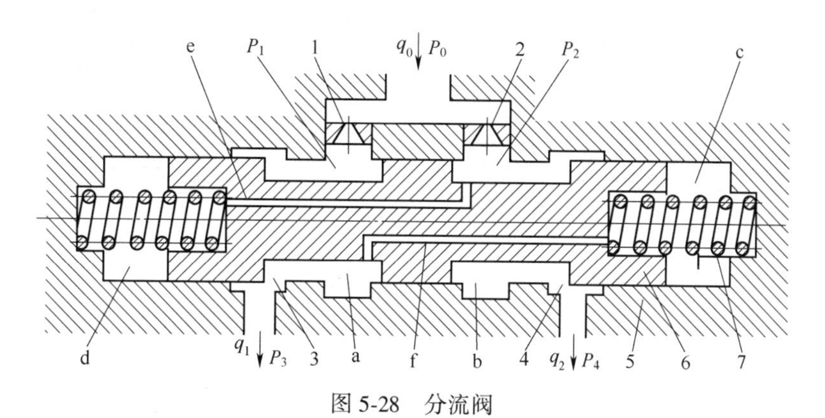

图 5-28　分流阀

1、2—固定节流口;3、4—可变节流口;5—阀体;6—阀芯;7—对中弹簧

分流阀的等量分流原理是:假设进口油液压力为 p_0,流量为 q_0,进入阀后分两路,经过液阻相等的固定节流孔 1 和 2,分别进入油室 a 和 b,其压力分别降低为 p_1 和 p_2,流量为 q_1 和 q_2,然后经可变节流口 3 和 4,压力分别降低为 p_3 和 p_4 输出给执行元件。若两个执行元件的负载相等,则分流阀的两出口压力 p_3 和 p_4 相等,由于两条支路总液阻(固定节流孔和可变节流口的液阻和)相等,则 $q_1=q_2$。当两个执行元件几何尺寸相同时,可实现运动速度同步。

分流阀的等量稳流原理是:当执行元件的负载发生变化使得 $p_3>p_4$ 时,阀芯来不及动作,两支路总液阻仍相等时,两条支路出现压力差 $(p_0-p_3)<(p_0-p_4)$,导致输出流量 $q_1<q_2$,产生使得两执行元件动作不同步的趋势。因为 $p_3>p_4$ 时,对应 c 腔的压力大于 d 腔的压力,使得阀芯向左移动,可变节流口 3 的通流面积增大,液阻减小,可变节流口 4 的通流面积减小,液阻增大。于是压力为 p_3 的油路的总液阻减小,压力为 p_4 的油路的总液阻减增大,使得 q_1 增加,q_2 减小,直至 $q_1=q_2$,阀芯受力重新平衡,稳定在一新的工作位置上,两个执行元件的运动速度恢复到同步状态。

2. 分流集流阀

如图 5-29 所示为一螺纹插装、挂钩式分流集流阀的结构原理图,二位三通电磁阀通电后,右位机能在工作位置,起分流作用;断电后,左位机能在工作位置,起集流作用。阀内的两个完全相同的带挂钩的阀芯 1 装在阀套 2 中,阀芯可相对阀套移动;阀芯两侧是两个相同的弹簧 3,其刚度比弹簧 5 的刚度小;阀芯 1 上有固定节流孔 4;阀芯上还有通油孔和沉割槽,其沉割槽与阀套上的圆孔组成可变节流口,可变节流口在阀作为分流阀和集流阀时起调节阻尼的作用。两阀芯在各弹簧力的作用下处于中间位置的平衡状态。

作分流阀时的工作原理是:如果两缸完全相同,两负载也相等时,供油压力为 p_s,流量 q 等分为 q_1 和 q_2,两液压缸活塞运动速度相等。由于流量 q_1 和 q_2 流经固定节流孔产生的压差作用,p 大于 p_1 和 p_2,所以两阀芯处于相离状态,阀间挂钩互相勾住。此时两个相同的弹簧 3 产生相同变形。

此时,若两负载不再相等。假设 p_3 升高,则 p_1 也将升高。这时两阀芯将同时右移,使左

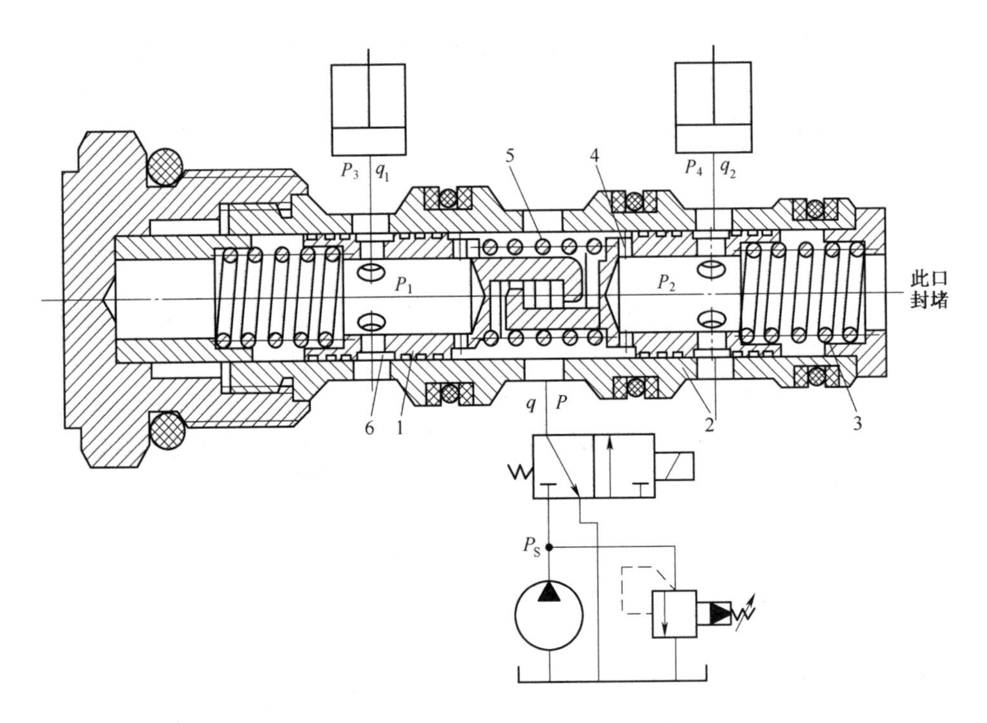

图 5-29　分流集流阀

1—阀芯;2—阀套;3—弹簧;4—固定节流孔;5—弹簧;6—沉割槽

边阀芯的可变节流口开大,右边阀芯的可变节流口减小,于是 p_2 也升高,阀芯处于新的平衡状态。如果忽略阀芯位移引起的弹簧力变化等影响,p_1 和 p_2 在阀芯位移后仍近似相等,则通过固定节流孔的流量即负载流量 q_1 和 q_2 也相等,两执行元件的运动速度也相等。但一侧负载加大后,两者流量和速度虽仍能保持相等,但比原来的要小。同理,若一侧负载减小,两侧流量和速度也能相等,但比原来的要大。

该阀起集流阀作用时,两缸中的油液经阀集流后回油箱。此时,由于压差作用两阀芯相抵。同理可知,两缸负载不等时,活塞速度和流量也能基本保持相等。

第五节　其他控制阀

一、插装阀

1. 插装阀的结构和工作原理

插装阀是一种以锥阀为基本单元的新型液压元件,由于这种阀具有通、断两种状态,可以表示逻辑状态,故又称为逻辑阀。

插装阀的结构如图 5-30(a)所示,它由插装块体 1、插装单元(由阀套 2、阀芯 3、弹簧 4 及密封件组成)、控制盖板 5、和先导控制阀 6 组成。图中 A 和 B 为主油路的两个工作油口,K 为与先导阀相接的控制油口。当 K 口无液压力作用时,阀芯受到来自 A 口和 B 口的向上的液压力大于弹簧力,阀芯开启,A 与 B 相通,至于液流的方向,视 A、B 口的压力大小而定;反之,当 K 口有液压力作用时,且 K 口的油液压力大于 A 口和 B 口的油液压力,才能保证 A 与 B 之间关闭。插装阀的工作原理相当于一个液控二位二通的换向阀。

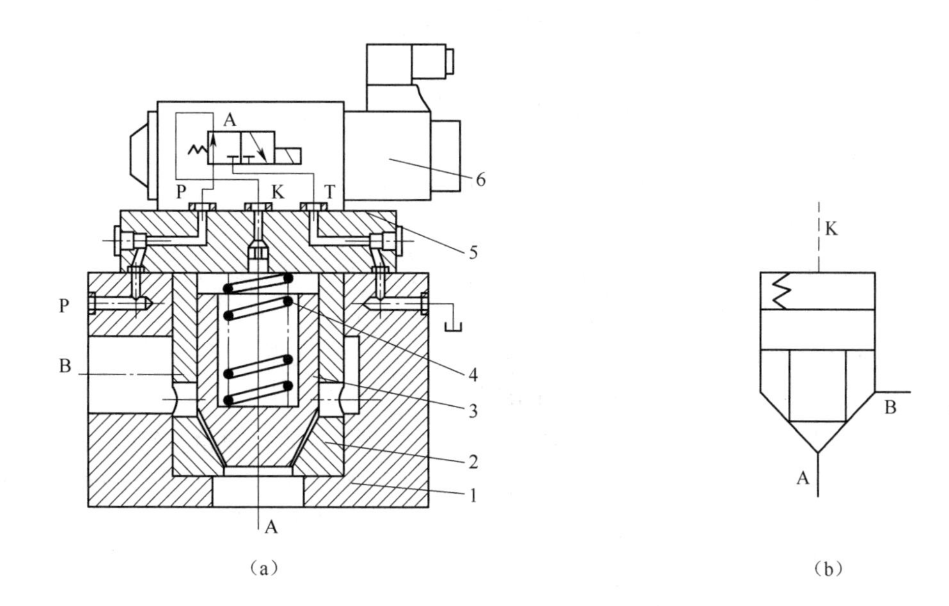

图 5-30　插装阀基本结构及职能符号

1—阀块体;2—阀套;3—阀芯;4—弹簧;5—控制盖板;6—先导控制阀

2. 插装阀的应用

插装阀与各种先导阀组合,便可组成方向控制阀、压力控制阀和流量控制阀。

(1)插装阀作方向阀

插装阀组成的各种方向控制阀如图 5-31 所示。

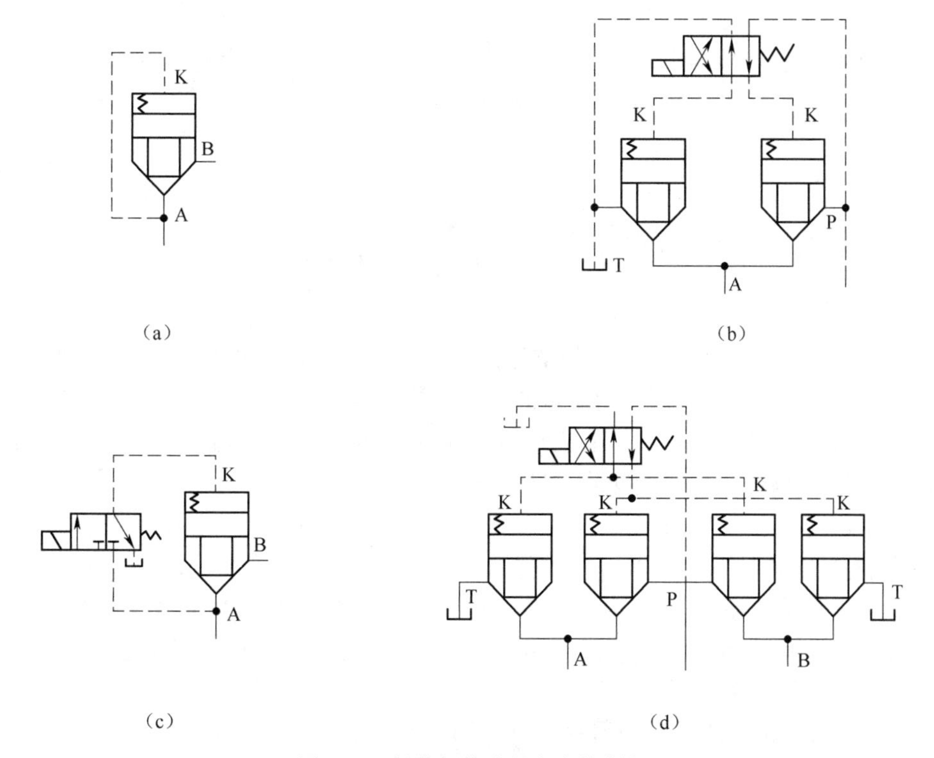

图 5-31　插装阀构成的方向控制阀

如图 5-31(a)所示为插装阀构成的单向阀,当 $p_A>p_B$ 时,阀口关闭,A 与 B 不通;当 $p_B>p_A$ 时,阀口开启,油液从 B 流向 A。

如图 5-31(b)所示为二位三通单电控换向阀,当电磁阀断电时,A 与 T 接通;电磁阀通电时,A 与 P 接通。

如图 5-31(c)所示为二位二通单电控换向阀,当电磁阀断电时,阀口开启,A 与 B 接通;电磁阀通电时,阀芯关闭,A 与 B 不通。

如图 5-31(d)所示为二位四通单电控换向阀,当电磁阀断电时,P 与 B 接通,A 与 T 接通;电磁阀通电时,P 与 A 接通,B 与 T 接通。

(2)插装阀作压力阀

插装阀构成的压力控制阀如图 5-32 所示。

如图 5-32(a)所示,溢流阀实际上起到先导溢流的作用,若 B 接油箱,先导阀溢流时,可控制 K 口的压力,进而控制 A 口的溢流压力,此时的插装阀作溢流阀用;若 B 接负载时,插装阀起顺序阀的作用。

如图 5-32(b)所示为电磁卸荷阀,当二位二通电磁阀断电时和(a)图一样为溢流阀,当二位二通电磁阀通电时,K 口接油箱,A 口的绝大多数油液通过 B 口卸荷。

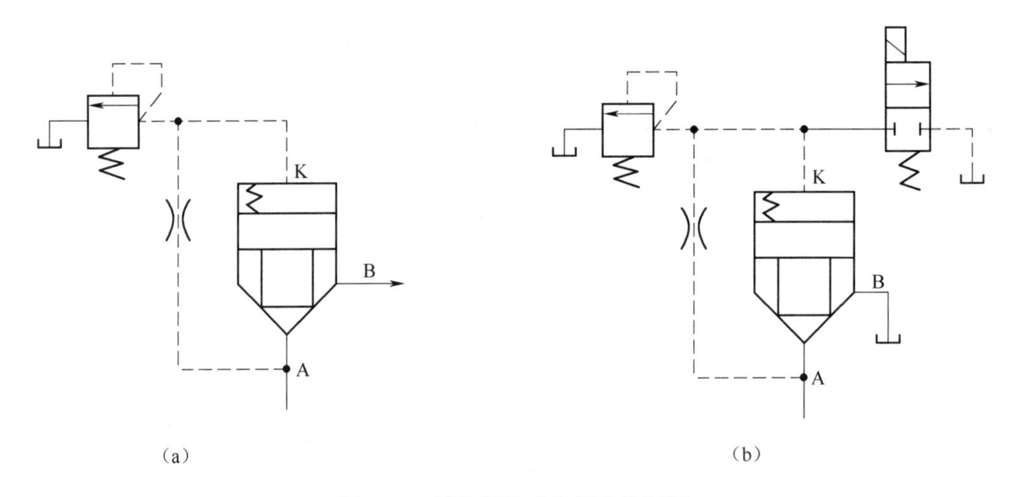

图 5-32 插装阀构成的压力控制阀

(3)插装阀作流量阀

如图 5-33(a)所示为插装阀构成的节流阀。锥阀的开启高度由调节螺杆控制,调节螺杆锁定阀芯开启的位置,从而达到控制流量的目的。插装节流阀的职能符号如图 5-33(b)所示。如果把定差减压阀阀芯两端分别与节流阀进出口相通,从而保证节流阀进出口压差不随负载变化,就会构成插装调速阀,一般安装在进油路上。

3. 插装阀的特点

与一般液压阀相比,插装阀具有以下优点。

(1)插装式元件已标准化,多个插装式锥阀单元可以方便的可构成复合阀。

(2)通油能力大,特别适用于大流量的场合,插装式锥阀的最大通径可达 250 mm,通过的流量可达到 10 000 L/min。

(3)锥阀式阀芯的行程较短,动作速度快,特别适合于高速开启的场合。

(4)密封性好,泄漏小。

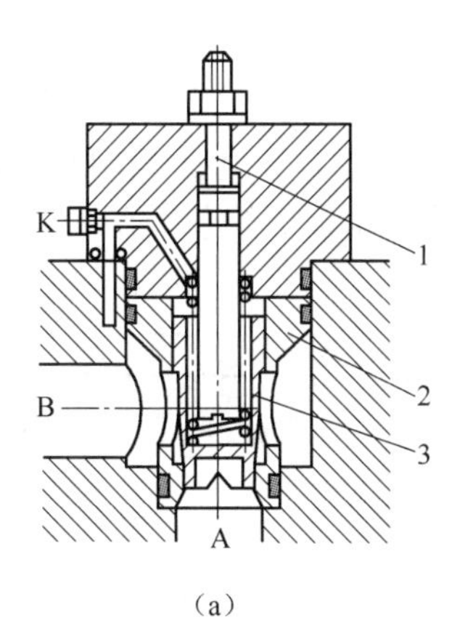

(a)

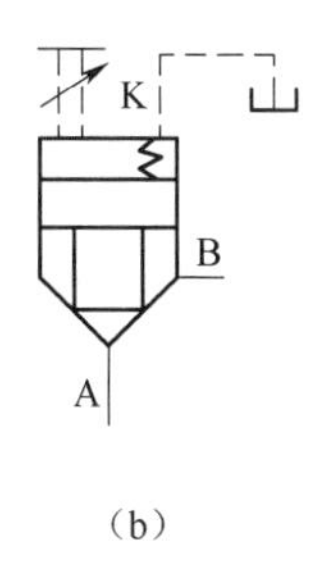

(b)

图 5-33　插装阀构成的节流阀

1—调节螺杆;2—阀套;3—锥形阀芯

(5)结构简单,制造容易,工作可靠,不易堵塞。

(6)一阀多能,可构成逻辑控制模块,实现逻辑运算。

(7)易于集成,系统的体积和重量较小。

二、电液比例控制阀

电液比例阀简称比例阀,它是一种把输入的电信号按比例地转换成力或位移,从而对压力、流量等参数进行连续控制的一种液压阀。

1. 典型比例阀的结构

比例阀的功能结构可以分为两部分:一部分是比例电磁驱动机构,另一部分是阀的液压功能机构。如图 5-34 所示为直动式比例溢流阀,其阀芯为锥阀,当给比例电磁线圈 7 通入不同大小的直流电流时,在衔铁 6 和推杆 5 上会产生不同的推力,当作用于传力弹簧 2 上的作用力与液压力平衡时,阀芯即处于平衡状态。阀的平衡压力与通入电磁线圈的电流关系式

$$p = K_P I$$

式中的 K_P 为由阀的结构决定的比例常数;I 为通入线圈的控制电流。可见,连续地改变通入电磁线圈电流的大小,就能连续地控制阀的开启压力。

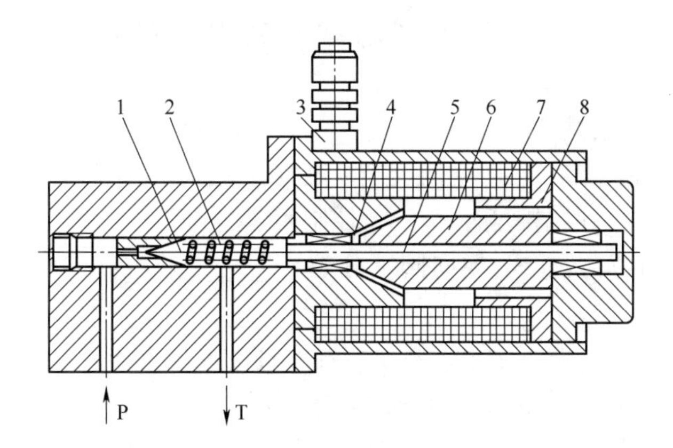

图 5-34　直动式比例溢流阀

1—锥阀;2—传力弹簧;3—放气螺钉;4—工作气隙;5—推杆;6—衔铁;7—线圈;8—非工作气隙

2. 比例阀的应用举例

如图 5-35(a)所示为利用比例溢流阀调压的多级调压回路,图中 1 为比例溢流阀,2 为电子放大器。改变输入电流 I,即可控制系统获得多级工作压力。它比利用普通溢流阀的多级调压回路所用液压元件数量少,回路简单,且能对系统压力进行连续控制。

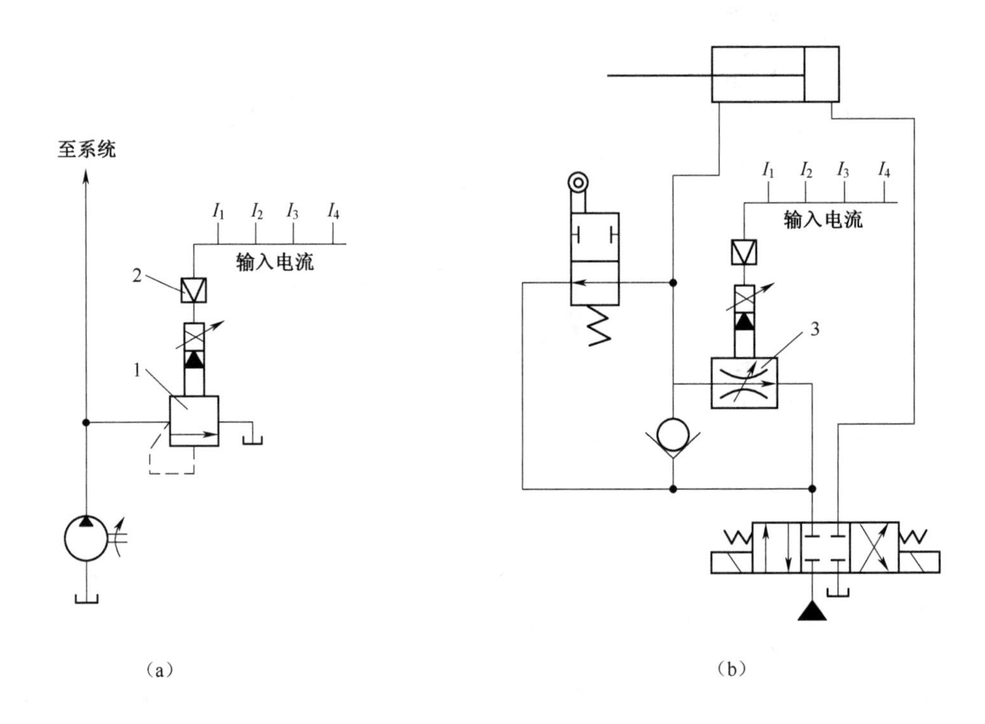

图 5-35　比例阀的应用

1—比例溢流阀;2—电子放大器;3—比例调速阀

如图 5-35(b)所示为采用比例调速阀的调速回路。改变比例调速阀输入电流即可使液压缸获得所需要的运动速度。比例调速阀可在多级调速回路中代替多个调速阀,也适用于远距离速度控制。

自 测 题 五

一、填空题(每空 2 分,共 30 分。得分________)

1. 液压控制阀是液压系统的控制元件,根据用途和工作特点不同,控制阀可分为________控制阀、________控制阀和________控制阀三类。

2. 根据阀芯动作的操纵方式,换向阀可分为________、________、________、________和________等。

3. 压力控制阀是利用________和________相平衡的原理工作的。

4. 溢流阀安装在液压系统的泵出口处,其主要作用是________和________。

5. 在液压传动系统中,流量阀是通过改变阀芯的________来控制液流的流量,从而控制执行元件的运动________的,在使用定量泵的液压系统中,为使流量阀能起节流作用,必须与________阀联合使用。

二、判断题(每题2分,共10分。得分________)

1. 单向阀用于变换液流流动方向,接通或关闭油路。 (　　)
2. 先导式减压阀工作时,可以保证入口压力基本恒定。 (　　)
3. 直动式溢流阀只适用于低压系统。 (　　)
4. 若把溢流阀当作安全阀使用,必须把该元件串接在液压泵的出口。 (　　)
5. 三位换向阀的中位机能描述了阀处于静态时各油口的通断状态。 (　　)

三、选择题(每题3分,共15分。得分________)

1. 换向阀________中位机能可以实现泵的卸荷,________中位滑阀机能可以实现差动连接。

A. O形

B. P形

C. M形

D. Y形

2. 对调速阀的工作原理描述正确的是________。

A. 调速阀进口和出口油液的压差 Δp 保持不变。

B. 调速阀内节流阀进口和出口油液的压差 Δp 保持不变。

C. 调速阀在结构上是节流阀和定压减压阀的串联。

D. 调速阀可以很好的调节液流的流速。

3. 当控制压力高于调定压力时,减压阀主阀口的节流缝隙将________。

A. 开大

B. 关小

C. 保持不变

D. 消失

4. 关于插装阀描述部不正确的是________。

A. 插装阀属于纯液压控制的控制元件。

B. 插装阀可以和其他元件共同构成溢流阀。

C. 插装阀常用于大流量的液压系统。

D. 插装阀具有逻辑元件的功能。

5. 对于比例阀描述完全正确的是________。

A. 液流流过直动式比例阀的脉动性比流过先导式比例阀的脉动小。

B. 比例阀的电磁机构非常紧凑,没有工作间隙。

C. 比例阀的控制电流通常是交流电。

D. 和普通阀相比,一个比例阀液压系统容易获得多种不同的压力和流量。

四、问答题(每题7分,共35分,得分________)

1. 比较溢流阀、减压阀和顺序阀之间有什么不同?
2. 为什么溢流阀和调速阀都不能反接?
3. 先导式溢流阀和比例先导式溢流阀有什么不同?
4. 换向阀的"位"和"通"有什么含义?画出二位三通单电控换向阀和三位四通M型双电控换向阀的职能符号。
5. 如图5-36所示的夹紧回路中,若溢流阀的调定压力 P_Y 为5 MPa,减压阀的调定压力 P_J

为 2.5 MPa，忽略系统压力损失，分析液压缸活塞在快速运动过程中和工件被夹紧后两种工况下，A 点和 B 点的压力各是多少。

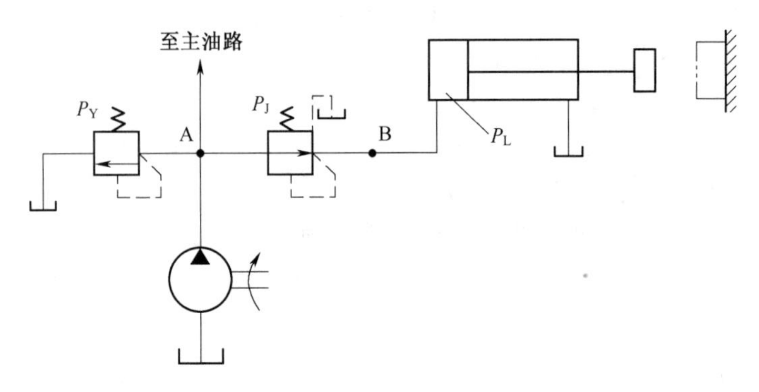

图 5-36　液压夹紧回路

五、分析题（共 10 分。得分________）

如图 5-37 所示，把插装阀构成的回路功能等效成一个换向阀的功能，画出该换向阀的职能符号。

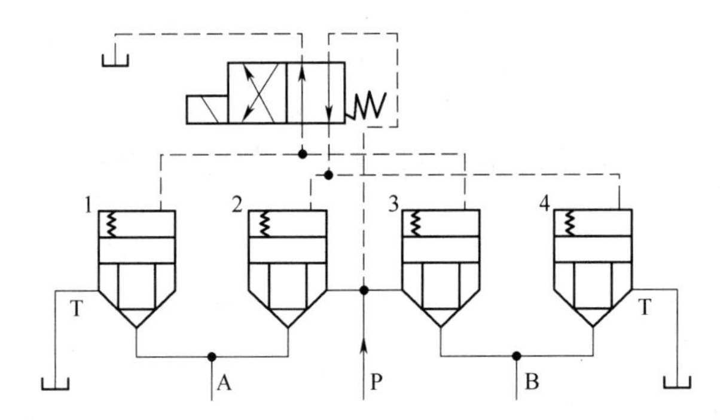

图 5-37　插装阀功能回路

第六章　液压辅助元件

教学目标

了解常用的液压辅助元件包括油箱、油管和管接头、滤油器、压力表和压力表开关、蓄能器、热交换器等，了解这些元件在液压系统中的作用和安装位置；理解常用液压辅助元件的典型结构和工作原理；能够识读和绘制辅助元件的职能符号，能够区分液压系统中的标准件和非标准件，会估算油箱的容积和油管的内径。

第一节　油　　箱

液压辅助元件是除了动力元件、执行元件和控制元件以外的其他元件。包括液压油箱、油管和管接头、密封件、过滤器、热交换器、蓄能器等，它们是液压系统不可缺少的部分。油箱一般根据系统的要求自行设计，其他辅助元件都有标准化产品。

一、油箱的作用

在液压系统中，油箱主要用来储存油液，散发回油油液的热量，析出油液中的空气，沉淀油液中的杂质。

二、油箱的分类

油箱按照构成方式分为整体式油箱和分离式油箱两类。

整体式油箱是利用机械设备机体的空腔设计而成的，如利用机床床身作为油箱。整体式油箱的优点是结构紧凑，占用空间小，设备外观美观；缺点是散热性能差、维修不方便，油温会导致的机件热变性，影响主机的加工精度和性能。分离式油箱是与机械设备分离的油箱，其特点是布置灵活、维修方便，能设计成通用的标准的形式。

按照油液液面是否与大气相通，分为开式油箱和闭式油箱。

开式油箱中的油液与大气相通，可以保证液面压力为大气压；闭式油箱中的油液与大气不相通，分为隔离式和充气式两种。隔离式油箱如图 6-1 所示，其通常带有挠性隔离器，利用其可收缩性使外界空气不与油箱内的液面接触，但保证液面上的压力为大气压，避免空气中的尘埃混入油液中，适合于粉尘污染比较严重的场合。

充气式油箱又称为压力油箱，如图 6-2 所示，它是将油箱完全封闭，通入压缩空气，使箱内压力高于外界压力，其充气压力通常为 0.05~0.07 MPa。压力油箱可以改善液压泵的吸油条件，但要求系统回油管及泄油管能承受背压。闭式油箱多用于行走设备及车辆。

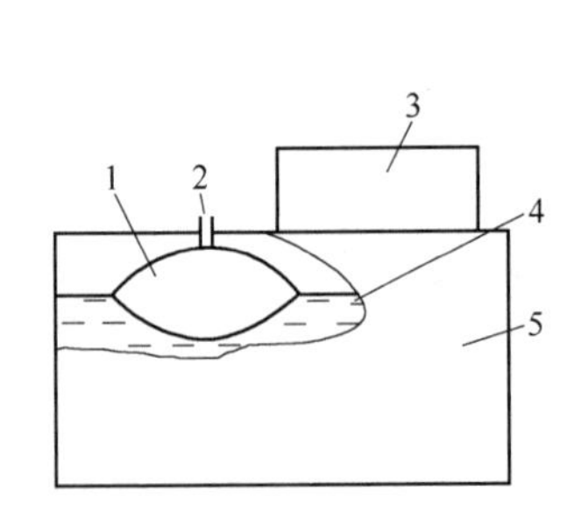

图 6-1　挠性隔离式油箱

1—气囊;2—气囊进排气口;3—液压装置;
4—液面;5—油箱体

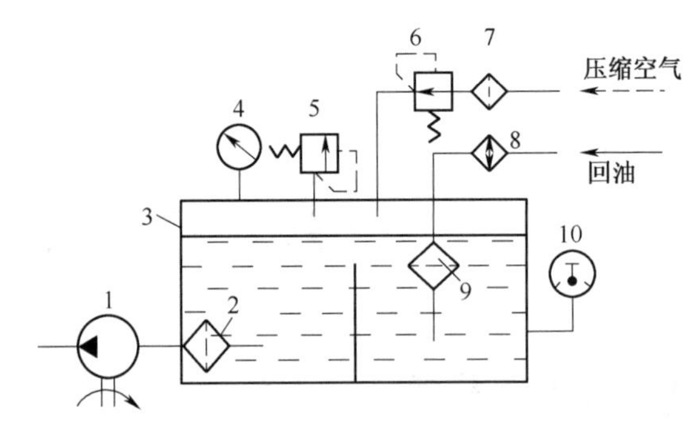

图 6-2　压力油箱

1—液压泵;2、9—滤油器;3—压力油箱体;
4—电接点压力表;5—安全阀;6—减压阀;
7—分水滤清器;8—冷却器;10—电接点温度表

三、油箱的结构功能

分离式开式油箱是目前应用最为广泛的油箱,其结构简图如图 6-3 所示。油箱箱体一般用厚度为 2.5~4 mm 的钢板焊接而成;油箱顶盖 4 为较厚的钢板,用来安装电动机、液压泵、集成块等部件;油箱内部用隔板 6、8 将液压泵的吸油管 1 和回油管 3 隔离开,防止沉淀杂物及回油管产生的泡沫进入吸油管路;油箱侧面装有液位计 5,用以显示油量;油箱底部的放油塞 7 用于换油时排油和排污;空气滤清器 2 用于过滤空气中的杂质;滤油器 9 用于过滤进入到吸油管油液的杂质。

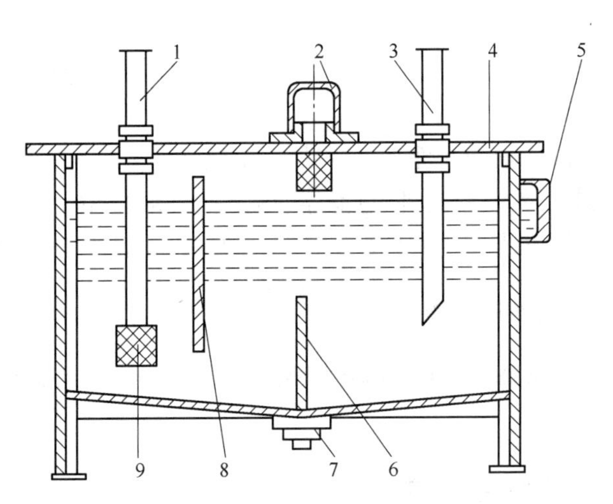

图 6-3　分离式开式油箱

1—吸油管;2—空气滤清器;3—回油管;
4—顶盖;5—液位计;6、8—隔板;7—放油塞;9—滤油器

第二节　油管和管接头

一、油管

液压油管是连接液压元件及装置的元件,液压管的种类、特点及适用场合见表 6-1。

表 6-1　液压管的种类、特点及适用场合

种　类		特点和适用场合
硬管	钢管	承压能力强、价格低、耐油、抗腐蚀、刚度好,但装配和弯曲较困难;无缝钢管用于高压系统,焊接钢管中低压系统
	铜管	装配方便、易弯曲,但强度低、价格高;只适用于中、低压系统,铜管分为黄铜管和紫铜管两类,紫铜管应用较多

续上表

种　类		特点和适用场合
软管	尼龙管	乳白色半透明的新型管材，加热后可以随意弯曲和扩口，冷却后定型，价格低，但寿命短；多用于低压系统，可替代铜管使用
	塑料管	价格低廉、安装方便，但承压能力低、易老化；只用于压力低于 0.5 MPa 的回油或卸油管路
	橡胶管	高压橡胶管有钢丝编织层，低压橡胶管的编织层为帆布或棉线；橡胶管的价格较高，多用于中、高压液压系统中具有相对运动的液压件的连接

二、管接头

1. 管接头的作用和要求

管接头是油管与油管、油管与液压元件之间的可拆式连接件，它应满足装拆方便、连接牢靠、密封可靠、外形尺寸小、通油能力大、压力损失小、加工工艺性好等要求。

2. 管接头的类型及应用场合

(1)焊接式管接头

焊接式管接头的基本结构如图 6-4 所示，接管 2 与系统中的钢管焊接连接，当拧紧螺母 3 时，接管端面将 O 形密封圈 4 紧压在接头体 5 的端面上，起密封作用。这种管接头具有结构简单，耐压性强等优点；缺点是焊接较麻烦，必须采用厚壁钢管。

(2)卡套式管接头

卡套式管接头的结构如图 6-5 所示，旋紧螺母 3，使带椎度的卡套 2 压进带椎度孔的接头体 4，并随之变形，使卡套与接头体内锥面形成球面接触密封；随着卡套的内刃口嵌入油管外壁，在外壁上压出一个环形凹槽，从而起到可靠的密封作用。卡套式管接头具有结构简单、安装方便、质量轻、体积小、不用焊接、钢管轴向尺寸要求不严等优点，适用于高压系统。

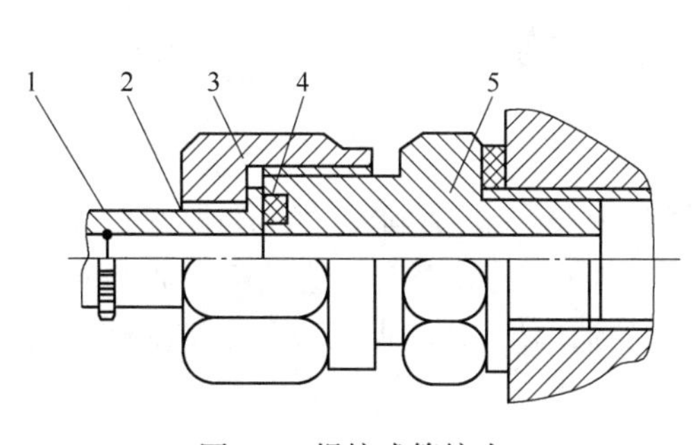

图 6-4　焊接式管接头

1—焊接处；2—接管；3—螺母；
4—O 形密封圈；5—接头体

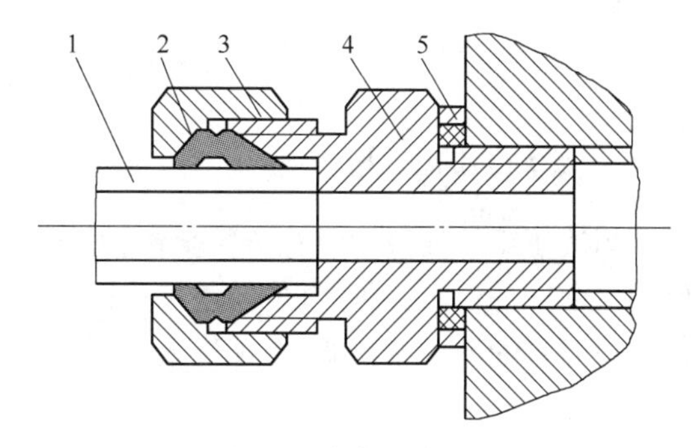

图 6-5　卡套式管接头

1—油管；2—卡套；3—螺母；
4—接头体；5—组合垫圈

(3)扩口式管接头

如图 6-6 所示为扩口式管接头结构。先将螺母 3 和套管 2 套在油管 1 上，使套管 2 的椎孔朝外，把油管 1 的管口扩成喇叭口形状，将喇叭口形的油管口套在接头体 4 的外锥面，旋紧螺母 3，使管子的喇叭口受压，紧贴于接头体 4 外锥面和管套 2 内锥孔所产生的间隙中，从而起到密封作用。扩口式管接头结构简单、适用于铜管、薄壁钢管、尼龙管和塑料管等连接的中、低压系统。

(4)快速接头

快速接头是一种徒手插拔就能实现连接管路的迅速接通或断开的接头,用于需要经常变换油路的管路。如图 6-7 所示为两端开闭式快速接头的配合结构图。两端开闭式是指两接头不连接时,两接头口自行封闭,一旦两接头连接时,两接头口各自打开实现通流的接口形式。

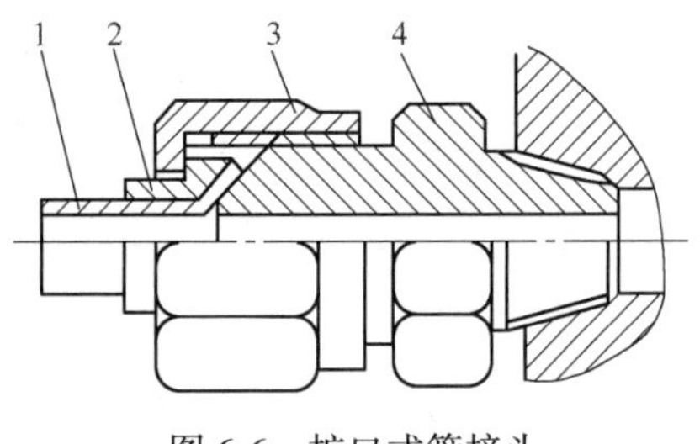

图 6-6　扩口式管接头

1—油管;2—套管;3—螺母;4—接头体

当要断开油路时,用力向左推外套 4,钢球 3 可以向上运动,离开锁死两接头的位置,接头体 5 可以顺利拉出;与此同时,由于两单向阀芯 2 和 6 脱离接触,在各自的复位弹簧 1 和 7 以及液压力的作用下,单向阀芯迅速关闭,防止油液流出,油路被迅速断开。

需要接通油路时,只要将接头体 5 接入另一接头的配合处,钢球 3 自动落入锁紧位置,两单向阀芯互相作用,阀口均打开,实现通流。

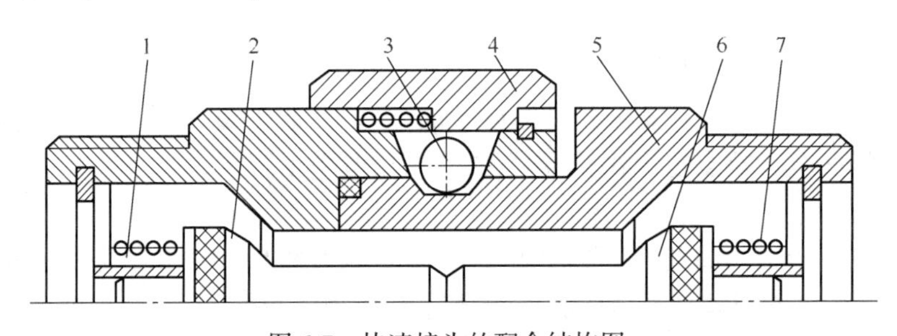

图 6-7　快速接头的配合结构图

1—弹簧;2—单向阀芯;3—钢球;4—外套;5—接头体;6—单向阀芯;7—弹簧

第三节　滤　油　器

一、滤油器的作用

当液压系统油液中混有杂质微粒时,会卡住滑阀,堵塞小孔,加剧零件的磨损,缩短元件的使用寿命。油液污染越严重,系统工作性能越差、可靠性越低,甚至会造成故障。滤油器就是过滤掉混在油液中的杂质,保证进入液压系统中油液的洁净度,从而保证液压系统能够正常工作的重要元件。

二、滤油器的过滤精度

过滤是指从液压油中分离出非溶性固体微粒的过程,即在压力差的作用下,油液通过多孔介质,油液中的固体微粒被截留在过滤介质上,从而达到从液压油中分离固体微粒的目的。

过滤精度是指滤油器能够有效滤除的最小颗粒的尺寸,以直径 d 的公称尺寸表示,单位为 μm。能够有效滤除的最小颗粒的尺寸越小,说明过滤器的过滤精度越高。

过滤精度选用的原则是使所过滤污物颗粒的尺寸要小于液压元件密封间隙尺寸的一半,系统压力越高,液压件内相对运动零件的配合间隙越小,所需要的滤油器过滤精度也就越高。

在选择过滤器的过滤精度时可参考表 6-2。

表 6-2　过滤精度推荐表

系统类别	润滑系统	传动系统			伺服系统
系统工作压力(MPa)	0~2.5	<14	14~32	>32	21
过滤精度(μm)	<100	25~50	<25	<10	<5
滤油器精度	粗	普通			精

三、滤油器的典型结构

一般滤油器都是由滤芯、骨架和壳体等组成。常用的过滤器有网式、线隙式、纸芯式、烧结式、磁式等。

1. 网式过滤器

网式过滤器结构如图 6-8 所示,它由上盖 1、骨架 2、滤网 3 和下盖 4 等组成。滤芯以铜丝为过滤材料,在周围开有很多孔的骨架上包着一层或两层铜丝网,网式滤油器的过滤精度取决于铜网层数和网孔的大小。标准产品的过滤精度只有 80 μm、100 μm、180 μm 三种,压力损失小于 0.01 MPa,最大流量可达 630 L/min。网式过滤器属于粗过滤器,一般安装在液压泵吸油路上,用来保护液压泵。它具有结构简单、通油能力大、阻力小、易清洗等特点。

2. 线隙式过滤器

线隙式过滤器结构如图 6-9 所示,它由端盖 1、壳体 2、带有孔眼的筒型骨架 3 和绕在骨架外部的铜线或铝线 4 组成。油液从 A 口进入过滤器,经绕制的线隙过滤后进入骨架内部,再由 B 口流出。线隙式过滤器的优点是结构较简单,过滤精度较高,通油性能好;缺点是不易清洗,滤芯材料强度较低。这种过滤器一般安装在回油路或液压泵的吸油口处,有 30 μm、50 μm、80 μm 和 100 μm 四种精度等级,额定流量下的压力损失约为 0.02~0.15 MPa。

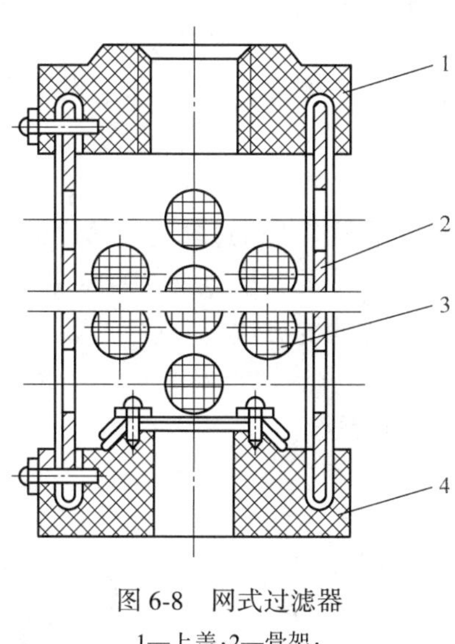

图 6-8　网式过滤器

1—上盖;2—骨架;

3—滤网;4—下盖

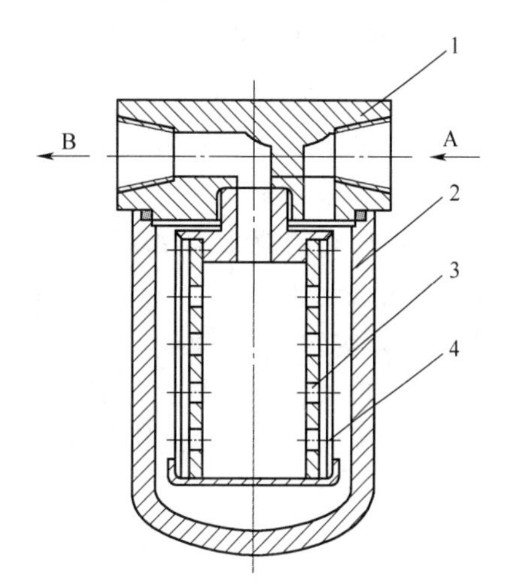

图 6-9　线隙式过滤器

1—端盖;2—壳体;

3—骨架;4—金属绕线

3. 金属烧结式过滤器

金属烧结式过滤器的典型结构如图 6-10 所示,它由端盖 1、壳体 2、滤芯 3 组成。滤芯通常由颗粒状青铜粉压制后烧结而成，不同颗粒度的金属粉末可制成过滤精度不同的滤芯，金属烧结式过滤器就是利用金属颗粒之间的复杂缝隙进行过滤的。其过滤精度一般在 10~100 μm 之间，压力损失为 0.03~0.2 MPa。金属烧结式过滤器的优点是滤芯能烧结成各种形状、制造简单、强度大、性能稳定、抗腐蚀性好、过滤精度高，适用于精过滤；缺点是铜颗粒易脱落，堵塞后不易清洗。如果在滤芯中安装一组磁环，可以有效地吸附油液中的铁质微粒。

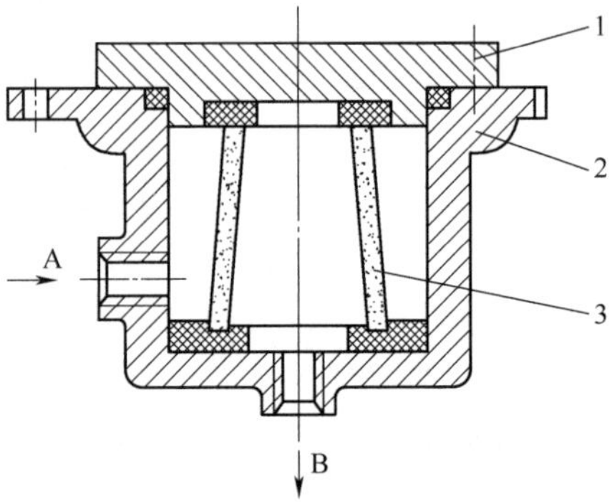

图 6-10　金属烧结式过滤器

1—上盖；2—壳体；3—滤芯

四、滤油器的安装位置

滤油器的安装位置根据系统需要进行选择。

1. 安装在液压泵的吸油管路上

如图 6-11(a)所示，滤油器安装在液压泵的吸油管路上，用于保护液压泵。在泵的吸油口一般安装网状或线隙式滤油器，其通油能力应大于液压泵流量的两倍。

2. 安装在液压泵的压油管路上

如图 6-11(b)所示，滤油器安装在液压泵的出口，这种方式可以保护除液压泵以外的全部元件。由于滤油器是在高压下工作，滤芯需要有较高的强度，压差不应超过 0.35 MPa。为避免滤芯堵塞引起液压泵过载或者损坏过滤器，必须并联一个安全阀，其开启压力应略低于过滤器的最大允许压差。

3. 安装在回油管路上

如图 6-11(c)所示，这种安装方式不能直接防止杂质进入液压泵及系统中的其他元件，只能清除系统中的杂质，对系统起间接保护作用。由于回油管路上的压力低，故可采用低强度的过滤器，允许有稍高的过滤阻力。为避免过滤器堵塞引起系统背压力过高，应设置旁路阀，背压通常小于 1 MPa。

4. 安装在支管油路上

安装在液压泵的吸油、压油或系统回油管路上的过滤器都要通过泵的全部流量，所以过滤器流量规格大，体积也较大。若把过滤器安装在经常只通过泵流量 20%~30% 流量的支管油路上，这种方式称为局部过滤。如图 6-11(d)所示，局部过滤的方法有很多种，如节流过滤、溢流过滤等。这种安装方法不会在主油路中造成压力损失，过滤器也不必承受系统工作压力。其主要缺点是不能完全保证液压元件的安全，仅间接保护系统。

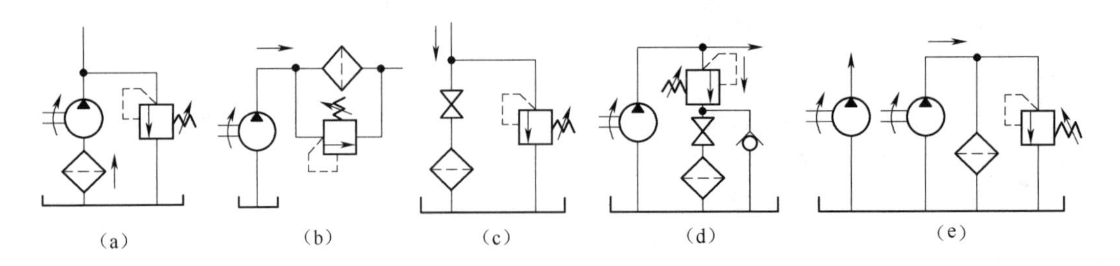

图 6-11　滤油器的安装位置

5. 单独过滤系统

如图 6-11(e)所示,用一个专用的液压泵和过滤器组成一个独立于液压系统之外的过滤回路,它可以经常清除油液中的杂质,达到保护系统的目的,适用于大型机械设备的液压系统。

对于一些重要元件,如伺服阀等,应在其前面单独安装过滤器来确保它们的性能。

第四节　蓄　能　器

一、蓄能器的作用

蓄能器是储存和释放液体压力能的装置,其作用有:

(1)短期大量供油。当执行元件需快速运动时,蓄能器与液压泵同时供油。

(2)维持系统压力。当执行元件停止运动的时间较长,并且需要保压时,为降低能耗,使泵卸荷,可以利用蓄能器储存的液压油来补偿油路的泄漏损失,维持系统压力。

(3)作为应急油源。当泵意外停止时,蓄能器进行短时间供油。

(4)减缓冲击和吸收脉动压力。当液压阀突然关闭或换向、液压缸起动或制动时,系统中会产生液压冲击,用蓄能器可以起缓和冲击和吸收脉动。

二、蓄能器的结构类型

蓄能器主要有充气式蓄能器、重力式蓄能器和弹簧式蓄能器三种类型。

充气式蓄能器如图 6-12(a)所示,它的壳体内有一个用耐油橡胶制成的气囊,使用前通过充气阀 1 向气囊 3 充入预定压力的氮气,然后通过进油阀 4 向蓄能器内充入压力油,气囊内的气体被压缩,储存能量。当系统压力低于蓄能器压力时,气囊膨胀,输出压力油,蓄能器释放能量。这种蓄能器的特点是利用气囊将油,气完全隔开,气囊惯性小,反应灵敏,安装维修方便,是目前应用最为广泛的蓄能器之一。

重力式蓄能器如图 6-12(b)所示,它是通过压力油作用在蓄能器内的重力柱塞 6 上,使其克服重物 5 的负载系统上升,将的液压能转换成柱塞系统的势能,实现能量存储。需要释放能量时,重物柱塞系统的重力将液压液推向液压系统。这种蓄能器结构简单、压力稳定,但容量小、体积大、反应不灵活、易产生泄漏,更适合储能。

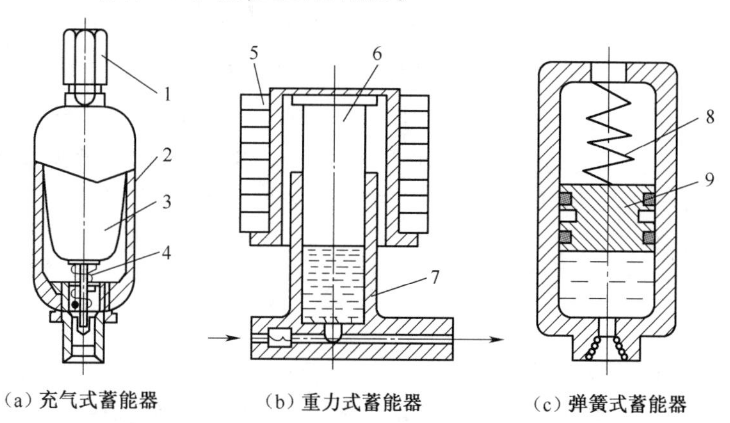

图 6-12　蓄能器结构类型

1—充气阀;2、7、10—壳体;3—气囊;4—进油阀;5—重物;6—柱塞;8—弹簧;9—活塞

弹簧式蓄能器如图 6-12(c)所示,它利用弹簧的伸缩来储存和释放能量。液面压力取决于弹簧的预压缩量和活塞的作用面积,由于弹簧伸缩时其作用力是变化的,所以蓄能器提供的压力也是变化的。这种蓄能器的优点结构简单,反应较灵敏;缺点是容量较小、承压较低。弹簧式蓄能器多用于小容量、低压、循环频率低的系统。

三、蓄能器的职能符号

蓄能器的职能符号见表 6-3。

表 6-3　蓄能器的职能符号

蓄能器一般符号	气体隔离式	重力式	弹簧式

四、蓄能器的安装与使用

蓄能器在液压系统中安装的位置由蓄能器的功能来确定。

(1)蓄能器需要垂直安装,充气口朝上,油口朝下,即气体在上面,油液在下面,以防止气体与油液一起排出。

(2)用于吸收压力脉动、液压冲击和降低噪声的蓄能器应该尽量安装在振源附近。

(3)蓄能器需安装在方便检查和维修的位置,蓄能器与系统管路之间应安装截止阀,以备充气和检查维修使用;蓄能器与液压泵之间应安装单向阀,以防止液压泵停车时,蓄能器的压力油倒流而使液压泵反转;蓄能器的安装位置应该远离热源。

(4)安装在管路中的蓄能器必须用支架或挡板固定以承受因蓄能器储能或释放能量时所产生的反作用力。

第五节　压力表和压力表开关

一、压力表

压力表用于观察液压系统中各工作位置的压力,以便于操作人员把系统的压力调整到要求的工作压力。常用的压力表是弹簧管式压力表,如图 6-13(a)所示。当压力油进入扁截面金属弯管 1 时,弯管变形而使其曲率半径加大,端部的位移通过杠杆 4 使齿扇 5 摆动。于是与齿扇 5 啮合的小齿轮 6 带动指针 2 转动,此时就可在刻度盘 3 上读出压力值。如图 6-13(b)所示为压力表的职能符号。

二、压力表开关

压力表开关用于接通或断开压力表与测量点油路的通道。压力表开关有一点式、三点式、六点式等类型。多点压力表开关可按需要分别测量系统中多点处的压力。如图 6-14 所示为六点式压力表开关。

图示位置为非测量位置,此时压力表油路经小孔 a、沟槽 b 与油箱接通;若将手柄向右推进去，沟槽 b 将把压力表与测量点接通，并把压力表通往油箱的油路切断，这时便可测出该测量点的压力。如将手柄旋转到另一个位置，便可测出另一点的压力。

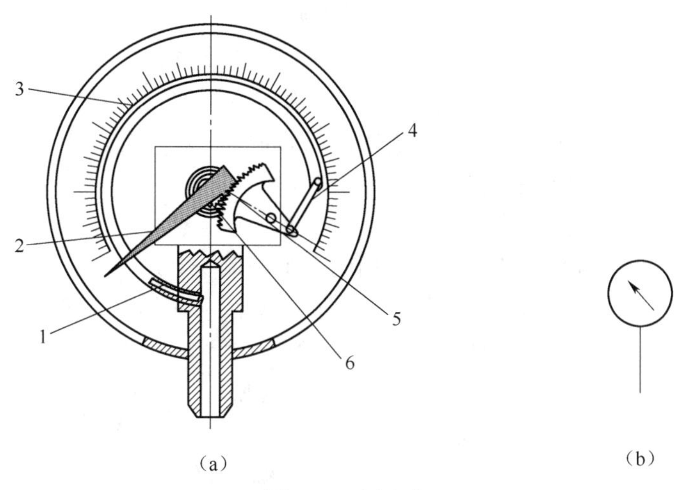

图 6-13　压力表

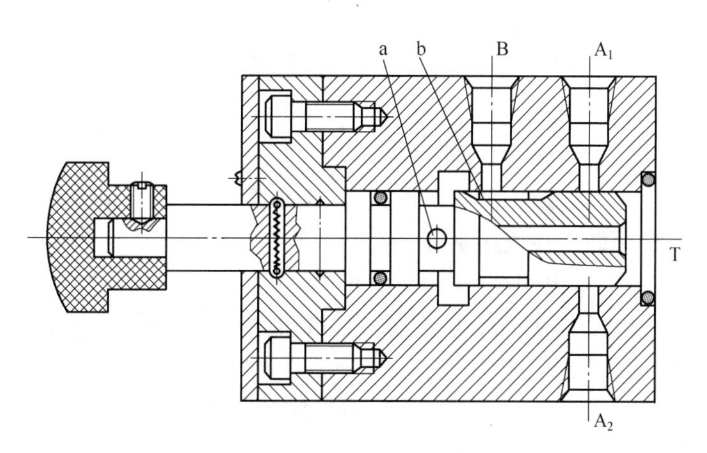

图 6-14　压力表开关

自 测 题 六

一、填空题(每空 2 分，共 32 分。得分________)

1. 常用的液压辅助元件有________、________、________、________、________、________等。

2. 按照油液是否与空气接触，油箱分为________和________两种。

3. 常用的滤油器有网式、________和________，其中________属于粗滤油器。

4. 蓄能器包括________、________和________三种。

5. 滤油器就是过滤掉混在油液中的________，保证进入液压系统中油液的洁净度，从而保证液压系统能够正常工作的重要元件。

二、判断题(每题 2 分，共 10 分。得分________)

1. 目前使用最多的是整体式的开式油箱。　(　　)

2. 油箱是非标准件，往往需要用户自己进行设计。（　）
3. 网式滤油器的通油能力差，不能安装在泵的吸油口处。（　）
4. 油箱中设置隔板的目的是为了阻止油液的流动。（　）
5. 在液压系统中，可以使用一个压力表开关测定多处压力值。（　）

三、选择题（每题 3 分，共 15 分。得分________）

1. 在设计油箱时，对于应考虑的因素描述错误的是________。
A. 油箱必须设置 1 到 2 个隔离板
B. 回油管的切口为 45°，必须朝向油箱壁
C. 为简化工艺，回油口和泄油口可以使用同一个油口
D. 油塞必须设置在油箱底部的最低处
2. 以下________不是蓄能器的功用。
A. 保压　B. 短时大量供油　C. 应急能源　D. 沉淀杂质
3. 对过滤器的安装位置描述错误的是________。
A. 回油路上　B. 泵的吸油口处
C. 旁油路上　D. 液压缸进口处
4. 在低压液压系统中，通常采用________。
A. 钢管　B. 紫铜管　C. 橡胶软管　D. 尼龙管
5. 对于油管描述正确的是________。
A. 钢管不容易弯曲，常用于中低压系统
B. 尼龙管的寿命短，只能用在低压系统，不能代替铜管
C. 塑料管易老化，只能用在低压系统
D. 钢丝编制的橡胶管可以用在中、高压系统中

四、问答题（1 题 7 分，2~4 题，每题 12 分，共 43 分。得分________）

1. 快速接头是如何实现快速换接的？
2. 比较各种管接头的结构特点，它们各适用于什么场合？
3. 蓄能器有哪些主要功用？
4. 画出油箱、过滤器、压力表、蓄能器的职能符号。

第七章　液 压 回 路

了解液压回路的基本类型和作用；掌握几种典型的方向控制、压力控制和流量控制回路；能够熟练分析基本回路的工作原理图，能够设计较简单的多执行元件的顺序动作回路。

第一节　方向控制回路

通过控制液流的通、断和流动方向来控制执行元件的启动、停止以及改变运动方向的回路称为方向控制回路。方向控制回路有换向回路和锁紧回路。

一、换向回路

1. 换向阀控制的换向回路

几乎所有以液压缸为执行元件的液压回路都通过换向阀实现控制。

如图 7-1(a)所示为 M 型手动换向阀中位机能处于工作位置时的情况，液压源输出的压力油从换向阀的 P 口进入换向阀阀体，再由阀的 T 口流回到油箱，实现卸荷，由于阀的 A、B 口封闭，液压缸位置被锁定；如图 7-1(b)所示为操作阀的手柄后，使其左位机能在工作位置，压力油经换向阀的 P 口和 A 口进入液压缸无杆腔，有杆腔的油液经换向阀的 B 口和 T 口流回油箱，活塞带动活塞杆实现右移；如图 7-1(c)所示为操作阀的手柄后，使其右位机能在工作位置，压力油经换向阀的 P 口和 B 口进入液压缸有杆腔，无杆腔的油液经换向阀的 A 口和 T 口流回油箱，活塞带动活塞杆实现左移。当液压缸活塞运动到左、右极限位置后，溢流阀溢流，保护系统不会过载。

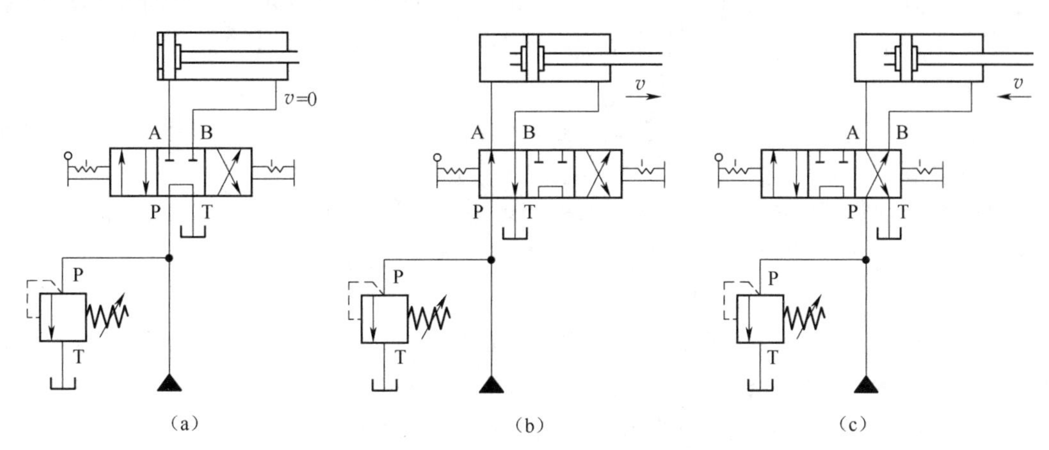

图 7-1　手动换向阀控制的换向回路

起控制作用的换向阀也可以是满足控制需要的二位阀或多位阀,也可以是二通、三通或五通的换向阀。

(2)电磁阀控制的换向回路

如图 7-2 所示为单线圈电磁换向阀控制的换向回路,单线圈电磁换向阀可以简称为单电控换向阀。电磁阀控制的液压系统由液压回路和电控回路两部分构成。如图 7-2(a)所示为液压回路部分,液压缸的负载为重力负载,其上升过程受液压力驱动,下降则靠自身重力实现。当二位三通电磁换向阀的电磁线圈 Y 不得电时,其右位机能在工作位置,活塞处于最下端,液压源输出的压力油通过溢流阀回油箱;当电磁线圈 Y 得电时,换向阀左位机能到工作位置,压力油经换向阀的 P 口和 A 口进入液压缸无杆腔,有杆腔的油液直接回油箱,活塞杆克服重力负载,推动重物上升。可见,控制电磁换向阀的电磁线圈通电或断电,就能控制液压缸活塞实现两个方向的运动。

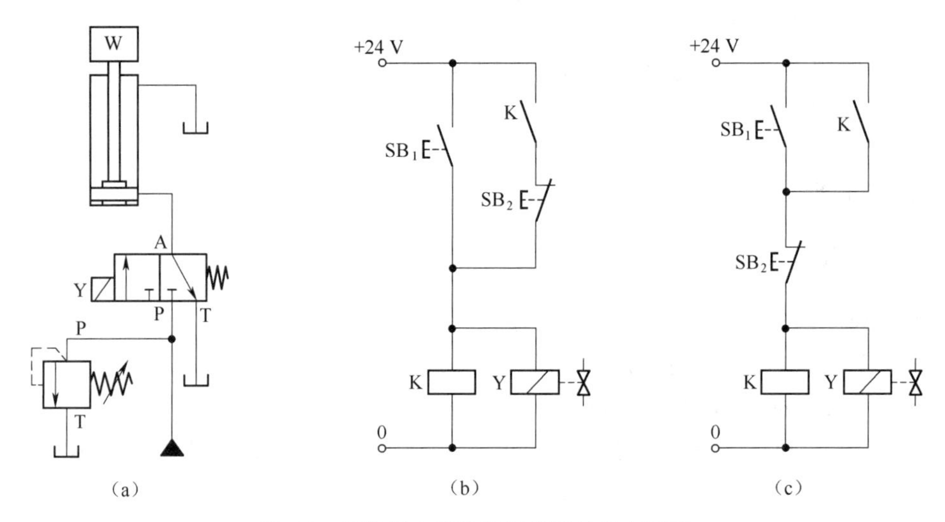

图 7-2 单线圈电磁换向阀控制的换向回路

如图 7-2(b)所示为启动优先的控制电路。SB_1 是启动按钮(常开),SB_2 是停止按钮(常闭),K 为继电器线圈(触点),Y 为电磁阀线圈。按下按钮 SB_1,继电器线圈 K 和电磁阀线圈 Y 同时得电,电磁阀线圈 Y 得电,驱动液压回路中的电磁阀动作;继电器的常开触点 K 闭合,用于自锁(继电器的常开触点构成该继电器线圈供电回路的接法),保证松开启动按钮 SB_1 后,两个线圈持续得电。需要给线圈断电时,按下按钮 SB_2,两线圈失电,K 的常开触点恢复到断开状态,同时电磁阀复位。

启动优先是指同时按下启动按钮和停止按钮时,启动按钮的起作用的控制方式,即同时按下按钮 SB_1 和 SB_2 时,其电路负载(继电器线圈 K 和电磁阀线圈 Y)同时得电的控制逻辑。

如图 7-2(c)所示为停止优先的控制电路。停止优先是指同时按下启动按钮和停止按钮时,停止按钮的起作用的控制逻辑,即同时按下按钮 SB_1 和 SB_2 时,其电路负载(继电器线圈 K 和电磁阀线圈 Y)同时失电的控制。

启动优先是在停止信号的逻辑链上并联启动信号实现的;停止优先是在主逻辑链上串联停止信号实现的。启动优先和停止优先在电气控制的逻辑关系中非常重要。

如图 7-3 所示为双线圈电磁换向阀控制的换向回路。其中图 7-3(a)为液压回路部分,其换向阀为三位四通 O 形双电磁线圈换向阀,简称双电控换向阀。电磁线圈 Y_1 得电时,换向阀左位机能在工作位置，液压缸活塞杆伸出；电磁线圈 Y_2 得电时，换向阀右位机能在工作位置，液压缸活塞杆收回；两电磁线圈都不通电时，中位机能在工作位置，压力油通过溢流阀溢流回油箱。双电控换向阀禁止两个驱动线圈 Y_1 和 Y_2 同时得电，否则阀芯的工作位置不确定。此外，如果 Y_1 先得电，阀芯动作后，Y_2 再得电（两线圈出现先后同时得电的情况），阀芯仍保持前一位置不变；反之，亦然。出现两线圈同时得电的情况时，线圈非正常发热，容易损坏元件。所以必须保证某一时刻只能有一个线圈得电，其控制电路如图 7-3(b)所示。

SB_2 是 Y_1 得电的启动按钮，控制活塞杆伸出；SB_3 是 Y_2 得电的启动按钮，控制活塞杆收回；SB_1 是控制 Y_1 和 Y_2 断电的按钮，使换向阀工作在中位机能状态。当按下 SB_2 时，K_1 和 Y_1 得电，串联在 K_2 线圈支路的 K_1 的常闭触点断开，确保 K_2 和 Y_2 线圈不能得电；与 SB_2 并联的 K_1 的常开触点闭合，进行自锁，保证 K_1 和 Y_1 持续得电。这种把继电器的常闭触点 K_1 串接在其他线圈（K_2 线圈）支路的接法，称为电气互锁。可见，自锁是为了保证自身线圈的回路持续得电，互锁是为了自身线圈得电的同时断开其他电路支路。

若想要 K_2 和 Y_2 得电，不能直接按下 SB_3，必须先解除该互锁。所以，先按下按钮 SB_1，在液压回路中，由于 K_1 线圈失电，电磁阀恢复到中位机能工作，使液压缸停止伸出动作；在电路中，已闭合的常开触点 K_1 重新断开，解除自锁；已断开的互锁触点 K_1 重新闭合，解除互锁。再按下按钮 SB_3，即可使线圈 K_2 和 Y_2 得电。

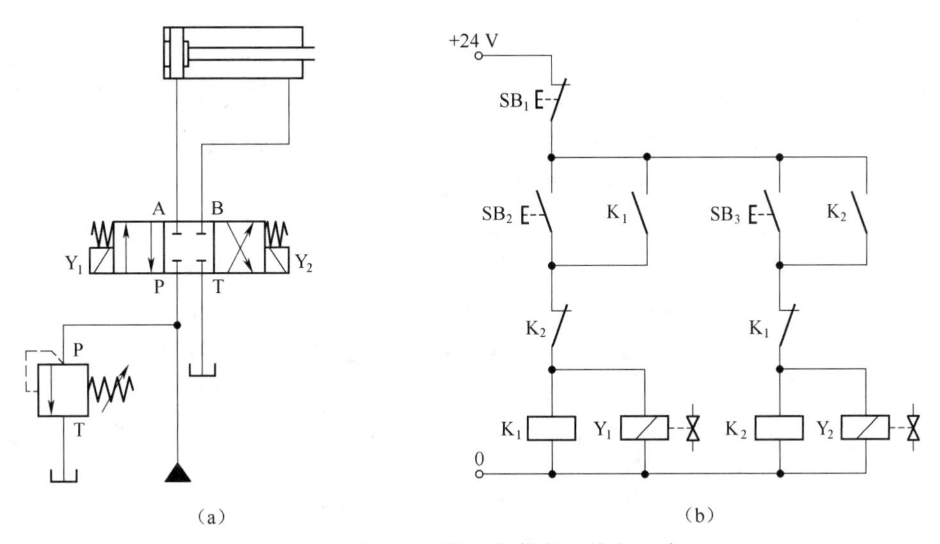

图 7-3 双线圈电磁换向阀控制的换向回路 I

在如图 7-3 所示的回路中，要实现液压缸两个方向的动作，需要轮流操作三个按钮。对于小流量、低负载、执行元件需要频繁往复动作的系统来说非常不方便，可以采用如图 7-4 所示的第二种电路控制方式。

如图 7-4(b)所示的控制电路与如图 7-3(b)所示的控制电路的区别是在两条电路支路上分别串接了按钮 SB_1 和 SB_2 的联动常闭触点。按钮 SB_2 的常闭触点串接在 K_2 线圈支路中，按钮 SB_3 的常闭触点串接在 K_1 线圈支路中，而 SB_2 的常开触点用于给 K_1 线圈通电，SB_3 的常开触点用于给 K_2 线圈通电。这种把按钮的常闭触点串接在其他线圈支路的接法叫做机械互锁。按下按钮 SB_2，线圈 K_1 得电，线圈 K_2 支路断开；按下按钮 SB_3，线圈 K_2 得电，线圈 K_1 支路断开。由于解除了电气互锁，可以省去换向阀中位停止的动作，提高了换向阀的动作效率。

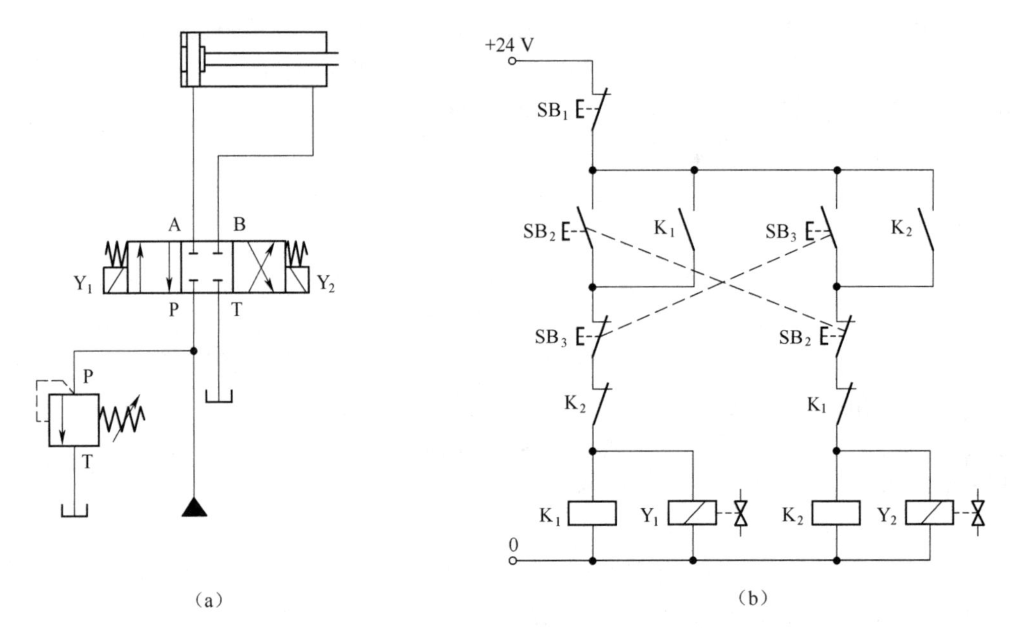

图 7-4　双线圈电磁换向阀控制的换向回路Ⅱ

2. 双向变量泵构成的换向回路

在闭式回路中(工作油液局部循环不回油箱的回路),可用双向变量泵控制液压马达的换向。如图 7-5 所示,执行元件为双向定量马达 7,通过改变双向变量泵 5 斜盘倾角的方向,可以改变进、出口油流的方向,从而实现马达的换向。其中,泵 3 为补油泵,溢流阀 1 用于设定补油压力,溢流阀 6 是防止系统过载的安全阀。

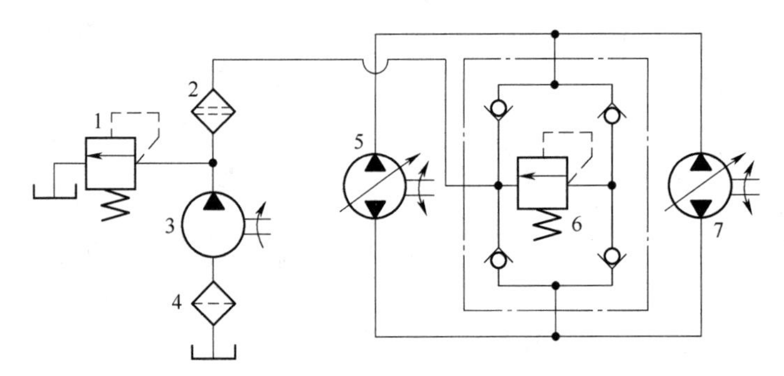

图 7-5　双向变量泵换向回路

二、锁紧回路

1. 换向阀的锁紧回路

锁紧回路用于实现执行元件在任意位置上停止,并防止停止后蹿动。锁紧液压缸的最简单方法是利用三位换向阀的中位机能(如 M 形、O 形换向阀),如图 7-1(a)和 7-4(a)所示。由于滑阀有泄漏,不能长时间保持执行元件的停位,锁紧精度不高,所以常用液控单向阀作锁紧元件。

2. 液控单向阀构成的锁紧回路

由液控单向阀构成的锁紧回路如图 7-6 所示。当 Y_1 通电,换向阀左位机能在工作位置,压力油经液控单向阀 A 进入液压缸无杆腔,同时进入液控单向阀 B 的控制油口,打开液控单向阀 B，液压缸有杆腔的油液可经液控单向阀 B 及换向阀回油箱，活塞向右运动；当 Y_2 通电时，换向阀右位机能在工作位置，压力油经单向阀 B 进入液压缸有杆腔，同时打开液控单向阀 A，使液压缸无杆腔的油液经液控单向阀 A 和换向阀回油箱，活塞向左运动。当两电磁线圈都断电时，换向阀的中位机能接入系统，泵卸荷，两液控单向阀的控制口均无控制油压，两液控单向阀均封闭。由于液控单向阀有良好的密封性，所以双向液压锁回路对液压缸的锁紧效果非常好。

3. 制动器锁紧回路

如图 7-7 所示为制动器锁紧回路。当执行元件是液压马达时，因马达还有一泄油口直接通入油箱，所以切断其进、出油口不能使马达立即停止。当马达在重力负载力矩作用下变成泵工况时，其出口油液将经泄油口流回油箱，使马达出现滑转。因此，在切断马达进、出油口的同时，需通过液压制动器来保证马达可靠的停转。

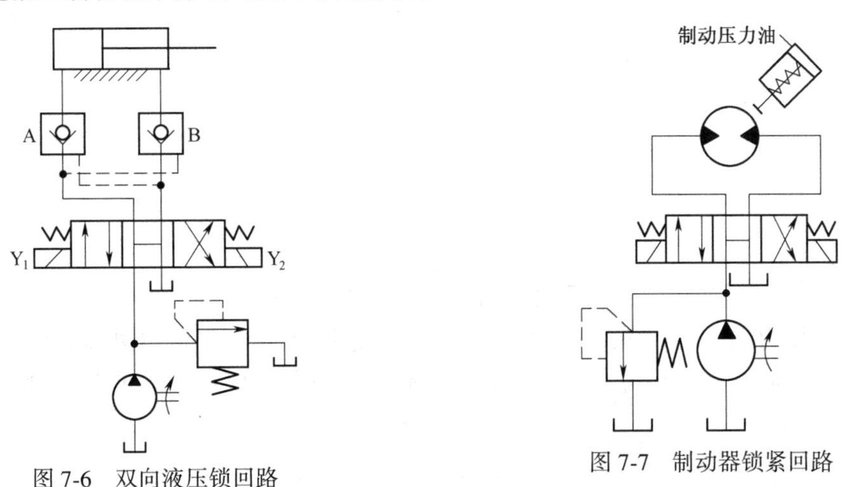

图 7-6　双向液压锁回路

图 7-7　制动器锁紧回路

第二节　压力控制回路

利用各种压力阀控制整个系统或系统某一部分油液压力的回路称为压力控制回路。在系统中用来实现调压、减压、增压、卸荷、平衡等控制，以满足执行元件对力或转矩的要求。

一、调压回路

根据负载的大小来调节系统工作压力的回路叫调压回路。调压回路的核心元件是溢流阀。

1. 单级调压回路

如图 7-8(a)所示为由溢流阀组成的单级调压回路，用于定量泵液压系统。由于定量泵输出的流量基本恒定，压力油通过可调节流阀后，驱动液压缸动作的耗油量会发生变化，多余的油液经溢流阀流回油箱。由于泵的出口压力为溢流阀的溢流压力，相当于泵始终带着负载工作，功率损耗大，所以这种回路效率较低，一般用于流量不大的场合。

如图 7-8(b)所示为使用远程调压阀的单级调压回路。直动式溢流阀 5 作远程调压阀用，该阀接在先导式主溢流阀 6 的远程控制口上，液压泵的最高输出压力通过阀 5 作远程调节。这时，远程调压阀起调节系统压力的作用，绝大部分油液仍从主溢流阀 6 溢流回油箱。回路中,远程调压阀 5 的调定压力应低于先导式溢流阀 6 的调定压力。

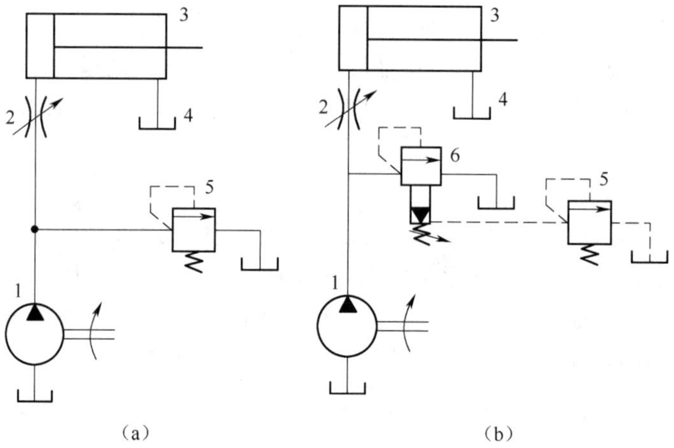

(a)　　(b)

图 7-8　单级调压回路

1—液压泵;2—可调节流阀;3—液压缸;
4—油箱;5—直动式溢流阀;6—先导式溢流阀

2. 多级压力回路

如图 7-9(b)所示为三级调压回路。当换向阀的电磁线圈 Y_1 通电时,泵出口的压力由远程调压阀 2 的压力调定;当换向阀的电磁线圈 Y_2 通电时,泵出口的压力由远程调压阀 4 的压力调定;当换向阀的线圈均不通电时,先导式溢流阀的远程控制口封闭,泵出口的压力由先导式溢流阀 1 调定。

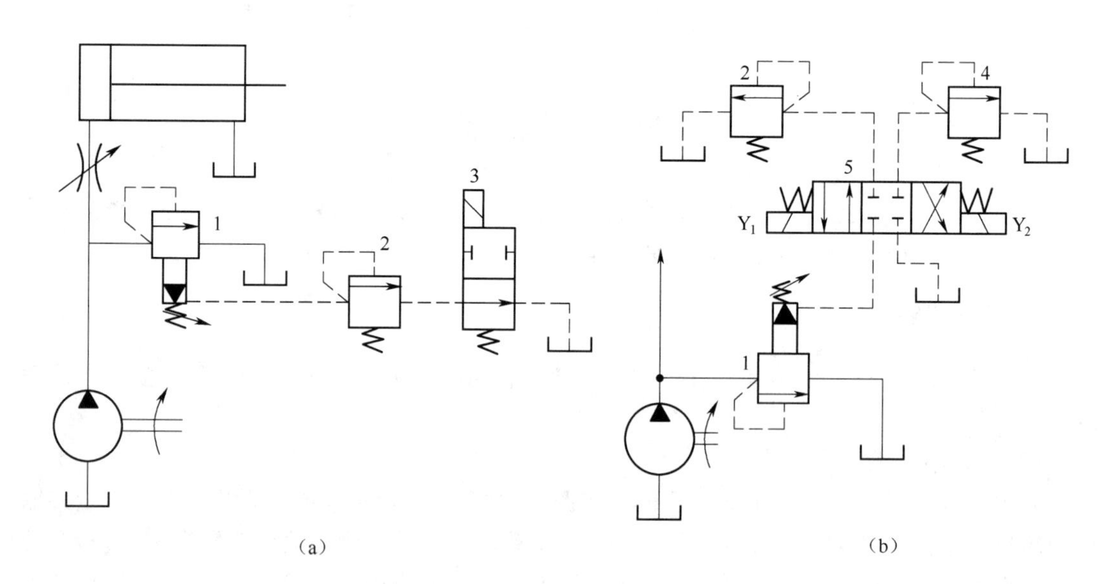

图 7-9　多级调压回路

1—先导式溢流阀;2、4—远程调压阀;3—电控换向阀;5—三位五通 O 形换向阀

3. 无级调压回路

为减少构成系统的元件数量,实现在一定范围内连续无级调压,可以采用电液比例先导式

溢流阀。通过输入装置将所需的多级压力所对应的电流信号输入到比例溢流阀的控制器中,即可达到调节系统工作压力的目的。

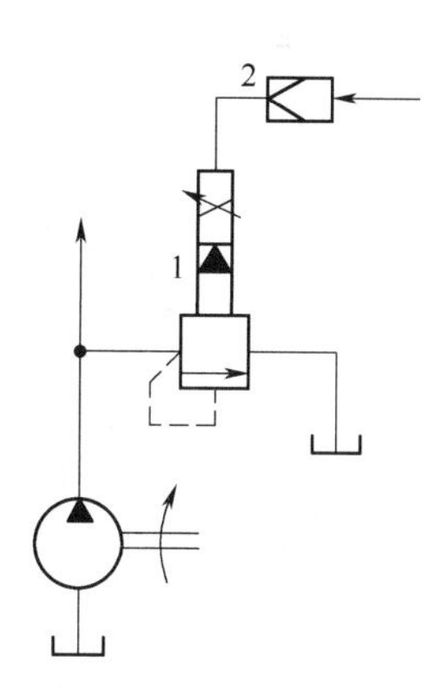

图 7-10　无级调压回路
1—电液比例先导式溢流阀;
2—控制与电子放大器

4. 双向调压回路

执行元件正、反行程需不同的供油压力时,可采用双向调压回路。如图 7-11(a)所示的双向调压回路中,回路中的溢流阀 1 的调定压力应高于溢流阀 2 的调定压力。当换向阀 5 左位机能工作时,活塞右移为工作行程,液压泵出口由溢流阀 1 调定,液压缸右腔油液经换向阀卸压回油箱,溢流阀 2 关闭;当换向阀右位机能工作时,活塞左移实现空程返回,液压泵输出的压力油由溢流阀 2 调定,溢流阀 1 关闭。

如图 7-11(b)所示为另一种双向调压回路。当换向阀 5 的左位机能工作时,阀 4 的出口被高压油封闭,泵的出口压力由阀 3 调定为较高的压力;当换向阀 5 的右位机能工作时,液压缸左腔通油箱,阀 4 相当于阀 3 的远程调压阀,液压泵压力被调定为较低的压力。

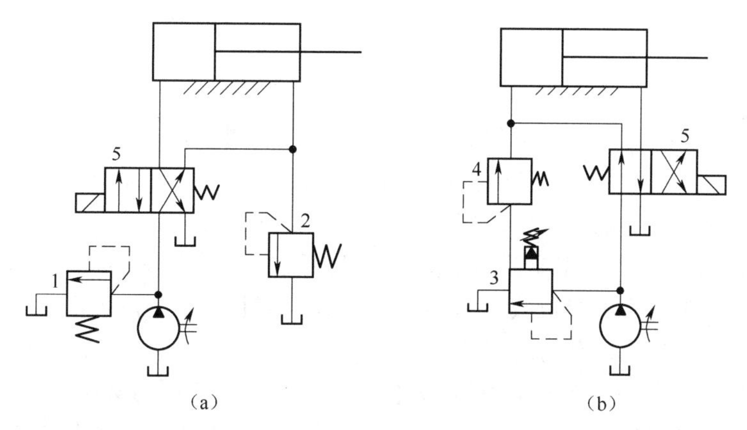

图 7-11　双向调压回路
1、2、4—溢流阀;3—先导式溢流阀;5—换向阀

二、增压回路

如图 7-12(a)所示为使用单作用增压器的增压回路。单作用增压器可以看作两个不同直径的液压缸串联,其大小活塞通过一根活塞杆刚性连接起来。如果在大缸活塞 a 处作用压力油,其作用力通过连杆传递给小活塞缸 b 的活塞,在小活塞腔可以获得较大的压力。大小活塞的有效作用面积差越大,增压效果越显著。与小活塞右腔相连的单向阀连通补油油箱,用于补油。

单作用增压回路适用于单向作用力大、行程小、作业时间短的场合,如用于制动器、离合器等。该回路不能获得稳定、连续的压力油。

如图 7-12(b)所示为采用双作用增压器的增压回路。当工作缸 4 向左运动遇到较大负载时,系统压力升高,油液经顺序阀 1 进入双作用增压器 2,增压器活塞不论向左或向右运动,均能输出高压油。只要换向阀 3 不断切换,增压器 2 就不断往复运动,高压油就轮流经单向阀 7 或 8 进入工作缸 4 的右腔。单向阀 5 或 6 用于隔开增压器的高低压油路。该回路能连续输出高压油，适用于增压行程要求较长的场合。当工作缸 4 向右运动时，增压回路不起作用。

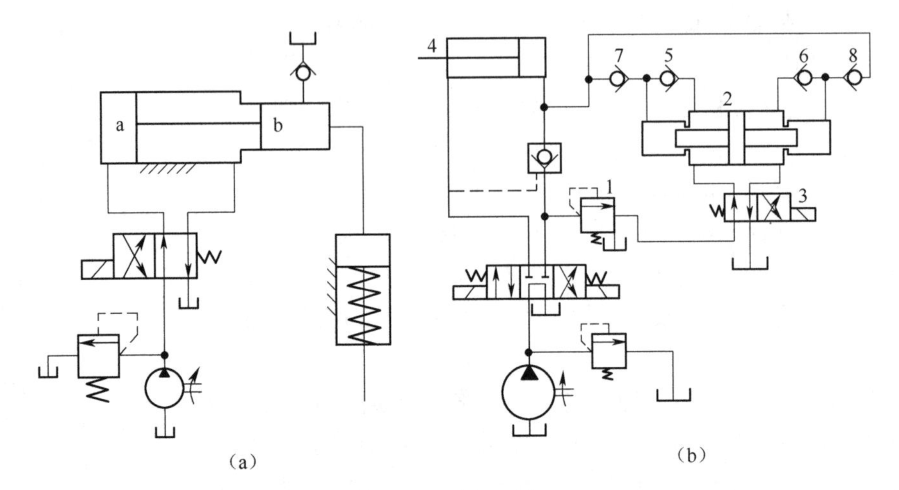

图 7-12　增压回路

1—顺序阀；2—双作用增压缸；3—换向阀；4—工作液压缸；5、6、7、8—单向阀

三、减压回路

在定量泵供油的液压系统中，安装在泵出口的溢流阀可以设定系统的最高工作压力。若系统中某个执行元件或某个支路所需要的工作压力主系统压力，如需要不同的卡紧力的支路、控制油路或润滑系统等。这时就要采用减压回路，减压回路的核心元件是减压阀。

最常见的减压回路是在需要低压的分支路上接入一个定压减压阀，如图 7-13(a)所示。由于减压阀进油口的压力不受负载影响，出口压力维持在调定压力的数值基本不变，所以在定压减压阀 2 和 3 的出口可以获得不同的稳定低压力。

如图 7-13(b)所示为二级减压回路。远程调压阀 7 的调定压力必须低于先导式减压阀 4 的调定压力，液压泵的最大工作压力由溢流阀 1 调定。改变换向阀 6 的机能位置，改变对阀 4 的远程控制口的控制压力，从而实现阀 4 的出口有两个调定的低压压力。减压阀工作时，由于阀口的压力损失和泄漏，本回路可以用于减压数值不大和小流量的场合。

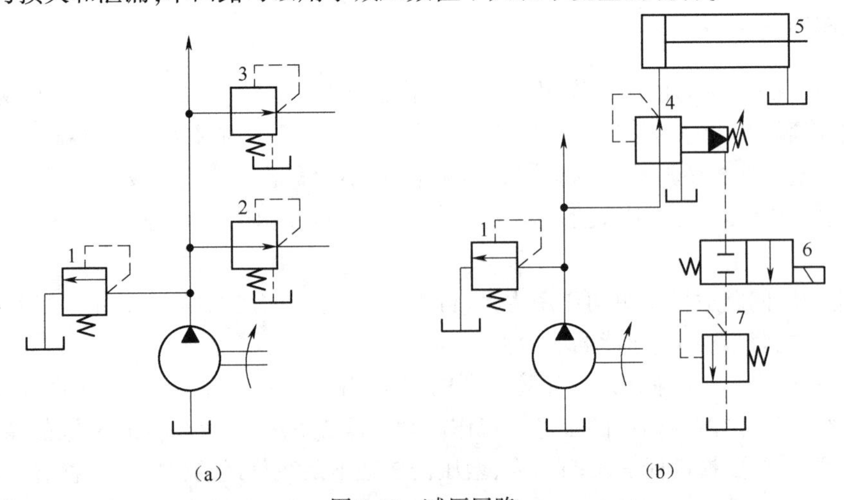

图 7-13　减压回路

1—溢流阀；2、3—定压减压阀；4—先导式减压阀；5—液压缸；6—换向阀；7—远程调压阀

四、卸荷回路

当液压系统中的执行元件停止运动或需要长时间保持压力时，使液压泵在最低输出功率下运行的回路称为卸荷回路。使液压系统卸荷有两种方法：一种是压力卸荷，即使泵出口的压力油直接流回油箱，保证泵的出口压力最低，泵消耗的功率最低；另一种是流量卸荷，即使液压泵工作在接近零流量输出的状态，液压泵的功率也接近零。前者通过各种阀构成的回路实现，后者可以使用限压式变量泵实现。

1. 使用三位换向阀的中位机能实现卸荷

利用三位换向阀的 M 形、H 形、K 形等中位机能可构成卸荷回路。如图 7-14 所示为使用 M 型中位机能的电磁先导式换向阀的卸荷回路。当执行元件停止工作时，使换向阀处于中位，液压泵与油箱连通实现卸荷。这种卸荷回路结构简单，电磁先导阀可以改善换向性能，卸荷作用较好。该回路中的单向阀 3，用于在泵卸荷时仍能提供一定的控制油压（0.3 MPa 左右），以保证电液换向阀能够正常进行换向。

2. 用先导式溢流阀的卸荷回路

如图 7-15 所示为用先导式溢流阀的卸荷回路。采用小型的二位二通阀 2，将先导式溢流阀 1 的远程控制口接通油箱，即可使液压泵 1 卸荷。为减小系统压力变化时产生的冲击，可以在先导式溢流阀 1 和换向阀 2 之间串接一个节流阀。

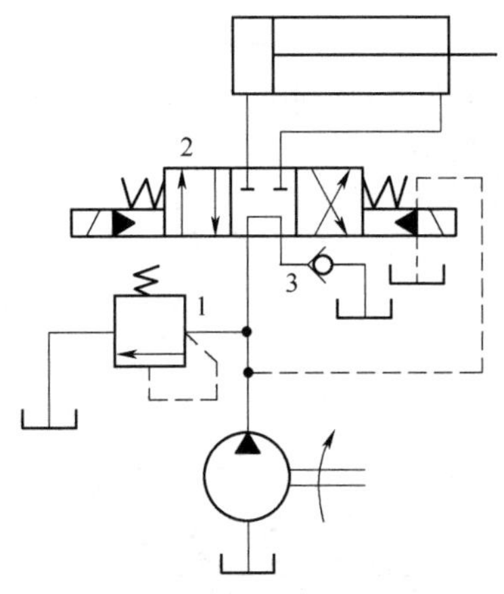

图 7-14　三位换向阀的卸荷回路
1—溢流阀；2—电磁先导式换向阀；
3—单向阀

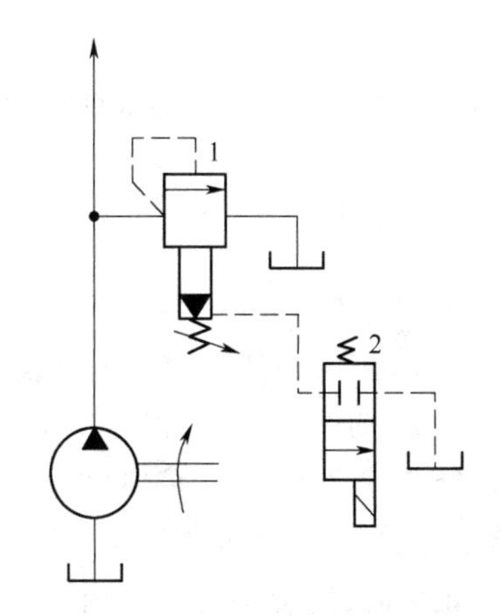

图 7-15　先导式溢流阀的卸荷回路
1—先导式溢流阀；2—换向阀

3. 限压式变量泵的流量卸荷回路

利用限压式变量泵可以实现流量卸荷，其液压回路如图 7-16 所示。系统中的溢流阀作安全阀用，以防止泵的压力补偿装置的零漂和动作滞缓而导致系统压力异常。该回路在卸荷状态下具有很高的控制压力，特别适合于各类成形加工机床模具的合模的保压控制。由于系统既实现了流量卸荷，又实现了保压，所以有效地减少了系统的功率匹配，极大地降低了系统的功率损失和发热。

五、保压回路

1. 液控单向阀的自动补油保压回路

如图 7-17 所示为用液控单向阀的自动补油保压回路。当 Y_2 通电时，换向阀右位接入回路，液压缸上腔压力升至电接点压力表上触点调定的压力值时，上触点接通，Y_2 断电，换向阀切换成中位，泵卸荷，液压缸由液控单向阀保压。当缸上腔压力下降至下触头调定的压力值时，压力表又发出信号，使 Y_2 通电，换向阀右位接入回路，泵向液压缸上腔补油使压力上升，直至上触点调定值。这种回路用于保压精度要求不高的场合。

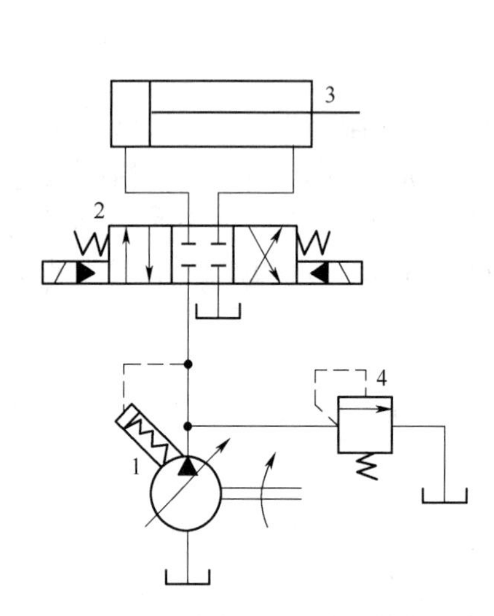

图 7-16　限压式变量泵的流量卸荷回路

1—限压式变量泵；2—换向阀；
3—液压缸；4—溢流阀

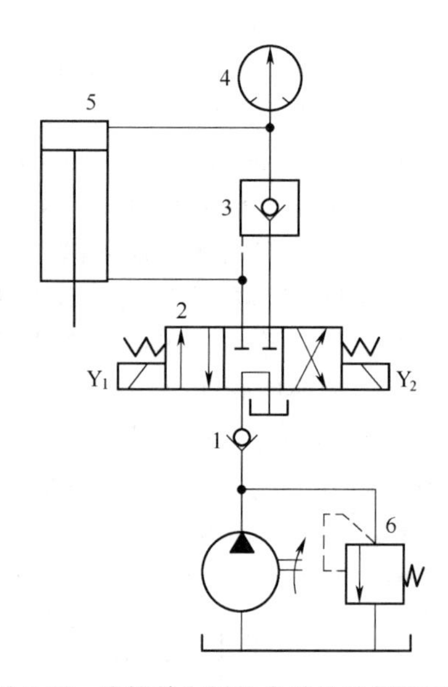

图 7-17　液控单向阀的自动补油保压回路

1—单向阀；2—电控换向阀；3—液控单向阀；
4—电接点压力表；5—液压缸；6—溢流阀

2. 蓄能器保压回路

如图 7-18 所示为使用蓄能器的保压回路。系统工作时，$1Y_1$ 通电，主换向阀 4 左位接入系统，液压泵向蓄能器和液压缸左腔供油，并推动活塞右移，压紧工件后，进油路压力升高，当升至压力继电器 2 的调定值时，压力继电器发出信号使换向阀 5 的电磁线圈 2Y 通电，通过先导式溢流阀 6 使泵卸荷，单向阀自动关闭，液压缸则由蓄能器保压。当蓄能器的压力不足时，压力继电器发出信号，使换向阀 5 的线圈 2Y 断电，泵的压力油给系统补压。保压时间的长短取决于蓄能器的容量，调节压力继电器的通断区间即可调节液压缸保持压力的最大值和最小值。这种回路既能满足保压工作需要，又能节省功率，减少系统发热。

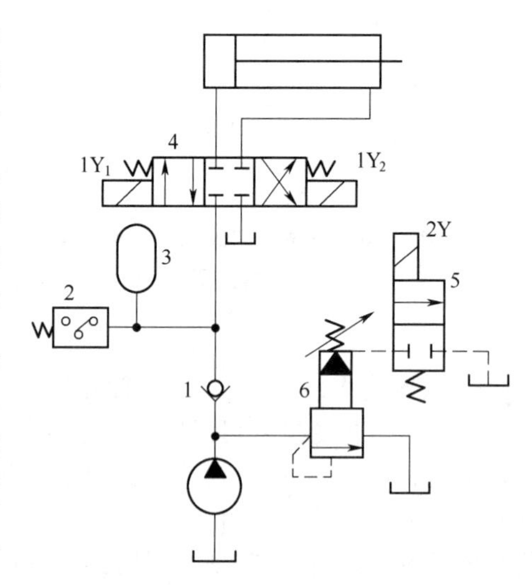

图 7-18　蓄能器保压回路

1—单向阀；2—压力继电器；3—蓄能器；
4—主换向阀；5—换向阀；6—溢流阀

六、平衡回路

为防止垂直放置的液压缸及其工作部件因自重自行下落或在下行运动中因自重造成的失控和失速，可设置平衡回路。

1. 用单向顺序阀的平衡回路

如图 7-19(a)所示为单向顺序阀组成的平衡回路,在液压缸的下腔的油路上设置一个平衡阀(即单向顺序阀),使液压缸下腔形成一个与液压缸运动部分重量相平衡的压力,可防止其因自重而下滑。这种回路在活塞下行时回油腔有一定的背压,故运动平稳,但功率损失较大。

2. 用液控单向阀的平衡回路

如图 7-19(b)所示为液控单向阀的平衡回路,当换向阀右位工作时,液压缸下腔进油,液压缸上升至终点;当换向阀处于中位时,液压泵卸荷,液压缸停止运动;当换向阀左位工作时,液压缸上腔进油,液压缸下腔的回油由单向节流阀限速,靠液控单向阀锁紧。当液压缸上腔压力足以打开液控单向阀时,液压缸才能下行。由于液控单向阀泄漏量极小,故其闭锁性能较好,回油路上的单向节流阀可用于保证活塞向下运动的平稳性。

3. 用液控顺序阀的平衡回路

如图 7-19(c)所示为采用液控顺序阀的平衡回路。当换向阀 6 左位工作时,压力油通过节流阀 8,作用在液控顺序阀 7 的控制口,阀 7 的阀口打开,在背压不太高的情况下,活塞在压力油和重力负载的作用下加速下降。当活塞上腔因供油不足,压力下降时,平衡阀 7 控制口的压力也下降,阀口关小,回油的背压相应上升,起支撑和平衡重力负载的作用增强,从而使阀口的大小能自动适应不同负载对背压的要求,保证了活塞下降速度的稳定性。当换向阀中位工作时,泵卸荷,平衡阀遥控口压力为零,阀口自动关闭。液控顺序阀的阀芯有很好的密封性,所以能起到长时间闭锁活塞进行和定位的作用。此回路可用于平衡吊质量变换较大的液压系统。

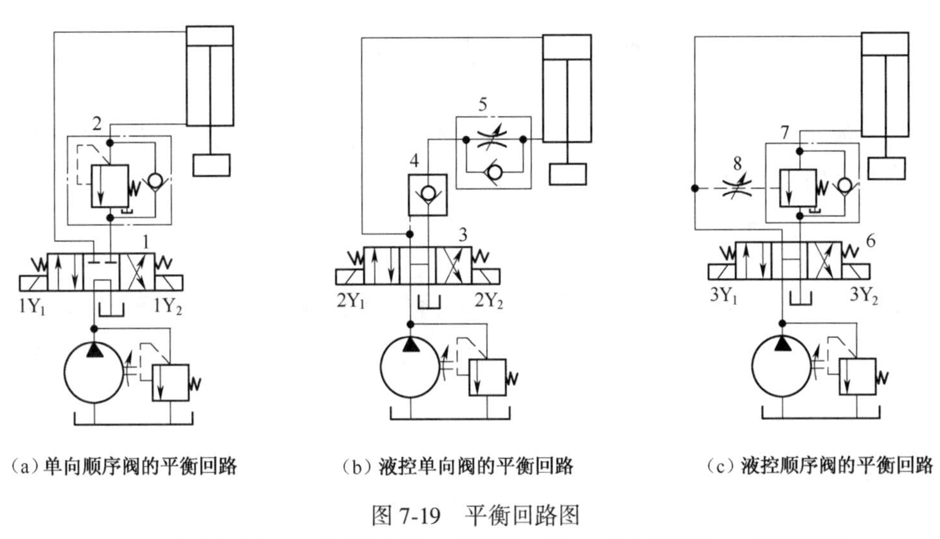

(a)单向顺序阀的平衡回路　(b)液控单向阀的平衡回路　(c)液控顺序阀的平衡回路

图 7-19　平衡回路图

1、3、6—电控换向阀;2—单向顺序阀;4—液控单向阀;5—单向节流阀;7—液控顺序阀

七、缓冲回路

1. 溢流阀缓冲回路

如图 7-20 所示为溢流阀缓冲回路。当换向阀 1 从左位或右位换成中位工作时,液压缸突然停止,瞬间的高压可以通过溢流阀 4 或 5 释放掉,起到对液压缸停位时的缓冲作用。该回路可用于经常换向产生冲击的场合。

2. 蓄能器缓冲回路

如图 7-21 所示为蓄能器缓冲回路。当换向阀 4 左位工作时,液控单向阀 3 正向开启,液压缸活塞右移,如果因为负载突然变化使液压缸产生位移引起的冲击,蓄能器 2 可以吸收冲击压力,当冲击太大时,蓄能器吸收容量有限,可以通过溢流阀 1 消除。选择蓄能器的容量时,应尽量与回路中的液压冲击相适应。

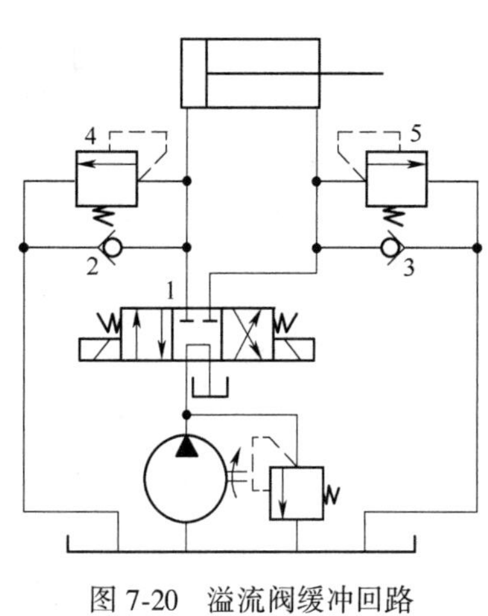

图 7-20　溢流阀缓冲回路

1—换向阀;2、3—单向阀;4、5—溢流阀

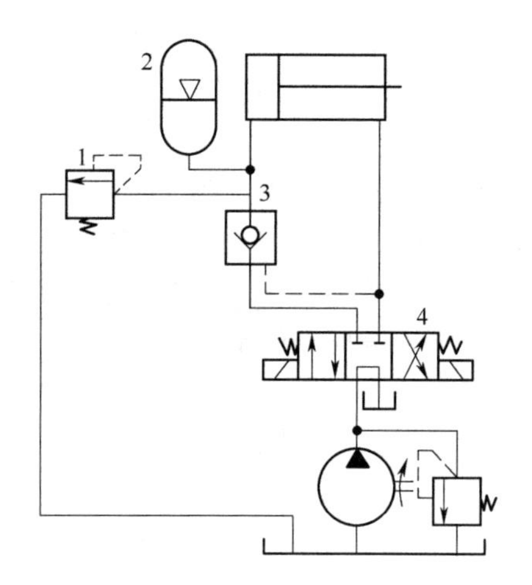

图 7-21　蓄能器缓冲回路

1—溢流阀;2—蓄能器;3—液控单向阀;4—换向阀

第三节　速度控制回路

用来控制执行元件运动速度的回路称为速度控制回路。速度控制回路包括调节执行元件运动速度的调速回路和使不同速度相互转换的速度换接回路。

一、调速回路

假设输入执行元件的流量为 q,液压缸的有效面积为 A ,液压马达的排量为 V_M,则液压缸的运动速度为

$$v_1 = \frac{q}{A}$$

液压马达的转速为

$$v_2 = \frac{q}{V_M}$$

由以上两式可知,改变输入液压执行元件的流量 q,或改变液压马达的排量 V_M 都可以达到改变执行元件运动速度的目的。

调速方法有节流调速、容积调速和容积节流调速三种。

节流调速:采用定量泵供油,由流量阀改变进入或流出执行元件的油液流量以实现调速。

容积调速:采用变量泵或变量马达实现调速。

容积节流调速:采用变量泵和流量阀联合调速。

1. 节流调速回路

节流调速回路是在定量泵供油的液压系统中安装流量阀，调节进入液压缸的油液流量，从而调节执行元件的运动速度的。该回路的优点是：结构简单、成本低、使用维修方便；缺点是：能量损失大、效率低、发热大。所以节流调速一般只用于小功率速度控制场合。根据流量阀在油路中安装位置的不同，可分为进油节流调速、回油节流调速、旁油节流调速三种。

(1)进油路节流调速回路

把流量控制阀串接在执行元件的进油路上的调速回路称为进油节流调速回路，如图7-22(a)所示，液压泵输出的油液压力为p_B，流量为q_B；经可调节流阀后，压力变为p_1，流量为q_1，该部分油液进入液压缸左腔，推动活塞向右运动；右腔的油液流回油箱，压力为$p_2 \approx 0$；液压泵输出的多余油液以流量q_2溢流回油箱。A_1为无杆腔的活塞有效作用面积，A_2为有杆腔的环形面积，A_T为节流阀节流口的通流面积。当活塞带动执行机构以速度v向右作匀速运动时，作用在活塞两个方向上的力互相平衡，活塞的受力方程为

$$p_1A_1 = p_2A_2 + F_L$$

因为$p_2 \approx 0$，上式简化为

$$p_1A_1 = F_L$$

所以有

$$p_1 = \frac{F_L}{A_1}$$

可见，液压缸的左腔压力p_1由负载阻力F_L决定。若节流阀两端的压力差为Δp，则有

$$\Delta p = p_B - p_1$$

由上式可知，使用节流阀进油调速时，液压泵的供油压力高于驱动负载所需的驱动压力。根据液流的连续流动性原理，得到

$$q_B = q_1 + q_2$$

经过节流阀进入到液压缸的流量为

$$q_1 = KA_T(\Delta p)^m = KA_T(p_B - p_1)^m = KA_T\left(p_B - \frac{F_L}{A_1}\right)^m$$

上式中，K为节流系数，对薄壁孔，$K = C_d\sqrt{2/\rho}$，对细长孔$K = d^2/(32\mu L)$，其中，C_d为流量系数；ρ为液体密度、μ为动力黏度、d为细长孔直径、L为细长孔的长度、m为由孔口形状决定的指数($0.5<m<1$，对薄壁孔$m=0.5$，对细长孔$m=1$)。

调节节流阀通流面积A_T，即可改变通过节流阀的流量q_1，从而调节液压缸的工作速度。根据上述讨论，液压缸的运动速度为

$$v = \frac{q_1}{A_1} = \frac{KA_T}{A_1}\left(p_B - \frac{F_L}{A_1}\right)^m$$

节流阀的阀口型式多为薄壁小孔，m可以取0.5，所以液压缸的运动速度可以表示为

$$v = \frac{KA_T}{A_1}\sqrt{p_B - \frac{F_L}{A_1}}$$

进油节流调速的执行元件运动速度与负载的特性如图7-22(b)所示。可见，执行元件的运动速度随负载的变化曲线接近二次曲线的形状。当节流阀的节流口通流面积的大小不同时，如果$A_{T1}>A_{T2}>A_{T3}$，则通流面积越小，曲线越平滑，负载变化对执行元件运动速度影响越小，

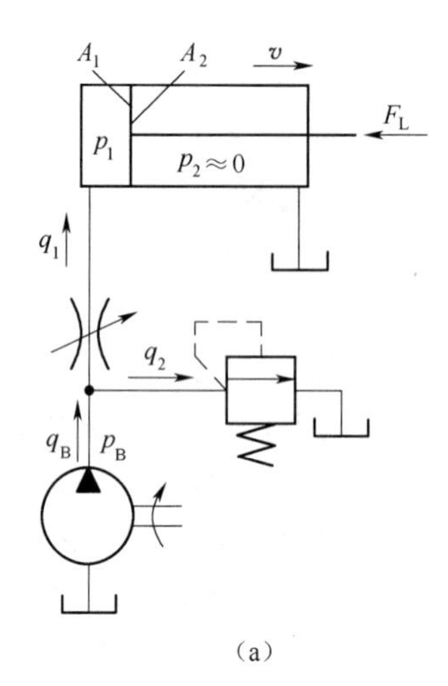

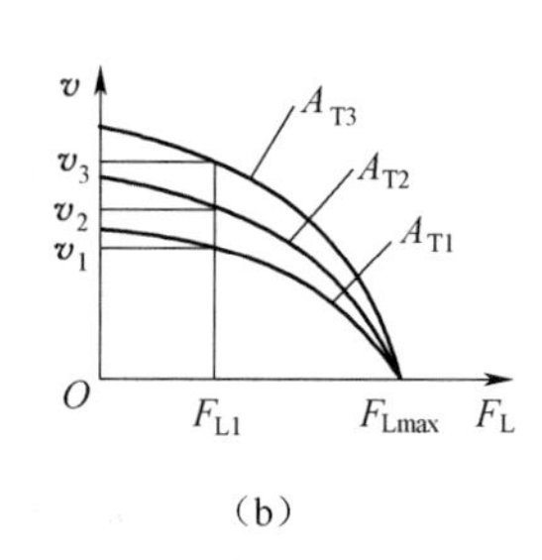

图 7-22　进油节流调速

其运动刚性越好；反之，刚性越差。此外，在负载相同的情况下，节流口的通流面积越大，执行元件的运动速度越高。

进油路节流调速回路有如下特点。

①结构简单，使用方便。当负载一定时，活塞运动速度 v 与节流阀通流口截面积 A_T 成正比，调节活塞运动速度非常方便。

②可以获得低速大推力。液压缸回油腔和回油管路中油液压力接近于零，当单活塞杆液压缸的无杆腔进油时，活塞有效作用面积较大，故输出推力较大，速度较低。

③速度稳定性差。p_B 是经溢流阀调定后近于恒定，节流阀调定后 A_T 也不变，活塞有效作用面积 A_1 为常量，活塞运动速度 v 将随负载 F 的变化而波动。

④运动平稳性差。由于回油路压力为零，即回油腔没有背压力，当负载突然变小、为零或为负值时，活塞会产生突然前冲。通常要在回油管路中串接一个背压阀，如安装弹簧刚度大的单向阀。

⑤系统效率低，传递功率小。由于液压泵的输出功率是恒定的，当执行元件在轻载、低速下工作时，液压泵输出的功率中有很大部分消耗在溢流阀和节流阀上，流量损失和压力损失大，系统效率很低。功率损耗会引起油液发热，使进入液压缸的油液温度升高，导致泄漏增加。节流阀的进油节流调速回路一般应用于功率较小、负载变化不大的液压系统中。

(2)回油路节流调速回路

把节流阀安装在执行元件通往油箱的回油路上的调速回路称为回油节流调速回路。回油节流调速的原理图如图 7-23 所示。

回油节流调速的分析过程和进油节流调速类似，活塞的受力方程为

$$p_1A_1 = p_2A_2 + F_L$$

上式等号两端同时除以 A_2 得

$$p_2 = p_1\frac{A_1}{A_2} - \frac{F_L}{A_2}$$

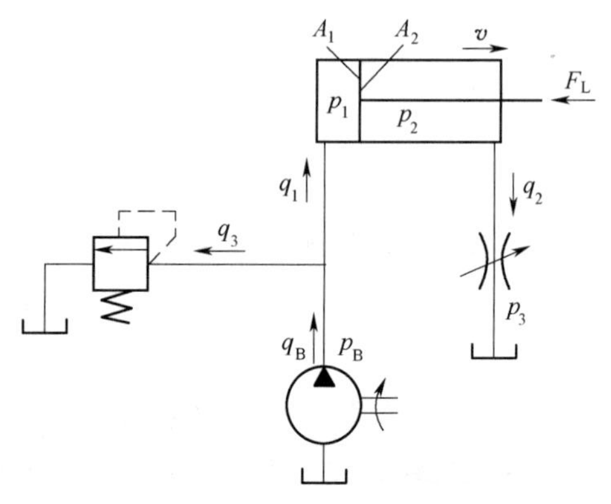

图 7-23　回油节流调速

因为节流阀的出油口接油箱,所以 $p_3 \approx 0$,节流阀两端的压力差为

$$\Delta p = p_2 - p_3 = p_2$$

经过节流阀回油箱的油液流量为

$$q_2 = KA_T(\Delta p)^m = KA_T(p_2)^m = KA_T\left(p_1\frac{A_1}{A_2} - \frac{F_L}{A_2}\right)^m$$

调节节流阀通流面积 A_T,即可改变通过节流阀的流量 q_1,从而调节液压缸的工作速度。根据上述讨论,液压缸的运动速度为

$$v = \frac{q_2}{A_2} = \frac{KA_T}{A_2}\left(p_1\frac{A_1}{A_2} - \frac{F_L}{A_2}\right)^m$$

若节流阀的阀口型式仍为薄壁小孔,液压缸的运动速度可以变为

$$v = \frac{KA_T}{A_2}\sqrt{p_1\frac{A_1}{A_2} - \frac{F_L}{A_2}}$$

p_1 是由泵出口的溢流阀决定的压力,$p_1 = p_B$,基本恒定,所以根式内的形式为一个常数项减去带系数的负载项,该形式和进油节流调速的形式相似,所以其执行元件随负载变化的特性曲线和如图 7-22(b)所示的曲线类似。

尽管上述两种调速回路具有相似的调速特点,但回油节流调速回路有两个明显的优点:一是节流阀装在回油路上,回油路上有较大的背压,对外界负载变化可起缓冲作用,运动的平稳性比进油节流调速回路要好。二是在回油节流调速回路中,油液经节流阀后,其压力损耗变成热量,高温油液直接流回油箱,容易散热。

由于回油节流调速回路中存在背压,使得实际输出的液压里受到一定程度的抵消,所以系统的输出功率也不高。回油节流调速回路广泛应用于功率不大、负载变化较大且运动平稳性要求较高的液压系统中。

(3)旁油路节流调速回路

如图 7-24(a)所示为旁油节流调速回路,其节流阀设置在与执行元件并联的旁油路上。液压泵输出的油液中的一部分进入液压缸,推动活塞运动;多余的油液经过节流阀流回油箱。调节节流阀的通流面积即可调节通过的流量,进而间接地调节进入液压缸的流量。回路正常工作时,溢流阀处于关闭状态,过载时才打开,故溢流阀实际上是安全阀。

如图 7-24(b)所示为旁油节流调速回路中的执行元件运动速度和负载大小的关系曲线。可见,执行元件的运动速度随负载的变化产生较大的变化。当节流阀的节流口通流面积的大小不同时,如果 $A_{T3}>A_{T2}>A_{T1}$,则通流面积越大,曲线越陡,负载变化对执行元件运动速度影响越大,其运动刚性越差;反之,刚性越好。此外,在负载相同的情况下,节流口的通流面积越小,执行元件的运动速度越高。

使用节流阀的旁油节流调速回路时,执行元件的运动速度受负载变化的影响比较大,主要用于高速、重载、对速度平稳性要求不高的场合。为了提高执行元件的速度稳定性,可以使用调速阀构成的调速回路。

(4)调速阀构成的节流调速回路

如图 7-25(a)所示为采用节流阀的节流调速回路,液压缸活塞的动作速度随负载的变化的关系如图 7-25(b)所示。由于调速阀中的定差减压阀能在负载变化的条件下能保证内部节流阀两端的压差基本不变,所以通过调速阀的流量基本不变。所以,调速阀节流调速能在很大

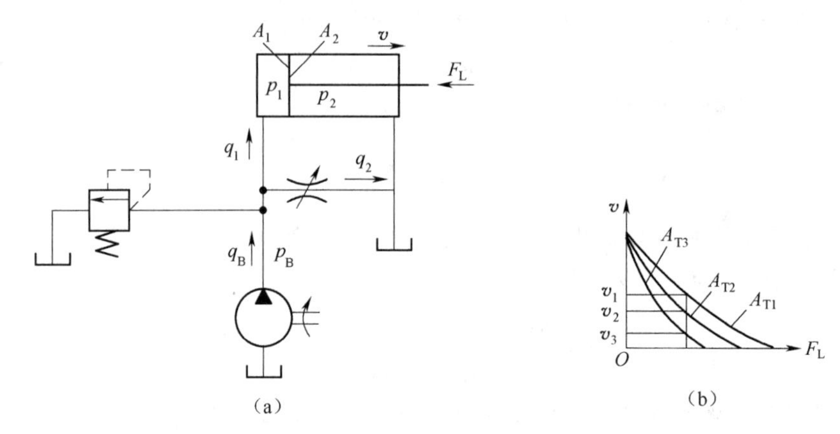

图 7-24　旁油节流调速

程度上提高系统的刚度,适用于速度稳定性要求高的场合。

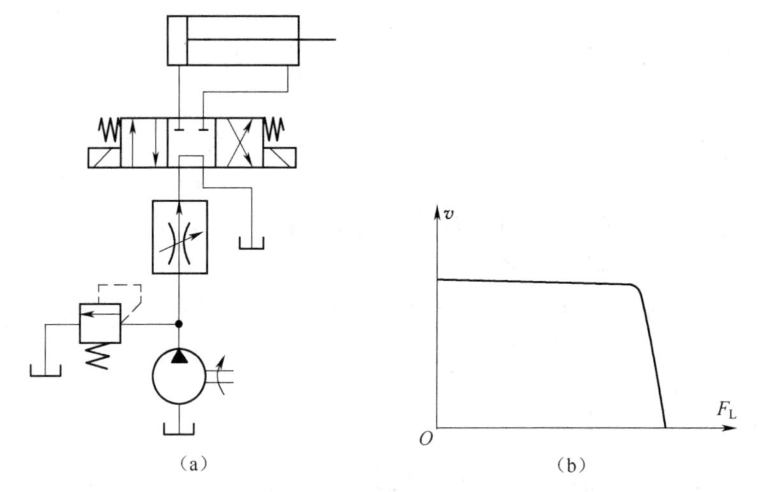

图 7-25　调速阀构成的节流调速回路

2. 容积调速回路

容积调速回路通过改变变量泵或变量马达的排量来调节执行元件的运动速度。容积调速回路的优点是没有节流损失和溢流损失,效率高、油液温升小,适用于大功率液压系统;缺点是调速范围比节流调速小、微调性能不如节流调速好,结构复杂、造价高。

容积调速回路有三种基本形式:变量泵和定量液压执行元件组成的容积调速回路;定量泵和变量马达组成的容积调速回路;变量泵和变量马达组成的容积调速回路。容积调速回路多用于工程机械、矿山机械、农业机械和大型机床等大功率的调速系统中。

(1)变量泵和定量液压执行元件的容积调速回路

按照油路循环方式不同,容积调速回路可以分为开式回路和闭式回路两种。开式回路如图 7-26(a)所示,变量泵 1 从油箱吸油,输出的压力油通过单向阀 3、换向阀 4 进入到液压缸 5 的左腔,当负载增大时,变量泵输出的流量减小,液压缸 5 的运动速度减小,其无杆腔的油液通过背压阀 6 回油箱。因为油液回油箱,便于沉淀杂质、析出空气,油液冷却良好。

闭式回路如图 7-26(b)所示,变量泵 1 输出的油液,进入定量马达 11 的进油口,排出的油液直接回变量泵 1 的吸油口,油液不回油箱而构成循环流动的回路。安全阀 10 用于过载时溢流,低压溢流阀12用于溢流补油泵7补充的油液。闭式回路结构紧凑,油气隔绝、运动平稳、噪声小,但补油油箱很小,散热条件较差。

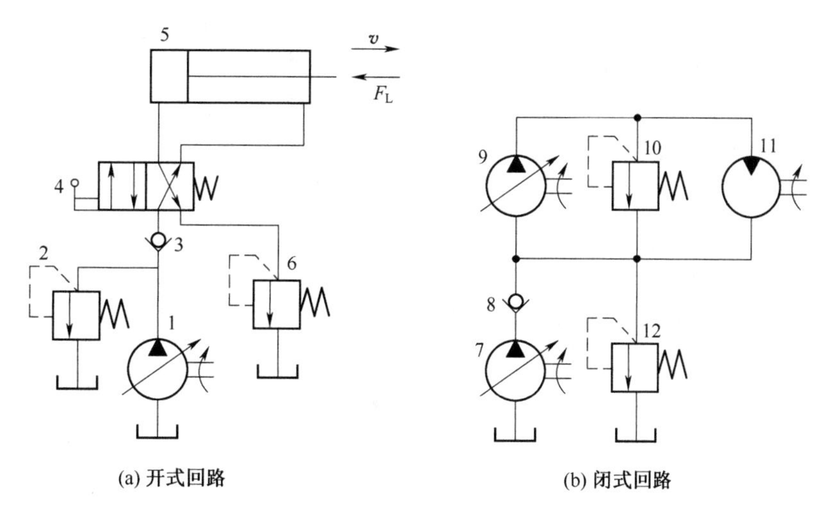

图7-26　变量泵和定量液压执行元件的容积调速回路

1—变量泵;2—溢流阀;3—单向阀; 4—换向阀;5—液压缸;6—背压阀;

7—补油泵;8—单向阀;9—变量泵;10—安全阀;11—定量马达;12—低压溢流阀

(2)定量泵和变量马达组成的容积调速回路

如图7-27所示为定量泵和变量马达的组成的容积调速回路。由于定量泵1的转速和排量为常数,所以当负载功率恒定时,马达输出功率和回路工作压力都恒定不变,此时的回路为恒功率调速回路。当变量马达的转向变换时,速度的稳定性较差,所以应用较少。

(3)变量泵和变量马达组成的容积调速回路

如图7-28所示为变量泵和变量马达组成的容积调速回路,其中单向阀4和5用于补油泵3的双向补油,单向阀6和7使安全阀8在两个方向都能起过载保护作用,低压溢流阀9用于限定补油泵3的补油压力。此回路可实现低速大转矩和高速大功率两种特性,可以很好的满足机械设备的传动要求。因为液压马达的转矩和排量成正比,所以先将变量马达的排量调到

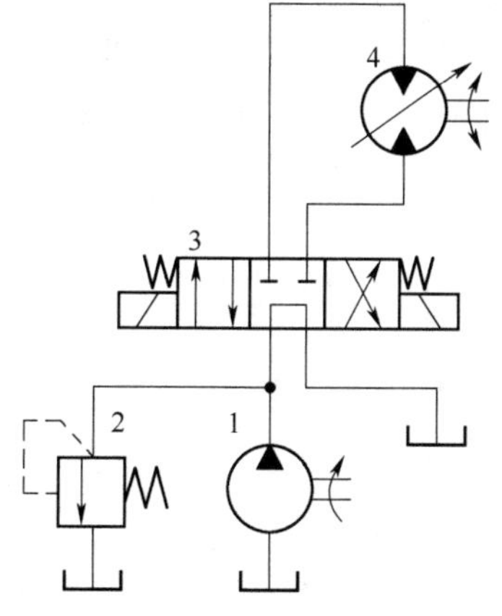

图7-27　定量泵和变量马达容积调速回路

1—定量泵;2—溢流阀;

3—换向阀;4—变量马达

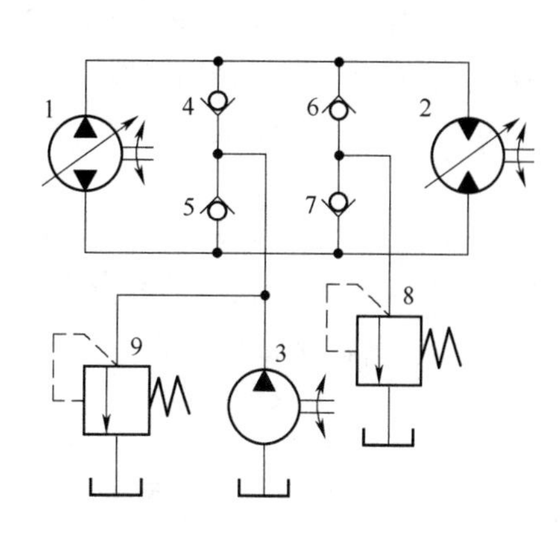

图7-28　变量泵和变量马达容积调速回路

1—变量泵;2—变量马达;3—补油泵;

4、5、6、7—单向阀;8—安全阀;9—低压溢流阀

最大值,使马达输出最大转矩,然后从最小到最大调节变量泵的排量,于是马达在输出最大转矩的同时,其转速从最小到最大开始升高,变量马达的功率从最小开始升高到最大值,此过程为低速大转矩阶段;接着把调节变量马达的排量从最大往最小调节,在此过程中,液压马达输出的转矩逐渐减小到最小,同时其转速则在此基础上逐渐增加到最大,实现高速恒功率输出。此回路的调速范围宽,效率也非常高,适用于大功率重型机械的液压传动场合。

3. 容积节流调速回路

用变量泵和流量控制阀构成的联合调速的方法称为容积节流调速。如图 7-29 所示为限压式变量泵和调速阀组成的容积节流调速回路。需要进行调速时,电磁阀 3 通电,油液经过调速阀 2 供给液压缸 5。当减小调速阀 2 的节流口开度时,瞬间,经过调速阀出口的油液流量减小,液压泵出口的油液流量来不及变化,使得泵出口的压力升高,此压力作用在限压式变量泵 1 上,使其流量自动减小,直到与节流阀调定的流量相适应,液压缸活塞的运动速度得以调整;反之,当增大调速阀 2 的节流口开口度时,瞬间,变量泵 1 出口的压力降低,其流量自动增大到调速阀调定的流量。

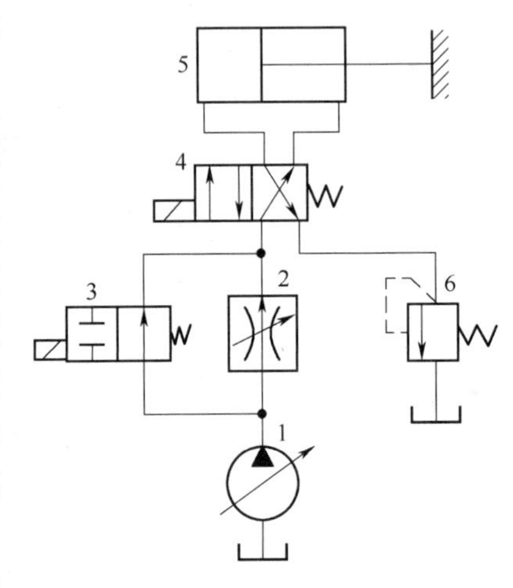

图 7-29　限压式变量泵和调速阀的容积节流调速回路

1—限压式变量泵;2—调速阀;3—电磁阀;4—换向阀;5—液压缸;6—背压溢流阀

由于泵的输出流量总能与通过调速阀调定的流量相适应,因此效率高,发热量小。同时,采用调速阀,液压缸的运动速度基本不受负载变化的影响,即使在较低的运动速度下工作,运动也很稳定。

4. 快速运动回路

执行元件在一个工作循环的不同阶段要求有不同的运动速度,会承受不同的负载。在空行程阶段,通常其速度较高、负载较小,适合采用快速运动回路,以提高生产率。常见的快速运动回路有以下几种。

(1)差动连接的快速运动回路

如图 7-30 所示的差动回路是利用液压缸的差动连接方式实现的。当二位三通单电控换向阀 4 不通电时,操作主换向阀 3,使其左位机能在工作位置,液压缸成差动连接形式,液压泵输出的油液和液压缸有杆腔返回的油液合流,进入液压缸的无杆腔,实现活塞的快速运动;液压缸活塞反向运动时,给二位三通单电控阀 4 通电,再使主换向阀 3 的右位机能到工作位置即可。

这种回路比较简单、经济,但液压缸的加速有限,其作用对象只能是单活塞杆液压缸,且无杆腔进油的时候才能实现,所以其应用有一定的局限性。

(2)双泵供油快速运动回路

如图 7-31 所示为双泵供油的快速运动回路,图中的低压大流量泵 1 和高压小流量泵 2 相并联。当系统压力较低(空载)时,液控顺序阀 3 关闭,低压大流量泵 1 和高压小流量泵 2 输出的油液同时向系统供油。此时,可使换向阀 8 的右位机能在工作位置,实现液压缸空载时的快速运动;进入工作行程时,系统压力升高,液控顺序阀 3 打开,使低压大流量泵 1 卸荷,仅由高压小流量泵 2 向系统供油,此时,可以使换向阀 8 的左位机能到工作位置,液压缸转为低速运动。低速工进时,系统压力由溢流阀 5 调定。

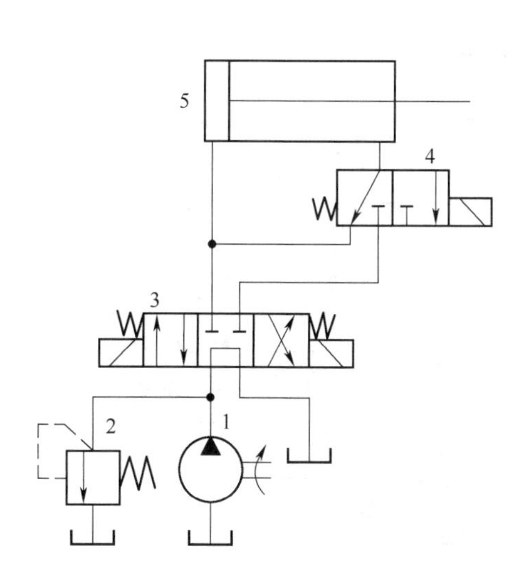

图 7-30 差动连接的快速运动回路
1—液压泵;2—溢流阀;3—主换向阀;
4—二位三通单电控阀;5—液压缸

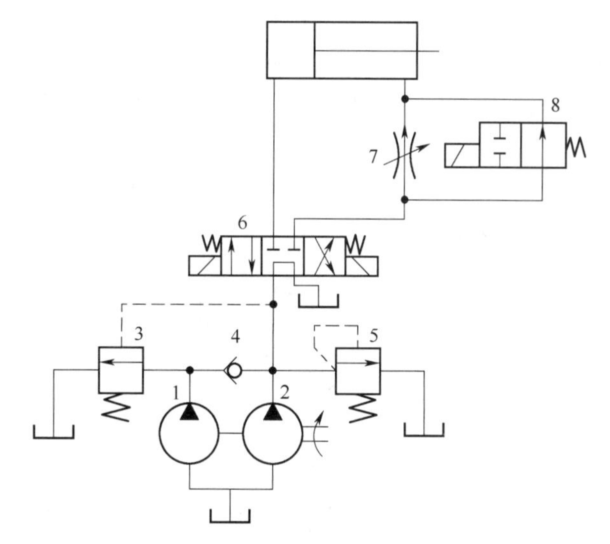

图 7-31 双泵供油快速运动回路
1—低压大流量泵;2—高压小流量泵;
3—液控顺序阀;4—单向阀;5—溢流阀;
6、8—换向阀;7—节流阀

(3)蓄能器快速运动回路

如图 7-32 所示为由蓄能器辅助供油的快速回路,当液压缸 6 停止运动时,液压泵 1 输出的压力油对蓄能器 4 充油,当达到顺序阀 2 的控制压力时,顺序阀 2 开启,液压泵 1 溢流;当需要液压缸 6 动作时,操作换向阀 5,使其左位或右位到工作位置,液压泵 1 和蓄能器 3 同时向液压缸 6 供油,实现快速运动。单向阀 3 用于防止压力油反向冲击液压泵。这种回路适用于短时间内需要大流量的场合。使用时,必须让液压缸有足够的停歇时间,以保证蓄能器内充到满足需求的压力油。

二、速度换接回路

速度换接回路可以使执行元件在一个工作循环中,从一种运动速度变换到另一种运动速度。

1. 快速与慢速的速度换接回路

行程阀控制的快慢速速度换接回路如图 7-33 所示,液压缸的活塞杆上通常安装有长挡铁,行程阀安装在长挡铁的行程中需要速度转换的位置上。此回路可以实现快进,工进和快退的功能。这种换接过程比较平稳,换接点的位置精度高,但行程阀的安装位置不能任意布置,管路连接较为复杂。

2. 两种慢速的速度换接回路

如图 7-34 所示两调速阀并联构成的进给时快慢速换接回路,调速阀 1 和 2 的调定流量不相同,三通换向阀 3 用于实现速度换接,单向阀 4 用于液压缸返程时回油。由于两换向阀的独立调节流量调定的流量相互独立,互不影响,一个调速阀工作时,另一个调速阀没有油液通过,在速度换接过程中,将使执行元件产生流量突变,导致执行元件的突然前冲。因此,此回路通常用于速度预选场合。

如图 7-35 所示为两个调速阀串联的进给时快慢速换接回路,当换向阀 3 的左位机能工作时，通过调速阀 1 进行调速；当换向阀 3 的右位机能工作时，调速阀 1 和调速阀 2 串联，为使得调速阀 2 接入后起作用，调速阀 2 的调定流量必须小于调速阀 1 的调定流量。此回路的速度换接平稳，但油液流过两个调速阀，能量损失稍大。

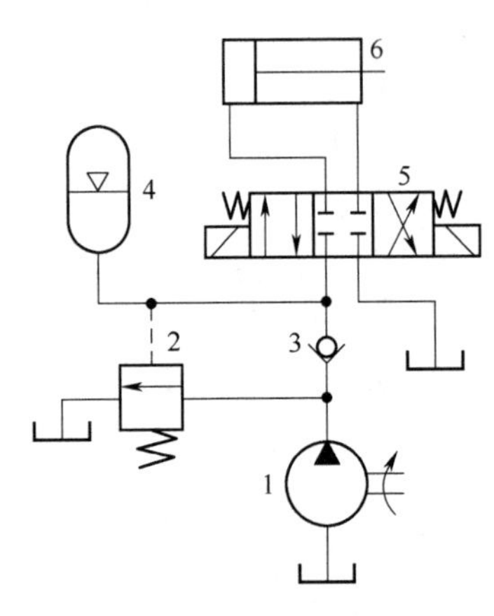

图 7-32　蓄能器快速运动回路

1—液压泵；2—液控顺序阀；3—单向阀；4—蓄能器；5—换向阀；6—液压缸

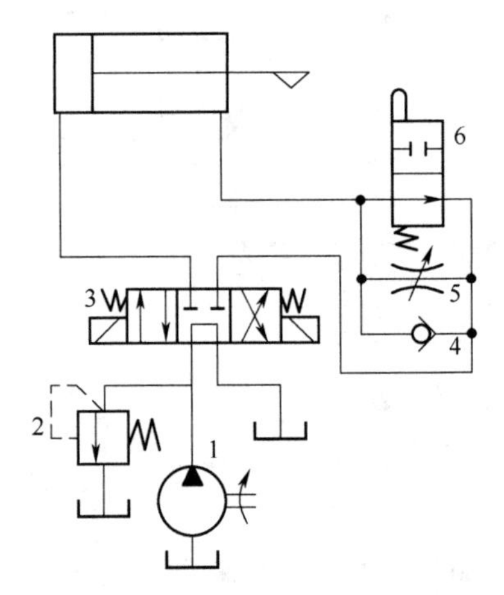

图 7-33　快速与慢速的速度换接回路

1—液压泵；2—溢流阀；3—换向阀；4—单向阀；5—可调节流阀；6—行程阀

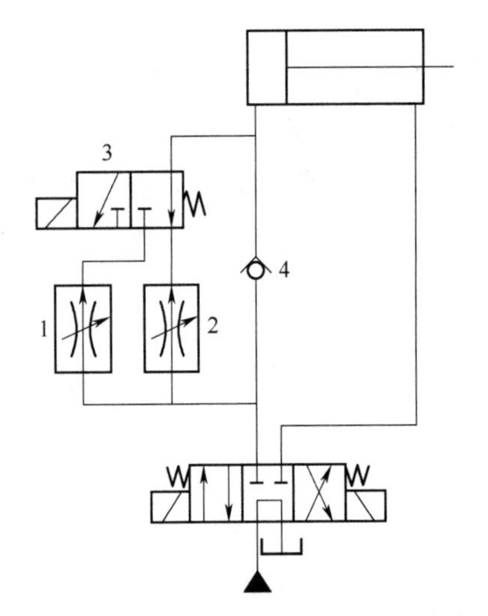

图 7-34　调速阀并联的快慢速转换回路

1、2—调速阀；3—三通换向阀；4—单向阀

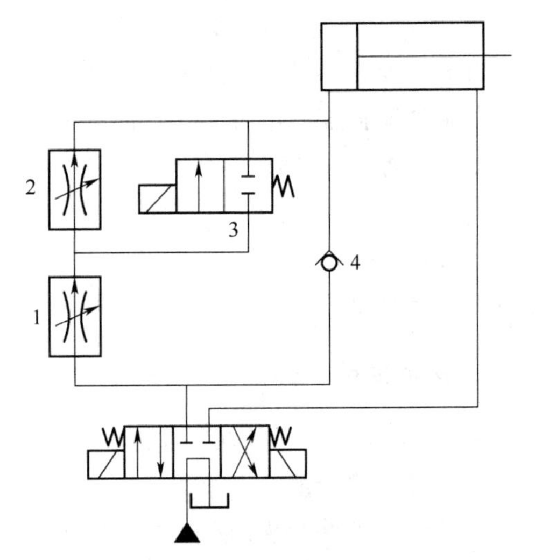

图 7-35　调速阀串联的快慢速转换回路

1、2—调速阀；3—二通换向阀；4—单向阀

第四节　多执行元件动作控制回路

当液压系统有两个或两个以上的执行元件时，一般要求这些执行元件作顺序动作或同步动作，执行元件动作时，要求不要对其他执行元件的动作及状态造成影响。

一、顺序动作回路

控制液压系统中执行元件动作的先后次序的回路称为顺序动作回路。按照控制的原理和方法不同,顺序动作的方式分成压力控制、行程控制和时间控制三种。时间控制的顺序动作回路控制准确性较低,应用较少。常用的是压力控制和行程控制的顺序动作回路。

1. 压力方式控制下的顺序动作回路

压力控制是利用油路本身压力的变化来控制阀口的启闭,使执行元件按顺序动作的一种控制方式。其主要控制元件是顺序阀和压力继电器。

(1)采用顺序阀控制的顺序动作回路

如图 7-36 所示为采用单向顺序阀控制的顺序动作回路。系统中的两个执行元件的动作顺序为:卡紧缸卡紧→加工缸进给→加工缸退回→卡紧缸松卡。系统工作过程如下。

①电控换向阀 1 的电磁线圈 Y 通电,其左位机能到工作位置,压力油液进入卡紧缸 4 的左腔,由于系统的工作压力低于单向顺序阀 3 的调定压力,单向顺序阀 3 未开启,卡紧缸 4 的活塞向右运动,准备夹紧,进给缸 4 右腔的油液通过单向顺序阀 2 的单向口回油箱。

②当卡紧缸活塞到右侧终点位置时,工件被夹紧,系统压力升高。当系统压力超过单向顺序阀 3 的调定值时,单向顺序阀 3 开启,压力油经过压力顺序阀 3,进入加工液压缸 5 的左腔,其活塞向右运动进行加工,活塞右腔的油液经换向阀 1 回油箱。

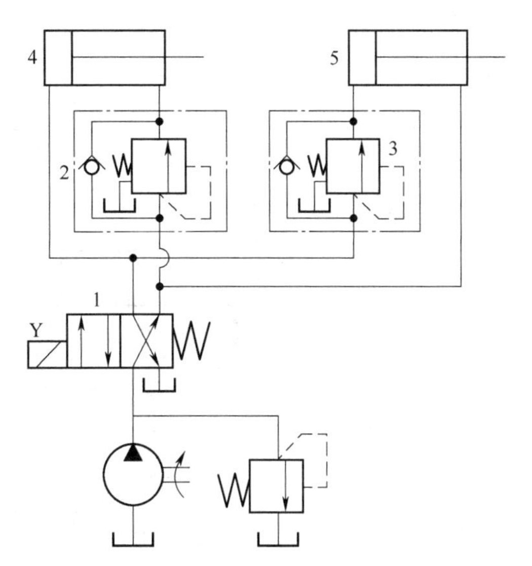

图 7-36 单向顺序阀构成的顺序动作回路

1—电控换向阀;2、3—单向顺序阀;

4—卡紧液压缸;5—加工液压缸

③加工完毕后,使换向阀 1 的电磁线圈 Y 断电,换向阀 1 的右位机能到工作位置。由于加工缸 5 的返回压力低于单向顺序阀 2 的开启压力,压力油使加工缸的活塞左移退回。

④加工缸 5 到达终点后,系统油压升高,使单向顺序阀 2 开启,压力油进入卡紧缸右腔,并经换向阀回油。活塞向左运动松开工件,并恢复到初始状态。

用顺序阀控制的顺序动作回路,其顺序动作的可靠程度主要取决于顺序阀的质量和负载的稳定性。为了保证顺序动作的可靠准确,应使顺序阀的调定压力大于先动作的液压缸的最高工作压力 1 MPa,以避免因压力波动使顺序阀先行开启。这种顺序动作回路适用于液压缸数量不多、负载阻力变化不大的液压系统。

(2)采用压力继电器控制的顺序动作回路

如图 7-37 所示为采用压力继电器控制的顺序动作液压回路,如图 7-38 所示为其对应的电气控制回路。按下按钮 SB_1,K_1 得电并完成自锁,同时 $1Y_1$ 得电,液压回路中的电控换向阀 3 的左位机能到工作位置,卡紧缸 5 的无杆腔进油,其活塞向右运动准备卡紧。达到卡紧压力后,液压回路中的压力继电器 P_1 动作,其电气控制回油中的常开触点 P_1 闭合,K_2 得电并自锁,同时 $2Y_1$ 得电,液压回路中的电控换向阀 4 的左位机能到工作位置,加工缸 6 的活塞向右动作,进行加工。

需要两液压缸复位时,按下电气控制回路中的联动按钮 SB_2,SB_2 的常闭触点断开,K_1 和 $1Y_1$ 失电,K_1 解除自锁;由于 $1Y_1$ 失电,使液压回路中的换向阀 3 的中位到工作位置。把按钮

SB_2 按实后，SB_2 的联动常开触点闭合，使得 K_3 得电完成自锁；同时 $2Y_2$ 得电，液压回路中的换向阀 4 的右位机能到工作位置，压力油进入到加工缸 6 的有肝腔，使其向左收回。当加工缸回到原位后，其有杆腔的压力升高到压力继电器 P_2 的动作压力时，其电气回路中的触点 P_2 闭合，使得 $1Y_2$ 得电，在液压回路中的换向阀 3 的右位机能到工作位置，卡紧缸 5 向左收回。

两个液压缸都回到初始状态后，按下电气控制回路中的停止按钮 SB_0，整个电气控制回路断电。液压回路中的两个换向阀的所有电磁线圈均断电，换向阀恢复到中位，液压缸位置被锁定。

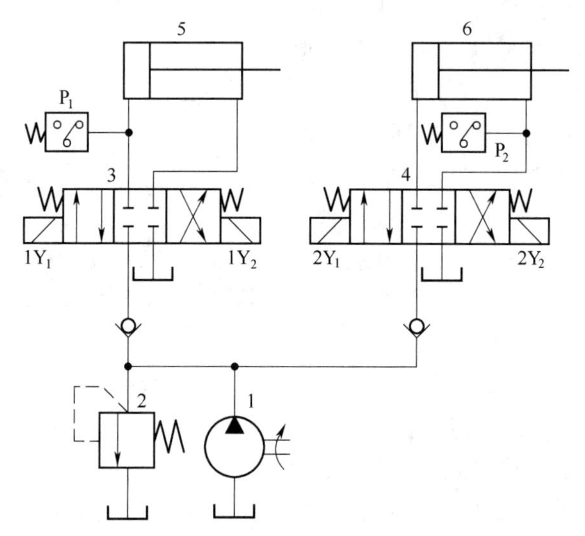

图 7-37　压力继电器控制的顺序动作液压回路

1—液压泵；2—溢流阀；3、4—双电控换向阀；P_1、P_2—压力继电器；5—卡紧缸；6—加工缸

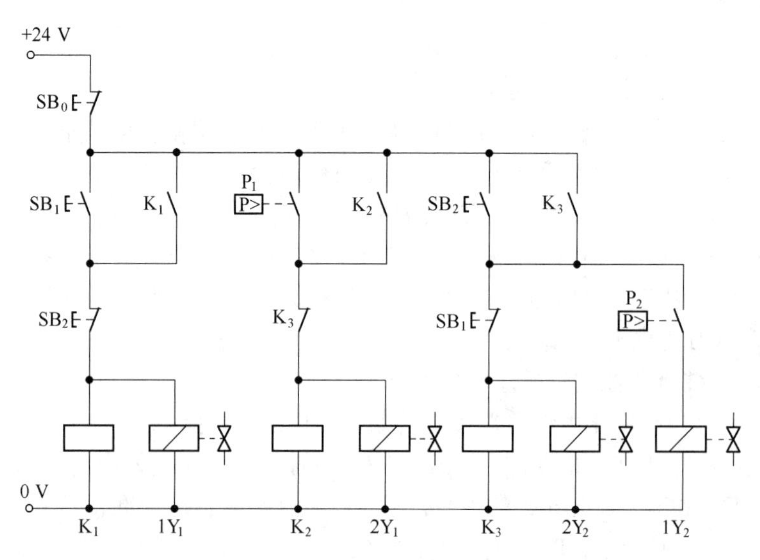

图 7-38　压力继电器控制的顺序动作电气控制回路

2. 用行程方式控制下的顺序动作回路

行程控制是利用执行元件运动到一定的位置时发出控制信号，使触发下一个执行元件的动作，使各液压缸实现顺序动作的控制过程。

（1）采用机动阀控制的顺序动作回路

如图 7-39 所示为采用行程阀控制的顺序动作回路。动作开始前，两液压缸活塞（杆）处于图示位置，机动阀 6 被触发，其上位机能在工作位置，阀口打开，为卡紧缸 3 的回油做好准备。操作手动换向阀 1，使其左位机能在工作位置，压力油进入到卡紧缸 3 的无杆腔，其活塞右移，卡紧到位后，活塞杆端部的触头压下机动阀 5 的滚轮，机动阀 5 的阀芯动作，其 P 口和 A 口接通，压力油进入到加工缸 4 的无杆腔，加工缸活塞（杆）右移，直到加工结束。其活塞杆端部的触头离开机动阀 6 的滚轮，机动阀 6 复位。

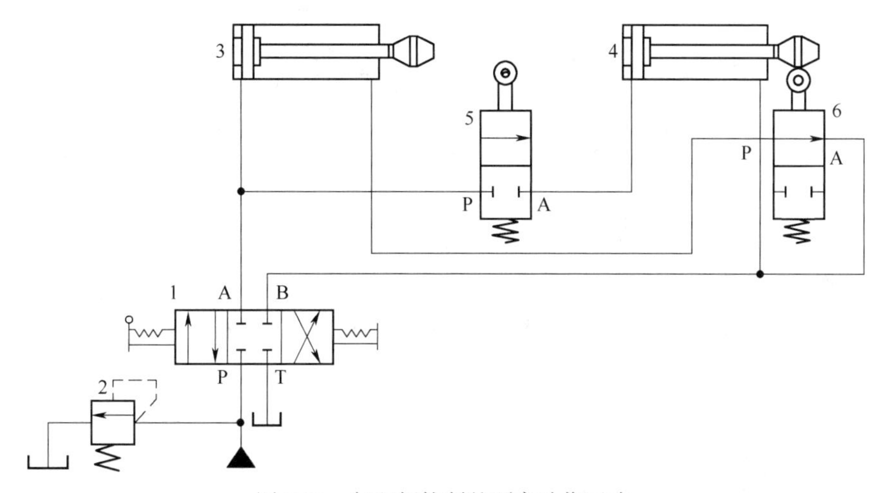

图 7-39　行程阀控制的顺序动作回路

1—换向阀；2—溢流阀；3—卡紧缸；4—加工缸；5、6—机动阀

此时，机动阀 5 接通加工缸 4 的回油路，机动阀 6 断开卡紧缸 3 的进油路。操作手动换向阀 1，使其右位机能到工作位置，加工缸 4 的有杆腔进油，其活塞左移，当活塞杆收回到极限位置时，触发机动阀 6，使其接通卡紧缸 3 的进油路，卡紧缸 3 的活塞收回到左侧极限位置，机动阀 5 的滚轮被释放，系统完成一个工作循环。

机动阀构成的顺序动作回路，要求执行元件必须准确到达机动阀的触发位置才能使下一个动作继续，因而位置准确度高，但是调整不方便。

（2）采用行程开关控制的顺序动作回路

如图 7-40 所示为行程开关控制的顺序动作液压回路，如图 7-41 所示为其对应的电气控制回路。行程开关 1S 安装在卡紧缸 1 的卡紧位置，行程开关 2S 安装在加工缸的左侧收回位置，行程开关 2S 被触发。

操作和动作过程如下：

在电气控制回路中，按下启动按钮 SB_1，K_1 线圈得电并自锁，同时，1Y 得电，液压回路中的换向阀 3 的阀芯动作，卡紧缸的无杆腔进油，活塞杆向右伸出；当卡紧缸活塞杆伸出到位时，活塞杆上的触头压下行程开关 1S，电气控制回路中的 K_2 线圈得电并自锁，同时 2Y 得电，液压回路中的换向阀 4 的阀芯动作，加工缸的无杆腔进油，活塞杆向右伸出，完成加工。开行程开关 2S 被释放。

需要系统复位时，按下电气控制回路中的按钮 SB_2，K_3 线圈得电并自锁，其常闭的互锁触点 K_3 断开，使得 K_2 线圈失电并解除其自锁，液压回路中的换向阀 4 复位，加工缸有杆腔进油，加工缸活塞左移到初始位置。于是，行程开关 2S 再次被触发，电气控制回路中的 K_4 线圈得电，K_4 的常闭触点断开，使得 K_1 线圈失电并解除其自锁，同时 1Y 失电，液压回路中的换向阀 3 复位，卡紧缸活塞杆收回。

由于系统中的行程开关信号可以作为 PLC 等控制器的输入信号，容易实现自动化控制，此种控制方式应用比较广泛。

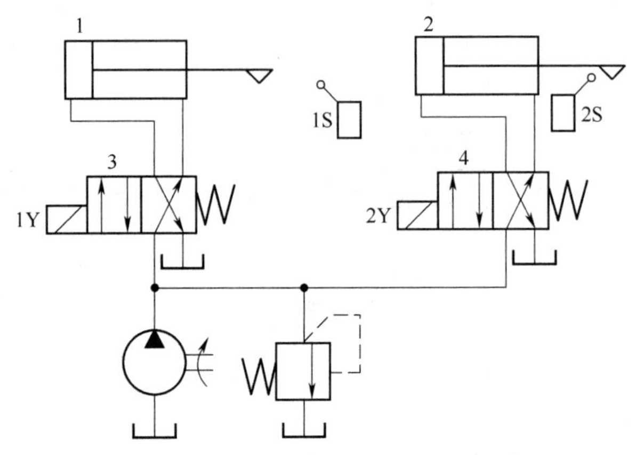

图 7-40　行程开关控制的顺序动作液压回路

1—卡紧缸；2—加工缸；3、4—单电控换向阀

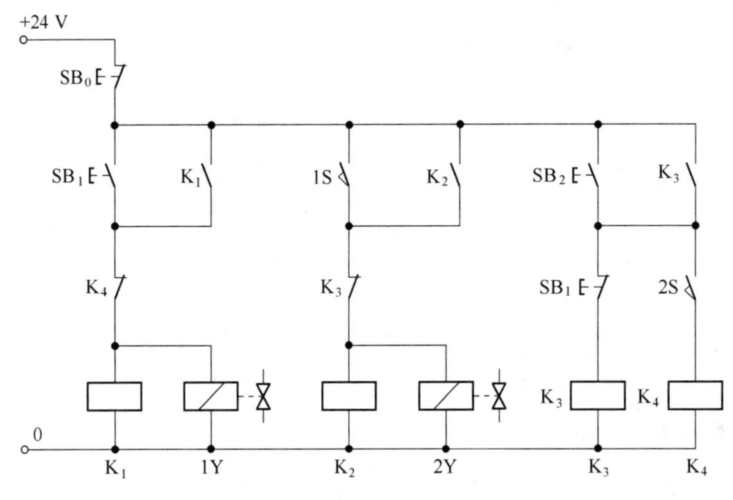

图 7-41　行程开关控制的顺序动作电气控制回路

3. 时间控制下的顺序动作回路

时间控制下的顺序动作回路是使多个液压缸按时间先后完成顺序动作的回路，这种回路依靠延时阀或时间继电器实现延时控制。

(1) 液控延时阀控制的顺序动作回路

如图 7-42 所示的液控延时阀控制的顺序动作回路中，元件 5 为液控延时阀，其 P 口进油后，压力油通过内部的可调节流小口进入到液控口，当液控口压力达到足以克服弹簧反力的时候，阀芯动作，使 P 口和 A 口接通，调节节流小口的通流面积就能调节阀口从断开到接通的时间。该回路中各元件的动作过程与如图 7-36 所示的单向顺序阀控制的顺序动作相同。

(2) 时间继电器控制的顺序动作回路

如图 7-43 所示为时间继电器控制的顺序动作的液压回路，其对应的电气控制回路如

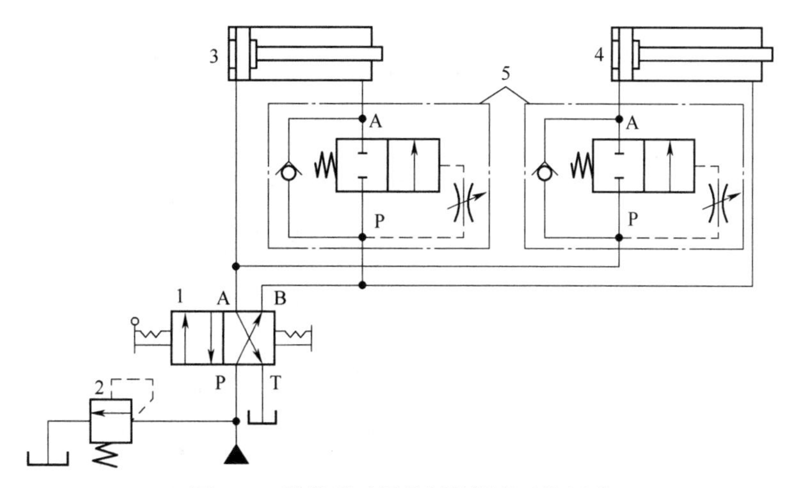

图 7-42　液控延时阀控制的顺序动作回路

1—手动换向阀；2—溢流阀；3—卡紧缸；4—加工缸；5—液控延时阀

图 7-44所示。在电气控制回路中，KT_1 和 KT_2 为两个通电延时型的时间继电器。系统的控制及动作过程如下：

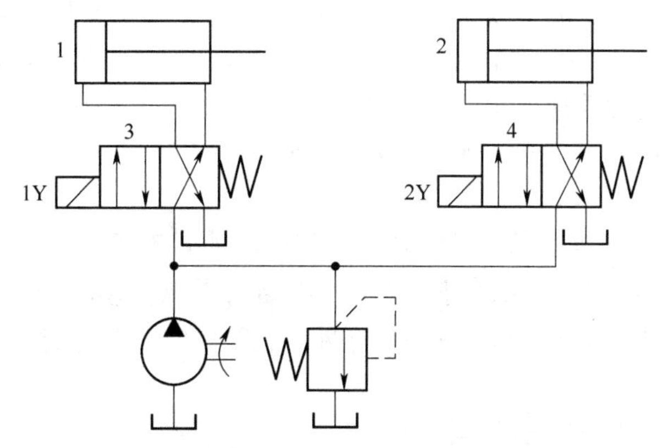

图 7-43　时间继电器控制的顺序动作的液压回路

1—卡紧缸；2—加工缸；3、4—单电控换向阀

按下启动按钮 SB_1，继电器 K_1 的线圈得电并自锁；时间继电器线圈 KT_1 得电，开始延时；换向阀 3 的电磁线圈 1Y 得电，换向阀 3 切换油路，卡紧缸 1 的活塞向右伸出，进行卡紧。时间继电器 KT_1 调定的延时时间应大于卡紧缸 1 从开始动作到卡紧完毕的时间。假设卡紧缸已经卡紧，并且时间继电器 KT_1 延时时间到，其电气回路中的常开触点 KT_1 闭合，换向阀 4 的电磁线圈 2Y 得电，换向阀 4 切换油路，加工缸活塞右移直到完成加工。

按下按钮 SB_2，继电器线圈 K_2 得电并自锁，其常闭触点断开，使得线圈 2Y 失电，换向阀 4 的阀芯动作，加工缸 2 的活塞向左退回；与此同时，时间继电器 KT_2 的线圈得电，开始延时。假设加工缸 2 的活塞回到原位，并且时间继电器 KT_2 的延时时间到，KT_2 的常闭触点断开，于是，继电器 K_1 线圈失电，解除自锁；时间继电器 KT_1 的线圈失电，其常开触点打开，为下次延时作准备；换向阀 3 的线圈 1Y 失电，换向阀 3 的阀芯复位，卡紧缸 1 的活塞向左退回原位。

至此，一个延时控制的双缸顺序动作循环结束。要进行第二次循环动作，可以直接按下按钮 SB_1；如果要停止系统，可以按下停止按钮 SB_0。

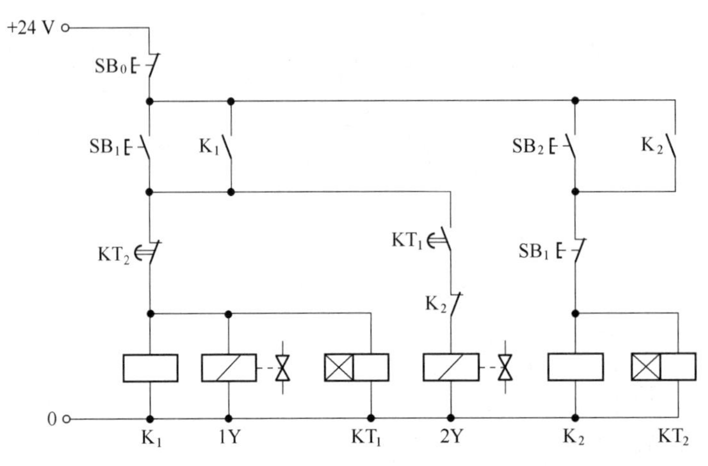

图 7-44　时间继电器控制的顺序动作的电气控制回路

二、同步回路

在多缸工作的液压系统中,常常会遇到要求两个或两个以上的执行元件同时动作的情况,并要求它们在运动过程中克服负载、摩擦阻力、泄漏、制造精度误差和结构变形上的差异,维持相同的速度或相同的位移——即作同步运动。同步运动包括速度同步和位置同步两类。速度同步是指各执行元件的运动速度相同。位置同步是指各执行元件在运动中或停止时都保持相同的位移量。同步回路就是用来实现同步运动的回路。

1. 液压缸机械联结的同步回路

如图 7-45 所示为液压缸机械联结的同步回路,这种同步回路可以用刚性梁、齿轮、齿条等机械零件在两个液压缸的活塞杆间实现刚性联结以实现位移的同步。此方法简单经济,能基本上保证位置同步,但同步精度不高,当两个液压缸的负载差异较大时,容易出现卡死现象。

2. 带补偿功能的串联液压缸的同步回路

图 7-46 所示为带有补偿功能的两个液压缸串联的同步回路。液压缸 4 的有杆腔和液压缸 5 的无杆腔相连,如果两液压缸的结构尺寸完全相同,就可以实现同步动作。当两液压缸动作多个循环之后,因为泄漏、缸的实际尺寸的精度偏差,会使两液压缸的动作出现失调现象。此时,若两缸同时下行时,液压缸 4 的活塞先到达行程终点,其挡块压下行程开关 1S,电磁铁 $2Y_1$ 通电,换向阀 2 的左位机能到工作位置,压力油经换向阀 2 和液控单向阀 3 进入缸 5 的上腔,进行补油,使其活塞继续下行到达行程端点。如果缸 5 的活塞先到达终点,行程开关 2S 使电磁铁 $2Y_2$ 通电,换向阀 2 右位机能到工作位置,压力油进入液控单向阀 3 的控制口,阀 3 打开,因缸 4 下腔与油箱接通,使液压缸 4 的活塞继续下行到达行程终点,从而消除累积误差。这种回路允许较大偏载,偏载所造成的压差不影响流量的改变,只会导致微小的压缩和泄漏,因此同步精度较高,回路效率也较高。

3. 采用调速阀的同步回路

如图 7-47 所示为采用调速阀的单向同步回路。两个液压缸并联在液压系统中,在它们的无杆腔上分别串接一个调速阀,调节两个调速阀的开口大小,便可调节进入液压缸的流量,使两个液压缸在一个运动方向上实现同步,即两液压缸的活塞杆伸出同步。这种同步回路结构简单，但是两个调速阀的调节比较麻烦，同步效果受油温、泄漏等的影响，故同步精度不高，不宜用在偏载或负载变化频繁的场合。

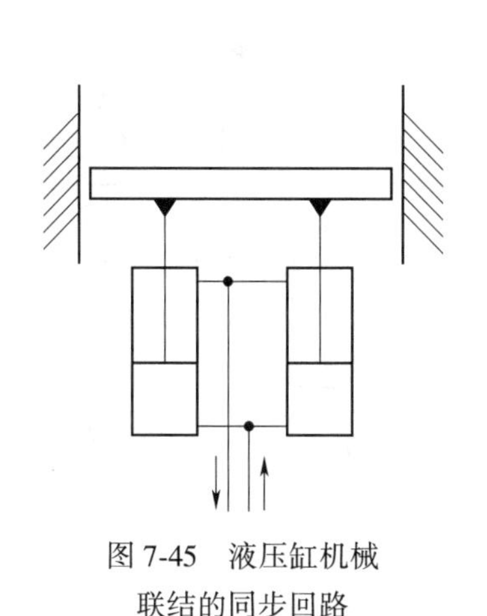

图 7-45　液压缸机械联结的同步回路

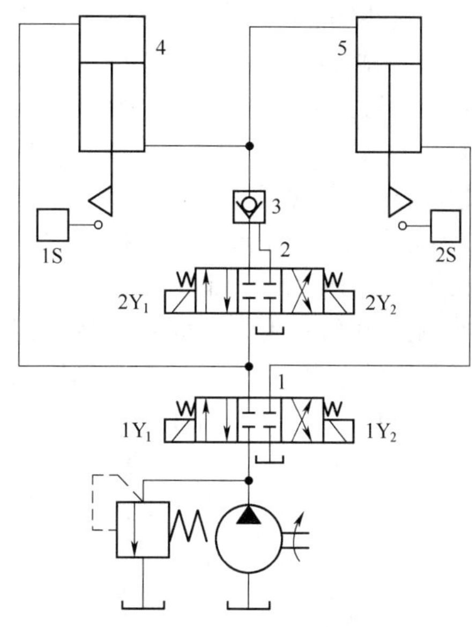

图 7-46　带补偿的串联液压缸的同步回路

1—主换向阀；2—补油换向阀；3—液控单向阀；4、5—液压缸

4. 采用分流集流阀的同步回路

如图 7-48 所示为采用分流集流阀的同步回路。分流集流阀可以等量地将输入口的油液分配到两个输出口支路（驱动两液压缸动作的压力油路），使两液压缸获得相同流量的驱动液

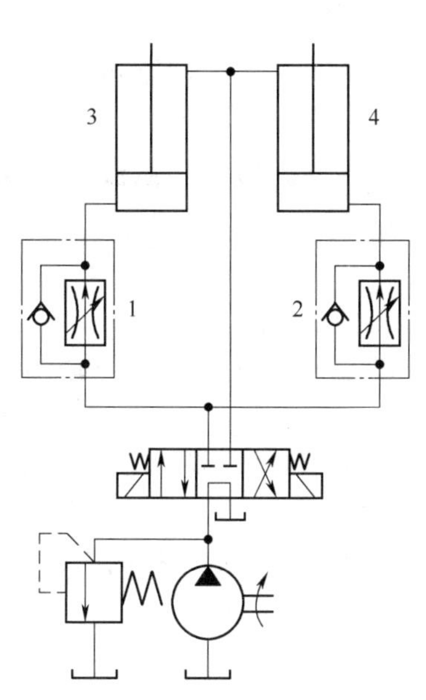

图 7-47　采用调速阀的单向同步回路

1、2—单向调速阀；3、4—液压缸

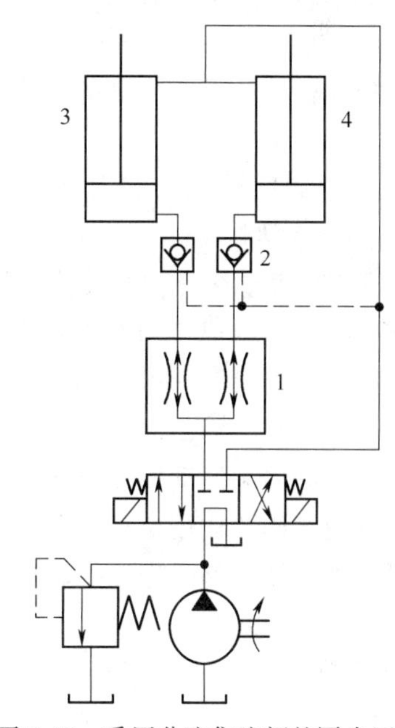

图 7-48　采用分流集流阀的同步回路

1—分流集流阀；2—液控单向阀；3、4—液压缸

流;也可以使两个输入口的液流(来自两液压缸回油路),以相同的流量汇集并从同一输出口流出,使两液的回油流量相同。回路中的液控单向阀2,用来防止活塞停止时,两缸因负载不同而使分流阀的内节流孔窜油。由于两缸的同步动作是靠分流阀自动调整,此回路可以使两液压缸在承受不同负载时仍能实现速度同步,使用方便;但该回路的调速范围窄,效率低,压力损失大,不适合用于低压系统。

5. 同步马达的同步回路

如图7-49所示为采用同步马达的同步回路。两个马达轴刚性联结,把等量的油分别输入两个尺寸相同的液压缸中,使两液压缸实现同步。图中的节流阀用于消除行程终点两缸的位置误差。同步马达的同步精度比用流量阀控制的同步精度高,但柱塞马达的成本高,所以此回路的费用高。

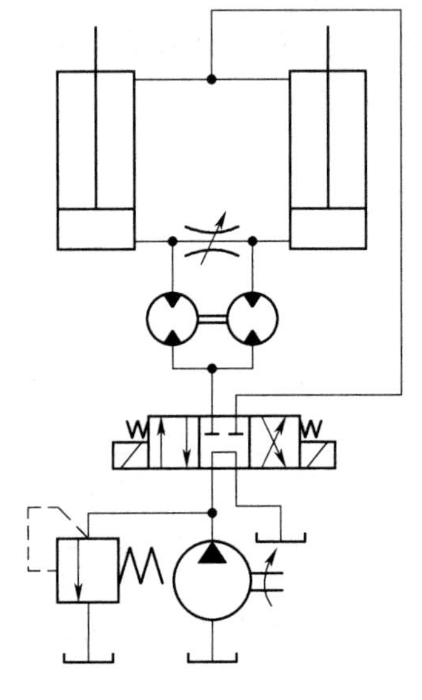

图7-49　同步马达的同步回路

自测题七

一、填空题(每空2分,共36分。得分________)

1. 常用的基本回路按其功能可分为________回路、________回路和________回路。

2. 方向控制回路包括________回路和________回路,对应的核心元件是________和________。

3. 压力控制回路包括________回路、________回路、________回路、________回路、________回路等。

4. 控制执行元件运动速度的回路称为________回路,包括________回路和________回路两种。

5. 容积调速回路与节流调速回路相比,由于________节流损失和溢流损失,故效率________,回路发热量________,适用于大功率的液压系统中。

二、判断题(每题2分,共10分。得分________)

1. 液压缸不能构成容积调速回路。(　　)

2. 变量泵和定量马达可以实现恒转矩调速,定量泵和变量马达可以实现恒功率调速。(　　)

3. 压力控制的顺序动作回路比行程控制的顺序动作回路的可靠性差。(　　)

4. 用节流阀调速比用调速阀调速更能获得好的负载特性。(　　)

5. 双向液压锁回路是把液控单向阀和中位机能为“O”形或“M”形的换向阀组合使用的锁紧回路。(　　)

三、选择题(每题3分,共15分。得分________)

1. 下列回路中属于方向控制回路的是________。

A. 调压和卸载回路　　B. 换向和锁紧回路

C. 节流调速和换向回路　　D. 换向和锁紧回路

2. 卸载回路属于________回路。

A. 方向控制　　B. 压力控制

C. 速度控制　　D. 顺序动作

3. 若系统溢流调定压力为 3.5 MPa,则减压阀调定压力在________ MPa 之间。

A. 0~3.5　　B. 0.5~3.5

C. 0.5~3　　D. 3~3.5

4. 关于节流阀的回油路节流调速说法正确的是________。

A. 在相同情况下,比进油路节流调速输出的力更大。

B. 经节流阀而发热的油液不容易散热。

C. 广泛用于功率不大,负载变化较大或运动平稳性要求较高的液压系统。

D. 串接背压阀可提高运动的平稳性。

5. 关于容积节流调速回路的说法正确的是________。

A. 主要构成元件是定量泵和调速阀。

B. 比纯容积调速的效率更高。

C. 在较低的速度下工作时,运动稳定性差。

D. 具有容积调速的高效率和节流调速的小流量调节的双重优点。

四、分析题(共 39 分。得分________)

1. 两个溢流阀的调定压力分别为 2 MPa 和 4 MPa,如图 7-50 所示。分析该回路中泵的供油压力有几级?数值各多大?(4 分)

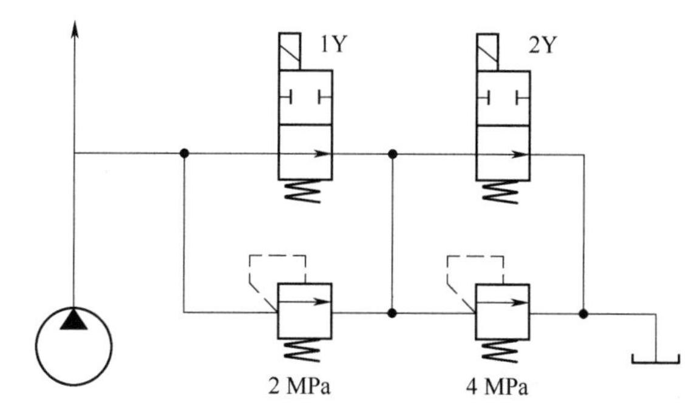

图 7-50　液压回路

2. 在如图 7-51 所示的液压系统中,液压缸有效工作面积 $A_1=A_2=100\ \text{cm}^2$,缸 1 为空载,缸 2 的负载 $F=30$ kN,溢流阀、顺序阀和减压阀的调整压力分别为 5 MPa、4 MPa 和 3 MPa。忽略摩擦力、惯性力和管路损失。求下面三种工况下 A、B 和 C 处的压力。

(1)液压泵启动后,1Y 和 2Y 长时间断电时。

(2)1Y 通电,2Y 断电,缸 1 的活塞在移动过程中和运动到右侧终点时。

(3)1Y 断电,2Y 通电,缸 2 的活塞运动时及活塞碰到固定挡块时。

(每小题 3 分,共 9 分)

3. 试分析如图 7-52(a)所示回路的工作原理,其中节流阀 3 的开口度大于节流阀 4 的开口度,若要实现如图 7-52(b)所示的“快进-工进 1-工进 2-快退-停止”的动作循环,且工进 1 比工进 2 的速度快,试完成以下要求:

(1)填写电磁铁动作顺序表,电磁铁得电用“+”表示,失电用“-”表示,见表 7-1。

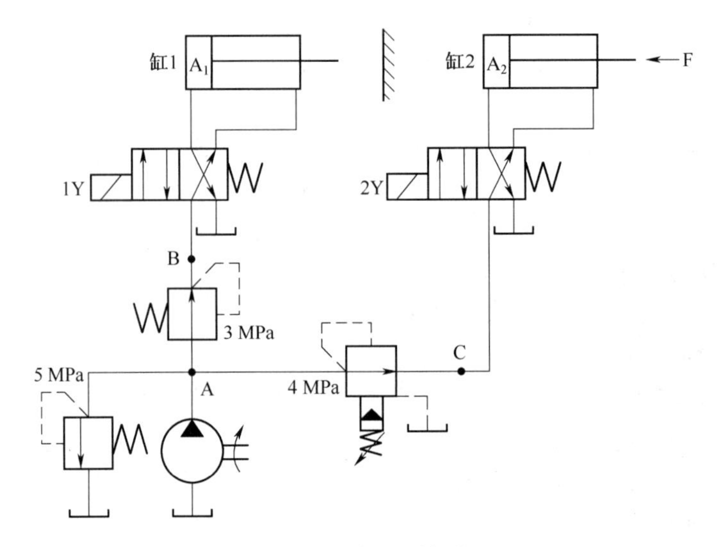

图 7-51　液压系统图

(2)说明系统由哪些基本回路组成。

(3)说明阀 2 和阀 5 的作用。

(1 小题 8 分,2 小题 2 分,3 小题 2 分,共 12 分)

表 7-1　电磁铁动作顺序表

电磁铁	1Y	2Y	3Y	4Y
快进				
工进 1				
工进 2				
快退				
停止				

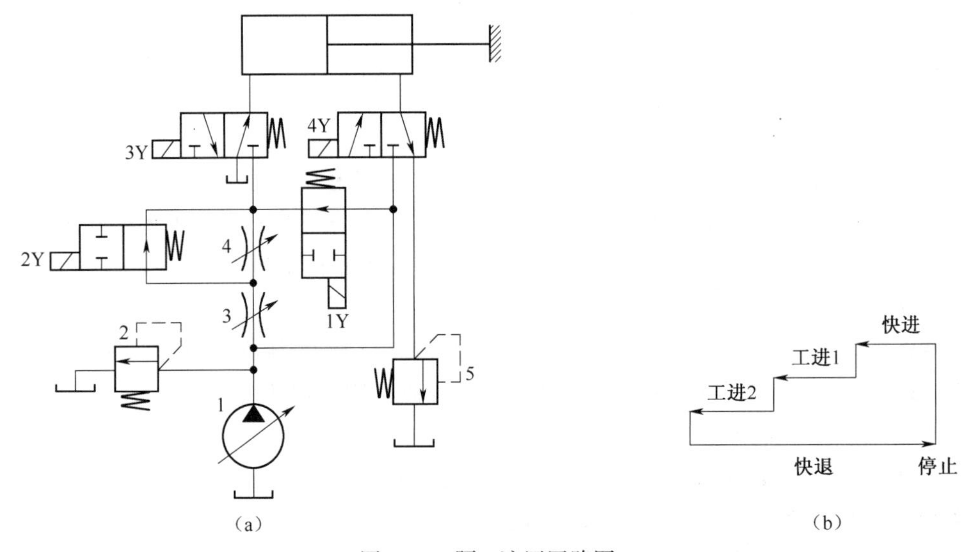

图 7-52　题 3 液压回路图

1—变量泵;2、5—溢流阀;3—较大流量工进节流阀;4—小流量工进节流阀

4. 两缸的活塞杆在初始状态和停止状态时处于收回位置,设计两个液压缸 A、B 的顺序动作控制系统,其动作顺序为: A 缸伸出→B 缸伸出→A 缸收回→B 缸收回。(6 分)

5. 某液压回路如图 7-53(a)所示,液压缸两腔的有效作用面积为:$A_1=2A_2=50$ cm;变量泵调定的流量为 2.5 L/min。变量泵的流量压力特性曲线如图 7-53(b)所示,求:

(1)液压缸左腔压力。

(2)求当负载 $F=0$ 和 $F=8\ 000$ N 时,液压缸右腔的压力。(每小题 4 分,共 8 分)

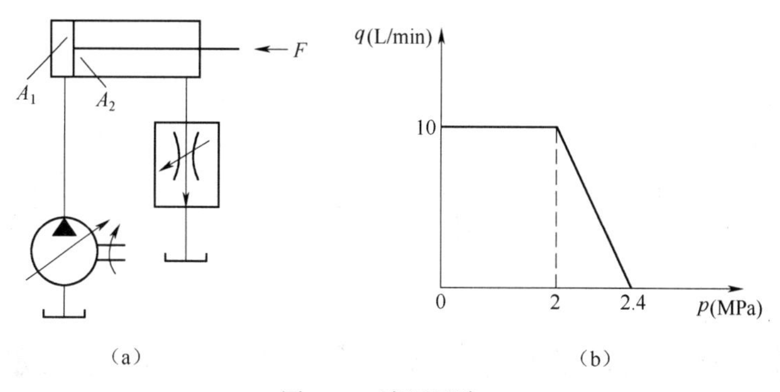

图 7-53　液压回路

第八章　液压技术在汽车生产线上的应用

了解液压执行元件的作用、分类和常用液压执行元件的工作特点；了解液压缸的部件连接、密封方式、缓冲结构和排气装置；了解常用执行元件的应用场合。理解典型液压缸和液压马达的结构特点和工作原理。理解常用液压缸和液压马达的工作原理。掌握液压缸和液压马达的工作原理，掌握液压缸的设计和校核方法。

第一节　无内胎铝合金车轮气密性检测机液压系统

无内胎铝合金车轮质量轻、耐腐蚀、外形美观、寿命长，不会出现车胎爆烈事故，在小型轿车中应用广泛。影响无内胎铝合金车轮质量的主要因素是两个侧平面的平面度和毛坯的气孔、裂纹等缺陷，其主要检测项目是气密性。该检测系统的液压机构是液压、气动和电气控制系统一体的自动监测设备。

设备的液压系统工作原理如图 8-1 所示。升降液压缸 13 用于将轮胎进到检测水池中和出水；卡紧液压缸 14 用于轮胎的卡紧，其卡紧力通过减压阀 6 进行调节；单向调速阀 12 和 11 构成两缸活塞杆伸出过程的回油节流调速；双电控 O 形换向阀 7 和 8 分别用于控制两液压缸的动作方向；其顺序动作信号由压力继电器 9 和 10 发出；压力表 15 显示压力继电器 9 的动作压力；压力表 16 显示压力继电器 10 的动作压力；压力表 17 显示减压阀出口的压力（卡紧压力）；压力表 18 显示变量泵 2 的出口压力；单电控换向阀 4 用于控制先导式溢流阀 3 处于卸荷状态或工作状态。

系统的动作过程如下：

调节好液压系统中的压力和流量控制元件的工作状态，电气控制回路中的 3Y 处于断电状态，使 $1Y_1$ 通电，换向阀 7 动作，卡紧液压缸 14 卡紧待检测轮胎；卡紧后，压力继电器 10 发出卡紧信号，使 $2Y_1$ 得电，换向阀 8 动作，升降液压缸 13 的活塞杆伸出，将轮胎放入检测水池中。

达到检测时间后，使 $2Y_2$ 得电，换向阀 8 动作，升降液压缸 13 的活塞杆上升，到达上极限位置时，压力继电器 9 发出位置信号，使 $1Y_2$ 通电，换向阀 7 动作，卡紧缸 14 松开轮胎。当系统短时不工作时，使 3Y 得电，变量泵 2 实现卸荷。

该液压回路的特点如下。

(1) 采用变量泵供油和回油节流调速，泵的输出流量与负载向匹配，容积效率高。

(2) 采用压力控制方式实现双液压缸的顺序动作。

(3) 系统元件较少，回路简洁，元件可以集成安装，外形美观，便于调试和维护。

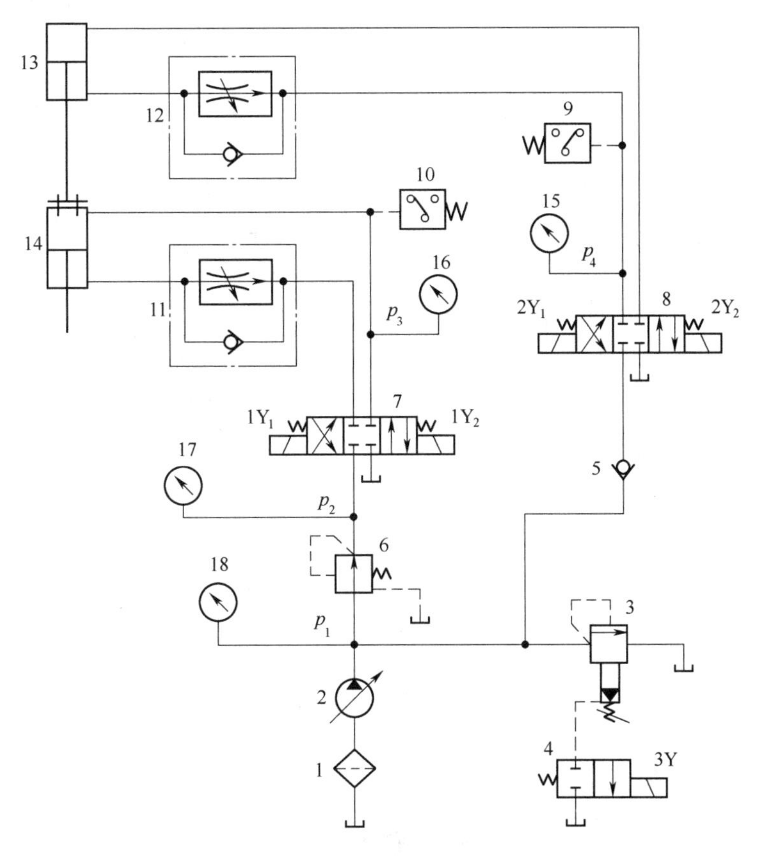

图 8-1　无内胎铝合金车轮气密性检测机液压系统

1—滤油器;2—变量泵;3—先导式溢流阀;4—单电控换向阀;

5—单向阀;6—减压阀;7、8—双电控 O 形换向阀;9、10—压力继电器;

11、12—单向调速阀;13—升降液压缸;14—卡紧液压缸;15、16、17、18—压力表

第二节　汽车水箱散热管爆破压力试验台液压系统

在生产线上,汽车水箱散热管的爆破压力测试用于剔除不合格的产品,避免在汽车水箱散热器装配完后出现质量问题。该测试装置能自动完成散热管的夹紧、加压、散热管爆破、自动显示爆破压力和在线打印等全过程。系统可以测试铝、黄铜、紫铜等不同材质的散热管,可以测试咬口管和无缝管。

该试验装置采用液压传动,其工作原理图如图 8-2 所示。系统有两条油路:一条是左侧的夹紧油路,另一条是右侧的工作油路。在夹紧油路中,有两个并联的夹紧液压缸 17 和 18,其所需的夹紧力由减压阀 5 调定;单向阀 6 和蓄能器 7 实现夹紧过程中的保压;单电控换向阀 9 和 10 控制两个夹紧缸的伸缩动作,两夹紧缸的伸缩速度由可调单向节流阀 11～14 进行回油路节流调节;压力表 8 用于显示夹紧压力。

在工作油路中,工作液压缸 19 和增压器 21 的活塞杆采用球铰链连接。工作液压缸提供试压的动力,增压器连接被测试的水箱散热管,产生试压压力。为提高传动效率,工作液压缸回路使用矿物质液压油;为减小泄漏,增压器回路使用黏度较高的乳化液。由于两条回路相互隔离,简化了密封环节。增压器采用组合密封圈密封,试件与引入乳化液的接头通过卡具夹紧保证密封。

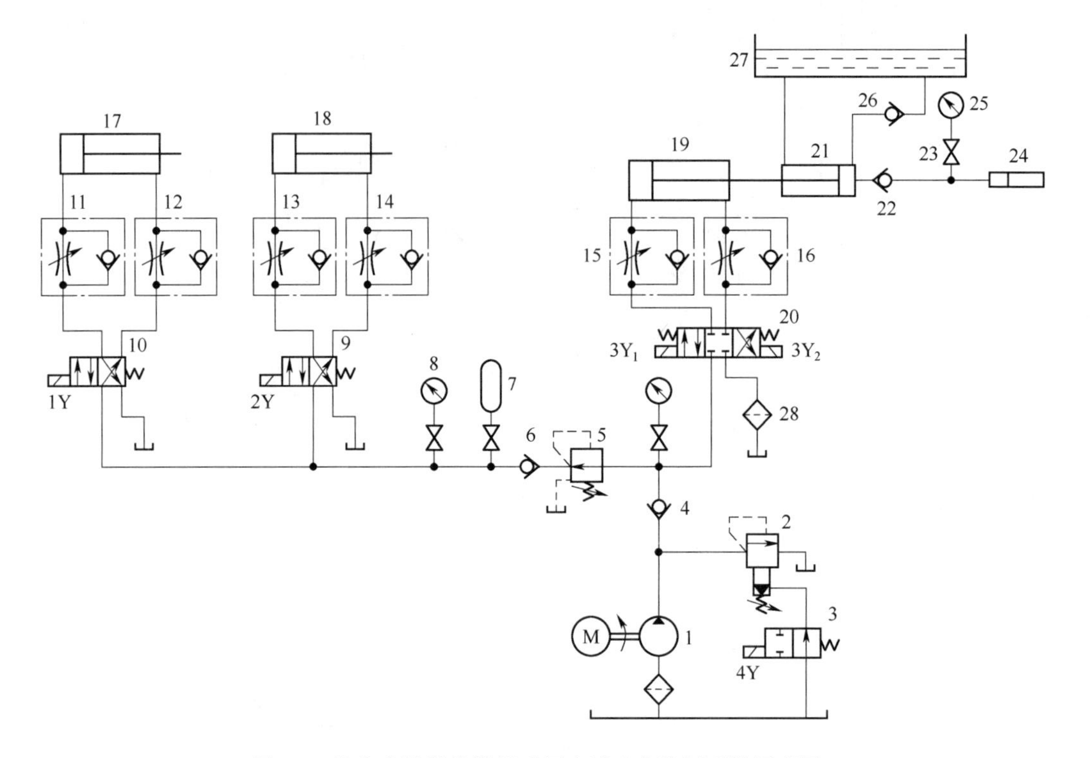

图 8-2　汽车水箱散热管爆破压力试验台液压系统原理图

1—定量泵;2—先导式溢流阀;3—单电控二通换向阀;4—单向阀;5—减压阀;
6—单向阀;7—蓄能器;8—压力表;9、10—单电控四通换向阀;11～16—可调单向节流阀;17、18—夹紧液压缸;
19—工作液压缸;20—双电控换向阀;21—增压器;22、26—乳化单向阀;23—截止阀;
24—试件;25—试压压力表;27—乳化液箱;28—过滤器

系统的动作过程如下。

使 4Y 通电,单电控二通换向阀 3 的左位机能到工作位置,断开先导式溢流阀 2 的远程控制口,系统从卸荷状态转为供油状态。

使 1Y 和 2Y 通电,夹紧缸 17 和 18 动作,完成试件的夹紧、密封及回路保压;使 $3Y_2$ 通电,定量泵 1 输出的压力油通过单向阀 4、双电控换向阀 20、单向节流阀 16,进入到工作液压缸 19 的有杆腔,其无杆腔的油液通过单向节流阀 15 时进行节流,在通过双电控换向阀 20、滤油器 28 后回到油箱。工作液压缸 19 的活塞杆带动增压器 21 的活塞左移,乳化液经过乳化单向阀 26 进入到增压器右腔,完成试压前的充液准备。

使 $3Y_1$ 通电,工作缸 19 的活塞杆推动增压器 21 的活塞杆右移,增压器右腔的乳化液通过乳化单向阀 22 进入试件腔内。随着工作缸和增压器活塞的右移,不断进行加压,直到试压完成或者试件爆破。试压压力表 25 用于显示爆破压力值,也可以和试压压力表并联一个压力传感器,将其压力值进行记录和数字显示。

该系统的特点如下。

(1)通过增压器进行增压,降低了液压泵的压力等级和系统造价,工作安全可靠。

(2)两种相互隔离的介质回路,降低元件密封成本。

(3)采用回油路节流调速,有节流和溢流损失。

(4)依靠夹紧缸进行夹紧,接口处不需要密封件,密封效果良好。

第三节　汽车变速器总成检测试验台液压系统

汽车变速器装配完成后,应对换挡性能、噪声等进行测试。汽车变速器总成检测试验台由机械、液压和电气控制三部分组成。机械部分包括输入端和输出端:输入端与变速器的输入轴相连,输入电机通过带轮、带离合器的传动轴驱动变速器的输入轴旋转,其转速通过变频器控制输入电机调定;输出端电机通过花键、联轴器经传动轴与变速器的输出轴相连,根据挡位的不同设置不同的负载转矩,其大小由伺服系统调定。

进行变速器的噪声检测时,输入电机带动变速器的输入轴产生主动回转,输出端电机模拟不同挡位的负载转矩;进行换挡检测时,输入端电机与变速器的输入轴脱开,输入端只有微小的转动惯量,输出端电机带动变速器动作。电气控制系统控制输入电机和输出电机的规律性动作,模拟汽车的工况。

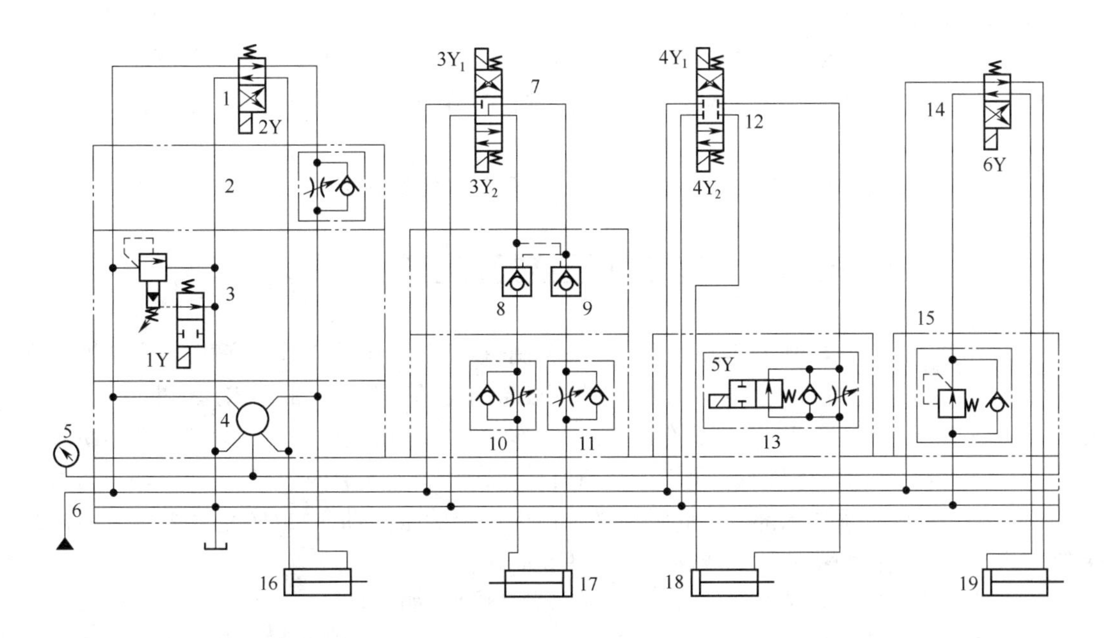

图 8-3　汽车变速器总成校验试验台液压系统原理图

1、14—单电控四通换向阀;2、10、11—单向节流阀;3—电控溢流阀;4—压力表开关;5—压力表;6—多联底板块;7—双电控 Y 型换向阀;8、9—液控单向阀;12—双电控 O 形换向阀;13—电控单向节流阀;15—单向减压阀;16—注油缸;17—离合器缸;18—输出端连接缸;19—夹紧缸

液压试验台用于实现变速器与试验台的固定、输入端和输出端离合器的开合以及注油控制,其液压系统工作原理如图 8-3 所示。

当进行变速器的噪声检测时,系统的动作过程如下:

启动液压泵电机,将变速器置于待检测工位。按下“夹紧”按钮,线圈 1Y 得电,电控溢流阀 3 不卸荷;同时,线圈 6Y 得电,换向阀 14 动作,夹紧缸 19 的活塞杆向右运动,夹紧变速箱,其夹紧力的大小由单向减压阀 15 调定。

完成夹紧后，操作注油按钮，线圈 2Y 得电，换向阀 1 动作，注油缸 16 的活塞杆右移，注油速度由单向节流阀 2 调节。

按下“加载”的点动按钮，线圈 $4Y_1$ 得电（$4Y_2$ 不得电），输出端连接缸 18 的活塞右移，回油路经过电控单向节流阀 13 的直通口回油箱，所以初始的运动速度较快；当输出端连接缸 18 的活塞杆带动花键套运动到配合位置附近时，触发行程开关的位置信号，线圈 5Y 得电，回油路经过电控单向阀 13 的内部节流口回油箱，实现输出端离合器的低速配合，输出端电机与变速器输出轴成功相连。当 $4Y_2$ 得电时（$4Y_1$ 失电），输出端连接缸 18 的活塞快速左移，使输出端的传动轴与变速器输出轴快速脱离配合。

按下“启动”的点动按钮，线圈 $3Y_1$ 得电（$3Y_2$ 不得电），离合器缸 17 的活塞右移，到达配合位置后，触发行程开关，该位置信号使 $3Y_1$ 失电。双电控 Y 型换向阀 7 的中位机能工作，实现该支路的卸荷。单向节流阀 10 和 11 用于动作调速，液控单向阀 8 和 9 构成双向液压锁，用于对离合器配合的保压控制。

当一个动作循环结束时，按下“结束”按钮，所有执行器回到初始状态；同时，线圈 1Y 得电，电控溢流阀 3 卸荷，降低液压源的能耗。

该液压系统的特点如下。

（1）液压系统采用叠加阀控制，结构整齐、美观，便于集中控制。

（2）使用液压元件控制离合器的开合，动作过程准确，连接可靠，使变速器在连接过程中免受损坏。

（3）该系统可以引入更先进的自动化控制，利于减小操作强度。

第四节　汽车冲压线拉伸垫液压系统

冲压工艺环节是汽车制造四大工艺的第一个制造环节，冲压件质量的好坏，特别是冲压件拉伸质量的好坏，对于冲压工艺非常重要。冲压设备的支承部分受到的冲击压力非常大，常使用液压设备进行支承。在上、下模具合模的瞬间，作用在待冲压板材上的压力从零开始瞬间急剧增大，当作用压力达到材料的屈服极限数值时，为获得均匀、光滑的形变，需要对冲压压力进行短时保持。这就要求支承部分在此瞬间必须产生一定的跟随动作，以防止合模压力的持续升高。汽车冲压线拉伸垫液压系统原理图如图 8-4 所示。

汽车冲压线拉伸垫液压系统的各元件功能和控制过程如下：

固定节流阀 2 的阻尼较大，流过的少量油液用于对柱塞的润滑；可调插装阀 3 用于调节驱动柱塞向上运动的液流流量。在模具合模前的瞬间，普通换向阀 4 的电磁线圈通电，使得插装阀 5 的上腔接通油箱。合模后，柱塞受到向下的压力并产生位移，柱塞缸内的油液经过插装阀 5 流向伺服换向阀 6，调节伺服换向阀 6 的控制电流，就能调节柱塞腔的回油流量，从而控制柱塞缸腔内的压力。在此过程中，合模压力快速均匀增加，达到拉伸的屈服压力后，合模后的上、下模具一起向下运动，此为压力保持阶段。当拉伸完成后，使普通换向阀 4 断电，插装阀 5 的上腔通压力油并关闭，因为插装阀 8 关闭，精密溢流阀 9 被铅封（不可调节），合模压力达到精密溢流阀 9 的铅封压力并保持，实现冲压件形变后的定型保压。

该回路的特点如下。

1. 采用普通和伺服换向阀控制的系统，利于实现自动化控制。
2. 通过调节伺服换向阀 6 的控制电流，能间接控制柱塞缸的作用压力。当需要控制不同压力的拉伸件时，只要适当调节其控制电流就能实现，具有广泛的适用性。

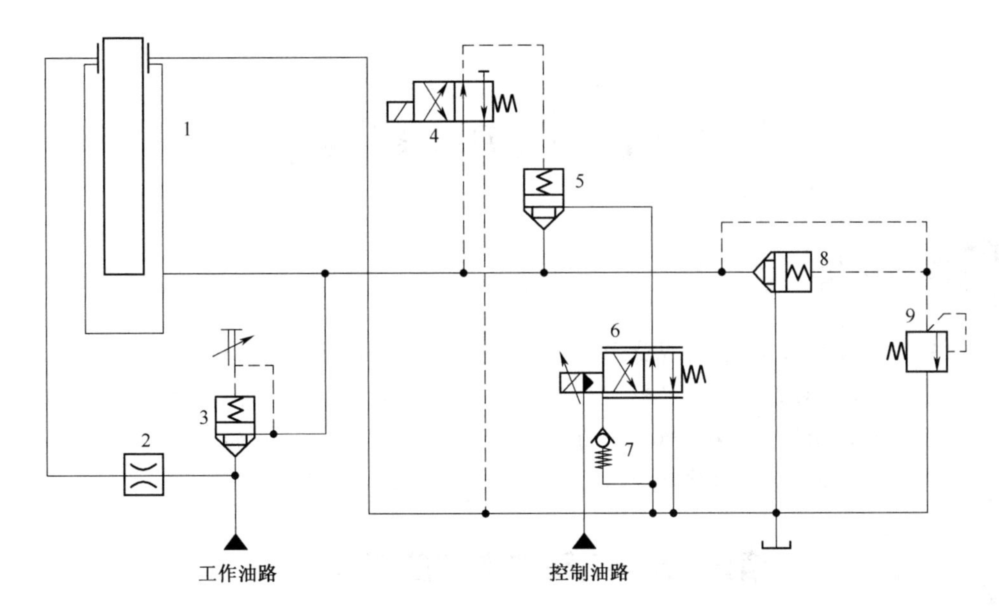

图 8-4　汽车冲压线拉伸垫液压系统原理图

1—拉伸垫柱塞缸；2—固定节流阀；3—可调插装阀；4—普通换向阀；
5、8—插装阀；6—伺服换向阀；7—单向阀；9—精密溢流阀

第九章　气压传动概述

了解气压传动的含义、应用现状和发展趋势，了解气压传动系统的构成和各组成部分的作用，了解气压传动相对于其他传动形式的优、缺点；理解压缩空气的湿度、压力、温度、黏性、可压缩性的含义和表示法，理解理想气体的五种变化过程和连续性方程的含义，理解压缩空气的流速的含义；理解压缩空气工作时的压力损失、气阻、气容和噪声。

第一节　气动技术的应用与发展

气动(pneumatic)一词来源于希腊文，原意为风吹。从广义上来讲，气动系统是指使用气体作为工作介质使固体物件移动的一切系统。气压传动技术包括传动技术和控制技术两方面的内容。气压传动和控制系统是以压缩气体为工作介质，实现动力传递和信号传输与控制的系统。气动系统常用的工作介质是压缩空气。

一、气动技术的应用

人真正使用气动技术开始于1776年John Wilkinson发明的能产生一个大气压左右压力的空气压缩机。1880年，人们第一次利用气缸做成气动刹车装置，将它成功地应用到火车的制动上。20世纪60年代，气动主要用于矿山、钢铁、机床等较繁重的作业领域的辅助传动。70年代后期，开始用于自动装配、包装、检测等轻巧的作业领域，以减轻体力劳动。80年代以来，随着与电子技术的结合，气动技术的应用领域得到迅速拓宽，气动技术和可编程控制器技术的结合，使整个电气系统的自动化程度更高，控制方式更灵活，性能更加可靠。气动机械手、柔性自动生产线的迅速发展，对气动技术提出了更多、更高的要求。微电子技术、现代控制理论与气动技术相结合，促进了电—气比例伺服技术的发展，使其控制精度不断提高。气动技术已成为实现现代化传动与控制的关键技术之一。

现代汽车制造工厂的生产线，尤其是装焊生产线，几乎无一例外地采用了气动技术。如车身在每个工序的移动；车身外壳被真空吸盘吸起和放下，在指定工位的定位和夹紧；点焊机焊头的快速接近、减速软着陆后的变压控制点焊，都采用了各种特殊功能的气缸及相应的气动控制系统。又如有一种叫做气动平衡吊(助力机械手)的纯气动控制设备。该设备使用精密的气动元件，将气压力作用于被起吊的物体系统，通过平衡物体系统受到的重力，使该物体系统处于接近悬浮状态。操作者可以非常省力地搬移物体。汽车装配线上待装的仪表盘、车门、座椅、蓄电池等较重的部件都可以使用气动平衡吊实现吊装。气动平衡吊在汽车生产线上的应用如图9-1所示。

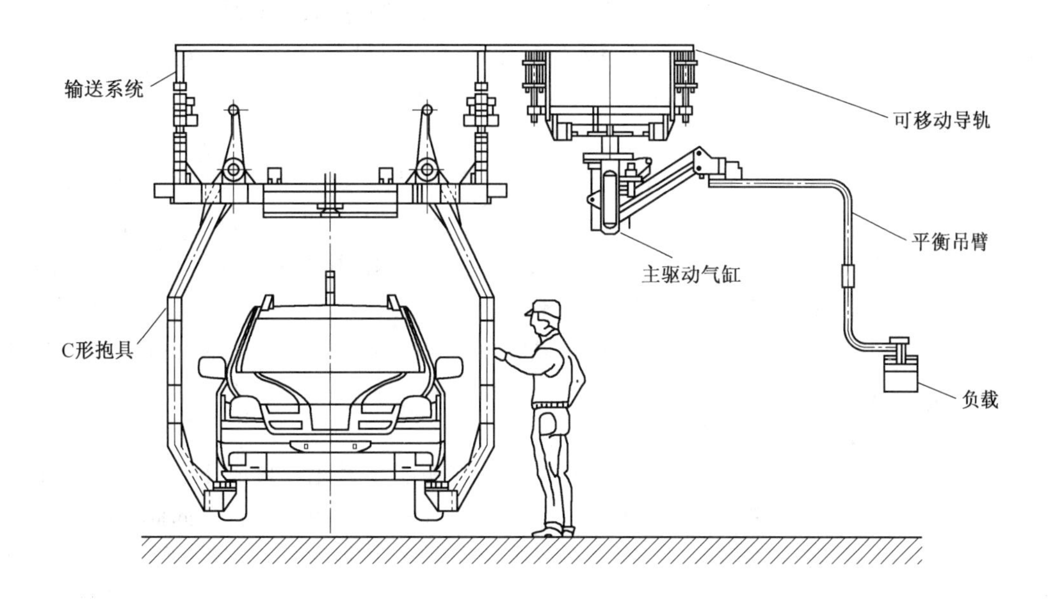

图 9-1　气动平衡吊吊装蓄电池系统

二、气动技术的发展现状

从各国的行业统计数据来看，近些年来气动行业发展很快。20 世纪 70 年代，液压与气动元件的产值比约为 9∶1 。如今，在工业技术发达的欧美等国家该比例已达 6∶4，有的甚至接近 5∶5。由于气动元件的单价比液压元件便宜，在相同产值的情况下，气动元件的使用量及应用范围已远远超过了液压元件。目前，世界知名的气动品牌有德国的 FESTO 和 REXROTH、英国的 NORGREN、美国的 PARKER 和日本的 SMC 等公司。

改革开放以来，中国的气动行业也发展迅速。在 1986 年至 1993 年间，气动元件的年产值增加 24.2%，高于中国机械工业产值平均年递增率 10.5% 的水平。1996 年全国气动行业的产值约在 6 000 万美元左右。虽然中国的基础工业水平离世界先进工业国家还有一定的差距，但在全国全面加快工业化的进程中，在气动行业同行的努力下，中国的气动技术一定会得到更快地发展和提高。

三、气动技术的发展趋势

现代汽车制造工厂的生产线，尤其是焊接生产线和装配生产线，几乎无一例外地采用了气动技术。如：车身在每个工序的移动；车身外壳被真空吸盘吸起和放下，在指定工位的定位和夹紧；点焊机焊头的快速接近、减速软着陆后的变压控制点焊，都采用了各种特殊功能的气缸及相应的气动控制系统。此外，高频率的点焊、准确的力控、整个工序过程的高度自动化都大量使用气动技术，气动技术的应用已经扩展到工业生产的多个领域。为适应不同工业现场的要求，气动技术的发展如下所述：

1. 电气一体化

一方面，微电子技术与气动元件相结合，组成了 PC 机—接口—小型阀—气缸的电气一体化的气动系统。另一方面，与电子技术相结合的自适应控制气动元件已经问世，如压力比例阀、流量比例阀、数字控制气缸,使气动技术从以往的开关控制进入到高精度的反馈控制,使定位精度提高到±(0.01~0.1)mm。电气一体化已不只用于机械手和机器人这样一些典型产品上,而是渗透到工厂本身的加工、装配、检测等各生产领域。

2. 小型化和轻量化

为了让气动元件与电子元件一起安装在印刷线路板上,构成各种功能的控制回路组件,气动元件必须小型化和轻量化。气动技术应用于半导体工业、工业机械手和气动机器人等方面,要求气动元件实现超轻、超薄、超小。如:缸径 2.5 mm 的单作用气缸、缸径 4 mm 的双作用气缸、4 g 重的低功率电磁阀、M3 的管接头和内径 2 mm 的连接管,材料采用了铝合金和塑料等,零件进行了等强度设计,使重量大为减轻。电磁阀由直动型向先导型变换,在降低功耗的同时,也实现了小型化和轻量化。

3. 复合集成化

为了减少配管、节省空间、简化装拆、提高效率,多功能复合化和集成化的元件相继出现。如阀岛是将多片不同功能的电磁阀集成在一起实现电气的集中控制。将换向阀、调速阀和气缸组成一体的带阀气缸,能实现换向、调速及气缸所需要的功能。气动机器人则能连续完成夹紧、举起、旋转、放下、松开等一系列的复杂既定动作。

4. 无油化

为适应食品、医药、生物工程、电子、纺织、精密仪器等行业的无污染要求,预先添加润滑脂的无油雾润滑技术已大量问世。这些用自润滑材料制造的气动元件不仅省去了润滑油、而且不污染环境,系统简单、维护方便、润滑性能稳定、成本低和寿命长。

5. 低功耗

为了便于被微机和可编程控制器直接驱动,以及满足节能要求,电磁阀的功耗最低可降至 0.1 W。

6. 高精度

位置控制精度已由过去的 1 mm 级提高到现在的 1/10 mm 级。为了提高气动系统的可靠性,对压缩空气的质量提出了更高的要求。过滤器的标准过滤精度从过去的 70 μm 提高到 5 μm,并有 0.01 μm 的精密滤芯,除尘率可达 99.9%~99.999 9%,除油率可达 0.1×10^{-6}。

7. 高质量

由于新材料及材料处理技术的发展,加工工艺水平的提高,电磁阀的寿命均在 3 000 万次以上,个别小型阀的寿命有达 1 亿次,气缸行程的耐久性已达 3 000~6 000 km。

8. 高速度

提高电磁阀的工作频率和气缸的速度,对提高气动装置生产效率有着重要意义。电磁阀工作频率可达 25 Hz,气缸速度从 1 m/s 提高到 3 m/s,冲击气缸可达 11 m/s。

9. 高输出力

采用杠杆式增力机构或气液增压器,可使输出力增大几倍甚至几十倍。为了发挥气动控制快速的优点,冶金设备用重型气缸缸径可达 700 mm。

第二节　气动技术的优缺点

由人类创造的并使用的常见传动方式有机械传动、电气传动、电子传动、液压传动和气压传动。气压传动与各种传动方式的性能比较见表 9-1。

表 9-1　常见传动类型对照表

比较项目＼传动类型	机械传动	电气传动	电子传动	液压传动	气压传动
输出力	中等	中等	小	很大(10 t 以上)	大(3 t 以下)
动作速度	低	高	高	低	高
信号响应	中	很快	很快	快	稍快
位置控制	很好	很好	很好	好	不太好
遥控	难	很好	很好	较良好	良好
安装限制	很大	小	小	小	小
速度控制	稍困难	容易	容易	容易	稍困难
无级变速	稍困难	稍困难	良好	良好	稍良好
元件结构	普通	稍复杂	复杂	稍复杂	简单
动力源中断时	不动作	不动作	不动作	有蓄能器,可短时动作	可动作
管线	无	较简单	复杂	复杂	稍复杂
维护	简单	有技术要求	技术要求高	简单	简单
危险性	无	注意漏电	无	注意防火	极小
体积	大	中	小	小	小
温度影响	普通	大	大	普通(70 ℃以下)	普通(100 ℃以下)
防潮性	普通	差	差	普通	定期排冷凝水
防腐蚀性	普通	差	差	普通	普通
防振性	普通	差	特差	不必担心	不必担心
构造	普通	稍复杂	复杂	稍复杂	简单
价格	普通	稍高	高	稍高	普通
传动系统构成	由凸轮,螺钉,杠杆,齿轮,棘爪和传动轴等组成驱动及控制系统,主要动力源是电动机	驱动系统如电磁离合器、制动器等;控制系统由限位开关、继电器、定时器等组成	由半导体元件等组成的控制方式	驱动系统是由液压缸,液压马达等组成;控制系统是由各种液压控制阀等组成	驱动系统是由气缸、气马达等组成;控制系统是由各种气动控制阀等组成

一、气压传动的优点

通过对各种传动方式的比较,可以归纳出气压传动的主要优点如下。

(1)工作介质是压缩空气,不会变质,排气简单,不污染环境,取之不尽、用之不竭。

(2)动作速度快,一般仅需 0.02~0.03 s 就可建立起所需的压力和速度。

(3)经过滤后空气洁净,气流速度快,不易堵塞,维护方便。

(4)结构简单,制造容易,价格便宜。

(5)空气黏度小,在管路中流动时压力损失小,利于集中供气和远距离输送。

(6)环境适应性好,可以在易燃、易爆、多尘、强磁、强震、潮湿、辐射和温度变化大的恶劣环境中工作。

(7)能够实现过载保护。

(8)可实现无级变速。

二、气压传动的缺点

(1)空气具有可压缩性,所以当载荷发生变化时,其动作稳定性差。

(2)工作压力低,不易获得很大的输出力。

(3)有排气噪声,必须通过消声器来降低噪声。

(4)气压信号传递比光、电信号慢,不适用于信号传递速度要求高的场合。

(5)不容易实现精确的位置和速度控制。

可见,由于气压传动具有环保、结构简单、动作速度满足工业生产需要、环境适应性高以及较便于电气一体化控制等优点,使得气压传动成为现代工业传动形式中的新生力量。但是,在实现某个工程对象传动控制时,通常为了达到最理想的控制效果,一个自动化系统的传动和控制方式可以是单一式的,也可以是混合式的。

第三节　气动系统的构成

一个气动系统由多个功能元件构成,按照不同元件在系统中起的作用,可以分为:气源装置(动力元件)、执行元件、调节控制元件、辅助元件。另外,作为工作介质的压缩空气对气动系统起着重要的作用,所以有时也把工作介质算作气动系统的构成要素。因此,一个典型的气动系统就由这五部分构成。其功能示意图如图9-2所示。

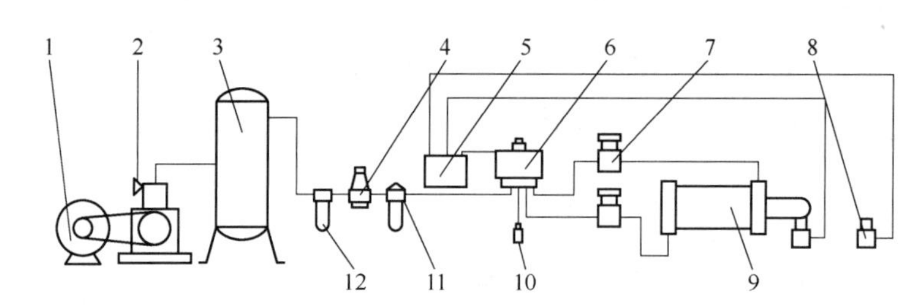

图9-2　典型气动系统功能结构

1—电动机;2—空气压缩机;3—储气罐;4—压力控制阀;5—气动逻辑元件;6—方向控制阀;7—流量控制阀;8—行程阀;9—气缸;10—消声器;11—油雾器;12—分水过滤器

1. 气源装置

气源装置是获取压缩空气的设备,包括空气压缩机和储气罐等。空气压缩机是将原动机(电动机或内燃机)供给的机械能转换成气体的压力能,输出具有一定流量和压力的压缩空气;储气罐主要用于储存压缩空气。

2. 执行元件

执行元件是把空气的压力能转化为机械能的元件,用于驱动执行机构作往复直线运动或旋转运动。包括气缸、摆动气缸、气马达、气爪、吸盘和复合气缸等。

3. 控制元件

控制元件是控制和调节压缩空气的压力、流量和流动方向的元件,用于保证气动执行元件按预定的动作正常工作。包括压力阀、流量阀、方向阀、真空发生器、真空压力开关和比例阀等。

4. 辅助元件

辅助元件是气动系统中除了上述三类元件的其他元件。辅助元件是用于清除压缩空气中的水分、灰尘和油污,解决元件内部润滑、排气噪声、连接元件以及进行信号转换、显示、放大等所需要的各种气动元件。如油水分离器、油雾器、消声器、压力开关、管接头及连接管、气液转换器、气动显示器、气动传感器、液压缓冲器等。

5. 工作介质

工作介质通常来源于大气,是由空气压缩机输出的经过后续处理的干燥、洁净、具有一定流量和压力的压缩空气,用于传递动力或信号。

第四节　空气的性质

压缩空气是气压传动的主要工作介质,来源于空气。空气的成分、性能、主要参数等因素对气动系统能否正常工作有着直接影响。

一、空气的特性

1. 空气的组成

自然界的空气由许多种气体和微粒混合而成,其主要成分是氮气(78.03%)、氧气(20.95%)、氩气(0.93%)、二氧化碳(0.03%)、氢气(0.01%)、氖气(0.001 2%)、氦气(0.000 43%)、氪气(0.000 005%)和氙气(0.000 000 6%)等,另外还包含水蒸气、砂土等细小固体颗粒。在城市和工厂区,由于烟雾及汽车排气,大气中还含有二氧化硫、亚硝酸、碳氢化合物等物质。

2. 干空气和湿空气

(1)干空气指完全不含水蒸气的空气。

(2)湿空气指含有水蒸气的空气。湿空气中含有的水蒸气量越多,则湿空气越潮湿。

3. 湿度

湿度的表示方法有绝对湿度和相对湿度。

(1)绝对湿度

绝对湿度是指单位体积的湿空气中所含水蒸气的质量,用χ表示,单位为kg/m^3,其表达式为

$$\chi = \frac{m_s}{V}$$

式中　m_s——湿空气中水蒸气的质量(kg);

V——湿空气的体积(m^3)。

空气中的水蒸气含量是有极限的。在一定温度和压力下,空气中所含水蒸气达到最大可能的含量时,将空气叫做饱和湿空气。饱和湿空气所处的状态叫饱和状态。

(2)饱和绝对湿度

饱和绝对湿度是指在一定温度下,单位体积饱和湿空气所含水蒸气的质量,用χ_b表示,其表达式为

$$\chi_b = \frac{P_b}{R_b T}$$

式中　P_b——饱和湿空气中水蒸气的分压力(Pa)；

R_b——水蒸气的气体常数，R_s= 462(N · m) · (kg/K)；

T——热力学温度(K)。

在 2 MPa 压力下，可近似地认为饱和空气中水蒸气的密度与压力大小无关，只取决于温度。标准大气压下，湿空气的饱和水蒸气的密度、分压力和绝对湿度见表 9-2。

表 9-2　饱和湿空气表

温度 t (℃)	饱和水蒸气分压力 P_b(MPa)	饱和绝对湿度 χ_b(kg/m^3)	温度 t(℃)	饱和水蒸气分压力 P_b(MPa)	饱和绝对湿度 χ_b(kg/m^3)
100	0. 101 23	588. 7	20	0. 002 33	17. 28
80	0. 047 32	290. 6	15	0. 001 70	12. 81
70	0. 031 13	196. 8	10	0. 001 23	9. 39
60	0. 019 91	129. 6	5	0. 000 87	6. 79
50	0. 012 33	82. 77	0	0. 000 61	4. 85
40	0. 007 37	51. 05	-6	0. 000 37	3. 16
35	0. 005 62	39. 55	-10	0. 000 26	2. 25
30	0. 004 24	30. 32	-16	0. 000 15	1. 48
25	0. 003 16	23. 04	-20	0. 000 1	1. 07

(3)相对湿度

相对湿度是指在某温度和压力下，湿空气的绝对湿度与饱和绝对湿度之比，用 ϕ 表示，其表达式为

$$\phi = \frac{\chi}{\chi_b}100\% = \frac{P_s}{P_b}100\%$$

上式中，P_s 为水蒸气的实际分离压力，当 $P_s=0$ 时，$\phi=0$，空气绝对干燥；当 $P_s=P_b$ 时，$\phi=100\%$，湿空气饱和，饱和空气吸收水蒸气的能力为零，此时的温度为露点温度，简称露点。温度降至露点温度以下，湿空气中便有水滴析出。降温法清除湿空气中的水分，就是利用此原理。当空气的相对湿度在 $\phi=60\%\sim70\%$ 范围内时，人体感觉舒适。为了使各元件正常工作，气动技术中规定工作介质的相对湿度不得大于 90%，当然相对湿度越低越好。

4. 空气的状态参数

(1)密度

气体与固体不同，它既无一定的体积，也无一定的形状，要说明气体的质量是多少，必须说明质量占有多大容积。单位容积内所含气体的质量叫密度，用 ρ 表示，单位为 kg/m^3。

(2)压力

空气的压力是由于气体分子热运动而相互碰撞，从而在容器的单位面积上产生的力的统计平均值，用 P 表示。压力的国际计量单位是 Pa，它和其他各种压力单位的换算见表 9-3。

表 9-3　各种压力单位的换算

	Pa	kgf/cm^2	lbf/in^2	mmHg	mmH$_2$O
Pa(N/m^2)	1	1.02×10^{-5}	1.45×10^{-4}	7.5×10^{-3}	0. 102
bar	10^5	1. 02	14. 5	750	1.02×10^4

续上表

	Pa	kgf/cm^2	lbf/in^2	mmHg	mmH$_2$O
kgf/cm^2	0.981×10^5	1	14.22	735.6	10^4
lbf/in^2	6.9×10^3	0.07	1	51.71	703
mmHg	133.3	1.36×10^{-3}	19.3×10^{-3}	1	13.6
mmH$_2$O	9.81	10^{-4}	1.42×10^{-3}	7.36×10^{-2}	1

注:1 mmHg = 1 Torr(托),1 kgf/cm^{2}称为一个工程大气压,760 mmHg 称为一个物理大气压,bar、kgf 为已经弃用的单位,但在工程中还会经常见到,这里给出换算关系,便于读者碰到单位后自行换算。

压力的表示方式有绝对压力、表压力和真空度。绝对压力、表压力和真空度的相互关系如图9-3所示。

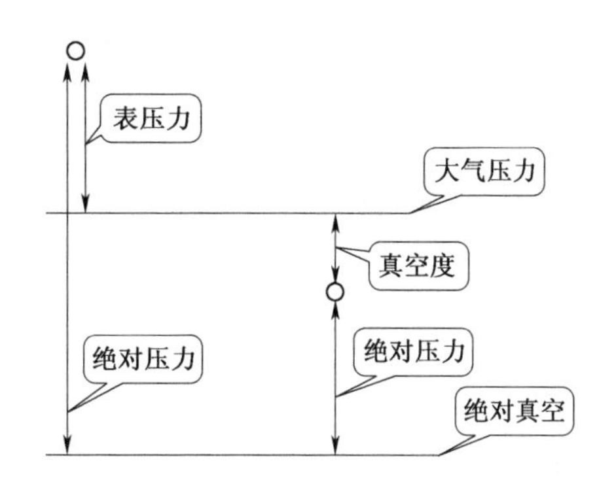

图 9-3　绝对压力、表压力和真空度之间的关系

绝对压力是以绝对真空作为计算压力的起点的压力;表压力指压力表测出的压力,即高出当地大气压的压力;真空度是指低于当地大气压力的压力。三者的关系为:

表压力=绝对压力-当地大气压

真空度=当地大气压-绝对压力

在工程计算中,常将当地大气压用标准大气压力代替,即令 1 大气压=101 325 Pa。

(3)温度

温度是指空气的冷热程度,它常用绝对温度、摄氏温度和华氏温度表示。

绝对温度是以气体分子停止运动时的最低极限温度为起点测量的温度,用 T 表示。其单位为开尔文,单位符号为 K;摄氏温度:用符号 t 表示,其单位为摄氏度,单位符号为℃ ;华氏温度用符号 t_F表示,其单位为华氏度,单位符号为℉ 。

三种温度表示法之间的关系是

$$T(\text{K}) = t(℃) + 273.15$$

$$t_F(℉) = 1.8 \times t(℃) + 32$$

(4)空气的压缩性

一定质量的静止气体,由于压力改变而导致气体所占容积发生变化的现象,称为气体的压缩性。压力为 0.2 MPa 的气体,当温度不变而压力增加 0.1 MPa 时,空气的体积减小 1/2,相同条件的液压油的体积只变化 1/20 000 。气体比液体具有大得多的压缩性。

气体流动时,气体的密度也会发生变化。由于气体比液体容易压缩,故液体常被当作不可压缩流体(密度变化可以忽略不计),而气体常被称为可压缩流体(不能忽略密度变化)。气体容易压缩,有利于气体的储存,但难于实现气缸的平稳运动和低速运动。

(5)黏性

流体的黏性是指流体具有抗拒流动的性质,静止的气体不显现黏性。与液体相比,气体的黏性小得多,但都具有黏性,这是导致气体在流动的时候产生能量损失的直接原因。流体的黏性用动力黏度 μ 来表示,其国际单位是 Pa · s。空气的动力黏度 μ 与温度 t 的关系如表 9-4 所示。通过对比不同温度下的气体黏度可知,温度对空气黏度的影响不大。由于压力对气体分子的热运动影响更小，所以压力大小对气体的黏度影响也不大。气体比液体的动力黏度要小得多。如 20℃时，空气的黏度为 18.1×10^{-6} Pa·s，而某液压油的黏度为 5×10^{-2} Pa·s。因此，在管道内流动速度相同的条件下，液压油的流动损失比空气的流动损失大得多。

表 9-4 空气的黏度

t/℃	−20	0	10	20	30	40	50	60	80	100
μ/ Pa·s ($\times10^{-6}$)	16.1	17.1	17.6	18.1	18.6	19.0	19.6	20.0	20.9	21.8

没有黏性的气体称为理想气体，自然界是不存在理想气体的。当气体的黏性较小，运动的相对速度也不大时，所产生的黏性力与其他类型的力相比可以忽略不计，这样的气体就可当作理想气体。

二、气体的状态变化

1. 标准状态和基准状态

标准状态是指温度为 0℃，压力为 0.101 3 MPa 时的气体状态。1 标准大气压 = 760 mmHg = 0.101 3 MPa，标准状态空气密度 $\rho = 1.293$ kg/m^3。

基准状态是指 20℃时，相对湿度为 65%，压力为 0.1 MPa 的状态。在单位后标注 ANR。如自由空气的流量为 30 m^3/h，应记为 30 m^3/h(ANR)，基准状态空气的密度为 ρ = 1.185 kg/m^3。

2. 理想气体的状态方程

理想气体的状态方程是描述理想气体的状态参数之间关系的方程，对空气而言，其理想气体的状态方程表达式为

$$Pv = RT \text{ 或}$$

$$P = \frac{RT}{v} = \frac{m}{V}RT$$

对一定质量的理想气体，上式中的 m 和 R 为常数，状态方程也可写成

$$\frac{p_1 v_1}{T_1} = \frac{p_2 v_2}{T_2}$$

式中 P——压力(Pa)；
v——质量体积(m^3/kg)；
T——温度(K)；
R——气体常数，干燥空气，$R = 287$ N·m/kg·K；
m——质量(kg)；
V——容积(m^3)。

说明：

(1)在气压传动所遇到的压力和温度范围内，空气可以作为理想气体处理。

(2)对密闭容器中的气体和流动中的气体，气体状态方程都可使用。对流动中的气体，要求是流体质点处于不同位置时的三个状态参数。

利用气体状态方程，可将有压状态下的流量折算成基准状态下的流量。设有压状态下的压力为 P，温度为 T，单位时间内流入气体的体积为 V，折算成基准状态单位时间内流入气体的体积为 V_a，压力为 P_a，温度为 T_a，根据气体状态方程，在气体质量不变的条件下，则

$$V_a = \frac{T_a}{T}\frac{P}{P_a}V$$

3. 理想气体状态变化过程

(1)等温过程

一定质量的空气,若其状态变化是在温度不变的条件下进行的,则称为等温过程,其方程为

$$P_1V_1 = P_2V_2$$

气体状态变化缓慢进行的过程可看作是等温过程。如较大气罐中的气体经小孔向外排气,则气罐中气体状态变化可看作是等温过程。

(2)等容过程

一定质量的气体,若其状态变化是在容积不变的条件下进行的,则称为等容过程。其方程为

$$\frac{P_1}{T_1} = \frac{P_2}{T_2}$$

密闭气罐中的气体,由于外界环境温度的变化,罐内气体状态变化可看作为等容过程。

(3)等压过程

一定质量的气体,若其状态变化是在压力不变的条件下进行的,则称为等压过程,其方程为

$$\frac{V_1}{V_2} = \frac{T_1}{T_2}$$

负载一定的密闭气缸,被加热或放热时,缸内气体便在等压过程中改变气缸的容积。

(4)绝热过程

一定质量的气体,若其状态变化是在与外界无热交换的条件下进行,则称为绝热过程,其方程为

$$\frac{P}{\rho^k} = 常数 或$$

$$PV^k = 常数$$

式中　k——绝热指数,对于空气 $k=1.4$。

气缸内气体受到快速压缩时,缸内气体状态的变化为绝热过程。小气罐上阀门突然开启向外界大量高速排气时,罐内气体状态变化可看作是绝热过程。

(5)多变过程

等温过程、等容过程、等压过程和绝热过程是千变万化的热力学过程中的特殊情况,若空气系统的热力学过程介于上述的特殊过程之间,则此过程称为多变过程,其方程为

$$PV^n = 常数$$

式中　n——多变指数。

当 $n=0$ 时,$PV_0=P=$常数,为等压过程;

当 $n=1$ 时,$PV=$常数,为等温过程;

当 $n=\pm\infty$ 时,$PV_\infty=$常数,即 $V=$常数,为等容过程;

当 $n=k$ 时,$PV_k=$常数,为绝热过程。

4. 气体流动的规律

(1)气体的流速

压缩空气在管道中的流动速度是比较高的,一般限制在 30 m/s 以内,但当气流通过某些狭窄通道时速度将大大提高。

①声速

气流在系统中流动,有时是以声速甚至超声速流过元件,所以有时把声速作为各种计算的基准。通常用符号 a 表示声速。在 0℃时,空气中的声速为 $a=311$ m/s。随空气温度的增加,声速也增加。压缩空气以声速流动的过程可以看作是绝热过程,即气体在状态变化过程中与外部没有热量交换。

②马赫数

气流速度与声速之比称为马赫数,用符号 M_a 表示,即

$$M_a=\frac{u}{a}$$

式中　u——气流的平均速度。

当 $u<a$ 时,$M_a<1$,称为亚声速流动;

当 $u>a$ 时,$M_a>1$,称为超声速流动;

当 $u=a$ 时,$M_a=1$,称为临界状态。

M_a 是表示气体流动的一个重要参数,也是气流压缩性的一个判别数。

(2)流量与连续性方程

①流量

单位时间内流过通流截面的气体体积称为体积流量,用 q_v 表示,通常简称为流量;单位时间内流过通流截面的气体质量称为质量流量,用 q_m 表示。

$$q_v = V/t = uA$$

$$q_m = m/t = \rho q_v A$$

式中　V——气体体积;

m——气体质量;

t——时间;

A——通流截面的面积;

ρ——气体的密度;

u——气流的平均速度。

②自由空气流量和压缩空气流量

自由空气受压后体积缩小。因此,自由空气流量与压缩空气的流量不同,在计算中要加以区分。如气动系统的耗气量一般是指压缩空气的流量,而空气压缩机铭牌上的流量,则是指吸入的自由空气的流量。

③连续性方程

根据质量守恒定律,当气体在管道作稳定流动时,满足连续性方程。即在同一时间内流过各通流截面的质量流量相等,其数学表达式为

$$\rho_1 u_1 A_1 = \rho_2 u_2 A_2$$

因两通流截面 A_1、A_2 是任意取的,故上式可写成

$$qm = \rho u A = 常数$$

若不考虑气体的可压缩性,即密度 ρ 不变,则上式可变为体积流量的表达式

$$qv = uA = 常数$$

(3)管道截面变化与气流速度的关系

因空气是可压缩的,当压缩空气流经变截面管道时,压力要发生变化,并导致气流速度的变化。

①亚声速流动。气流速度低于声速、即马赫数 $M_a<1$ 时,若沿气流方向管道截面积逐渐增加,则气流速度逐渐减小而压力逐渐增大,此情况与液体流动情况相同。

②超声速流动。气流速度高于声速,即马赫数 $M_a>1$ 时,若沿气流方向管道截面积逐渐增加,则气流速度也增加。反之,管道截面积逐渐减小时,气流速度也减小。

要使气流达到超声速流动,管道的截面形状必须先收缩后扩张。先收缩是为了使低于声速的气流加速,当气流速度达到声速后,管道截面逐渐扩张,使气流进一步加速得到超声速流动。

③临界状态。气流速度等于声速,马赫数 $M_a=1$。此种情况发生在放缩管的最小截面 A_{min} 上,是一种临界状态。

气体在管道中流动时的速度、压力与截面变化的关系见表 9-5。

表 9-5　速度、压力与截面变化的关系

流动区域		管子截面 A 沿管轴 s 方向变化	结论		
			截面 A	速度 u	压力 p
亚声速流动	$M_a<1$ ($u<a$)		减小	增大	减小
			增大	减小	增大
超声速流动	$M_a>1$ ($u>a$)		减小	减小	增大
			增大	增大	减小
声速流动	$M_a=1$ ($u=a$)		不变	不变	不变

如图 9-4 所示为缩放管原理图。

(4)气体在管道中流动时的压力损失

由于空气的可压缩性、黏性及管道内壁的表面粗糙度、管道的截面形状等因素,使气流不可能是均匀和稳定的流动。气流与管壁的摩擦、旋涡的产生及因通流截面上各点流速不同而引起的内摩擦等因素,都将使气体的一部分压力转化为热能而消耗掉。系统的总压力损失包括沿程压力损失和局部压力损失。

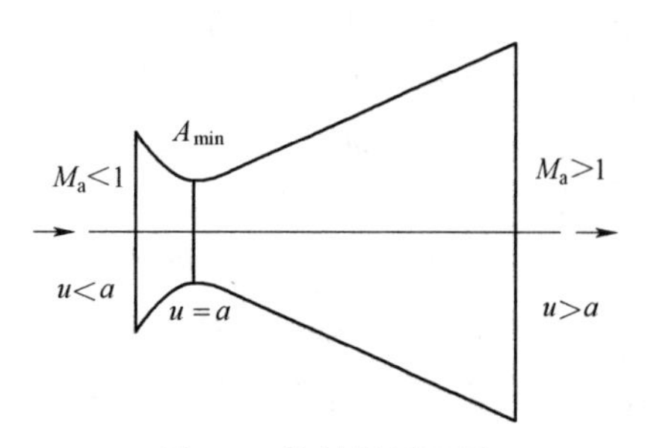

图 9-4　缩放管原理图

①沿程压力损失

指气体在等径直管中流动时由于摩擦阻力而产生的压力损失。它主要决定于气体的流速、黏性和管路的长度以及内径等。

②局部压力损失

指的是气体流经管道的弯头、接头、突变截面以及阀口,致使气流的方向和大小发生剧烈变化,产生撞击、旋涡等现象所造成的能量损失。

(5)气阻与气容

①气阻

在气动系统中,当气流通过管道及各种元件时都要受到阻碍作用而产生压力降。系统中也常设置一些元件,利用其阻碍作用来达到调节压力和流量的目的。工程上用气流通过某元件时的压力降与流量之比来表征该元件的气阻性能,用符号 R 表示,即

$$R = \Delta p / q_v$$

式中　R——气阻(Ns/m^5);

Δp——气阻前后的压力差(Pa);

q_v——通过气阻的气体体积流量(m^3/s)。

气阻的种类很多,按工作特性可分为恒气阻(如毛细管)和变气阻(如可调节流机构);按压力流量特性可分为线性气阻和非线性气阻。

②气容

气压传动系统中储存或放出气体的空间称为气容。管道、气缸、储气罐等都是气容。气动系统的运行过程,实际上存在着无数次的充、放气过程。因此,在气动系统的设计、安装、调试及维修中,必须考虑气容。例如,为了提高气压信号的传输速度,提高系统的工作频率和运行的可靠性,应限制管道气容,消除气缸等执行元件气容对控制系统的影响。又如,为了延时、缓冲等目的,应在一定的部位设置适当的气容。特别是在调试及维修中,不适当的气容往往造成系统工作不正常。

(6)气体的高速流动及噪声

气动系统中常出现气体的高速流动。如气缸、气阀的高速排气;冲击气缸喷口处的高速流动;气动传感器的喷流等。气体的高速流动就容易产生噪声。

气压传动设备工作时的排气,由于出口处气体急剧膨胀,会产生刺耳的噪声。噪声的强弱随排气速度、排气量和排气通道的形状而变化。排气的速度和功率越大,噪声也就越大。为了降低噪声,应合理设计排气口形状并降低排气速度。

(7)气体的充放气特性

充气和放气是气压传动与控制中最常见的现象。例如,当气缸的活塞运动之前,通过进气回路向气缸进气腔充气,通过排气回路从气缸排气腔向外排气,属于固定容积的充放气问题。当气缸的活塞运动时,进气腔和排气腔的容积随时间不断发生变化,这时的气缸充放气便属于变容积的充放气问题。

①绝热充气

充气过程进行较快,热量来不及通过气罐与外界交换,这种充气过程称为绝热过程。

气罐充气时,气罐内压力从 p_1 升高到 p_2,温度由原来的室温 T_1 升高到 T_2。充气结束后,由于气罐壁散热,使罐内气体温度下降至室温,压力也随之下降,降低后的压力值可由等容状态方程得

$$p = p_2(T_1 / T_2)$$

气罐充气到气源压力时，所需时间为

$$t = [1.285 - (p_1 / p_2)]\tau$$

式中　τ——充气与放气时间常数(s)，可以查手册。

②绝热放气

气罐内气体初始压力为 p_1，温度为室温 T_1，气罐中的气体通过小孔向外放气。

绝热过程快速放气后，气体压力降为 p_2，温度降到 T_2；关闭气阀，停止放气，气罐内温度上升到室温，此时，气罐内压力会上升到 p。

自测题九

一、填空题(每空 2 分，共 22 分。得分________)

1. 气压传动系统主要由动力元件、________、________、________和工作介质五部分组成。

2. 气压传动是以________为工作介质进行能量传递的传动方式。

3. 相对湿度是________和________之比，气动技术应用规定工作介质的相对湿度不大于________。

4. 空气的主要性能包括粘性和压缩性，和液压液相比，空气的________较大，________较小。

5. 温度为 20℃换算成华氏度是________℉，换算成绝对温度是________ K。

二、判断题(每题 2 分，共 10 分。得分________)

1. 绝对湿度表明湿空气所含水分的多少，能反映湿空气吸收水蒸气的能力。　(　　)

2. 空气的相对湿度通常会大于饱和绝对湿度。　(　　)

3. 和其他传动方式相比，气压传动具有传递功率小，噪声大等缺点。　(　　)

4. 计算压缩空气的流量时，需将不同压力下的压缩空气转换成大气压力下的自由空气流量来计算。　(　　)

5. 通常气体压力计所指示的压力值是高于大气压的压力而不是绝对压力。　(　　)

三、选择题(每题 3 分，共 15 分。得分________)

1. 气压传动的优点是________。

A. 工作介质取之不尽，用之不竭，但易污染环境。

B. 气动装置噪声大。

C. 执行元件的速度、转矩、功率均可作无级调节。

D. 无法保证严格的传动比。

2. 单位湿空气体积中所含水蒸气的质量称为________。

A. 湿度　B. 相对湿度　C. 绝对湿度　D. 饱和绝对湿度

3. 打气筒中气体状态变化过程可视为________。

A. 等温过程　B. 等容过程　C. 等压过程　D. 绝热过程

4. 气体在实际的变直径管道中流动，数值保持恒定的物理量是________。

A. 压力　B. 质量流量　C. 体积流量　D. 温度

5. 下列关于气压传动的描述正确的是________。

A. 气阻是由于阀门关闭产生的，所以气阻现象完全可以避免。

B. 局部压力损失是指由于系统局部管路或元件泄漏所产生的压力损失。

C. 高速流动的气体在排气时，压力急剧降低，体积极据膨胀，引起空气振动，是产生噪声的原因。

D. 温度对气体黏性的影响也非常大，压力对气体黏性的影响非常小。

四、问答题(共 53 分。得分________)

1. 举例说明气动技术有何应用？(9 分)
2. 气压传动与液压传动相比较，有何优、缺点？(12 分)
3. 气压传动系统由哪几部分构成，各部分的作用是什么？(10 分)
4. 气压传动中黏性和可压缩性有什么特点，对气压传动有何影响？(10 分)
5. 气体的状态变化过程有哪几种？如何表示，请举例加以说明。(12 分)

第十章　气 源 装 置

教学目标

了解气源装置的系统构成、各部件的安装位置关系和作用；理解活塞式空气压缩机、叶片式空气压缩机、膜片式空气压缩机、螺杆式空气压缩机的工作原理、特点，明确它们的应用场合，会合理选择空气压缩机的类型；理解冷却器、油水分离器、储气罐、过滤器、干燥器的工作原理和作用，能熟练识读和绘制典型气源装置的职能符号系统原理图。

第一节　气源装置概述

实践证明，气动系统在600 kPa的工作介质的压力下使用最为经济。在此工作压力范围内，空气压缩机(以后简称空压机)系统和管道系统设备的制造和使用成本最经济，气缸、阀门的使用效率最理想，磨损状况最低。现在的气动系统的气体流动阻力、管道弯头、气体泄漏以及管路装置等引起的管道压力损失通常维持在10~50 kPa范围内。为了保证运行压力达到600 kPa的水平，空压机系统必须至少提供650~700 kPa的系统压力。

为了得到适应工业设备用的压缩空气，通常还要对压缩空气进行降温、除水、去油污颗粒等处理，同时为了降低空压机的开关频率和压力波动，遇突发事故进行应急供气，气动系统通常设置一个储气罐。正常运行时，压缩机将储气罐充满，维持压力在设定的使用范围内。

气源系统就是由气源设备组成的系统，气源设备是产生、处理和储存压缩空气的设备，典型的气源装置的系统构成如图10-1所示。

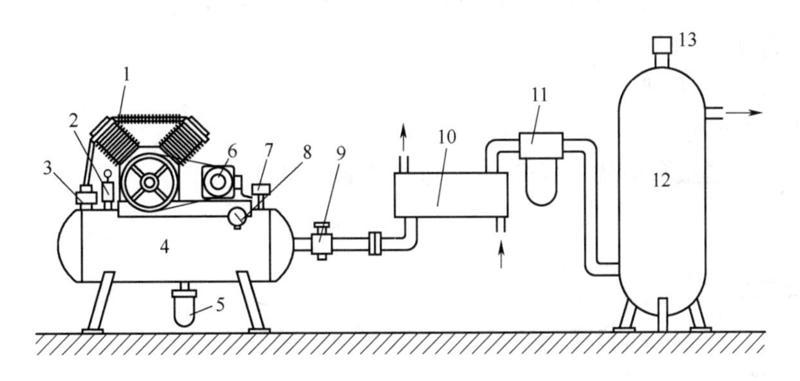

图10-1　气源装置的系统组成

1—空压机；2—安全阀；3—单向阀；

4—小气罐；5—自动排水器；6—电动机；7—压力开关；

8—压力表；9—截止阀；10—冷却器；11—油水分离器；12—大气罐；13—安全阀

电动机 6 驱动空压机 1,将吸入的空气(有些空气质量差的场合需要进行前置空气过滤)压缩到较高的压力状态,通过气管和单向阀 3 输送给小气罐 4。单向阀 3 是在空压机不工作时,用于阻止小气罐 4 内的压缩空气反向流动。压力开关 7 用于检测小气罐 4 压力的大小,其下限和上限的压力值决定拖动空压机的电动机的起动和停止。即当小气罐 4 内压力上升到调定的最高压力时,压力开关 7 发出信号让电动机停止工作;当气罐内压力降至调定的最低压力时,压力开关 7 又发出信号让电动机重新工作。当小气罐 4 内的压力超过允许限度时,安全阀 2 自动打开向外排气,以保证小气罐的安全。当大气罐 12 内的压力超过允许限度时,安全阀 13 自动打开向外排气,以保证大气罐的安全。截止阀 9 用于接通或断开小气罐 4 后面的气源装置。后冷却器 10 用于降低压缩空气的温度,将水蒸气及污油雾冷凝成液态水滴和油滴。油水分离器 11 用于进一步将压缩空气中的油、水等污染物分离出来。在后冷却器、油水分离器、空压机和气罐等的最低处,需设手动或自动排水器,以便于排除各处冷凝的液态油水等污染物。

第二节　气源装置

一、空气压缩机

1. 空气压缩机的分类

空气压缩机简称为空压机,是气动系统的动力源,它把电机输出的机械能转换成压缩空气的压力能输送给气动系统。空压机的有多种分类方式,按压力高低可分为低压型(0.2~1.0 MPa)、中压型(1.0~10 MPa)和高压型(>10 MPa);按排气量可分为微型压缩机($v<1\ m^3/min$)、小型压缩机($v=1\sim10\ m^3/min$)、中型压缩机($v=10\sim100\ m^3/min$)和大型压缩机($v>100\ m^3/min$);若按工作原理可分为容积型和速度型两类。

在容积型压缩机中,气体压力的提高是依靠压缩机内部的工作容积减小,提高密闭容积内的分子密度实现的。在速度型压缩机中,气体压力的提高是由于气体分子在高速流动时突然受阻而停滞,将动能转化为压力能实现的。容积型压缩机按结构不同又可分为活塞式、叶片式、膜片式和螺杆式等。速度型压缩机按结构不同分为离心式和轴流式等。目前,使用最广泛的是活塞式压缩机。

2. 空压机的工作原理

(1)活塞式空压机

活塞式空压机是最常用的空压机,其工作原理如图 10-2 所示。

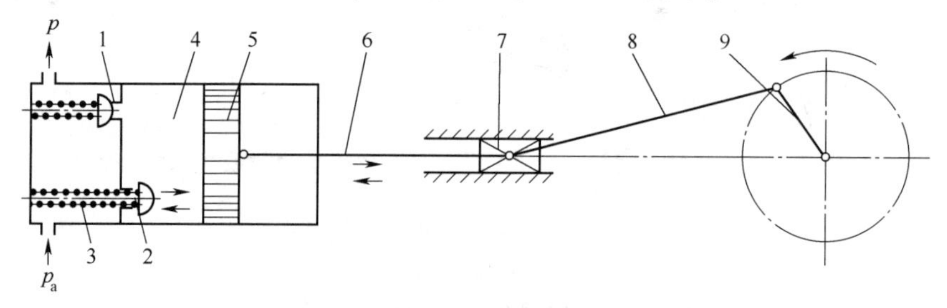

图 10-2　活塞式空压机

1—排气阀;2—吸气阀;3—弹簧;
4—气缸;5—活塞;6—活塞杆;7—滑块;8—连杆;9—曲柄

活塞式压缩机通过曲柄连杆机构使活塞作往复运动而实现吸、压气,并以此提高气体压力。曲柄 9 由原动机(电动机)带动旋转,通过滑块 7 联动活塞 5 在缸体 4 内往复运动。空压机的工作分为三个过程。当活塞向右运动时,气缸内部容积增大,气体密度减小,形成局部真空,活塞左腔的压力低于大气压力,吸气阀 2 开启,外界空气被自动"吸入"缸内,这个过程称为"吸气过程";当活塞向左运动时,吸气阀关闭,随着活塞的左移,缸内气体受到压缩而使压力升高,这个过程称为"压缩过程";当缸内压力高于输出气管内压力 p 后,排气阀 1 被打开,压缩空气送至输出气管内,这个过程称为"排气过程"。曲柄旋转一周,活塞往复运动一次,即完成一个工作循环。

如图 10-2 所示的单级活塞式空压机,常用于需要 0.3~0.7 MPa 压力范围的系统。单级空压机若压力超过 0.6 MPa,产生的大量热量将大大降低压缩机的效率,因此,常用两级活塞式空压机。

如图 10-3 所示为两级活塞式空压机。若最终压力为 0.7 MPa,则第 1 级通常压缩到 0.3 MPa。设置中间冷却器是为了降低第 2 级活塞的进口空气温度,提高压缩机的工作效率。

(2) 叶片式空压机

如图 10-4 所示为叶片式空压机的工作原理图。

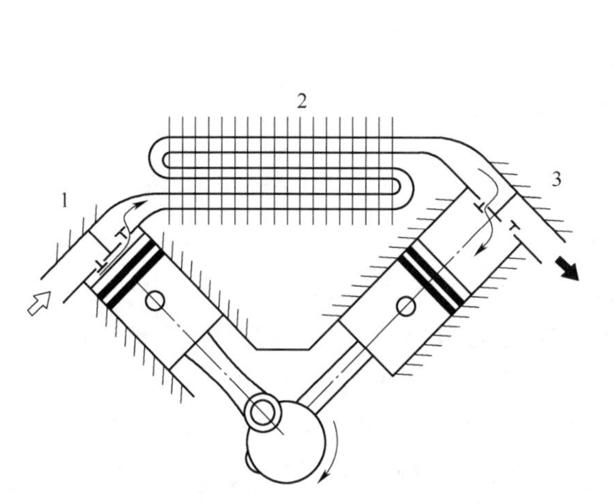

图 10-3 两级活塞式空压机

1——级活塞;2—中间冷却器;3—二级活塞

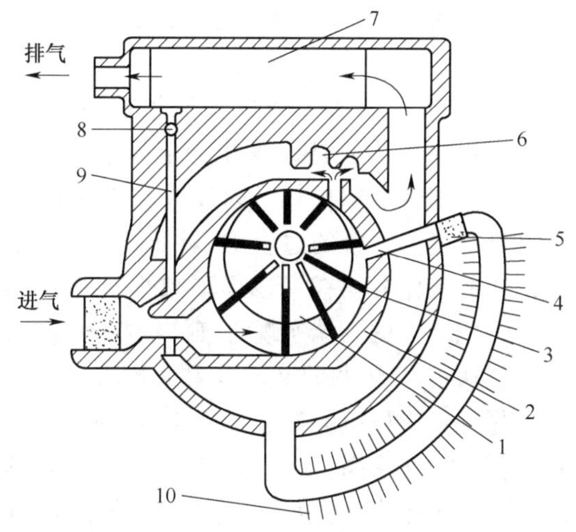

图 10-4 叶片式空压机

1—转子;2—定子;3—叶片;4—喷油口;5—过滤器;6—迷宫环;7—油分离器;8—回油阀;9—回油管;10—冷却器

转子 1 偏心安装在定子 2 内,一组叶片 3 插在转子的放射状槽内。当转子旋转时,各叶片靠离心力作用紧贴定子内壁。转子回转过程中,在排气侧的叶片逐渐被定子内表面压进转子沟槽内,叶片、转子和定子内壁围成的容积逐渐变小,从进口吸入的空气就逐渐被压缩,最后从排气口排出。在进气侧,由于叶片,转子和定子内壁围成的容积逐渐变大,压力逐渐降为大气压力。

在气压作用下,润滑油经冷却器 10、流过过滤器 5,不断从喷油口 4 喷入气缸压缩室,对叶片及定子内部进行润滑,故在排出的压缩空气中含有大量油分,需经迷宫环 6 离心分离,再经油分离器 7 把油分从压缩空气中分离出来,经回油阀 8、回油管 9 循环再用。于是,在排气口可获得清洁的压缩空气。

另外，在进气口设有入口过滤器和流量调节阀。根据排出压力的变化，流量调节阀自动调节流量，以保持排出压力的稳定。

(3) 活塞式空压机和叶片式空压机的特性比较

活塞式和叶片式空压机的特性比较见表 10-1。

表 10-1　活塞式和叶片式空压机特性比较

类型	输出压力	体积	重量	振动	噪声	排气方式	压力脉动	检修量	寿命
活塞式	多级可获得高压	大	重	大	大	断续排气需设气罐	大	大	短
叶片式	<1.0 MPa	小	轻	小	小	连续排气不需气罐	小	小	长

(4) 膜片式空气压缩机

膜片式压缩机能提供不超过 0.5 MPa 的压缩空气。由于膜片式压缩机无需油润滑、无污染，因此广泛应用于食品、医药等工业设备。其工作原理如图 10-5 所示。在外部源动机的作用下，膜片动作使得气室容积发生变化，下行程时吸入空气，上行程时压缩空气。

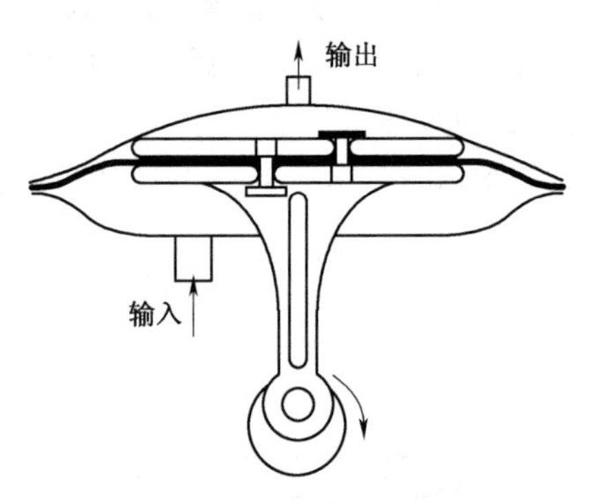

图 10-5　膜片式空气压缩机

(5) 螺杆式空气压缩机

如图 10-6 所示为螺杆式压缩机的工作原理图。该压缩机主要由壳体和两个互相啮合的螺杆转子组成。两个啮合的螺杆转子以反方向作旋转运动，在进入啮合和脱离啮合的过程中，转子的凹槽和压缩机内壁形成的工作容积在一端逐渐减小，在另一端逐渐增大。容积增大的一端实现对气体的吸入，容积减小的一端实现对气体的压缩和排出。由于螺杆的转速很高，螺杆进入啮合和脱离啮合又是连续的，所以其吸气、排气可看成是无脉动的。

螺杆式空压机的优点是排气压力脉动小，输出流量大，不需要设置储气罐，结构中无易损件，寿命长，效率高；缺点是制造精度要求高，运转噪声大，由于结构刚度的限制，螺杆式空气压缩机只适用于中低压系统。空气压缩机的图形符号如图 10-7 所示。

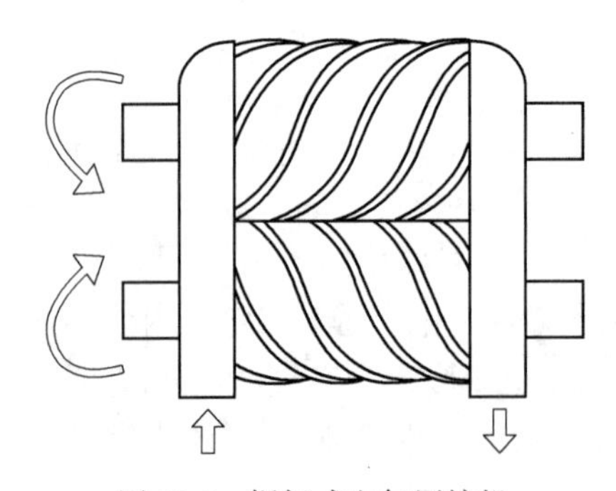
图 10-6　螺杆式空气压缩机

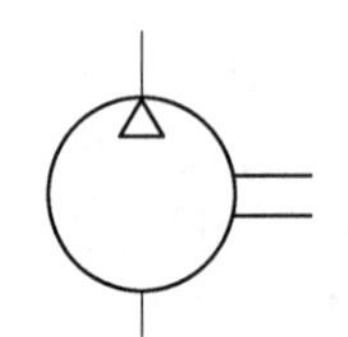
图 10-7　空气压缩机图形符号

3. 空压机的选用

首先按空压机的特性要求来确定空压机类型，再根据气动系统所需要的工作压力和流量两个参数来选取空压机的型号。

(1)空压机的输出压力 P_c

$$P_c = P + \sum \Delta P$$

式中　P——气动执行元件使用的最高工作压力(MPa);

$\sum \Delta p$——气动系统总的压力损失(MPa),一般情况下,令 $\sum \Delta P = (0.15 \sim 0.2)$ MPa。

(2)空压机的输出流量 q_c

设空压机的理论输出流量为 q_b,则不设气罐时:

$$q_b \geqslant q_{max}$$

设气罐时:

$$q_b \geqslant q_a$$

式中　q_{max}——气动系统的最大耗气量,m^3/min;

q_a——气动系统的平均耗气量,m^3/min。

当确定了气源有无气罐后,空压机实际输出流量 Q_c 为

$$q_c = k \cdot q_b$$

式中 k 为修正系数。考虑气动元件、管接头等处的泄漏,风动工具等的磨损泄漏,可能增添新的气动装置和多台气动设备不一定同时使用等因素,通常可取 $k = 1.5 \sim 2.0$。

4. 空压机使用注意事项

(1)空压机用润滑油

空压机冷却良好,压缩空气温度约为 70~180 ℃,若冷却不好,可达 200 ℃以上。为防止高子高温下氧化,而形成焦油状的物质(俗称油泥),必须使用厂家指定的不易氧化和不易变质的压缩机油,并要定期更换。

(2)空压机的安装地点

选择空压机的安装地点时,必须考虑周围空气清洁、粉尘少、湿度小,以保证吸入空气的质量。国家限制噪声的规定见表 10-2,根据需要可采用隔音箱或隔音室方式降低噪声。

表 10-2　我国规定城市环境噪声标准(dB)

适用区域	特殊住宅区	居民文教区	一类混合区	二类混合区、商业中心区	工业集中区	交通干线道路两侧
白天	45	50	55	60	65	70
晚间	35	40	45	50	55	55

(3)空压机的维护

空压机启动前,应检查润滑油位是否正常,用手拉动传动带使活塞往复运动 1~2 次,启动前和停车后,都应将小气罐中的冷凝水排放掉。应该定期检查过滤器的堵塞情况,及时处理。

二、后冷却器

1. 后冷却器的作用

后冷却器安装在空压机的出气口。空压机的排气温度通常在 70~180 ℃之间,且含有大量的水蒸气和油雾。随着压缩空气温度的降低,其中的水蒸汽和油雾会冷凝成水滴和油滴,对气动元件造成不良的影响。后冷却器的作用就是将空压机出口的高温压缩空气冷却到 50 ℃以下,使其中的水分和油雾冷凝成液态水滴和油滴,以便将它们去除。

2. 后冷却器的种类和工作原理

后冷却器分为风冷式和水冷式两种。

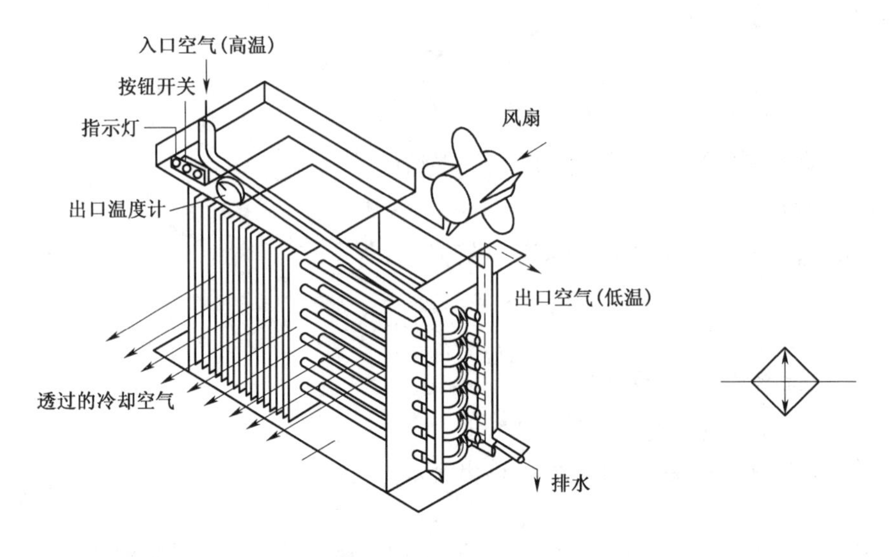

（a）风冷式后冷却器结构图　　（b）风冷式后冷却器图形符号

图 10-8　风冷式后冷却器的结构图和图形符号

（1）风冷式后冷却器

此种后冷却器具有占地面积小、重量轻、运转成本低、易维修等特点，适用于处理入口空气温度低于 100 ℃的用气量小的场合。其结构原理如图 10-8（a）所示，图形符号如图 10-8（b）所示。

风冷式后冷却器是靠风扇产生的冷空气吹向带散热片的热气管道进行降温的。从空压机排出的压缩空气进入冷却器后，经过长而多弯的管道进行冷却后从出口排出。为了增强散热效果，管道上有很多散热片。风扇将冷空气吹向管道及散热片，从而使压缩空气冷却。经风冷后的压缩空气的出口温度大约比室温高 15 ℃。

（2）水冷式后冷却器

水冷式后冷却器的散热面积是风冷式的几十倍，热交换均匀，分水效率。适用于处理入口空气温度低于 200 ℃，处理的空气量较大、湿度大、粉尘多的场合。其工作原理如图 10-9（a）所示，图形符号如图 10-9（b）所示。

蛇管水冷式后冷却器的热空气在管内流动，冷却水在管外的水套中流动。冷却水与热空气隔开，为提高冷却效果，冷却水与热空气反方向流动。降温后的压缩空气温度大约比冷却水的温度高 10 ℃。

3. 使用注意事项

（1）应安装在不潮湿、粉尘少、通风好的室内，以免降低散热片的散热能力。

（2）离墙壁或其他设备 5～20 cm 的距离，便于维修。

（3）配管应水平安装，配管尺寸不得小于标准连接尺寸。

（4）风冷式后冷却器需防止风扇突然停转的措施。要经常清扫风扇、冷却器的散热片。

（5）水冷式后冷却器应设置断水报警装置，以防突然断水。空压机生成炭末性油在高温下（150 ℃以上）会自然着火，有可能将后冷却器的管子烧成小洞等的动作不良或破坏。

（6）冷却水量应在额定水量范围内，以免过量水或水量不足而损伤传热管。

（7）不要使用海水、污水作冷却水，应在水的进口处设置 100 μm 的过滤器。

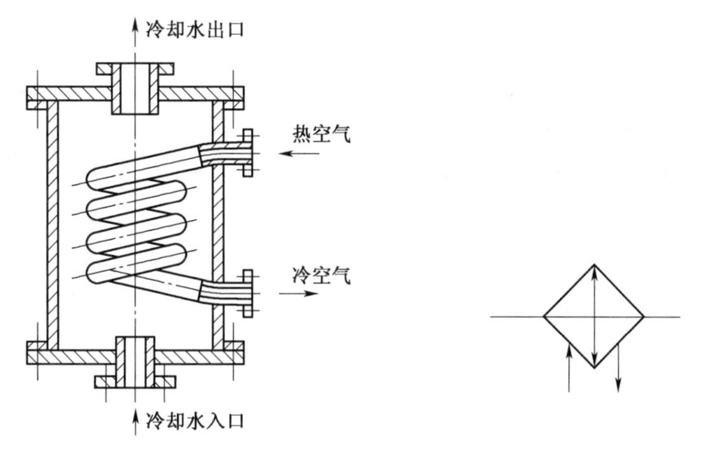

（a）水冷式后冷却器工作原理图　　（b）水冷式后冷却器图形符号

图 10-9　水冷式后冷却器的工作原理图和图形符号

(8)要定期排放冷凝水,特别是冬季要防止水冻结。

(9)要定期检查压缩空气的出口温度,发现冷却性能降低,找出原因并及时排除。

三、油水分离器

1. 油水分离器的作用

油水分离器安装在后冷却器的出气管路上,将冷却的压缩空气中的水分、油分和灰尘等杂质分离出来,初步净化压缩空气。

2. 油水分离器的工作原理

油水分离器在结构形式上有环形回转式、撞击折回式、离心旋转式、水浴式及以上形式的组合使用。撞击折回式应用较多,其结构如图 10-10(a)所示。压缩空气由进气管进入油水分离器,气流受到隔板的阻挡转折向下,然后又上升,产生环形回转。气流在回转过程中,压缩空气中凝聚的水滴、油滴等杂质受到离心力和惯性作用被“甩”出来,沉降于壳体底部,由下部的排污阀自动或手动排出。

为了提高油水分离的效果,气流回转后的上升速度越小越好,一般上升速度控制在1 m/s左右,则油水分离器的内径做得越大越好,通常油水分离器的高度是直径的 3.5~4 倍。油水分离器的职能符号如图 10-10(b)所示。

如图 10-11 所示为一种由水洗和离心旋转作用组合而成的油水分离器。先使气流通过水浴, 然后撞击油水分离器底部折回上升,再使气流切向进入另一容器产生强烈旋转,利用离心力使油滴和水滴沉降于容器底部。此组合形式产生的油水分离效果更好。图 10-10(b)所示为油水分离器图形符号。

四、储气罐

储气罐通常又称贮气罐,安装在油水分离器的出气管路上,它是气源装置的重要组成部分。

1. 储气罐的作用

(1)储存一定量的压缩空气,可短时作为应急气源使用;

(2)消除压力波动,保证输出气流的连续性、平稳性;

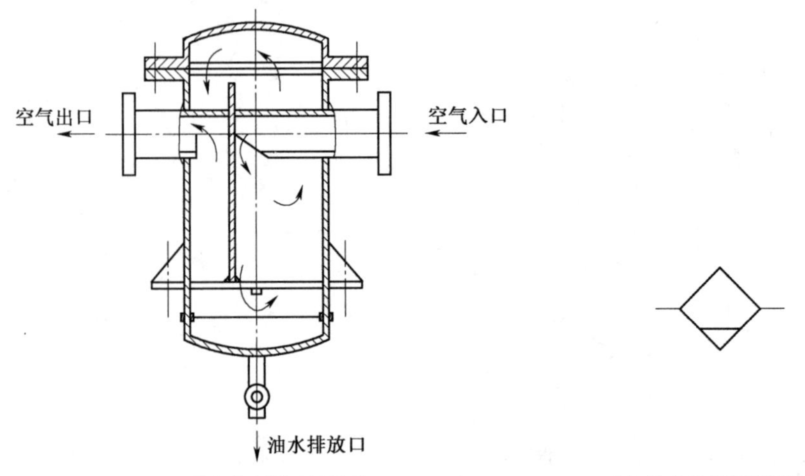

图 10-10　油水分离器功能结构及职能符号

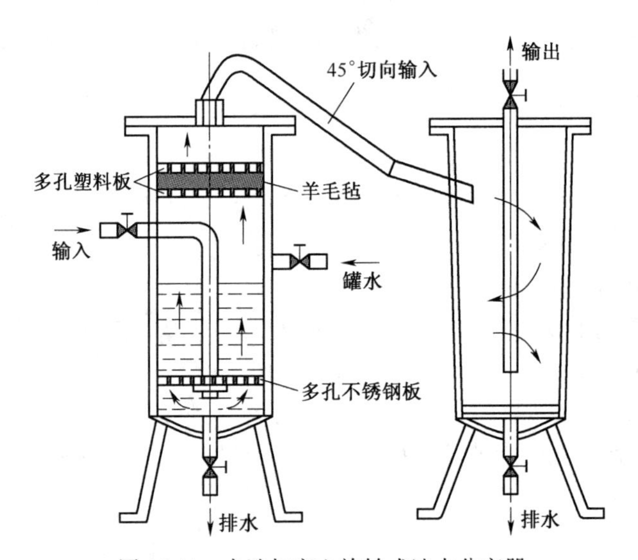

图 10-11　水洗加离心旋转式油水分离器

(3)通过自然降温和重力作用,进一步分离压缩空气中的水分、油分和杂质。

2. 储气罐的结构

储气罐一般采用圆筒状焊接结构,有立式和卧式两种,通常以立式居多,如图 10-12(a)所示。立式储气罐的高度是直径的 2~3 倍,进气管在下,出气管在上,并尽可能加大两气管之间的距离,以利于进一步分离空气中的油和水。同时,气罐上应配置安全阀、压力表、排水阀和清理检查用的孔口等。图 10-12(b)为储气罐的图形符号。

3. 储气罐容积确定

在选择储气罐的容积 V_c(单位为 m^3)时,一般以空压机的排气量 q 为依据来确定,可参考下列经验公式(其中"R"为对应气动系统的平均流量的数值)。

当 $q< 6\ m^3/min$ 时,$V_c=0.2Rm^3$

当 $q=6\sim30\ m^3/min$ 时,$V_c=(0.2\sim0.15)Rm^3$

当 $q>60\ m^3/min$ 时,$V_c=0.1Rm^3$

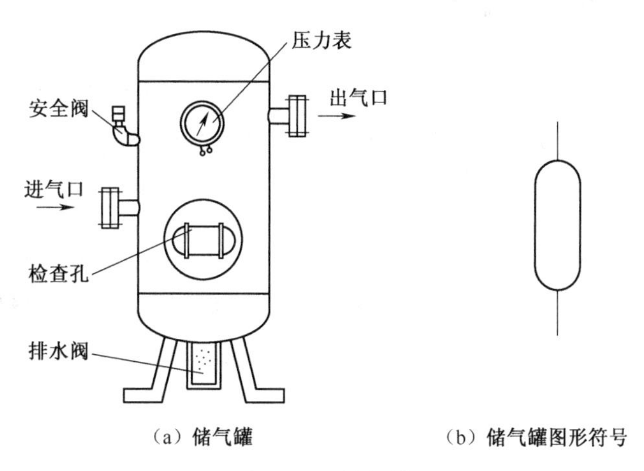

（a）储气罐　　（b）储气罐图形符号

图 10-12　储气罐

4. 使用注意事项

（1）储气罐属于压力容器，应遵守压力容器的有关规定，必须有合格证。

（2）压力低于 0.1 MPa，真空度小于 0.02 MPa，容器内径小于 150 mm 和公称容积小于 25 L的容器，可不按压力容器处理。

（3）气罐上必须装有安全阀、压力表，且安全阀与气罐之间不得再装其他的阀。

（4）最低处应设有排水阀，每天排水一次。

（5）安全阀的设定压力比正常工作的最高压力高 10%。

五、过滤器

过滤器主要用于过滤压缩空气中的杂质，同时还带有分离水分和油分的功能。

1. 压缩空气中杂质的来源

压缩空气的杂质主要来自大气、气源内部以及元件装配时外部侵入。如空压机吸入大气中的各种灰尘、烟雾；湿空气被压缩、冷却而出现的冷凝水，高温下压缩机油变质而产生的焦油物，管道中产生的铁锈，运动件之间磨损产生的粉末，密封过滤材料的粉末；系统安装和维修时产生螺纹牙铁屑、毛刺、纱头、焊接氧化皮、铸砂、密封材料碎片等杂质。

2. 压缩空气中杂质的危害

变质油分会使橡胶、塑料、密封材料等变质，堵塞小孔，造成气动元件动作失灵或漏气；水分和尘土还会堵塞节流小孔或过滤网，在寒冷地区，水分会造成管道冻结或冻裂；同时，质量不够良好的压缩空气会降低气动系统的工作可靠性和使用寿命，因此要达到工业用气的要求，还必须对经过上述步骤处理后的空气进行清洁。

3. 工业用气对空气质量的要求

不同的气动设备，对空气质量的要求不同。空气质量低劣，优良的气动设备也会事故频繁，缩短使用寿命。但提出过高的空气质量要求，又会增加压缩空气的成本。不同应用场合下，气动设备对空气质量的要求见表 10-3，其中的气态溶胶油分是指 0.01～10 μm 的雾状油粒子。

4. 净化压缩空气的方法

压缩空气中存在的杂质主要是固态颗粒、气态水分、液态水分、气态油分、气状溶胶油粒子和液态油分等，对于不同的杂质应采用不同的净化方法。

(1)固态颗粒

对于固态颗粒类杂质，可采用的净化方法有重力沉降、静电作用、弥散作用、惯性分离和拦截过滤等，而惯性分离又可分为撞击分离和离心分离两种，拦截过滤可分为金属网过滤、烧结材料过滤和玻璃纤维或树脂过滤等。

(2)水分

水分有液态水分和气态水分两种形式。对于液态水分的净化方法有重力沉降、惯性分离、拦截过滤和凝聚作用等；对于气态水分的净化方法有压缩、降温、冷冻和吸附等，而降温又可分为风冷降温、水冷降温和绝热膨胀降温三种，吸附可分为无热再生吸附和加热再生吸附两种。

(3)油分

油分有液态油分、气态油分和气状溶胶油分三种形式。对于液态油分的净化方法有惯性分离、水洗法、拦截过滤和凝聚作用等；对于气态油分的净化方法是用活性炭吸附；对于气状溶胶油分的净化方法有水洗法和纤维层多孔滤芯拦截。

表 10-3　不同应用场合下气动设备对空气质量的要求

应用场合	清除水分		清除油分			清除粉尘				清除臭气
	液态	气态	液态	气状溶胶	气态	>50 μm	>25 μm	>5 μm	>1 μm	
药品、食品的搅拌、输送、包装；酒、化妆品、胶片的制造	*	*	*	*	*	*	*	*	*	*
电子元件和精密零件的干燥和净化，空气轴承，高级静电喷漆，卷烟制造工程、化学分析	*	*	*	*	*	*	*	*	*	×
利用空气输送粉末、粮食类	*	*	*	*	*	*	*	*	○	×
冷却玻璃、塑料	*	○	*	*	*	*	*	*	×	×
气动逻辑元件组成的回路	*	×	*	*	×	*	*	*	×	×
气动测验量仪用气	*	×	*	*	×	*	*	*	×	×
气马达、间隙密封换向阀、风动工具	*	×	*	*	×	*	*	○	×	×
气动夹具、气动卡盘，吹扫用气喷枪	*	×	*	○	×	*	*	*	×	×
焊接机械、冷却金属	*	×	*	×	×	*	○	×	×	×
纺织、铸造、砖瓦机械，包装、造纸、印刷机械，一般气动回路，建筑机械	*	×	*	×	×	*	×	×	×	×

注：*——必须清除；○——建议清除；×——不必清除。

5. 分水过滤器

分水过滤器分为主管道分水过滤器和精密过滤器。主管道分水过滤器安装在贮气罐的出口，用于去除压缩空气中的油污、水和其他杂质，提高后面的干燥效果，延长后面的精密过滤器的寿命。主管道过滤器有标准过滤器的导流板，过滤面积大，装在内部的自动排水器能确保排出积聚的水；精密过滤器安装在气动设备支路，用于进一步去除空气中的油污、水和其他杂质。

分水过滤器的主要性能指标有流量特性、分水效率和过滤精度。流量特性是指额定流量下，其进、出口两端压力差与通过该元件中的标准流量之间的关系，在满足过滤精度条件下，阻力越小越好;分水效率是衡量过滤器分离水分能力的指标,一般要求分水效率大于 80%;过滤精度与滤芯的通气孔大小有直接关系,孔径越大,过滤精度越低,标准过滤精度为 5 μm。

(1)主管道分水过滤器

主管道过滤器安装在第一储气罐出气口管路上,清除压缩空气中的油污、水和灰尘等,以提高下游干燥器的工作效率,延长精密过滤器的使用时间。

①工作原理

如图 10-13(a)所示为是主管道过滤器的结构图。主管道过滤器采用微孔过滤、碰撞分离和离心分离三种形式来清除压缩空气中的油分、水分和固体颗粒等。从输入口进入的压缩空气中的气态油分和气态水分,在通过圆筒式烧结陶瓷滤管时,凝成小水滴被滤出。固态杂质(50 μm 以上)被拦截在滤管外。滤出的油、水和固态杂质定期经上排水口排出。过滤后的空气进入滤管内部,向下流向反射板撞击反射,再由导流板迫使气流离心分离,水分从下排水口排出。净化后的空气穿过多孔板从输出口输出。如图 10-13(b)所示为分水过滤器的图形符号。

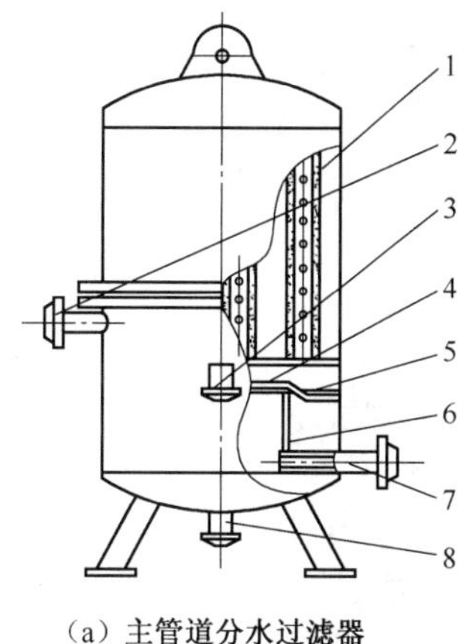

(a)主管道分水过滤器

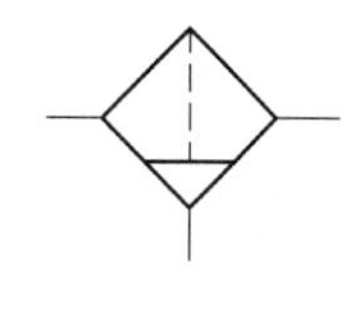

(b)分水过滤器图形符号

图 10-13　主管道过滤器

1—滤管;2—进气口;3—上排水口;4—反射板;5—导流板;6—多孔板;7—出气口;8—下排水口

②使用与维护

a. 通过主管道过滤器的最大流量不得超过其额定流量。

b. 主管道过滤器应安装在后冷却器或储气罐之后,以提高过滤效率。

c. 根据地区和季节不同,应定期进行手动排污或检查自动排污装置工作是否正常。用差压计测定过滤器两端压力降,当压力降大于 0.1 MPa 时,应更换过滤元件。

(2)精密过滤器

①工作原理

如图 10-14 为精密过滤器的结构原理图。当压缩空气从输入口流入时,气体中所含的液态油、水和杂质沿导流叶片在切向的缺口强烈旋转,液态油水及固态杂质受离心力作用被甩到水杯的内壁上,并流到底部。已除去液态油、水和杂质后的压缩空气在通过滤芯时,那些的小固态微粒被滤出,较干净的从输出口流出。挡水板用来防止已积存的液态油水再混入气流中。旋转放水阀,将放水塞顶起,则冷凝水从放水塞与密封件之间空隙经放水塞中心孔道排出。

②使用与维护

a. 装配前,要充分吹掉配管中的切屑、灰尘等,防止密封材料碎片混入。

b. 过滤器必须垂直安装,放水阀朝下。壳体上箭头所示方向为气流方向,不得装反。

c. 远离空压机安装,以提高分水效率。

d. 使用时,必须经常放水,定期清洗或更换滤芯。

e. 应避免日光照射。

6. 油雾过滤器

(1)结构和工作原理

当气路中存在来自压缩机的气状溶胶油粒子及微粒直径小于2~3 μm油雾时,如此细小的油粒很难附着于固体表面。要分离这些微滴油雾,需要使用油雾过滤器。如图10-15(a)所示为油雾过滤器的结构图,如图10-15(b)所示为油雾过滤器的滤芯的局部放大图,如图10-15(c)所示为油雾过滤器的图形符号。

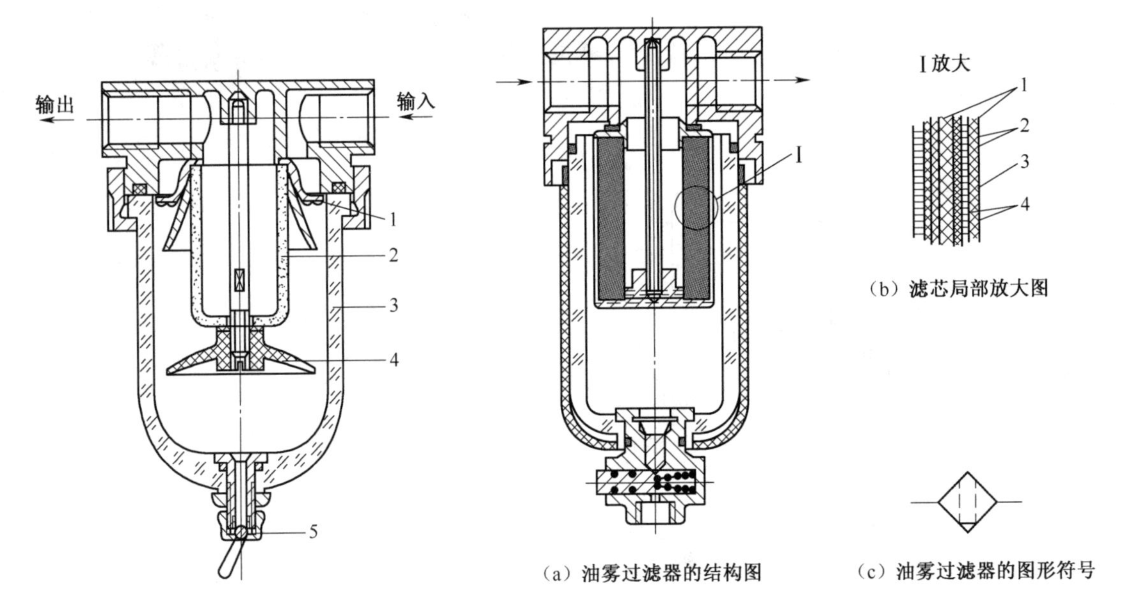

图10-14　空气过滤器

1—导流叶片;2—滤芯;3—水杯;4—挡水板;5—放水阀

(a)油雾过滤器的结构图　(b)滤芯局部放大图　(c)油雾过滤器的图形符号

图10-15　油雾过滤器

1—多孔金属桶;2—纤维层;3—泡沫塑料;4—过滤纸

含有油雾的压缩空气由输入口进入过滤器内滤芯的内表面,由于容积的突然扩大,气流速度减慢,形成层流进入滤层。空气在透过纤维滤层的过程中,由于扩散沉积、直接拦截、惯性沉积等作用,细微的油雾粒子被捕获,并在气流作用下进入泡沫塑料滤层。油雾粒子在通过泡沫滤层的过程中,相互凝聚,长大成颗粒度较大的液态油滴,在重力作用下沿泡沫塑料外表面沉降至过滤器底部,由自动排污器排出。滤芯的过滤精度有1 μm、0.3 μm、0.01 μm等几种。

(2)应用

由于凝聚式滤芯的过滤度很小,容易堵塞,且不可能除去大量的水分,油雾过滤器的安装位置应紧接在支管路分水过滤器之后。选用油雾过滤器时,除应注意其过滤精度等参数外,应特别注意实际使用的流量不要超过最大允许流量,以防止油滴再次雾化。

使用时需经常检查滤芯状况,当压降值超过0.07 MPa时,表明通过滤芯的气流速度增大,容易产生油滴被雾化的危险,必须及时更换滤芯。

七、干燥器

压缩空气经过后冷却器、油水分离器、储气罐和主管道过滤器得到初步净化后，仍含有一定量的水分，对于一些精密机械、仪表等装置还不能满足要求，为防止初步净化后的气体中所含的水分对精密机械、仪表等产生锈蚀，需使用干燥器进一步清除水分。干燥器是用来清除水分的，不能清除油分。干燥器有低温干燥器、吸附干燥器和吸收干燥器。

1. 低温干燥器

(1)工作原理

低温干燥器是利用冷媒与压缩空气进行热交换，把压缩空气冷却至2~5 ℃的范围，以去除压缩空气中的水分。如图10-16所示是低温干燥器结构原理图，它主要由预冷却器、制冷压缩机、蒸发器、膨胀阀、自动排水器等组成。

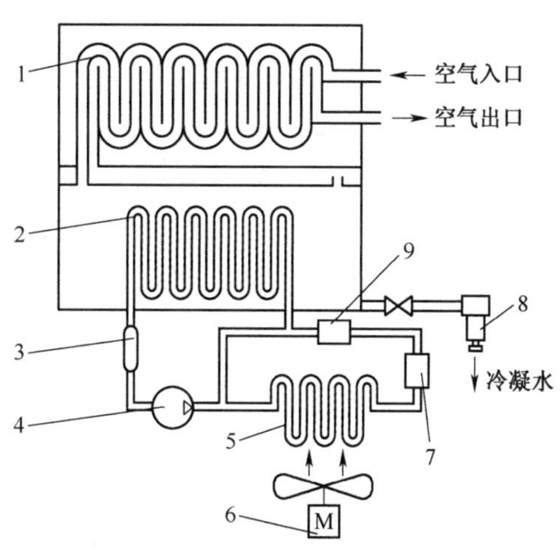

图10-16　低温干燥器

1—热交换器；2—蒸发器；3—储气罐；4—压缩机；
5—冷凝器；6—风机；7—过滤器；
8—自动排水器；9—热力膨胀阀

潮湿的热压缩空气最先进入热交换器1冷却，再流入蒸发器2进一步冷却降温至2~5 ℃，使空气中含有的水蒸气冷却到压力露点，水蒸气凝结成水滴，经自动排水器8排出。冷却后的压缩空气，再流经热交换器输出，使其温度接近室温温度，防止输出管道系统被由于温差导致的“发汗”所腐蚀。

在制冷回路中，制冷剂由压缩机4压缩成高压气态状，经冷凝器5冷却后成为高压液态状，通过过滤器7过滤后，流经热力膨胀阀9输出。在膨胀阀里，由于膨胀成为低压、低温的液态状，通过热交换器转变成气态，进入下一周期循环。

(2)使用与维护

进入干燥器的压缩空气温度高、湿度大，都不利于充分进行热交换，也就不利于干燥器性能的发挥。当环境温度低于2 ℃，冷凝水就会开始冻结，故进气温度应该控制在40 ℃以下，可在前面设置后冷却器等。环境温度宜低于35 ℃，可装换气扇降温，环境温度过低，应用暖气加热。

干燥器的进气压力越高越好(在耐压强度允许的条件下)。空气压力高，则水蒸气含量减少，有利于干燥器性能的发挥。干燥器前应设置过滤器和分离器，以防止大量灰尘、冷凝水和油污等进入干燥器内，粘附在热交换器上，使效率降低。

空气处理量不能超过干燥器的处理能力，否则干燥器出口的压缩空气达不到应有的干燥程度。干燥器应安置在通风良好、无尘埃、无振动、无腐蚀性气体的平稳地面或台架上。周围应留足够空间，以便通风和保养检修。安放在室外的，要防日晒雨淋。分离器使用半年便应清洗一次。

冷冻式干燥器适用于处理空气量较大、露点温度不要太低的场合。它具有结构紧凑、占用空间较小，噪声小、使用维护方便和维护费用低等优点；但其对臭氧层有破坏作用，已限制其使用量。

2. 吸附式干燥器

吸附式干燥器是利用某些对水具有良好吸附性能的吸附剂来吸附压缩空气中所含的水分

的一种干燥器。吸附式干燥器有加热再生吸附式干燥器和无热再生吸附式干燥器两种。

(1)加热再生吸附式干燥器

如图 10-17 所示为加热再生吸附式干燥器。其中的吸附剂对水分具有高压吸附低压脱附的特性。

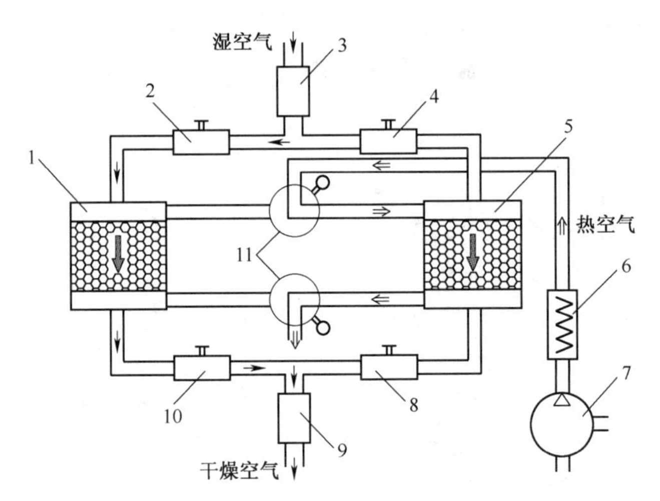

图 10-17 加热再生吸附式干燥器

1—吸附器;2—截止阀;3—前置过滤器;4—截止阀;5—吸附器;
6—加热器;7—鼓风机;8—截止阀;9—后置过滤器;10—截止阀;11—转换开关

加热再生吸附式干燥器的两个吸附器可以轮流工作,当吸附器 1 工作时,吸附器 5 进行干燥再生。将截止阀 2 和 10 打开,关闭截止阀 4 和 8,将转换开关 11 置于图示工作状态。此时,由鼓风机 7、加热器 6 送来的热空气通入不工作的吸附器 5,对吸附器内的吸附剂进行干燥,恢复其吸附能力,废气排到大气中;待干燥的湿空气经过前置过滤器 4 进行去油处理,经过截止阀 2 送入吸附器 1 进行吸附干燥,干燥后的空气经过截止阀 10 和后置过滤器 9 过滤后送给现场气路。

干燥剂是一种多面体或圆珠颗粒状的材料,多由硅胶或铝胶材料制成。硅胶可将压缩空气干燥到湿度为 0.03 g/m^3,铝胶可将压缩空气干燥到湿度为 0.05 g/m^3,二者均可使用200 ℃的热空气再生。

(2)无热再生吸附式干燥器

无热再生吸附式干燥器的系统构成如图 10-18 所示。干燥器有两个填满吸附剂的相同容器甲和乙。当二位五通电控阀和二位二通电控阀都通电时,湿空气通过二位五通阀后,从容器甲的下部流入,通过吸附剂层流到容器甲上部,空气中的水分在加压状态下被吸附剂吸收,绝大部分干燥空气通过一个单向阀输出,供气动系统使用;约 10% 的少量干空气通过节流阀后流向容器乙并排到大气中。因容器乙下面与大气相通,使已干燥的压缩空气迅速减压流过容器中原来吸收水分已达饱和状

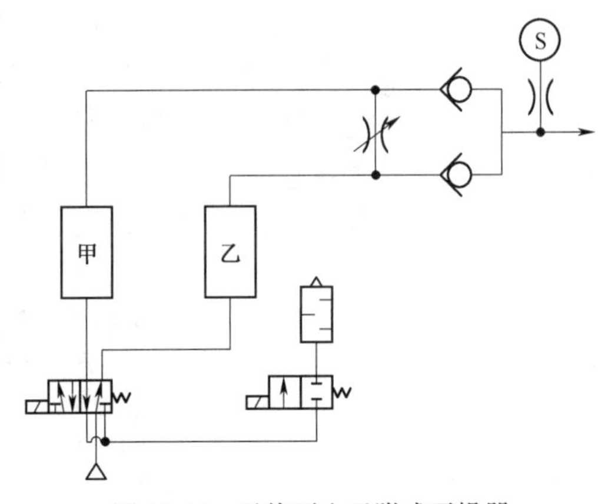

图 10-18 无热再生吸附式干燥器

态的吸附剂层，被吸附在吸附剂上的水分就会在低压下脱附，实现了不需外加热而使吸附剂再生的目的。脱附出的水分随空气由容器下部的二位五通阀和二位二通阀排到大气。

根据现场的空气湿度和干燥要求，甲、乙两个吸附器可以定时轮流吸附和脱附。在干燥压缩空气的出口处，装有湿度显示器 S，可定性地显示压缩空气的露点温度，见表 10-4。

表 10-4　显示器的颜色与露点温度

显示器的颜色	深蓝	淡蓝	淡粉红	粉红
大气压露点温度	<-30 ℃	-18.5 ℃	-10.5 ℃	-4.5 ℃

(3)使用与维护

干燥器入口前应设置空气过滤器及油雾分离器，以防油污和灰尘等粘附在吸附表面而降低干燥能力，缩短使用寿命。吸附剂长期使用会粉化，应在粉化之前予以更换，以免粉末混入压缩空气中。

3. 吸收式干燥器

图 10-19 所示为吸收式干燥器的原理图。吸收干燥属于纯化学干燥的方法。空气中的湿气与干燥器内的干燥剂化合，形成新的化合物通过干燥剂的衬层沉积在容器底部，原来的干燥剂使用后会完全失效。吸收干燥法因为其效益低价格贵而很少被采用。吸收式干燥器也可以对含油空气进行过滤，为提高过滤效果通常在吸收式干燥器前加装过滤器。干燥器的图形符号如图 10-20 所示。

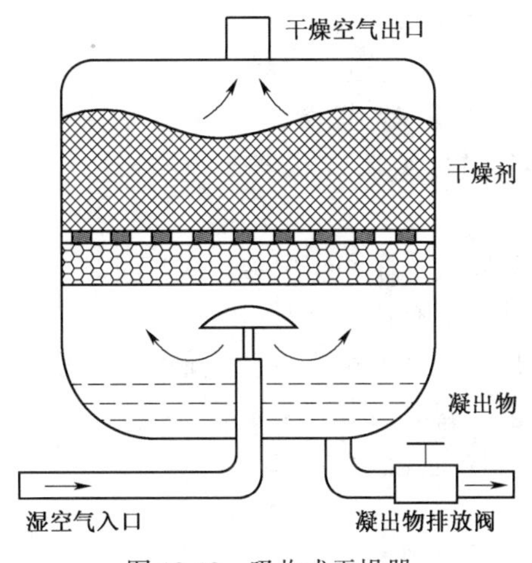

图 10-19　吸收式干燥器

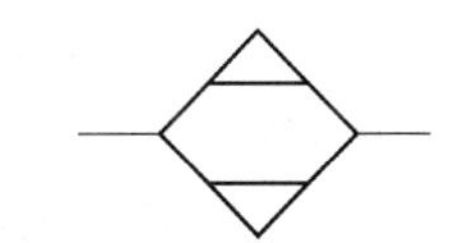

图 10-20　干燥器图形符号

自测题十

一、填空题(每空 2 分，共 26 分。得分________)

1. 通常根据气动系统所需要的________和________两个参数来选取空压机的型号。
2. 储气罐的三个显著作用：________、________、________________。
3. 常用的容积型压缩机结构有________、________、________、________。
4. 分水过滤器分为主管道过滤器和________，分水过滤器的标准过滤精度是________ 。
5. 为满足一些精密器件的要求，还可以加装干燥器，干燥器分为________和________

两种。

二、判断题(每题2分,共10分。得分________)

1. 空气必须先经过滤器过滤后,才能由空压机进入气动系统。 ( )
2. 空压机都是通过改变空压机的工作容积实现对空气进行压缩的。 ( )
3. 油水分离器的作用是分离压缩空气中的水分、油分和灰尘等杂质,初步净化压缩空气。 ( )
4. 在不便于进行人工排污水的地方可以采用自动排水器。 ( )
5. 风冷式的冷却器适用于大流量供气,水冷式冷却器适用于小流量供气。 ( )

三、选择题(每题3分,共15分。得分________)

1. 以下不是储气罐的作用是________。

A. 稳定压缩空气的压力　B. 滤去灰尘　C. 分离油水杂质　D. 储存压缩空气

2. 不属于气源净化装置的是________。

A. 后冷却器　B. 减压阀　C. 除油器　D. 空气过滤器

3. 要分离压缩空气中的油雾,需要使用________。

A. 空气过滤器　B. 干燥器　C. 油雾器　D. 油雾过滤器

4. 气动系统所使用的压力通常为________$\times 10^5$ Pa。

A. 5　B. 6　C. 7　D. 8

5. 气源装置中的下列各元件的安装顺序正确的是________。

A. 空气压缩机、主管道过滤器、冷却器、干燥器、油水分离器、储气罐
B. 空气压缩机、储气罐、冷却器、干燥器、油水分离器、主管道过滤器
C. 空气压缩机、干燥器、冷却器、油水分离器、储气罐、主管道过滤器
D. 空气压缩机、冷却器、油水分离器、储气罐、主管道过滤器、干燥器

四、问答题(共49分。得分________)

1. 气源装置构成的系统主要由哪几部分组成?其安装顺序和作用是什么?(12分)
2. 活塞式空压机和叶片式空压机在工作原理和特点上有什么异同?(10分)
3. 为什么要在空压机出口处装后冷却器?用图形符号画出气源装置系统图。(9分)
4. 油水分离器、空气过滤器和油雾过滤器在功能上有何区别?(8分)
5. 冷冻式干燥器和吸附式干燥器在工作原理上有何主要区别?(10分)

第十一章　气动辅助元件

教学目标

了解常用气动辅助元件的名称及其在气动系统中的作用和使用注意事项，了解气动三联件和气动二联件的含义，了解噪声产生的来源，了解气动管道系统的布置方式和特点；理解油雾器、气液转换器、气动传感器、气动放大器的工作原理，能区分不同种类消声器的工作原理和消除噪声特点；掌握常用辅助元件图形符号的画法和熟练识读。

第一节　油　雾　器

气动系统中的很多阀、气缸、气动马达等元件的运动部件都需要润滑。在密封的气动系统中只能以某种方法将油混入气流中，随气流将润滑液带到需要润滑的部位。油雾器就是这样一种将润滑液雾化的特殊注油装置。采用油雾器润滑的效果是润滑均匀、稳定、耗油量少。

油雾器按照雾化后的油粒大小分为：油雾式油雾器和微雾式油雾器。油雾式油雾器也称全量式油雾器或一次油雾器。它把雾化后的油雾全部随压缩空气输出，常用于气动系统的润滑；微雾式油雾器也称选择式油雾器或二次油雾器。它把雾化的颗粒度为 2~3 μm 的细微油雾随压缩空气输出，可用于长距离的供油润滑。微雾式油雾器又分为工具油雾器和机械油雾器两种，工具油雾器中的压缩空气既用来输送润滑油雾，同时又作为气动装置的动力源，空气流量较大；机械油雾器中的压缩空气仅用来把油雾输送到润滑部位，空气流量较小。微雾式油雾器微化后的油粒直径小于 2 μm。

一、油雾器的工作原理

如图 11-1(a)所示为油雾器的工作原理。假设气流进入文氏管的压力为 p_1，通过文氏管后压力降为 p_2，当 p_1 和 p_2 的压力差 Δp 与油液面受到的极小压力的综合作用大于油液位能 ρgh 和时，油滴受压并被吸上来，落入主通道中的油滴被高速气流引射出，破裂雾化后的油滴随气流从输出口输出。

如图 11-1(b)所示为引射现象。当射流从油杯中将油引射出来时，油滴表面压力分布不匀，出现局部低压区，此低压力使油滴膨胀(其作用正好与油滴表面张力相反)，而表面张力使油滴紧缩。当低压力的作用大于油滴表面张力时，油滴膨胀并被撕裂成许多大颗粒油球，同样的道理，较大颗粒的油球又被撕裂成更小的油珠。油得到雾化。可见，引射流体的速度(即来流速度)越高，则油滴表面形成负压越厉害，越易将油滴撕裂，即越易使油雾化。如图 11-1(c)所示为油雾器的图形符号。

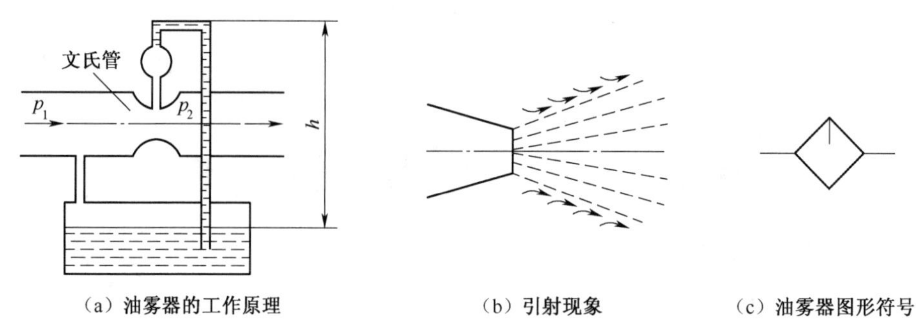

图 11-1　油雾器工作原理及图形符号

二、油雾器的结构和特点

1. 油雾器的结构

如图 11-2 所示为普通油雾器的结构示意图。压缩空气从入口进入油雾器后，绝大部分气流经过文氏管从主管道输出，极小部分气流通过特殊单向阀流入油杯，使油面受压。由于气流通过文氏管，高速射流使滴油口压力降低；作用在油面上的气压将润滑油经吸油管、给油单向阀和调节油量的针阀，滴入透明的视油器内，并顺着油路被文氏管的气流引射出来，雾化后随气流一同输出。

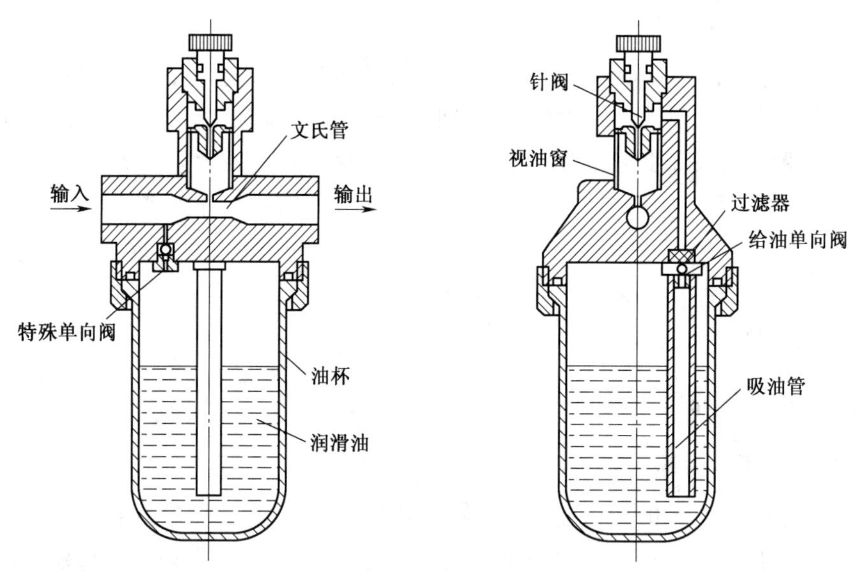

图 11-2　油雾器结构示意图

2. 油雾器的特点

调节针阀的开度就能改变滴油量或保持一定的油雾浓度。由文氏管的雾化原理可知，当空气流量改变时，如果不重新调整滴油量，则输出的油雾浓度将发生变化。滴油量和压缩空气流量的推荐值如图 11-3 所示。

此外，这种油雾器可以在不停气的情况下加油。实现不停气加油的关键部件是特殊单向阀。当没有气流输入时，阀中的弹簧把钢球顶起，封住加压通道，阀处于截止状态，其状态如图 11-4(a)所示；当正常工作时，压力气体推开钢球进入油杯，油杯内气体的压力加上弹簧的弹力使钢球悬浮于中间位置，特殊单向阀处于打开状态，其状态如图 11-4(b)所示；当进行不停气加油时，拧松加油孔的油塞，储油杯中的气压立刻降至大气压，输入的气体压力把钢球压至下端位置，使特殊单向阀处于反向关闭状态，其状态如图 11-4(c)所示。此时，特殊单向阀便封住了油杯的进气道，油杯中的油液不会因高压气体流入而从加油孔中喷出。此外，在给油单向阀的作用下，压缩空气也不能从吸油管倒流入油杯。加油完毕，拧紧油塞，腔内压力逐渐上升，直至把钢球推至中间位置，油雾器重新正常工作。

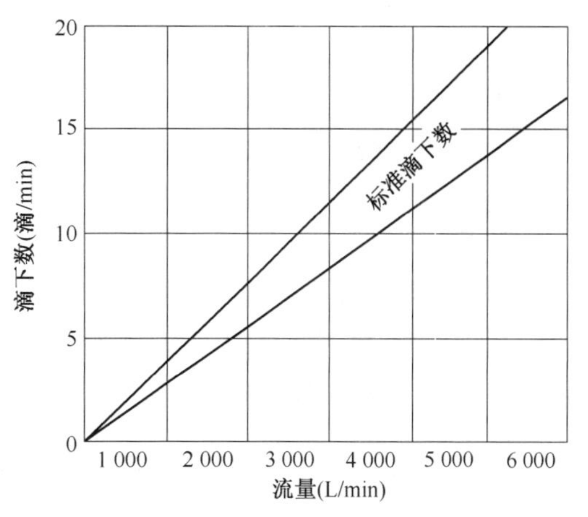

图 11-3　滴油量与流量的关系

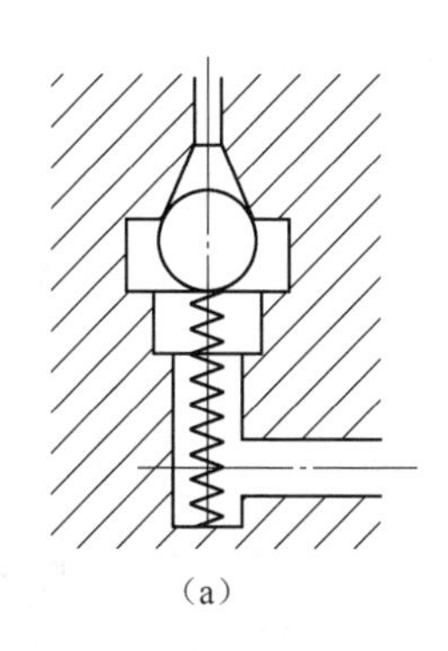

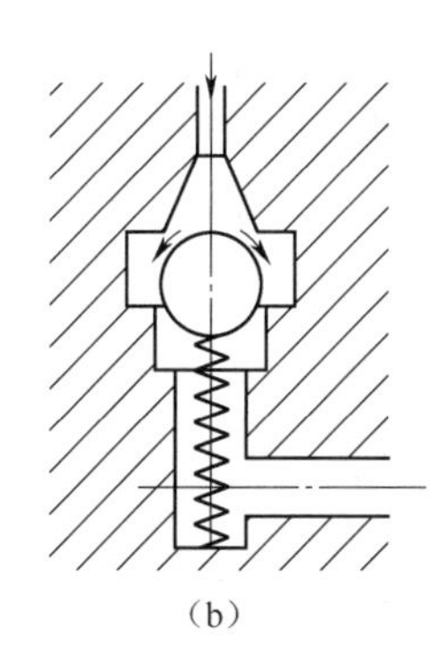

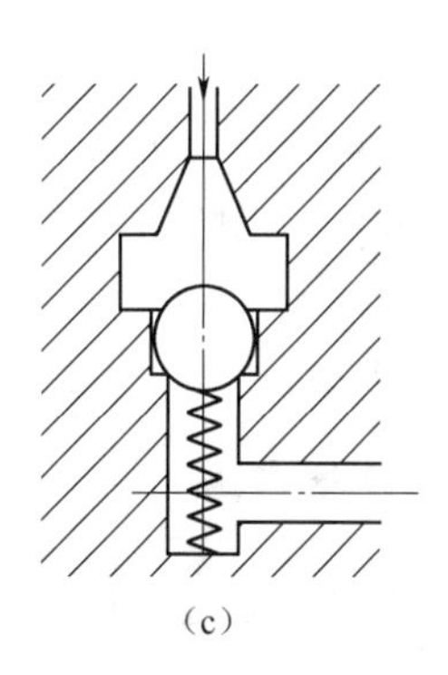

图 11-4　特殊单向阀的作用

三、油雾器的性能指标

1. 流量特性

表征在给定进口压力下，随着空气流量的变化，油雾器进、出油口压力降的变化情况。油雾器中通过额定流量时，输入压力与输出压力之差一般不超过 0. 15 MPa。

2. 起雾空气流量

指存油杯中油位处于正常工作位置、油雾器进口压力为规定值、节流阀全开时的最小空气流量。起雾时的最小空气流量规定为额定流量的 40%。

3. 雾滴粒径

在规定的 0. 5 MPa 试验压力下，油量为 30 滴/min，油雾颗粒小于 20 μm。

4. 加油后恢复滴油时间

油雾器加油完毕后，不能马上工作，要经过一定时间才能恢复滴油。在额定工作状态下，恢复滴油时间一般为 20 s 到 30 s 之间。

四、油雾器使用的注意事项

(1)油雾器一般安装在分水滤水器、减压阀之后，尽量靠近换向阀，不应装在换向阀和气动执行元件之间，以避免造成浪费。

(2)油雾器和换向阀之间的管道容积应为气缸行程容积的 80% 以下,当通道中有节流装置时上述容积比例应减半。

(3)安装时注意进、出口不能接错,必须垂直设置,不可倒置或倾斜。

(4)保持正常油面,不应过高或过低。

五、气动三联件

将过滤器和减压阀一体化成一个新的元件,称为过滤减压阀;将过滤和减压阀连成一个组件,称为气动二联件。将过滤器、减压阀和油雾器顺序组合成的组件称为气动三联件。该组件可缩小外形尺寸、节省空间,便于维修和集中管理。

第二节　消　声　器

气动回路中的压缩空气在使用后直接排入大气。因为排气压力高、一般的排气速度接近声速,气体体积急剧膨胀,引起空气振动,会产生强烈的噪声。噪声的强弱与排气的速度、排气量和排气通道的形状有关系,但排气速度和功率越大,噪声也越大。排气噪声一般可达 80~100 dB。这种恶劣的噪声会使人烦躁和工作效率降低,更重要的是会损害人的听力。所以,一般车间内噪声高于 75 dB 时,都应采取消声措施。常用的消声器一般有吸收型消声器、膨胀干涉型消声器和膨胀干涉吸收型消声器三种。

一、吸收型消声器

吸收型消声器通过多孔的吸声材料吸收声音。由于吸声材料是一种多孔隙的材料,孔内充满空气,声波射到多孔材料表面,一部分被表面反射,另一部分进入多孔材料内引起细孔和狭缝中空气振动,声能转化为热能被吸收。吸收型消声器如图 11-5(a)所示。吸声材料大多使用聚苯乙烯颗粒或铜珠颗粒烧结而成。一般情况下,要求通过消声器的气流流速不超过 1 m/s,以减小压力损失,提高消声效果。吸收型消声器具有良好的消除中、高频噪声的性能。一般可降低噪声 20 dB 以上。图 11-5(b)为消声器的图形符号。

二、膨胀干涉型消声器

膨胀干涉型消声器的直径比排气孔径大得多,气流在里面扩散、碰撞、反射、互相干涉,减弱了噪声强度,最后气流通过非吸声材料制成的、开孔较大的多孔外壳排入大气。主要用来消除中、低频噪声。

三、膨胀干涉吸收型消声器

如图 11-6 所示为膨胀干涉吸收型消声器。此种消声器是在膨胀干涉型消声器的壳体内表面敷设吸声材料制成的。消声器的入口开设了许多中心对称的斜孔,进入消声器的气流被分成许多小的流束,在进入无障碍的扩张室后,气流被极大地减速,碰壁后反射到扩张室。气流束的相互撞击、干涉导致噪声减弱。最后,气流经过吸声材料的多孔侧壁排入大气。膨胀干涉吸收型消声器适用于消声要求比较高的场合,一般可消除低频消声 20 dB,高频消声 50 dB。

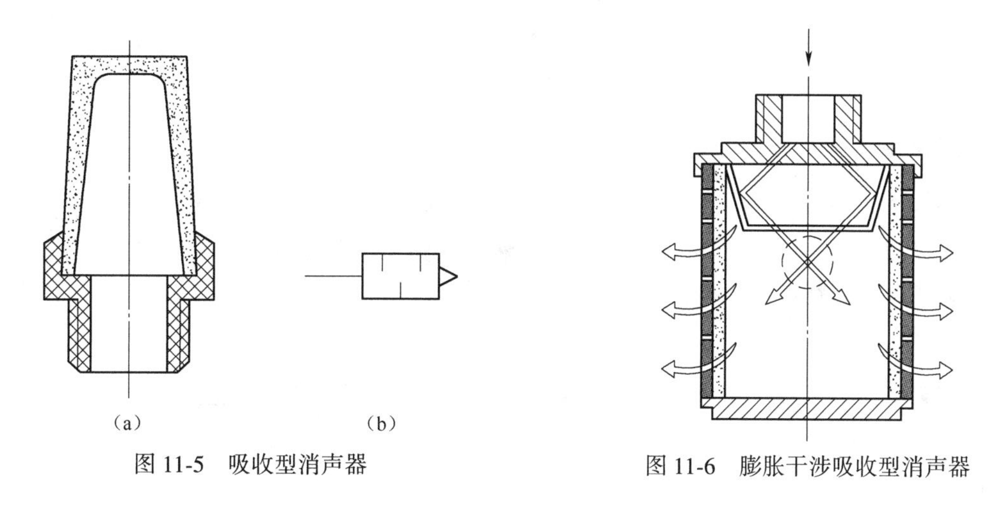

图 11-5　吸收型消声器

图 11-6　膨胀干涉吸收型消声器

四、消声器的应用

1. 压缩机吸入端消声器

对于小型压缩机,可以装入能换气的防声箱内,有明显的降低噪声作用。一般防声箱用薄钢板制成,内壁涂敷阻尼层,再贴上纤维、地毯之类的吸声材料。现在的螺杆式压缩机、滑片式压缩机外形都制成箱形,美观实用。

2. 压缩机输出端消声器

压缩机输出的压缩空气未经处理前有大量的水分、油雾、灰尘等,若直接将消声器安装在压缩机的输出口,对消声器的工作是不利的。消声器安装位置应在气罐之前,即按照压缩机、后冷却器、冷凝水分离器、消声器、气罐的次序安装。

3. 阀用消声器

气动系统中,压缩空气经过换向阀向气缸等执行元件供气,动作完成后,又经过换向阀向大气排气。由于阀内的气路复杂、狭窄,压缩空气以近声速的流速从排气口排出。当阀的排气压力为 0.5 MPa 时,噪声可达 100 dB 以上。阀用消声器一般采用螺纹连接,直接安装在阀的排气口上。

第三节　气—液转换器

气—液转换器是将压缩空气的压力转换成液压力的元件。压缩空气的可压缩性大,推动执行元件动作的稳定性和定位精度不高。液体可压缩性小,液流易于控制,但液压系统配管较困难,成本也高。使用气液转换器既避免了压缩空气可压缩性带来的启动时和负载变动时,运动速度不平稳和爬行的问题,也降低了整套设备的成本。适用于运动稳定性要求高、需要中间停止、要求急速进给或慢速驱动的场合。

一、工作原理

如图 11-7(a)所示为气—液转换器原理图。气—液转换器就像一个油面处于静压状态的垂直放置的油筒。其上面的气口接气源,下面的油口可以接气—液联动缸。为了防止空气混入油中造成传动不稳定,在进气口和出油口处,都安装有缓冲板 4。进气口缓冲板还可防止空气流入时发生冷凝水,防止排气时流出油沫。浮子 6 可防止油、气直接接触,避免空气混入油中。如图 11-7(b)所示为气—液转换器的职能符号。

二、应用回路

如图 11-8 所示为使用两个气—液转换器的工作回路。图中的动力源为压缩空气,主换向阀控制进入到两个气—液转换器的气流的流向;液压回路中的两个液压单向节流阀控制液压缸的动作速度。此回路适用于执行元件的低速控制场合。

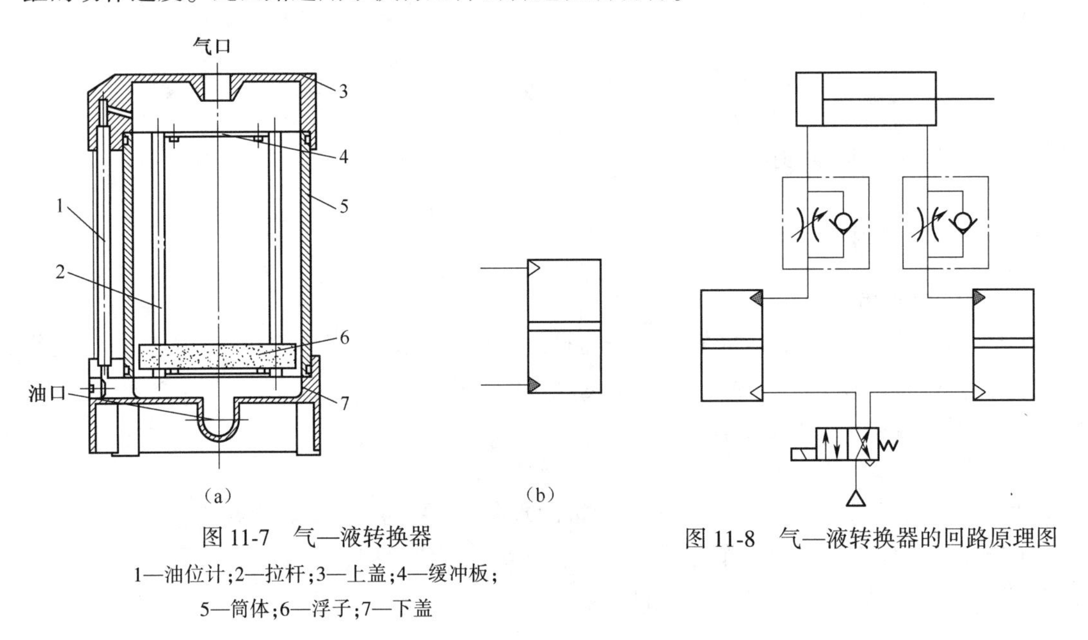

图 11-7　气—液转换器

1—油位计;2—拉杆;3—上盖;4—缓冲板;5—筒体;6—浮子;7—下盖

图 11-8　气—液转换器的回路原理图

第四节　气动传感器

在气动装置中,压缩空气可以作为驱动执行元件的动力源,也可以作为气动控制信号来使用。气动传感器是一种测试气流或气压的元件,它将待测的气动信号转换成所需要的信号,转换后的信号可以是光、电、磁或机械动作信号。气动传感器可用于检测气动系统的压力域值、尺寸精度、定位精度、计数、测距、液位控制、判断有无物体等。气动传感器的转换对象是压缩空气信号,按检测探头和被测物体是否直接接触,可分成接触式和非接触式两种。

一、压力继电器

压力继电器是利用压缩空气的压力来改变电器开关触点的接通或断开的装置。压力继电器所接电路触点的通断取决于气体压力是否达到设定的压力值。其输入是气压信号,输出是电路的通、断信号。按照输入的气压信号的压力大小,可分为低压和高压两种类型。

如图 11-9(a)所示为一种低压压力继电器。其输入气压力小于 0.1 MPa。没有压缩空气信号时,阀芯 1 和焊片 4 是断开的;压缩空气输入后,膜片 2 向上弯曲,带动阀芯 1 上移,与限位螺钉 3 接触,即与焊片 4 导通,实现阀芯 1 和焊片 4 变为导通状态。调节螺钉可以调节导通气压力的大小。这种压力继电器一般用来接指示灯,指示气信号的有无。

如图 11-9(b)所示为一种高压压力继电器。其输入的气信号的压力可大于 1 MPa,膜片 9 受压后,推动顶杆 5 克服弹簧反力向上移动,带动爪枢 8 动作,爪枢 8 触动两个微动开关,使微动开关触点的状态改变,从而改变与其接通的电路状态。压力继电器的图形符号如图 11-9(c)所示。

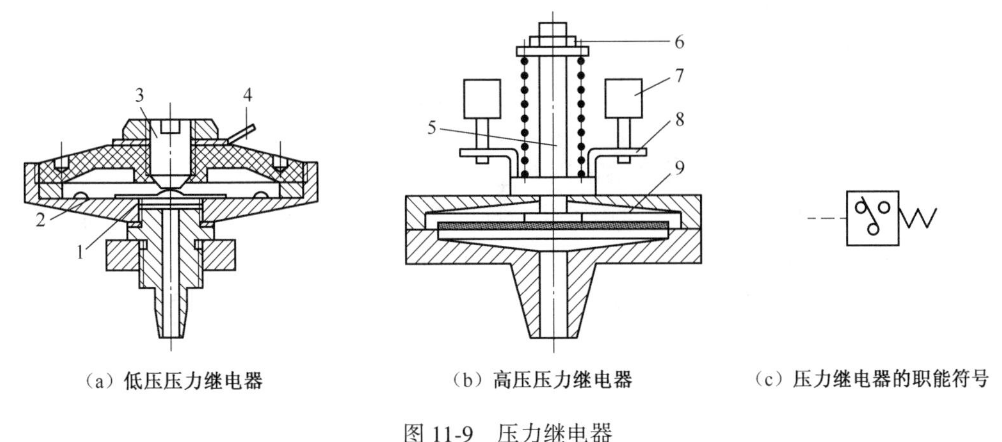

（a）低压压力继电器　（b）高压压力继电器　（c）压力继电器的职能符号

图 11-9　压力继电器

1—阀芯;2、9—膜片;3—限位螺钉;4—焊片;5—顶杆;6—螺帽;7—微动开关;8—爪枢

二、反射式位置检测传感器

反射式传感器由同心的圆环状发射管 1 和接收管 2 构成,其结构原理图如图 11-10 所示。其中图 11-10(a)为无检测物体时的情形。气源从左侧的环形发射管 1 进入,从右侧的喷嘴喷出,在喷嘴出口中心区产生一个低压漩涡,接收管 2 内的部分气体被带走,此时,接收管 2 内的压力为负压;图 11-10(b)为有被检测物体接近时的情形。随着被检测物体的接近,自由射流受阻,低压漩涡消失,部分气流被反射到中间的接收管 2,接收管 2 内的压力随接近距离 x 的减小而增大。此变化的压力信号可以被气体压力放大器接收并处理。反射式位置检测传感器的最大检测距离在 5 mm 左右,最小分辨距离为 0.03 mm。

三、背压式位置检测传感器

背压式位置检测传感器是利用喷嘴挡板机构的变节流原理制成的。喷嘴挡板机构如图 11-11 所示。压力为 P_1 的压缩空气由固定节流口 1 输入,固定节流口的孔径一般为 0.4 mm 左右。当连接在挡板 3 上的被检测物体较远时,该气体通过气室直接由喷嘴 2 排到大气中,气室

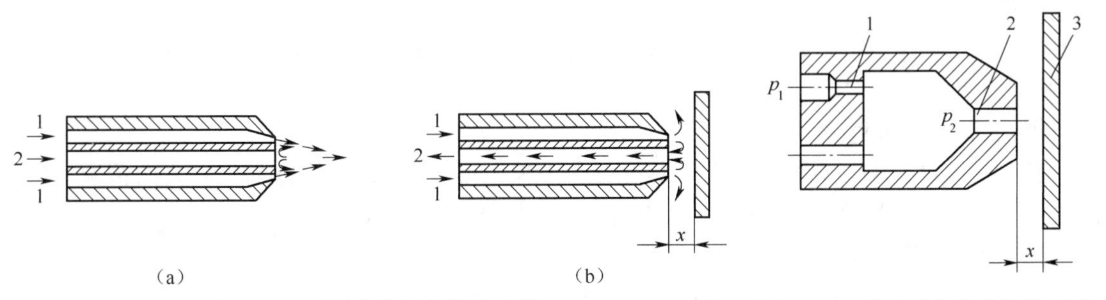

（a）　（b）

图 11-10　反射式位置检测传感器

图 11-11　背压式位置检测传感器

1—固定节流孔;2—喷嘴;3—挡板

内的压力基本等于大气压，喷嘴的孔径一般为 0.8~2.5 mm 左右。当挡板 3 接近喷嘴 2 时，气室内的压力开始升高。若令挡板 3 和喷嘴 2 之间的距离为 x，则当 $x=0$ 时，$p_1=p_2$；随着 x 的增加，p_2 逐渐减小；当 x 增至一定值后，p_2 基本上与 x 无关，且再次降至大气压力。背压式位置检测传感器对挡板 2 的位移变化非常敏感，可以分辨 2 μm 的微小距离变化，有效检测距离一般在 0.5 mm 以内，常用于精密的位置测量。

第五节　气动放大器

在气动控制系统中，气动传感器输出压力通常为几十到几千帕，而气动控制元件的动作压力一般为 0.1~0.6 MPa，为了让气动传感器输出的信号能够驱动气动系统中的高压回路元件，需要将低压信号变成高压信号。这种把低压控制信号变成高压、大流量输出信号的元件称为气动放大器。

图 11-12 所示为一种膜片截止式的气动放大器的结构原理图。来自气源的压力为 P_1 的气体在放大器内部分成两路，一路直接作用到阀芯 5 的下腔，另一路从过滤片 3 再分成两条分支，一支经固定节流口 2 和膜片 1 的下腔可以接通大气，另一支通过固定节流孔 4 作用在阀芯 5 的上腔。

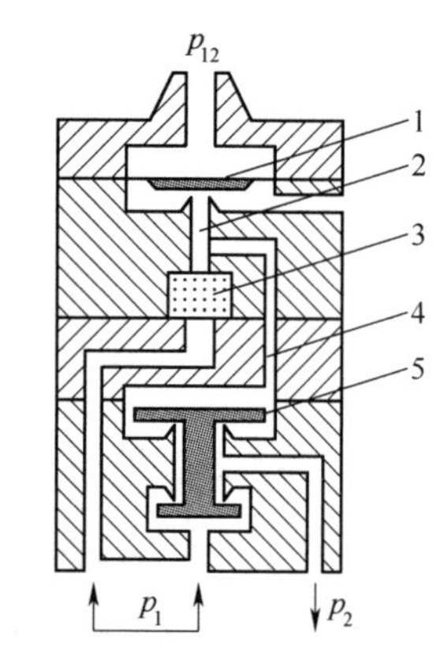

图 11-12　膜片滑柱式气动放大器

1—膜片；2—固定节流孔；3—过滤片；4—固定节流孔；5—阀芯

当没有控制信号 p_{12} 时，压力气体 p_1 的一路使阀芯上移，另一路经过滤片 3 和节流孔 2 从排气口排气，p_2 的压力基本上是大气压力；当有控制信号 p_{12} 时，膜片 1 下移封住节流孔 2 的喷嘴，压力为 p_1 的进气压力经过过滤片 3 和固定节流孔 4 作用在阀芯 5 的上腔，阀芯 5 下移，在出气口得到稍小于 p_1 的压力气体 p_2。这种气压放大器的控制压力 $p_{12}=0.6\sim1.6$ kPa，输出压力 $p_2=0.6\sim0.8$ MPa。

第六节　管 道 系 统

一、管道系统的布置原则

好的管道系统对气动供气系统非常有益，通常考虑供气压力、对空气的质量要求、可靠性和经济性等因素。

1. 按照供气压力的要求布置

在实际应用中，如果只有一种压力要求，则只需设计一种管道供气系统；如有多种压力要求，则其供气方式有以下三种。

（1）多种压力管道供气系统

多种压力管道供气系统适用于气动设备有多种压力要求，且用气量都比较大的情况。应根据供气压力大小和使用设备的位置，设计几种不同压力的管道供气系统。

（2）降压管道供气系统

降压管道供气系统适用于气动设备有多种压力要求，但用气量都不大的情况。应根据最高供气压力设计管道供气系统，气动装置需要的低压通过减压阀降压得到。

（3）管路供气与气瓶供气结合的供气系统

管道供气与气瓶供气结合的供气系统适用于大多数气动装置都使用低压气体，部分气动装置需用气量不大的高压气体的情况。根据对低压空气的要求设计管道供气系统，供气量不大的高压气体由气瓶供气。

2. 按照供气的空气质量布置

根据各气动装置对空气质量的不同要求，分别设计成一般供气系统和清洁供气系统。若一般供气量不大，为了减少投资，可用清洁供气代替。若清洁供气系统的用气量不大，可以通过在一般供气系统的支路上增设小型净化装置来解决。

3. 按照供气的可靠性和经济性布置

(1)树枝状终端管网供气系统

如图 11-13(a)所示为树枝状终端管网供气系统。每条分支上可以安装一个截止阀或串联两个截止阀，这种供气系统简单、经济性好，多用于间断供气。

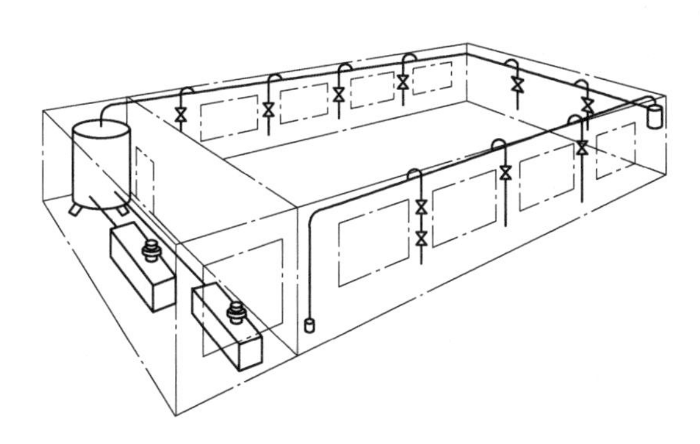

(a) 树枝状终端管网供气系统

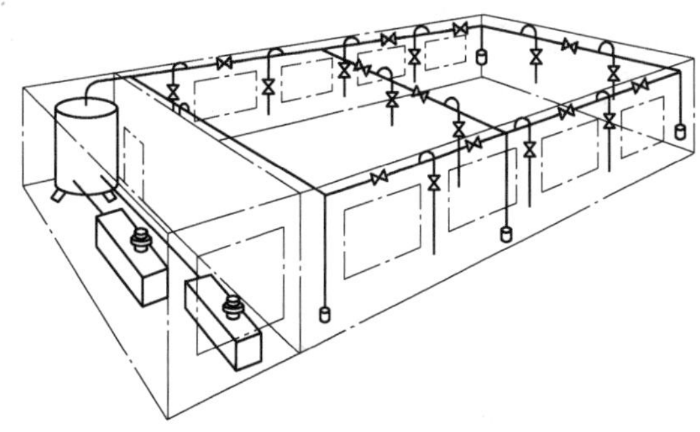

(b) 环状管网供气系统

图 11-13　管路系统

(2)环状管网供气系统

如图 11-13(b)所示为环状管网供气系统。这种系统每条支路上都装有截止阀，供气可靠性高，压力较稳定。当对某条支管上的阀门检修时，关闭其两侧的截止阀整个系统仍能继续工作。系统中的两台空压机中一台工作，一台备用，提高了系统的可靠供气能力。该系统投资较高，冷凝水会流向各个方向，故应在适当的位置设置多个的自动排水器。

二、管道布置注意事项

(1)供气管道应按现场实际情况布置，尽量与其他管线(如水管、煤气管、暖气管、电线)等统一协调布置。

(2)压缩空气主干管道应沿墙或柱子架空铺设，其高度不应妨碍运行，又便于检修。热空气在长管道中流动会使水蒸气冷凝成水，为便于排出冷凝水，顺气流方向管道应向下倾斜(3~5)度。为防止长管道产生挠度，应在适当部位安装管道支撑。管道支撑不得与管道焊接。管道支撑距离见表 11-1。

表 11-1　管道支撑距离与管径的关系

管道内经(mm)	≤10	10~25	≥25
支撑距离(m)	1.0	1.5	2.0

(3)沿墙或柱子接出的分支气管必须在主干气管的上部采用大角度拐弯后再向下引出，以免冷凝水进入分支管。在主干管的最低点应设置集水罐，集水罐下安装排水阀。支管沿墙或柱子接下来，离地面约 1.2~1.5 m 处接一个气源分配器，在分配器两侧接分支管或管接头，以便用软管接到气动装置上。

(4)为了便于调试、不停气维修、故障检查和更换元件，在管路中装设后冷却器、干燥器等时，应设置必要的旁通管路和截止阀。

(5)管道装配前，管道、接头和元件内的流道必须吹洗干净，不得有毛刺、铁屑、氧化皮、密封材料碎片等污染物混入管道系统中。安装完毕，应作不漏气检查。

(6)使用钢管时，应使用镀锌钢管或不锈钢管。配管过长，要考虑到热胀冷缩。

(7)管路上设置过滤器、减压阀的场合，为便于更换和检修元件，应使用可以分解的法兰连接或管接头连接，并确保分解时足够用的空间。

80 管径的选择：为了减少管路系统的压力损失，主管道内压缩空气的流速推荐为 8~10 m/s，支管道内压缩空气的流速推荐为 10~15 m/s。可按下式求管径 d，求出 d 值后应对其进行标准化。

$$d = \sqrt{\frac{4q}{\pi v}} \times 10^3$$

式中　d——管径，mm；

q——管内压缩空气的最大流量，m^3/s；

v——管内压缩空气流动速度 m/s。

(9)管道进入用气车间，应根据气动装置对空气质量的要求，设置配气容器、截止阀、气动三联件等。

自测题十一

一、填空题(每空 2 分，共 24 分。得分________)

1. 气动系统中使用的许多元件和装置都需要润滑，常用的给油装置是________。

2. 气动三联件是________、________和________三种元件顺序组合在一起构成的组合体。

3. 常用的消声器类型有________、________和________三种。

4. 气动传感器的转换对象是________，按检测探头和被测物体是否直接接触，可分成________和________两种。

5. 压力继电器输入的是________信号，输出的是________信号。

二、判断题(每题 2 分，共 10 分。得分________)

1. 为防止油杯中的油液喷出，油雾器必须在停气的情况下进行加油。　(　　)

2. 过滤器和油雾器组成的元件称为气动二联件。　(　　)

3. 消声器可以消除空压机以及阀等元件的进、排气位置的噪声。　(　　)

4. 背压式传感器对物体的位移变化极为敏感，能分辨微小距离变化，常用于精密测量。　(　　)

5. 气—液转换器是将空气压力转换成油压的转换元件，也可以将油压转换成空气压力。　(　　)

三、选择题(每题3,共15分。得分________)

1. 以下不属于气源净化装置的是________。

A. 后冷却器　　B. 油雾器　　C. 空气过滤器　　D. 除油器

2. 气动三联件从气源端开始正确安装顺序为________。

A. 油雾器→空气过滤器→减压阀　　B. 减压阀→油雾器→空气过滤器

C. 空气过滤器→减压阀→油雾器　　D. 空气过滤器→油雾器→减压阀

3. 为使气动执行元件得到平稳的运动速度,可采用________。

A. 气—电转换器　　B. 电—气转换器

C. 液—气转换器　　D. 气—液转换器

4. 为降低噪声,消除低频噪声20 dB,高频噪声约50 dB的是________。

A. 吸收型消声器　　B. 膨胀干涉型消声器

C. 膨胀干涉吸收型消声器　　D. 集中排气法消声

5. 对油雾器使用描述不正确的是________。

A. 油雾器尽量装在换向阀进气口之前,不应装在换向阀和气动执行元件之间。

B. 油雾器和换向阀之间的管道容积应大于气缸行程容积。

C. 安装时注意进、出口不能接错,必须垂直设置。

D. 油雾器中的液面不应过高或过低。

四、问答题(共51分。得分________)

1. 描述油雾器将润滑油雾化的工作原理。(10分)

2. 滤油器和油雾器在功能上有何区别?(10分)

3. 气动放大器为什么能将微弱的压缩空气信号放大?(10分)

4. 简单说明气动系统噪声大的原因。何种噪声用何种消声器?(11分)

5. 气动管路系统布置应考虑哪几方面的原则?(10分)

第十二章　气动执行元件

教学目标

了解气动执行元件的分类、结构特点和各类执行元件的传动方式及其常见的应用场合，了解气缸在使用时的注意事项；理解气液阻尼缸、膜片气缸、制动气缸、磁性开关气缸、无杆气缸、冲击气缸、带阀气缸、带导向杆气缸、回转气缸和摆动气缸的基本结构和工作原理；能绘制和识读常见气动执行元件的职能符号。

第一节　气动执行元件的分类和特点

将压缩空气的压力能转换成机械能，驱动机构作往复直线运动、往复摆动或连续回转运动的元件称为气动执行元件。气动执行元件可分为气缸和气马达两大类。气缸包括实现直线运动的直线气缸和实现往复摆动的摆动气缸，使用最多的是直线运动的气缸；气动马达用于实现连续回转运动。气缸按照功能分为普通气缸、复合气缸和特殊气缸；气马达按照结构分为齿轮齿条式和叶片式两种。常用气缸的名称、简图和特点见表12-1。

表12-1　常用气缸的名称、简图和特点

名　称	简　图	特　点
膜片式气缸		膜片式气缸的密封性好，无摩擦阻力，不需要润滑，气缸行程短，多用于卡紧或阀门开关等场合
柱塞式气缸		压缩空气使柱塞向单方向运动，靠外力复位，输出力小，主要用于小直径气缸
活塞式单作用气缸		压缩空气只能使活塞向一个方向运动，靠外力或重力复位
活塞式预伸出气缸		静态时，活塞杆处于收回位置，压缩空气使活塞带动活塞杆伸出，靠弹簧复位。结构简单、耗气量小，弹簧起背压缓冲作用，用于行程较小、对推力和速度要求不高的地方
活塞式预收回气缸		静态时，活塞杆处于伸出位置，压缩空气使活塞带动活塞杆收回，靠弹簧复位。其特点同预伸出活塞式气缸

续上表

名　　称	简　　图	特　　点
普通无缓冲气缸	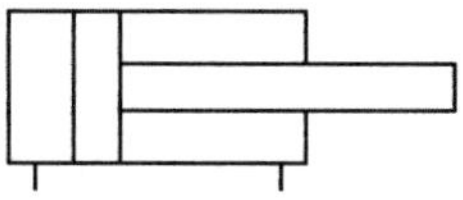	利用压缩空气使活塞向两个方向运动，活塞行程可根据需要选定，是气缸中最普通的一种，应用广泛
双端活塞杆气缸	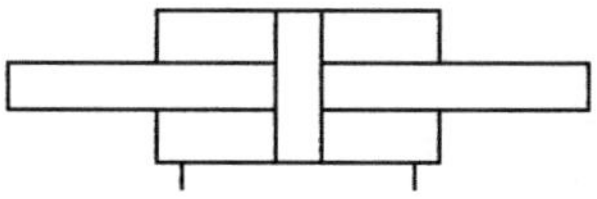	活塞左、右运动的速度和行程均相等。通常活塞杆固定、缸体运动，执行机构行程长
回转气缸	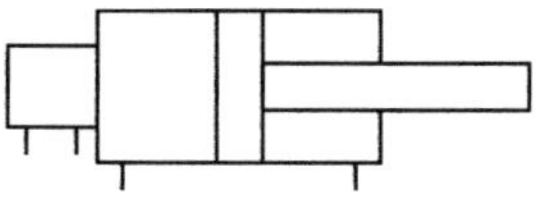	进、排气导管和气缸缸体之间可以相对转动，可用于车床的气动回转夹具上
不可调缓冲气缸	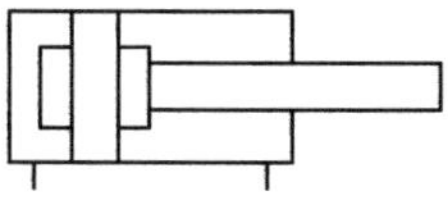	活塞运动到接近行程终点时，减速制动。用于减速的节流口不可调，即减速值不可调，此图为两端均带缓冲
可调缓冲气缸	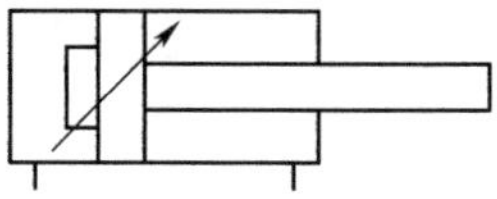	活塞运动到接近左侧行程终点时，减速制动，用于减速的节流口可调，即减速值可调，此图为一端带缓冲
锁紧气缸	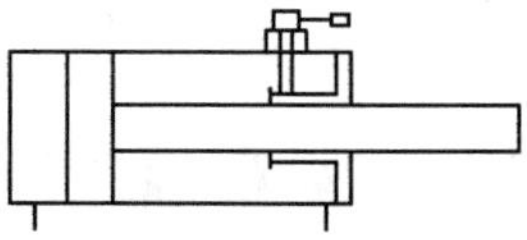	锁紧气缸有机械杠杆锁紧、气动压力锁紧等方式，用于气缸中途停止、异常事故的紧急停止和防止下落等场合
双活塞气缸	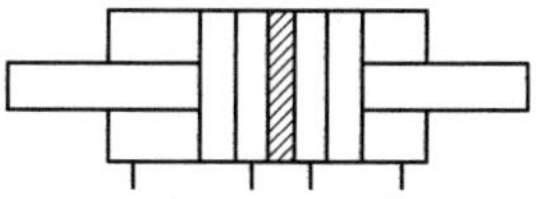	两个活塞可以同时向相反方向运动
串联式气缸	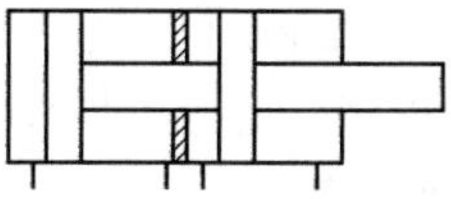	两个活塞串联在一起，当活塞直径相同时，活塞杆的输出力可增大一倍
冲击气缸	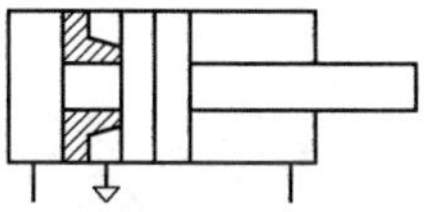	利用突然大量供气和快速排气相结合的方法，得到活塞杆的冲击运动。用于冲孔、切断、锻造等
膜片气缸	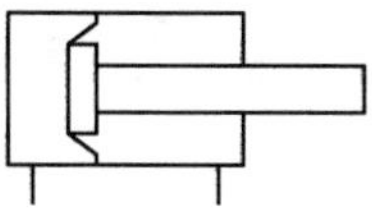	密封性好，加工简单，执行机构行程短
增压气缸	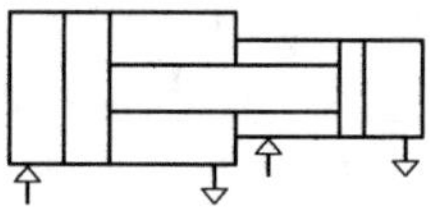	在大活塞处输入低压压力，驱动小活塞动作，在小活塞处会获得高压，因为大、小活塞尺寸固定，其增压比为固定值
气液增压缸	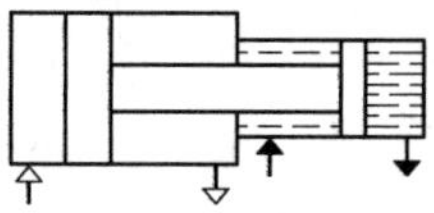	气压驱动大活塞，大活塞产生的推力通过小活塞作用在液面上，液体不可压缩，产生的液体压力远高于气压压力
气液阻尼缸	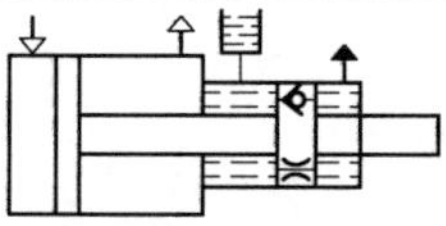	利用液体不可压缩的性能和液体排量易于控制的优点，获得活塞杆的稳速运动

续上表

名　称	简　图	特　点
齿轮齿条式气缸		利用齿条齿轮传动,将活塞杆的直线往复运动变为输出轴的旋转运动,并输出力矩
无杆气缸		无杆气缸没有活塞杆,结构简单,活塞两侧的受压面积相等,活塞两个方向运动的受力相等,利于精度控制
单叶片摆动式气缸		气压力作用在叶片上,产生推动叶片转动的转矩,使叶片轴输出旋转运动,旋转角小于 360°
双叶片摆动式气缸		气压力作用在叶片上,产生推动叶片转动的转矩,使叶片轴输出旋转运动,旋转角小于 180°

第二节　常用气缸的结构特点和工作原理

一、普通气缸

在各类气缸中,使用最多的是单杆活塞式气缸,也称为普通气缸。按照压缩空气驱动活塞运动的方式,可分为单向作用气缸和双向作用气缸两种。气缸的内径与气缸输出力成正比关系。缸筒材料可以是高碳钢,铝合金或黄铜,小型气缸也可以使用不锈钢材料。为减小摩擦力和防止生锈,通常要在非不锈钢缸筒的内表面镀铬。

1. 双向作用气缸

如图 12-1 所示为双向作用单杆活塞缸的结构简图。气缸由缸筒、前后缸盖、活塞、活塞杆、导向套和密封组件等组成。当工作气口 1 进气、工作气口 2 排气时,压缩空气作用在活塞左侧面积上的作用力大于作用在活塞右侧面积上的作用力和摩擦力等反向作用力时,压缩空

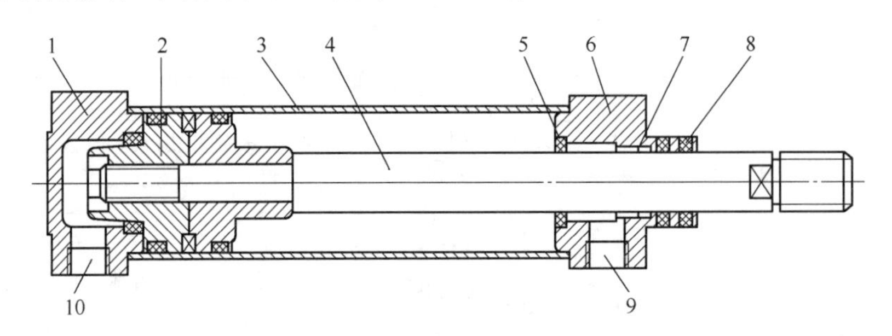

图 12-1　双向作用单杆活塞缸

1—后端盖;2—活塞;3—缸筒;4—活塞杆;
5—缓冲密封圈;6—前端盖;7—导向套;8—防尘组件;9、10—工作气口

气推动活塞向右移动,使活塞杆伸出;当工作气口 2 进气、工作气口 1 排气时,压缩空气推动活塞向左移动,使活塞和活塞杆缩回到初始位置。双向作用气缸也简称为双作用气缸。由于气缸缸盖上有缓冲装置,此种气缸称为缓冲气缸。

2. 单向作用气缸

如图 12-2 所示为一种单向作用气缸的结构简图。压缩空气进入到气缸的工作气口,在活塞的左侧建立起压力,活塞克服复位弹簧的弹力以及系统的摩擦力带动活塞杆右移伸出,有杆腔的气体从排气口排出;当工作气口的压力气体消失并接通大气时,活塞在复位弹簧的作用下带动活塞杆左移收回。单作用气缸的单方向动作靠压缩空气驱动,反向动作靠弹簧或其他外力驱动。单向作用气缸也简称为单作用气缸。单作用气缸行程短,常用于驱动气动手爪。

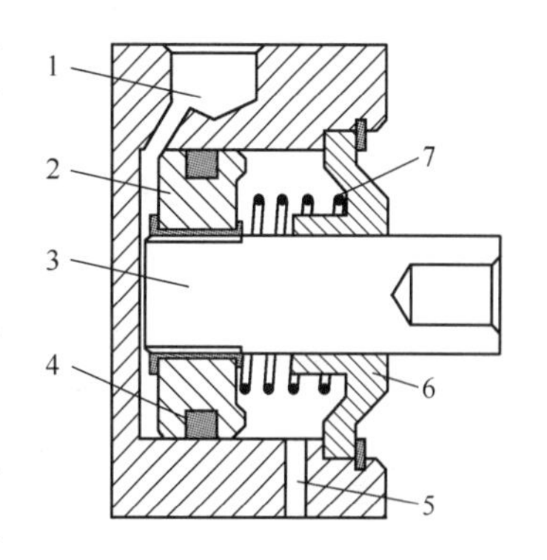

图 12-2　单向作用气缸
1—工作气口;2—活塞;3—活塞杆;
4—密封圈;5—排气口;
6—前端盖;7—复位弹簧

普通单作用气缸的职能符号如图 12-3(a)所示,双作用气缸的职能符号如图 12-3(b)所示。

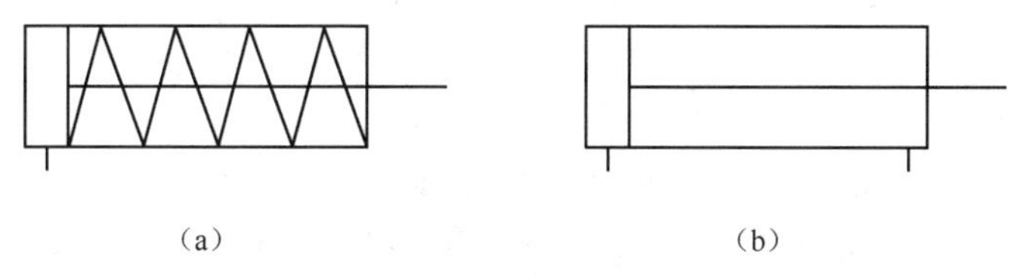

图 12-3　普通气缸的职能符号

二、特殊气缸

1. 气液阻尼缸

气液阻尼缸是气缸和液压缸在结构上组合而成的一种特殊气缸。气缸部分用于产生驱动力,液压缸部分用于阻尼调节,以获得平稳的运动。由于空气有可压缩性,普通气缸在负载变化较大时容易产生“爬行”或“窜动”现象。在机床的切削加工中,往往要求刀具进给的速度均匀、可调,在切削力变化时仍然有良好的进给平稳性能。气液阻尼缸的驱动力由气动部分提供,缸杆的运动性能由液压部分进行调节,解决了气缸运动稳定性差和速度控制困难的问题。

(1)气液阻尼缸的工作原理

气液阻尼缸按照结构形式可分为串联式和并联式两种。

如图 12-4 所示为串联式气液阻尼缸的结构系统。气缸 2 两腔的工作气口接气源,用于产生驱动力;液压缸 3 两腔的油液用于阻尼调节;气缸 2 和液压缸 3 的活塞通过一根活塞杆串联起来;隔板 8 用于分隔油液腔和空气腔,防止空气与油液互窜。节流阀 4 和单向阀 5 用于实现有杆腔油液向无杆腔流动时的流量调节,使阻尼缸的活塞杆伸出时速度可调并快速收回。单向阀 6 和油杯 7 用于液压回路的油液补充。

串联式气液阻尼缸的工作原理是:当气缸活塞向左运动时,通过活塞杆带动液压缸活塞向左运动,此时的液压缸左腔排油,经过单向阀 4 和节流阀 5 的并联结构进行节流,由于回流到液压缸右腔的油液流量小,实现阻尼缸活塞杆慢速伸出。变换气缸驱动气流的方向后,两活塞向右运动,液压缸右腔排油,经单向阀无节流的回流到左腔,活塞杆快速收回。这种调速特性

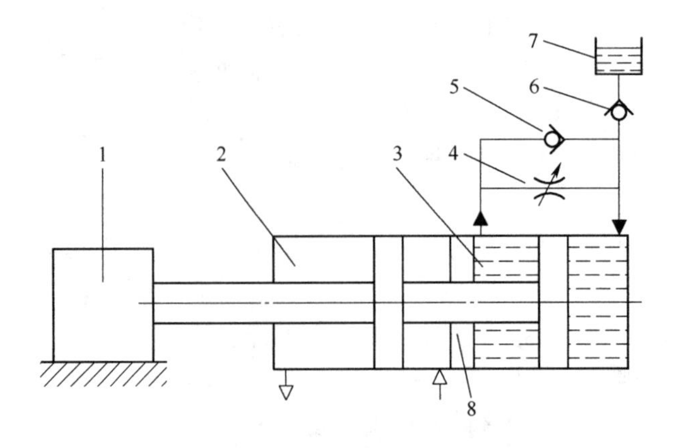

图 12-4　串联式气液阻尼缸

1—负载;2—气缸;3—液压缸;4—节流阀;5、6—单向阀;7—油杯;8—隔板

的结构形式常用于慢进快退的场合。

如图 12-5 所示为并联式气液阻尼缸的结构系统。液压缸与气缸主体分开,液压缸活塞杆和气缸活塞杆用一块刚性连接板相联,液压缸活塞杆可在连接板内浮动一段行程。并联式气液阻尼缸的优点是缸体长度短、结构紧凑、占用机床空间小,空气与液压油不互窜。缺点是液压缸活塞杆与气缸活塞杆安装在不同轴线上,运动时易产生附加力矩,增加导轨磨损,产生爬行现象。

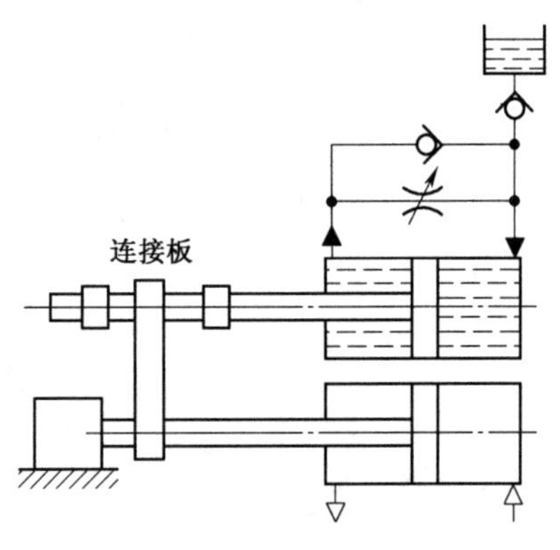

图 12-5　并联式气液阻尼缸

(2)调速类型

气液阻尼缸按调速特性不同,可分为:单向节流型、双向节流型和快速接进型。各类调速类型的动作原理、构成、特性曲线及应用见表 12-2。

表 12-2　气液阻尼缸的调速类型及特性

调速类型	作用原理	结构示意图	特性曲线	应用
单向节流型	在阻尼缸回路中并联单向阀和可调节流阀,慢速伸出时,油液走节流阀,快速收回时,油液走单向阀		L 慢进 快退 O t	用于空行程短而工作行程较长的工作场合
双向节流型	在阻尼回路上装可调节流阀,使活塞慢速往复运动		L 慢进 慢退 O t	用于空行程和工作行程都较短的场合

续上表

调速类型	作用原理	结构示意图	特性曲线	应用
快速接进型	活塞杆刚右移时，液压缸两腔直通，实现快进；活塞接近末端时，右腔油液通过节流阀实现慢进；活塞刚从末端收回时，两个口排油，实现快退 1；继续快退到一口排油情况时，实现快退 2			快速接进的位置的控制由阻尼缸结构决定，速度转换固定，提高了动作效率

2. 膜片气缸

膜片气缸是压缩空气作用在膜片上使之变形推动活塞杆动作的气缸。按照作用方式，膜片气缸分为单作用和双作用两种，以单作用膜片气缸居多。如图12-6所示为单作用式膜片气缸的结构原理图，它由缸体 1、膜片 2、膜盘 3、活塞杆 4、复位弹簧 5 和工作气口 6 等组成。

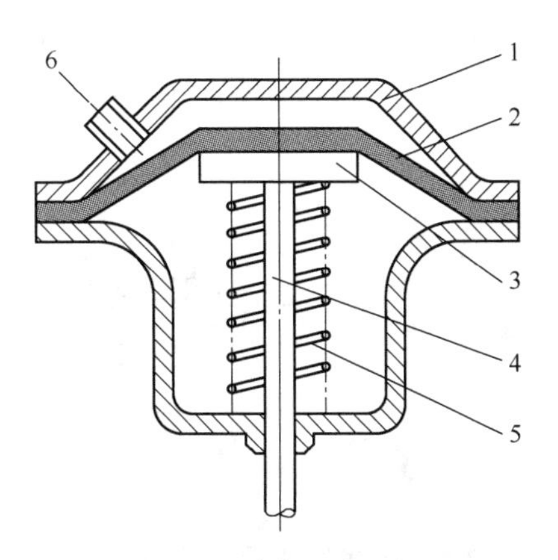

图 12-6　单作用膜片气缸

1—缸体；2—膜片；3—膜盘；4—活塞杆；5—复位弹簧；6—工作气口

膜片气缸的特点是：结构简单、紧凑，体积小，重量轻，密封性好，不易漏气，加工简单，成本低，无磨损件，维护和维修方便等；膜片气缸的行程短，一般不超过 50 mm。膜片气缸适用于阀门开启、关闭或气动卡具的开启、关闭等短行程的场合。

3. 制动气缸

带有制动装置的气缸称为制动气缸，也称锁紧气缸。除了增加的制动装置外，其结构与一般气缸基本相同。制动装置在结构上分为锥面卡套式、弹簧式和偏心式等。锥面卡套式制动气缸结原理图如图 12-7 所示，图示气缸由。气缸部分与普通气缸结构相同，它可以是无缓冲气缸。制动装置由制动体、制动闸瓦、制动活塞、弹簧和活塞系统等构成。1 口和 2 口为工作气口，12 口和 14 口为制动气口。

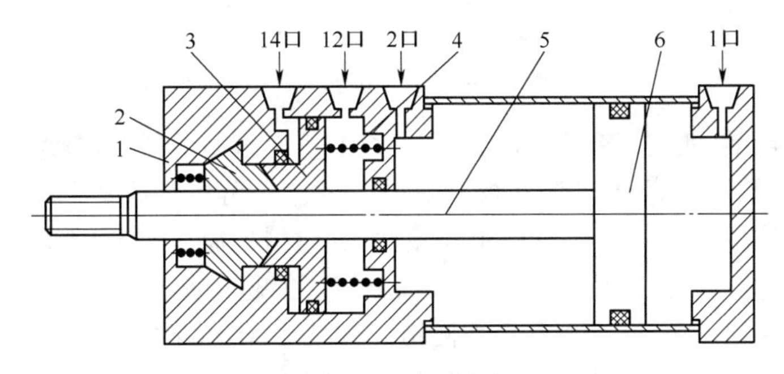

图 12-7　制动气缸

1—制动体；2—制动闸瓦；3—制动活塞；4—弹簧；5—活塞杆；6—活塞

制动气缸有放松和制动两个正常工作状态和一个紧急工作状态。

(1)制动气缸的放松状态。当制动气口 14 进气、制动气口 12 排气时，气压力克服制动弹簧的反力,使制动活塞右移,松开制动闸瓦,制动闸瓦和活塞杆之间处于间隙状态,气缸的活塞和活塞杆可以正常运动。

(2)制动气缸的夹紧状态。当制动气口 12 进气、制动气口 14 排气时,气压力和制动弹簧的压力共同作用在制动活塞上,制动活塞左移,制动活塞压紧制动闸瓦,制动闸瓦变形,巨大的夹紧力锁紧活塞杆,使活塞杆无法运动,达到可靠制动和安全定位的目的。

(3)制动气缸的制动状态。在锁紧气缸工作过程中,气源突然出现故障,制动气口失去压力气体。此时,在制动弹簧的作用下,制动活塞也会挤压制动闸瓦,活塞杆仍然被锁紧。可见,此种制动气缸具有断气保护重力负载安全停位的作用。

4. 磁性开关气缸

如图 12-8 所示为带磁性开关的气缸的结构原理图。和普通气缸相比,磁性开关气缸只是在普通气缸的内部活塞上安装一个将永磁铁粉碎后与橡胶材料一起成型的永久磁环;在气缸外部安装一个检测活塞动作的位置的磁性开关。

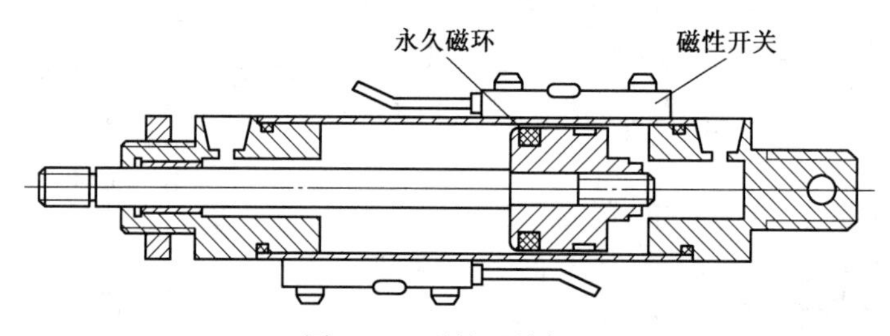

图 12-8　磁性开关气缸

磁性开关也叫做舌簧开关或舌簧传感器。开关内部装有舌簧片式的开关、稳压管保护电路和发光二极管指示灯。上述电器元件被树脂封装在一个盒子内,其电路原理如图 12-9 所示。当装有永久磁铁的活塞运动到舌簧开关附近时,两个簧片被吸引使开关接通。当永久磁铁随活塞离开时,磁力减弱,两簧片弹开,使开关断开。

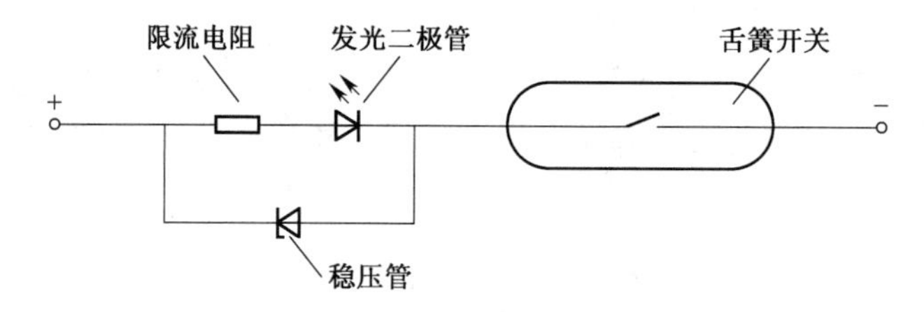

图 12-9　磁性开关电路原理图

磁性开关使用灵活,使用卡圈安装时,可以安装在气缸缸筒的任意位置上。若将其安装在行程末端,可发出末端位置信号;若装在行程中间,可产生行程中途信号。

需要注意的是这种气缸的缸筒不能用导磁性强的材料,而要用导磁性弱、透磁性强的材料,例如黄铜、硬铝等。此外,磁性开关的电压和电流不能超过其允许范围,如图 12-9 所示的磁性开关不能直接接通电源,必须串联负载使用;磁性开关附近不能有其他强磁场,需要防止外部强磁场的干扰;磁性开关安装在中间位置时,气缸最大速度不宜太快,防止遗漏信号。

5. 无杆气缸

无活塞杆气缸简称无杆气缸。无杆气缸没有刚性活塞杆,其执行部件通常被气缸内的活塞带动而产生运动。无杆气缸的最大优点是节省安装空间,适用缸径小但行程长的场合。按照执行部件与驱动部件的连接结构可分为机械结合式无杆气缸、磁耦合式无杆气缸、绳索式无杆气缸和钢带式无杆气缸四种。机械结合式无杆气缸和磁耦合式无杆气缸广泛用于自动化系统和气动机器人系统中。

如图 12-10 所示为机械结合式无杆气缸。气缸筒的轴向开有槽，槽内装有内部抗压密封件 1 和外部防尘密封件 4，良好的密封可以防止缸内压缩空气泄漏，也可以防止外部杂物侵入到气缸内部。活塞上的唇形密封圈防止动作时压力气体泄漏。当活塞某侧有压力气体时，活塞推动传动舌头 3 动作，传动舌头 3 推动导架组件 2 动作，装在导架组件 2 上的负载就可以被驱动了。在气缸往复动作的过程中，传动舌头 3 将密封件 1 和 4 挤开，但由于它们在缸筒的两端固定，所以当舌头和导架组件在汽缸上运动时，压缩空气不会泄漏。

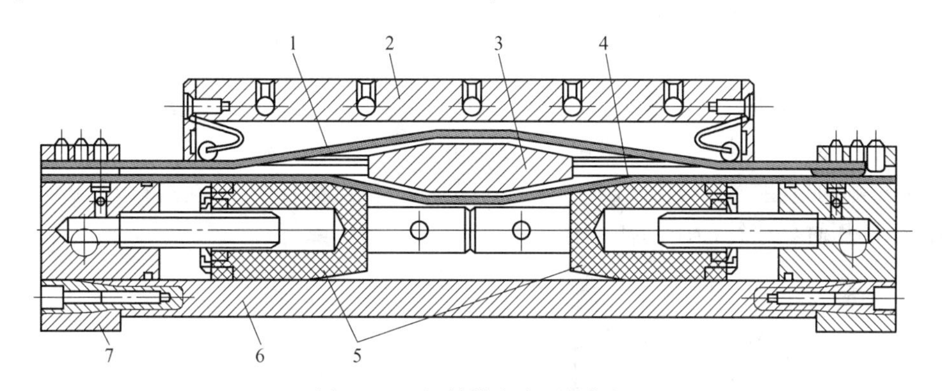

图 12-10　机械结合式无杆气缸

1—抗压密封件；2—导架组件；3—传动舌头；4—防尘密封件；5—活塞；6—缸筒；7—缸盖

如图 12-11 所示为磁性无活塞杆气缸的结构原理图。它由缸体、活塞组件、移动支架组件三部分组成，其中活塞组件由内磁环、内隔板、活塞等组成；移动支架组件由外磁环、外隔板、套筒等组成。两组件内的磁环形成的磁场产生磁力，使移动支架组件跟随活塞组件同步移动。移动支架承受负载，其承受的最大负载力取决于磁钢的性能和磁环的组数，还取决于气缸筒的材料和壁厚。磁性无活塞杆气缸中一般使用稀土类永久磁铁，它具有高剩磁、高磁能等特性，价格相对较低，但它受加工工艺的影响较大。

气缸筒应采用具有较高的机械强度且不导磁的材料。磁性无活塞杆气缸常用于超长行程场合，故在成型工艺中采取精密冷拔，内外圆尺寸精度可达三级精度，粗糙度和形状公差也可满足要求，一般来讲可不进行精加工。对于直径在 $\phi40$ mm 以下的缸筒壁厚，推荐采用 1.5 mm，这对承受 1.5 MPa 的气压和驱动轴向负载时所受的倾斜力矩已足够了。

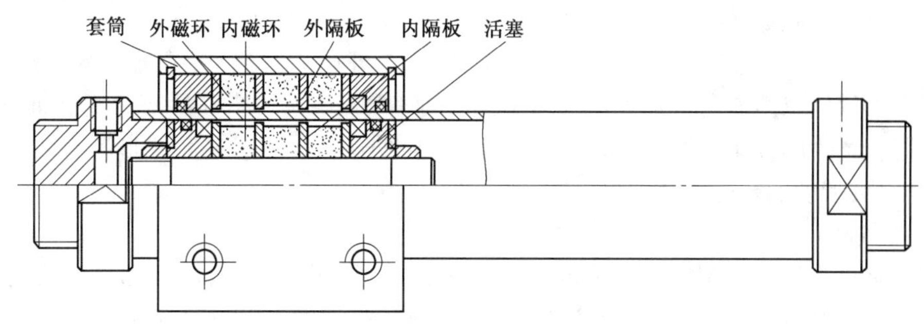

图 12-11　磁性无活塞杆气缸

磁性无活塞杆气缸具有结构简单、重量轻、占用空间小（因没有活塞杆伸出缸外，故可比普通缸节省空间45% 左右)、行程范围大(D/S 一般可达 1/100,最大可达 1/150,例如 $\phi40$ mm 的气缸,最大行程可达 6 m)等优点,已被广泛用于数控机床、大型压铸机、注塑机等机床的开门装置,纸张、布匹、塑料薄膜机中的切断装置,重物的提升、多功能坐标移动等场合。但当速度快、负载大时,内外磁环易脱开,即负载大小受速度的影响。

6. 冲击气缸

冲击气缸是一种体积小、结构简单、易于制造、耗气量小,但能产生巨大冲击力的特殊气缸。冲击气缸工作时,将压缩空气的压力能转化成活塞的高速动能。活塞的最大速度可达每秒十几米,在工业现场可以完成冲孔、压印、折弯、铆接、断料、破碎、模锻等作业。冲击气缸的结构如图 12-12 所示。

冲击气缸可分为三个工作状态。

(1)初始状态

当主控换向阀处于某一工作位置时,压缩空气经过工作气口 1 进入到气缸有杆腔 2,气缸无杆腔 10、喷嘴 8、蓄能腔 5 与工作气口 6 连通并排气,活塞 3 左移;当活塞 3 接触到中盖 9 时,活塞 3 左侧的封圈垫片 11 封闭中盖 9 上的喷嘴口,气缸无杆腔 10 通过排气口 4 与大气相通。此时的冲压缸处于待冲压的初始状态。

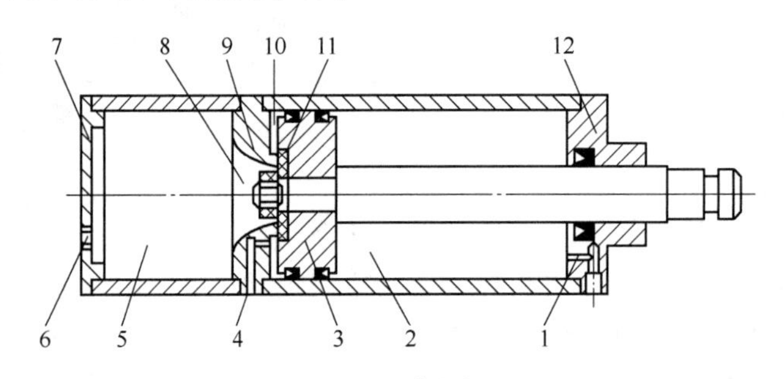

图 12-12　冲击气缸

1、6—工作气口;2—气缸有杆腔;3—活塞;4—排气口;5—蓄能腔;
7—后端盖;8—喷嘴;9—中盖;10—气缸无杆腔;11—密封垫片;12—前端盖

(2)蓄能状态

主控换向阀换向后,工作气口 6 进气,蓄能腔 5 压力升高,其压力通过喷嘴口对应的活塞 3 上。此时的压力不能克服有杆腔 2 的排气压力产生的反力和活塞系统的摩擦阻力,喷嘴 8 处于关闭状态,蓄能腔 5 压力持续升高。

(3)冲击状态

随着气缸有杆腔 2 继续排气,该腔压力降低,蓄能腔 5 的压力迅速升高。当作用在喷嘴口面积上的推力足以克服活塞系统受到的阻力时,活塞 3 开始向右运动,喷嘴口突然打开,蓄能腔 5 的高压力气体以声速向气缸无杆腔 10 喷出,高速气流突然冲击在活塞的整个面积上。由于气体膨胀会产生的高于气源压力几倍到十几倍的冲击压力,活塞在此冲击压力的作用下获得极大的动能,带动活塞杆急速冲出。

7. 带阀气缸

带阀气缸是将气动控制阀直接安装在气缸上的一种一体式的气缸。和分立式的元件相比,带阀气缸具有结构紧凑,省略大量连接气管,可靠性高的优点;缺点是控制阀只能逐个安装在气缸上,拆卸和维修不便。如图 12-13 所示为一种带阀气缸的结构图,此带阀气缸由标准气缸、阀、连接板和连接管组合而成。带阀气缸的控制形式通常有电控型和气控型两种。

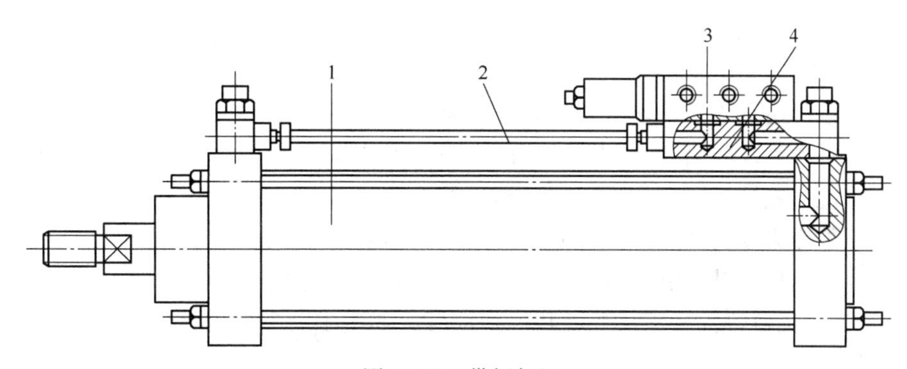

图 12-13　带阀气缸

1—气缸;2—连接管;3—阀;4—连接板

8. 带导向杆气缸

带导向杆气缸是将气缸活塞杆和两根与其平行的导向杆刚性连接起来,组成的一种整体式导向气缸。其典型结构如图 12-14 所示。气缸筒、缸筒固定板和导向块三者被相互固定,两根导向杆通过连接板与活塞杆连为一体。当活塞杆动作时,导向杆随之动作,在导向块和导向套的作用下,活塞杆导向精度大大提高,并且不会扭转。由于其结构紧凑、导向精度高,并能承受较大的横向负载和转矩,所以在送料线的工件推出、提升和定位等场合得到广泛应用。

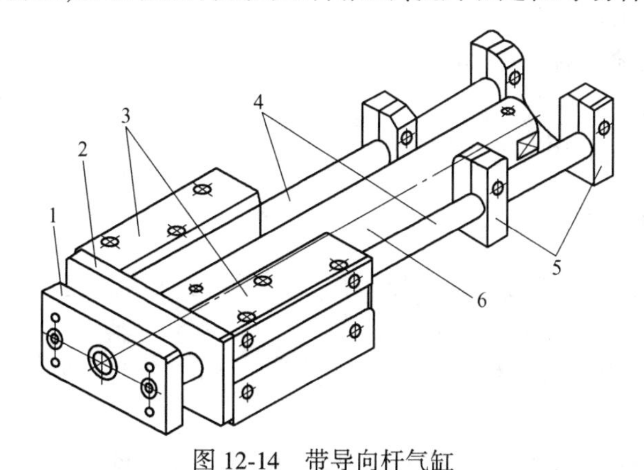

图 12-14　带导向杆气缸

1—连接板;2—气缸筒固定板;3—导向块;4—导向杆;5—导向套;6—气缸筒

9. 回转气缸

回转气缸的结构原理图如图 12-15 所示。它由缸体、缸盖导气轴、导气套、轴承、活塞和活塞杆等部件组成。回转气缸一般与气动卡盘结合使用,例如,将回转气缸的缸体连接在车床主轴的后端,使得缸体、缸盖导气轴随车床主轴一起转动,导气套固定不动。需要卡紧工件时,给回转气缸通压缩空气,活塞带动活塞杆直线动作,驱动卡紧机构将工件卡紧。卡紧后的工件、车床主轴、活塞杆、缸体、缸盖导气套绕与导气套的同一轴线转动。由于导气套和缸盖导气轴有转动,需装有滚动轴承,并

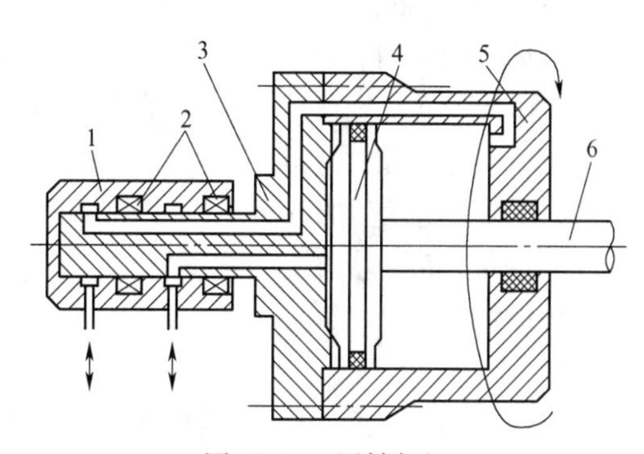

图 12-15　回转气缸

1—导气套;2—轴承;3—缸盖导气轴;
4—活塞;5—缸体;6—活塞杆

配有间隙密封。回转气缸常用于机床的自动卡紧。

10. 摆动气缸

摆动气缸是利用压缩空气驱动输出轴实现其在一定角度范围内作往复摆动的气动执行元件。摆动气缸可分为齿轮齿条式和叶片式两大类。齿轮齿条式摆动气缸是利用活塞杆上的齿条拨动齿轮实现齿轮轴往复回转摆动的。简单的齿轮齿条摆动气缸由一对齿轮齿条副构成,为消除径向不平衡力还有两对齿条中间夹一个齿轮构成的结构。叶片式摆动气缸可分为单叶片式和双叶片式两种。叶片式摆动气缸由缸体、与缸体固定的定子、前端盖、后端盖、叶片转子、转子轴和工作气口等部分组成单叶片式摆动气缸如图 12-16(a)所示。在定子 1 上有两个工作气口,当左侧进气,右侧排气时,压缩空气推动叶片转子 2 绕着转子轴 3 逆时针转动;反之,转子轴作顺时针转动。单叶片式摆动气缸的输出转角较大,其摆角小于 360°。

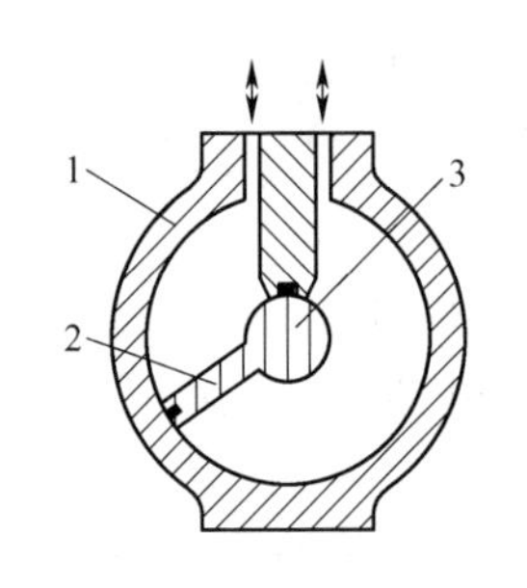

(a) 单叶片式摆动气缸

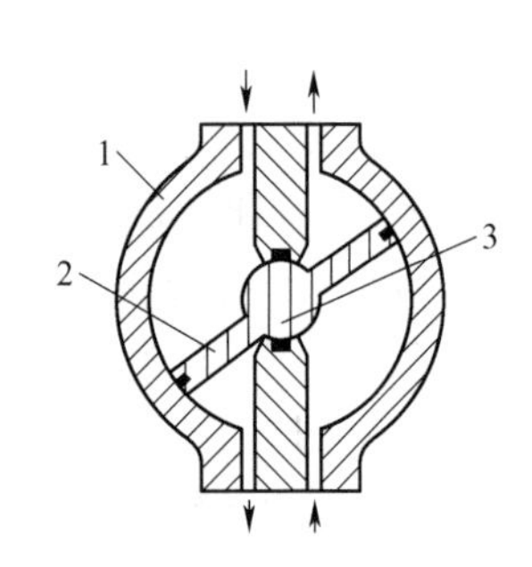

(b) 双叶片式摆动气缸

图 12-16　叶片式摆动气缸

1—定子;2—叶片转子;3—转子轴

双叶片式摆动气缸如图 12-16(b)所示。其输出转角较小,摆角范围小于 180°。叶片式摆动气缸多用于安装位置受到限制或转动角度小于 360°的回转工作部件,例如夹具的回转、阀门的开启、车床转塔刀架的转位、自动送料线上物料的转位等场合。

三、气缸的使用注意事项

(1)气缸使用时符合气缸的正常工作条件,如气源的清洁程度、温度、湿度、工作压力范围、承载能力、动作速度范围、润滑条件等。

(2)活塞杆只能承受轴向负载,不允许承受其他方向的负载。安装时要保证负载方向与气缸轴线一致。

(3)避免气缸在行程终端发生大的碰撞,以防损坏气缸部件和影响气缸的动作精度。除缓冲气缸外,可采用附加缓冲装置或缓冲回路的方式进行缓冲。

(4)除不给油润滑气缸外,都应对气缸进行给油润滑。不给油润滑气缸也可以进行给油润滑,一旦给油必须持续给油。

(5)用于工作频率高、振动大场合的气缸,其安装螺钉和各连接部位应采取防松措施。

(6)长行程的气缸,在其中间应有适当的支承,保证支承轴线与气缸杆轴线之间平行。

(7)需要低速运动的气缸可以使用气液转换器或气液阻尼缸。

(8)气动设备如果长期闲置不使用,应定期通气运行和保养,或把气缸拆下涂油保护,以防锈蚀和损坏。

第三节　气动马达

气动马达是将压缩空气的压力能转换成连续回转的机械能的气动执行元件。按照其结构不同,气动马达可分成叶片式和活塞式等。和电动机相比,气动马达具有无级调速、扭矩大、可带载启动、以及安全防爆、不产生火花、不发热等优点。气动马达常用于矿山机械、包装机械、旋盖机、灌装机、打包机、泵、鼓风机、卷扬机、阀门驱动、移动平台、马路喷线机、装配拧紧单元等。

一、叶片式气动马达

叶片式气动马达的典型结构如图 12-17 所示，主要由定子、转子、叶片及壳体构成。转子上开有径向长槽，槽内装有 3~10 个叶片；定子上工作气口，用于给气和排气；定子两端有密封盖，密封盖上有弧形槽，弧形槽与工作气口和叶片底部相连通，工作时叶片被推向定子内壁；转子和定子必须偏心安装。和叶片泵相似，由转子外表面、定子的内表面、相邻两叶片及两端密封盖形成了若干个变化的密封的工作空间。

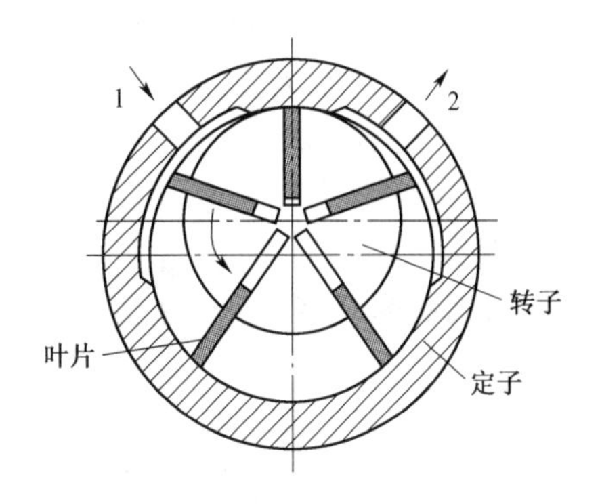

图 12-17　叶片式气动马达

当 1 口供给压缩空时，一路压缩空气经过定子两面密封盖的弧形槽进入叶片底部，将叶片推出，依靠该压力和转子转动时的离心力，叶片紧密地抵在定子内壁上；另一路压缩空气进入某个密封的工作空间，由于构成密封空间的两叶片伸出长度不同，作用面积也不相等，作用在两叶片上的转矩大小不等且方向相反，转子在两叶片上的转矩差的作用下，按逆时针方向旋转。转子转过大半圈后，残余气体经工作气口 2 排出。所有密封工作空间交替做功，转子叶片就带动转子轴连续回转起来。当 2 口进气、1 口排气时，在转子上产生相反的合成转矩，转子带动转子轴按顺时针方向旋转。

二、活塞式气动马达

活塞式气动马达是一种利用曲柄或斜盘将若干个活塞的直线运动转变为曲柄轴或斜盘轴回转运动的气动马达。按照结构，活塞式气动马达可分为径向活塞式和轴向活塞式两种。

如图 12-18 所示为径向活塞式气动马达的结构原理图。1 口为工作气口；4 个气缸绕曲轴轴线呈放射状均匀分布，每个气缸通过活塞连杆与曲轴相连；配气阀用于向各气缸顺序供气，压缩空气推动活塞运动，活塞连杆带动曲轴转动。当配气阀转到某角度时，气缸内的余气经排气口排出。改变工作气口 1 的气流方向，可以改变气动马达的转向。活塞式气动马达适用于转速低、转矩较大的场合。活塞式气动马达主要应用于矿山机械或某些传送带的驱动马达等。

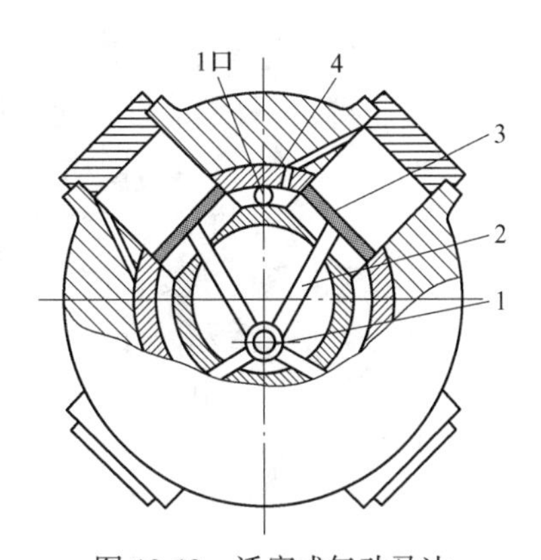

图 12-18　活塞式气动马达
1—曲柄；2—活塞连杆；3—活塞；4—配气阀

自测题十二

一、填空题（每空 2 分，共 30 分。得分________）

1. 气动执行元件是将压缩空气的________能转化为________能的元件，其输出的运动形式为直线运动或往复摆动的是________,输出连续回转运动的是________。

2. 根据压缩空气驱动活塞运动的方式,活塞某一个方向上的运动靠压缩空气驱动的称为________气缸,活塞两个方向上的运动都靠压缩空气驱动的称为________气缸。

3. 气液阻尼缸是由________和________组合而成,它由________产生驱动力,用液压缸的________调节作用获得平稳的运动。

4. 膜片式气缸因膜片的变形量有限,故其行程________,膜片气缸适用于阀门或卡具的开启、关闭等短行程的场合。

5. 气动马达是将压缩空气的________转换成连续回转运动的________能的气动执行元件,常用的气动马达有________、________等。

二、判断题(每题 2 分,共 10 分。得分________)

1. 回转气缸可以用于机床夹具的卡紧。　(　　)
2. 摆动气缸多用于安装位置受限制或转动角度小于 180°的回转工作部件。　(　　)
3. 带阀气缸相当于气缸和阀组成的气缸回路,结构紧凑,维修方便。　(　　)
4. 磁性气缸依靠活塞上的磁环与磁感应传感器相互作用,实现自动位置检测。　(　　)
5. 无杆气缸适用于缸径小、行程长的快速运动场合。　(　　)

三、选择题(每题 3 分,共 15 分。得分________)

1. 为了使活塞运动平稳,可以采用的气缸类型是________。

A. 活塞式　B. 无杆式　C. 膜片式　D. 气—液阻尼缸

2. 对带导向杆气缸描述不正确的是________。

A. 导向精度高　B. 能承受横向载荷

C. 能承受横向转矩　D. 不能防止活塞扭转

3. 对气动马达的优点描述错误的是________。

A. 输出扭矩大　B. 不产生火花　C. 适合空载起动　D. 可以实现无级调速

4. 能把压缩空气的能量转化为活塞高速运动能量的气缸是________。

A. 冲击气缸　B. 摆动气缸　C. 无杆气缸　D. 带阀气缸

5. 关于气缸使用时的注意事项描述正确的是________。

A. 多数气缸只能承受径向载荷,不能承受轴向载荷

B. 为避免气缸活塞运行到终端与端盖的碰撞,通常会降低管道气流的流量

C. 长时间闲置不用的设备也要进行定期保养

D. 所有的气缸在使用过程中都必须进行润滑

四、问答题(每题 9 分,共 45 分。得分________)

1. 膜片气缸和薄型气缸的工作行程均较短,其主要区别是什么?
2. 说明无杆气缸和有杆气缸在工作过程中有什么不同?
3. 磁性开关气缸和用行程开关控制的气缸都可以实现位置控制,二者有什么区别?
4. 摆动气缸和气动马达都能实现回转运动吗?这两种气动执行元件有什么区别?
5. 制动气缸和普通气缸通过换向阀实现闭锁相比,有什么不同?

第十三章　气动控制元件

教学目标

了解气动控制元件在气动系统中的作用；理解气动控制元件分为方向控制元件、压力控制元件和流量控制元件三大类以及各类典型元件的结构和工作原理，如单向阀、梭阀、双压阀和快速排气阀，溢流阀、减压阀、溢流减压阀，气控延时阀，单向节流阀等，理解气动换向阀的人工驱动、电磁驱动、气压驱动、机械驱动和复合驱动五种驱动方式和特点；理解气动先导的含义。

第一节　方向控制元件

改变气体的流动方向或者通、断气路的元件称为方向控制元件，方向控制元件也称为方向控制阀。按气流在阀内的流动方向，可分为单向型控制阀和换向型控制阀。

一、单向型控制阀

只允许气流沿一个方向流动的控制阀叫单向型控制阀。如单向阀、梭阀、双压阀和快速排气阀等。

1. 单向阀

气流只能向一个方向流动，而不能反方向流动的阀称为单向阀。其典型结构如图13-1(a)所示，单向阀的职能符号如图 13-1(b)所示。

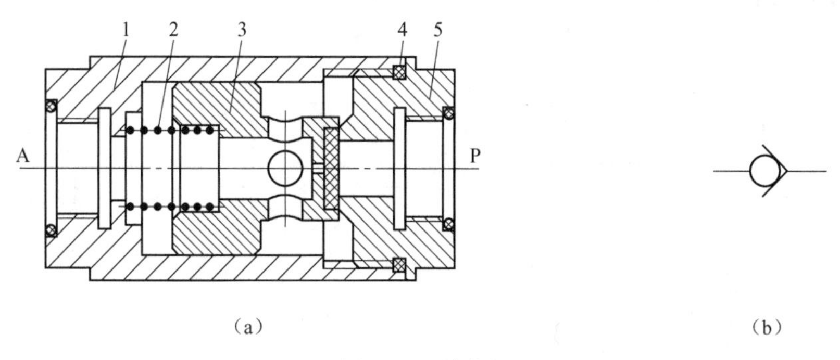

图 13-1　单向阀

1—阀体；2—弹簧；3—阀芯；4—O 形密封圈；5—阀盖

当 P 口压力大于 A 口压力，且作用在阀芯上的压力差的合力足以克服弹簧反力和摩擦力时，阀芯左移，阀口开启，气体从 P 口流进单向阀内部并从 A 口流出，气流的流向是 P 口进、A 口出；当 P 口压力小于 A 口压力时，压力差的合力方向与弹簧力的方向一致，气压力压紧阀芯，阀芯无法开启，此时单向阀关闭。弹簧的作用是增加阀的密封性，防止低压泄漏，另外，在气流反向流动时帮助阀迅速关闭。

单向阀特性包括最低开启压力、压降和流量特性等。单向阀必须满足最低开启压力才能开启；通过单向阀的流量变小时，阀两端的压力差也变小，当压力差小于开启压力时，阀有关闭的趋势，压力差随之增大，阀口再次开启，此时会导致单向阀出现自振。因此，单向阀的通流量必须合适；即使单向阀的阀口全开时也会产生压降，一般最低开启压力为(0.01～0.04)MPa，压降为(0.06～0.01)MPa。因此在精密的压力调节系统中使用单向阀时，需预先了解阀的开启压力和压降值。

单向阀安装在储气罐和空气压缩机之间，防止当空压机压力降低时产生逆流。

2. 梭阀

如图 13-2(a)所示为梭阀的结构图。梭阀的工作气口由两个进气口 P_1、P_2 和一个出气口 A 构成。无论 P_1 口或 P_2 口进气，阀芯动作，本侧气口打开，关闭另一侧的气口，从 A 口出气；当两侧同时进气，但进气压力不同时，高压侧气流使阀芯动作并关闭低压侧进气口，A 口输出高压侧气流；若 $P_1=P_2$，A 口输出的是 P_1(或 P_2)。梭阀具有选择高压输出的功能。梭阀的职能符号如图 13-2(b)所示。

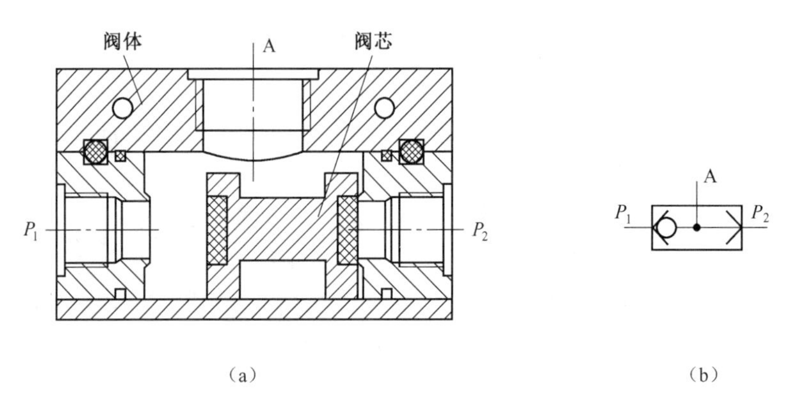

图 13-2　梭阀结构图

梭阀的输入、输出关系如图 13-3 所示。由于梭阀的两个进气口和出气口之间的输入、输出关系符合或逻辑的关系，所以也称梭阀为或阀。

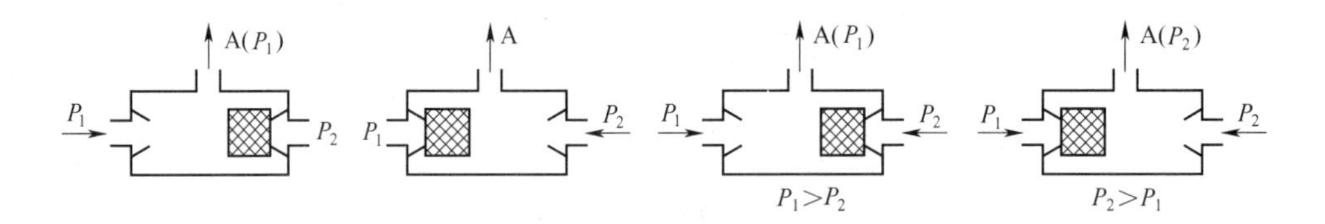

图 13-3　梭阀工作原理图

梭阀常用于信号选择。如图 13-4 所示为高、低压选择回路。若 $P_1>P_2$，手动换向阀右位机能工作，则梭阀左侧通大气，A 口输出的是低压 P_2 的压力；操作手动换向阀，使 P_1 的高压气流通梭阀左侧，此时 A 口输出的是高压 P_1 的压力。此回路的功能是利用梭阀，选择输出两种压力。

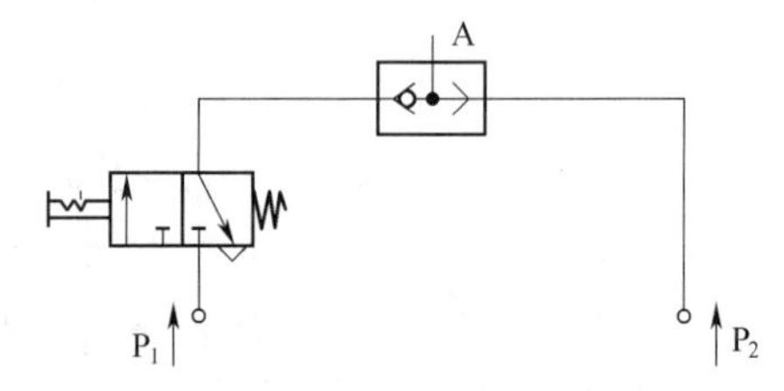

图 13-4　梭阀用于高低压选择的回路

3. 双压阀

双压阀有两个进气口，一个出气口。其结构如图 13-5(a)所示。职能符号如图 13-5(b)所示。

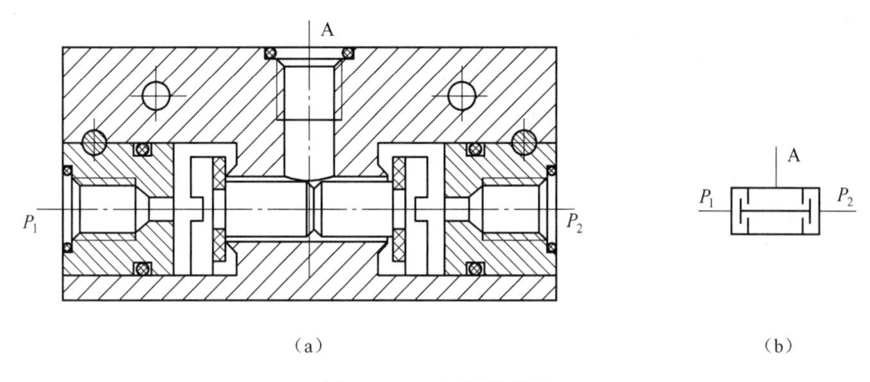

图 13-5　双压阀结构图

如图 13-6 所示为双压阀的工作原理。当只有一个输入口进气时，无论其压力为 P_1 或者 P_2，本侧进气口被关闭，双压阀不输出气流；当两个输入口都进气并且 $P_1=P_2$ 时，输出为 P_1(或 P_2)；当两个输入口都进气并且 $P_1>P_2$ 时，A 口输出低压 P_2 的气流；当两个输入口都进气并且 $P_2>P_1$ 时，A 口输出低压 P_1 的气流。可见，双压阀具有低压力选择的功能。由于双压阀的输入、输出功能符合与阀的逻辑关系，所以双压阀也称为与阀。

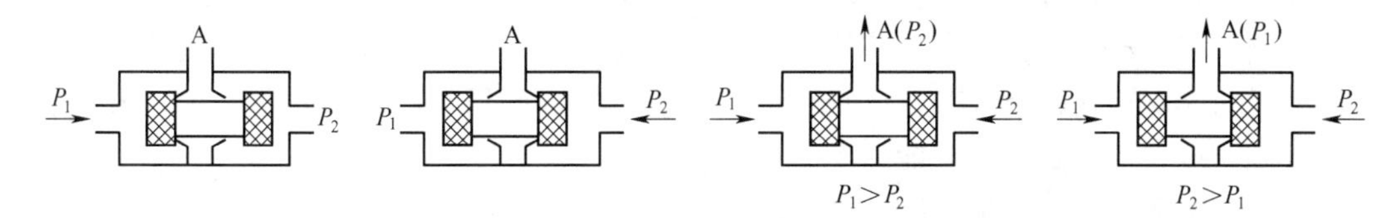

图 13-6　双压阀工作原理图

双压阀主要用于条件回路中。如在钻床的控制逻辑中，为保证安全，只有工件被定位且可靠夹紧这两个条件同时成立时才允许进给加工，如图 13-7 所示。机动阀 1 用于检测工件到位信号，机动阀 2 用于产生已夹紧信号，两个条件都成立则双压阀 3 有输出，主换向阀动作，气缸伸出，带动钻头开始进给。

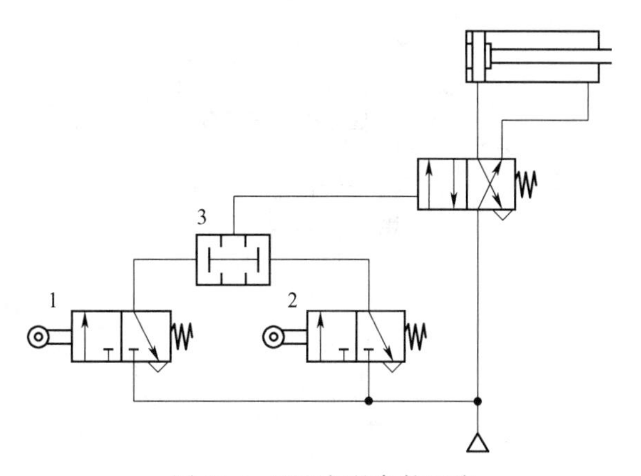

图 13-7　双压阀的条件回路

4. 快速排气阀

快速排气阀是一种当进气压力降低到一定值，出气口的压力气体自动从排气口迅速排气的阀，简称快排阀。气缸排气时，气体从气缸经过管路，由换向阀的排气口排出。如果气缸到换向阀的距离较长，而换向阀的排气口又较小时，排气时间就会较长，导致气缸运动速度较慢；若在气缸与换向阀之间安装快速排气阀，则气缸排出的气体就能通过快排阀直接排向大气，加快气缸的运动速度。

如图 13-8(a)所示为快速排气阀的结构示意图,如图 13-8(b)所示为快速排气阀的职能符号。

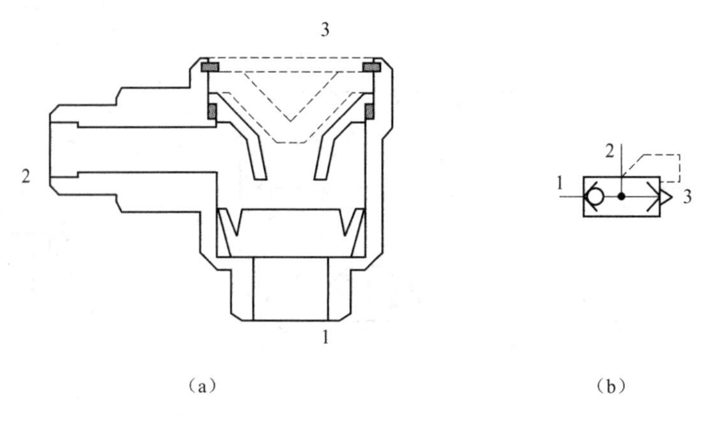

图 13-8　快速排气阀

当 1 口进气时,膜片封住带消声器的排气口 3,气流经膜片四周的间隙通过 2 口输出;当 2 口的压力大于 1 口的压力(此时 1 口的压力多为大气压力)时,膜片被推离 3 口,1 口被膜片封闭,2 口的气体经过 3 口快速排到大气中。

如图 13-9 所示的是快速排气阀的应用举例。图 13-9(a)是快速排气阀控制的气缸往复运动加速回路,快速排气阀安装在换向阀和气缸之间,使气缸排气时不通过换向阀而直接排气,尽量缩短管路长度,可提高气缸的运动速度。图 13-9(b)是快速排气阀用于单作用气缸的快速收回控制回路,按下手动阀,由于节流阀的作用,气缸缓慢进气并伸出;手动阀复位,气缸中的气体通过快排阀迅速排空,活塞杆快速收回,缩短了气缸回程时间,提高了生产节拍。使用快速排气阀时应保证气缸的缓冲能力。

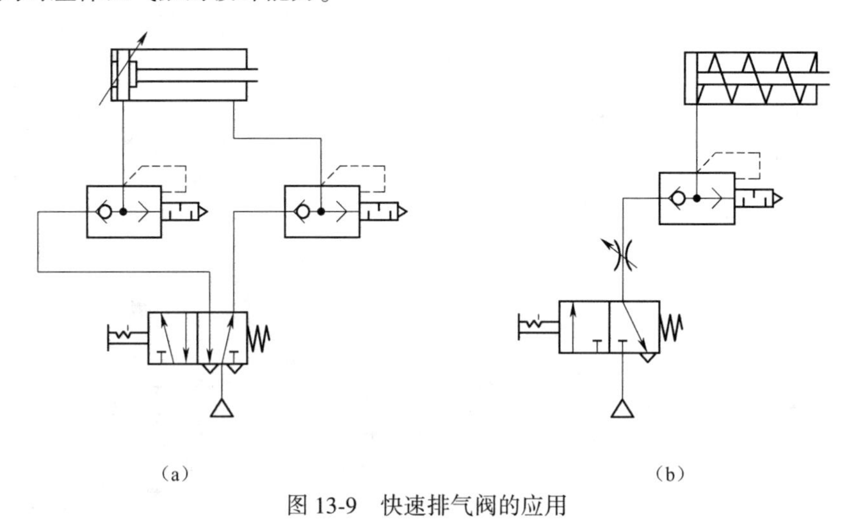

图 13-9　快速排气阀的应用

二、换向型控制阀

假如被控对象是双作用气缸,气缸杆伸出时,需要无杆腔进气,有杆腔排气;气缸杆收回时,变成有杆腔进气,无杆腔排气。这种改变气流方向的方向控制阀称为换向型控制阀,简称换向阀。

换向阀按照阀芯的控制方式可分为气压控制、电磁控制、人力控制和机械控制；按照动作方式可分为直动式和先导式；按照通口数目分为二通阀、三通阀、四通阀、五通阀和五通以上阀；按阀芯结构可分为截止式、滑阀式和膜片式；按照连接方式分为管式连接、板式连接、法兰连接和集装式连接等。

1. 人力控制的换向阀

靠人的手或脚使阀芯换向的阀称为人力控制的换向阀。人力控制的换向阀的操作力不大、动作速度较低、操作灵活，可以按人的意志随时改变被控制对象的状态。此种阀的通流口较小，在手动气动系统中，一般直接操纵气动执行机构；在半自动和自动系统中多作为信号阀使用。人力控制的换向阀按其操纵方式分为手动阀和脚踏阀两类。

(1)手动阀

如图 13-10 所示为手动阀的操作机构和驱动职能符号。其中，图(a)为平形按钮式、图(b)为蘑菇形按钮式、图(c)为旋钮式、图(d)为拨杆式、图(e)为锁式、图(f)为手柄式。图(a)、(b)、(f)的阀芯有自复位功能；图(c)、(d)、(e)阀芯有自锁功能，即操作力撤销后阀芯停位保持。

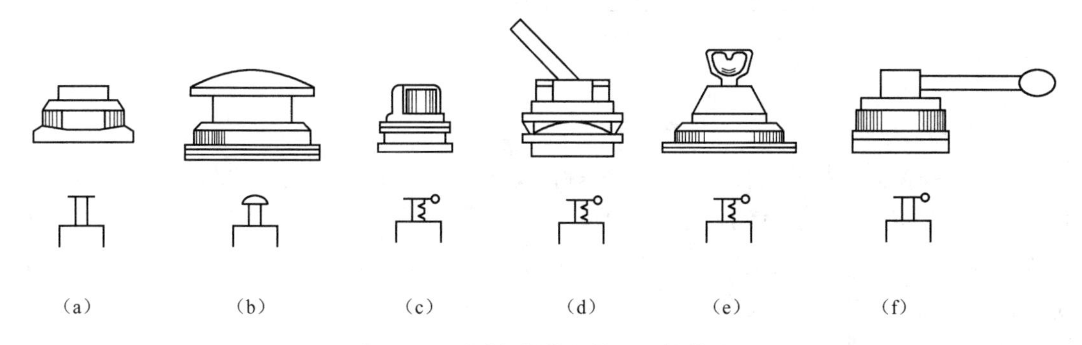

图 13-10　手动阀操作机构和职能符号

如图 13-11 所示为直接动作式手动阀的工作原理图和职能符号。如图 13-11(a)所示，用手拉起阀芯，则 1 口与 2 口相通，4 口与 5 口相通；如图 13-11(b)所示，将阀芯压下，则 1 口与 4 口相通，2 口与 3 口相通。如图 13-11(c)所示为该元件的职能符号，职能符号上的 V 形缺口数表示阀芯定位位置的个数，V 形缺口也可以在按钮侧表示出来。这种操作机构被触发后，阀芯便停位，换向阀具有记忆功能，需要改变阀芯位置时，必须再次触动操作机构。

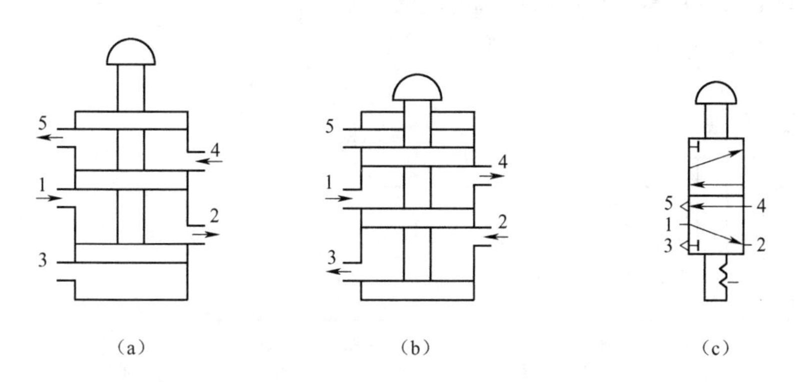

图 13-11　直动式手动换向阀原理图和职能符号

（2）脚踏阀

在有些气动冲床上，为提高生产效率，操作者两只手主要用于装卸工件，使用脚踏阀控制冲压动作。脚踏阀有单板脚踏阀和双板脚踏阀两种。单板脚踏阀是脚一踏下便进行切换，脚一离开便恢复到原位，属于自复位的二位阀。双板脚踏阀有两位式和三位式两种。两位式脚踏阀的动作是踏下踏板后，脚离开，阀芯不复位，踏下另一踏板后，阀芯才复位；三位式有三个动作位置，脚没有踏下时，两边踏板处于水平位置，为中间状态；踏下任一边的踏板，阀被切换，待脚一离开又立即回复到中位状态。如图 13-12 所示为脚踏阀的结构示意图和驱动方式的职能符号。

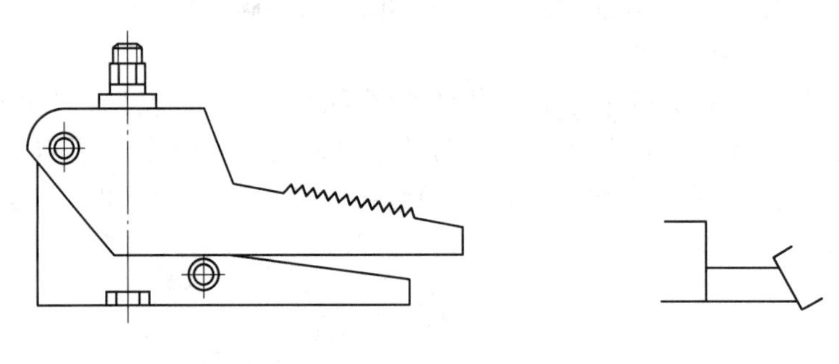

图 13-12　脚踏阀

2. 气压控制换向阀

气压控制换向阀简称气控换向阀，它是利用气体压力作用在换向阀阀芯端部以产生推力，通过改变阀芯位置来改变气路通断状态的元件。在易燃、易爆、潮湿、粉尘大、强磁场、高温等恶劣工作环境下，由气控阀构成的气动系统的抗干扰能力强、安全可靠。气压控制可分成加压控制、泄压控制、差压控制、时间控制等。

（1）加压控制阀

加压控制是指通过加在阀芯上的控制信号压力上升来驱动阀芯动作的控制方式。加压控制方式有单气控和双气控两种。如图 13-13 所示为单气控换向阀，其中图（a）为控制口 12 口无控制信号时的状态，阀芯在弹簧和进气口 1 口气压的共同作用下上移，阀口关闭，1 口和 2 口断开，2 口和 3 口接通，换向阀处于排气状态；图 13-13（b）为控制口 12 口有加压控制信号时的状态，阀芯在控制信号的作用下下移，2 口和 3 口断开，1 口和 2 口接通，换向阀处于接通的工作状态。图 13-13（c）为单气控换向阀的职能符号。

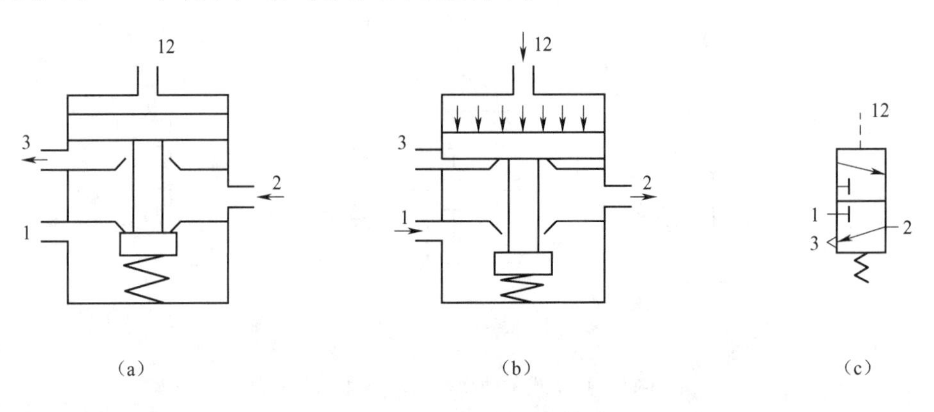

图 13-13　单气控换向阀

如图 13-14 所示为二位五通双气控换向阀,其中图 13-14(a)为控制口 12 口有控制信号,控制口 14 口无控制信号的状态,阀芯停在右端,进气口 1 口和工作气口 2 口接通,工作气口 4 口和排气口 5 口接通;图 13-14(b)为控制口 14 口有控制信号,控制口 12 口无控制信号的状态,阀芯停在左端,进气口 1 口和工作气口 24 口接通,工作气口 2 口和排气口 3 口接通。双气控换向阀是有记忆功能的元件,某侧的控制气口通气后再断气,阀芯可以持续停位。必须注意的是,不能让此种双气控换向阀的两个气控口发生同时通气的状况,否则阀芯的停位将不确定(多数情况是后通气的气控口不起作用)。图 13-14(c)为该元件的职能符号。

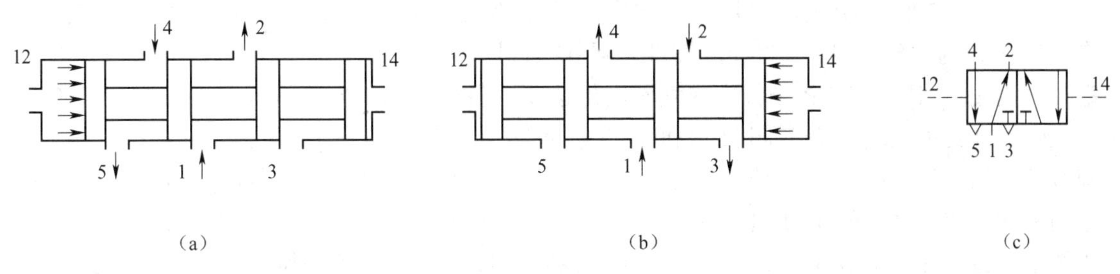

图 13-14　双气控换向阀

如图 13-15 所示为压力顺序阀。其中图 13-15(a)为压力顺序阀工作原理图,当控制口 12 口无控制信号时,进气口 1 口的压力作用在先导阀芯的上端,先导阀芯上腔与主阀芯右腔断开连接,主阀芯在进气口压力作用下右移,进气口 1 口和工作气口 2 口关闭,工作气口 2 口和排气口 3 口接通;当控制口 12 口通控制信号后,其压力值大于先导阀芯的动作压力时,先导阀芯上移,先导阀芯上腔与主阀芯右腔接通,由于主阀芯右侧有效作用面积远大于左侧,所以主阀芯左移,1 口和 2 口接通,2 口和 3 口断开。由于阀内的控制信号来自工作回路的气流,所以工作回路的压力波动对阀的控制信号有很大影响。在使用时,应尽量降低先导阀的开启压力,并降低工作气口 2 口的压力波动。图 13-15(b)为压力顺序阀的职能符号。

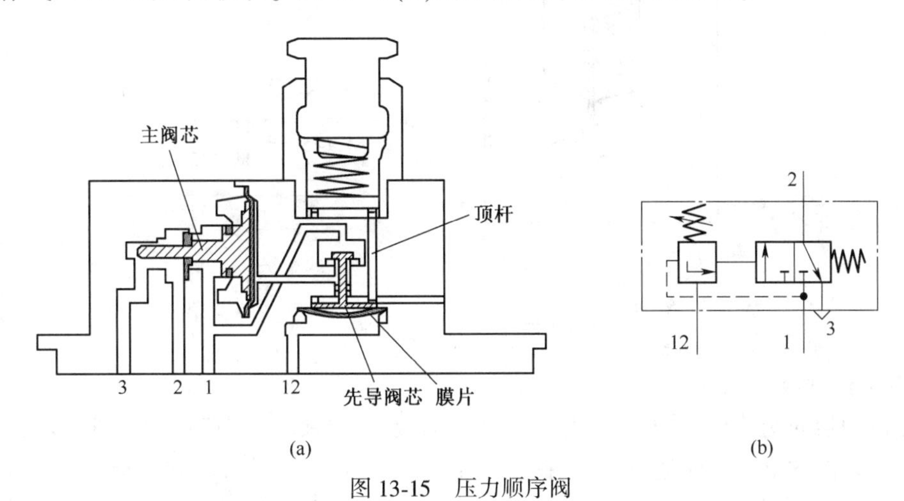

图 13-15　压力顺序阀

(2)泄压控制阀

泄压控制是指加在阀芯上的控制信号的压力降至某一值时,换向阀阀芯动作。泄压控制方式的切换性能不如加压控制方式。

(3)差压控制阀

差压控制是利用阀芯两端受气压作用的有效面积不相等,在阀芯上产生合力变化,使阀芯动作而换向的控制方式,其职能符号如图 13-16 所示,进气口 1 口和 12 口始终连通,当 14 口无控制信号时,在 12 口控制信号的作用下,1 口和 2 口连通,4 口和 5 口连通;当控制口 14 口通控制信号时,阀芯动作, 1 口和 4 口连通,2 口和 3 口连通,实现换向。某种程度上,此种控制方式相当于单气控加压控制,在结构上省去了复位弹簧。

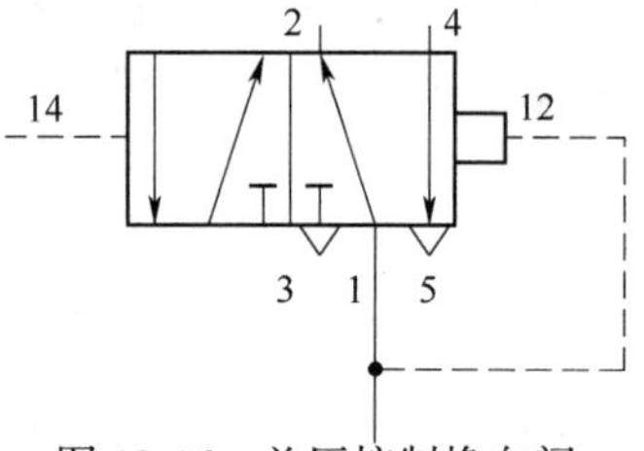

图 13-16　差压控制换向阀

(4)气控延时阀

如图 13-17 所示为气控延时阀的结构原理图。在图 13-17(a)中,1 口为进气口、2 口为工作气口、3 口为排气口、12 口为控制气口。调节螺钉用于调节从控制气口 12 口进入到右侧气室的气流流量,达到调节控制气室内气压增加速度的目的。当 12 口无控制信号时,主阀芯被复位弹簧推到最上端,1 口封闭,2 口和 3 口连通,实现排气;当 12 口通控制信号时,气流通过调节螺钉的节流口缓慢进入到气室里,气室内压力逐渐升高,延时一段时间后,气室内的压力达到推动主阀芯动作的压力,主阀芯下移并接触到下隔板膜片,2 口和 3 口封闭,随着主阀芯继续下移,1 口和 2 口接通。该过程实现了从控制口 12 口通气到 1 口和 2 口接通的延时控制。节流方式的气控延时阀的延时时间通常在 0~30 s 范围内,常用于必需使用纯气动元件系统的场合。气控延时阀的职能符号如图 13-17(b)所示。

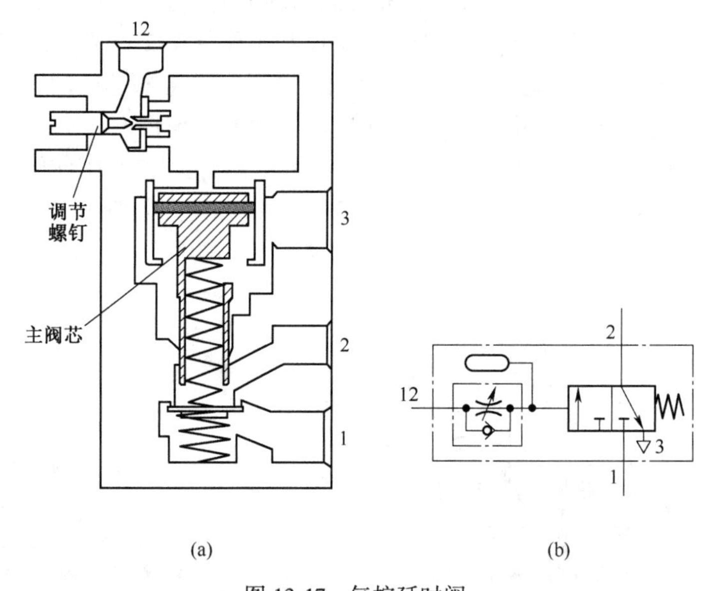

(a)　　(b)

图 13-17　气控延时阀

3. 电磁控制换向阀

电磁控制换向阀简称电控换向阀,是气动方向控制元件中应用广泛的元件。电控换向阀是通过对其内部的电磁线圈通电,在衔铁上产生电磁力,通过衔铁推动阀芯动作实现改变气流方向的。电控换向阀种类繁多,按照阀芯的动作方式分为直动式和先导式;按照阀芯结构形式分为滑柱式、座阀式和滑柱座阀式;按照通电电源分为直流式和交流式;按照密封形式分为弹性密封和间隙密封;按照功率大小分为一般功率和低功率等。

(1)直动式电控换向阀

由电磁铁的衔铁直接推动阀芯动作的电控换向阀称为直动式电控换向阀。直动式电控换向阀有单电控和双电控两种。如图 13-18 所示为直动式单电控换向阀的动作原理图和职能符号。在图 13-18(a)中,控制开关 S 断开,电磁线圈回路无电流流过,阀芯上无电磁力作用,在复位弹簧的作用下,阀芯处于上端,进气口 1 封闭,工作气口 2 和排气口 3 接通;在图 13-18(b)中,控制开关 S 闭合,控制电流流过电磁线并产生电磁吸力,阀芯在电磁力作用克服弹簧反力向下移动,阀芯处于下端,进气口 1 和工作气口 2 接通,排气口 3 封闭。通过对外部开关 S 的控制,就能改变阀芯的位置,从而改变气流的流向。图 13-18(c)为直动式单电控换向阀的职能符号。

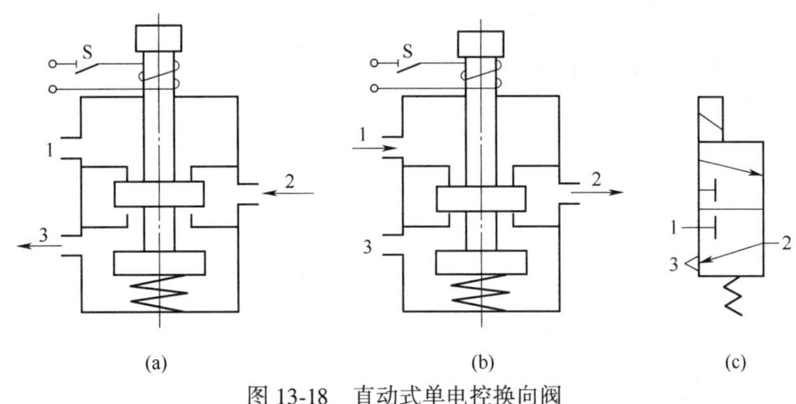

图 13-18　直动式单电控换向阀

如图 13-19 所示为直动式双电控换向阀的动作原理图和职能符号。如图 13-19(a)所示,闭合开关 S_1,断开开关 S_2,电磁线圈 Y_1 通电并产生电磁力,Y_2 断电时,阀芯被推到右侧,进气口 1 和工作气口 2 连通,工作气口 4 和排气口 5 连通,排气口 3 封闭;如图 13-19(b)所示,闭合开关 S_2,断开开关 S_1,电磁线圈 Y_2 通电并产生电磁力,Y_1 断电时,阀芯被推到左侧,进气口 1 和工作气口 4 连通,工作气口 2 和排气口 3 连通,排气口 5 封闭;控制开关 S_1 和 S_2 不能同时闭合或出现同时闭合的状态,否则阀芯的动作位置将不确定或阀芯不能动作。图 13-19(c)为直动式双电控换向阀的职能符号。

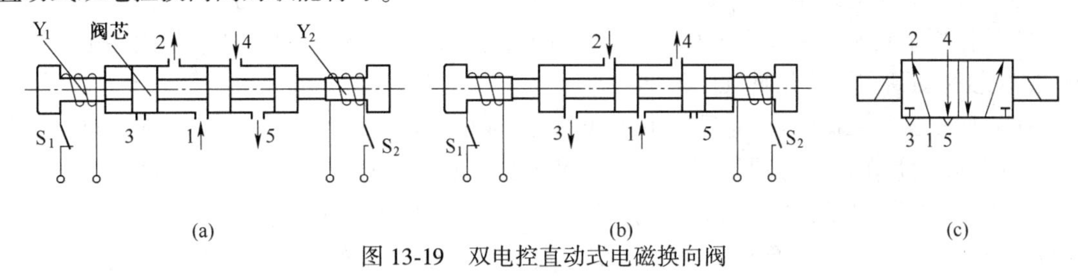

图 13-19　双电控直动式电磁换向阀

(2)先导式电控换向阀

先导式电控换向阀由电磁控制的先导阀结构和主阀结构两部分组成。工作时,给电磁控制的先导阀线圈通电,先导阀芯动作,把压力气体接通到主阀芯端部,推动主阀芯动作,实现主阀内工作气体的换向。先导式电控换向阀解决了当要求阀的通径较大时,若采用直动方式,需要大的电磁机构和耗电大的问题。

先导式电控换向阀按照控制方式可分为单电控和双电控;按照先导压力的来源,分为内部先导式和外部先导式两种。

外部先导式单电控换向阀的动作原理如图 13-20 所示。在图 13-20(a)中,右侧为先导阀部分,开关 S 断开,先导阀的电磁线圈断电,其进气口 12 封闭。左侧为主阀部分,主阀芯右腔和先导阀的排气口 5 连通，主阀芯在复位弹簧的作用下停在右端，主阀的进气口 1 封闭，工作气口 2 和排气口 3 连通；在图 13-20(b) 中，开关 S 闭合，先导阀的电磁线圈通电，产生的电磁力推动先导阀芯下移，排气口 5 关闭，进气口 12 的气体进入到主阀芯右腔，气压力克服复位弹簧反力并推动主阀芯左移，主阀的排气口 3 封闭，进气口 1 和工作气口 2 接通。如图 13-20(c) 所示为外部先导式单电控换向阀的详细职能符号；如图 13-20(d) 所示为外部先导式单电控换向阀的简化职能符号。

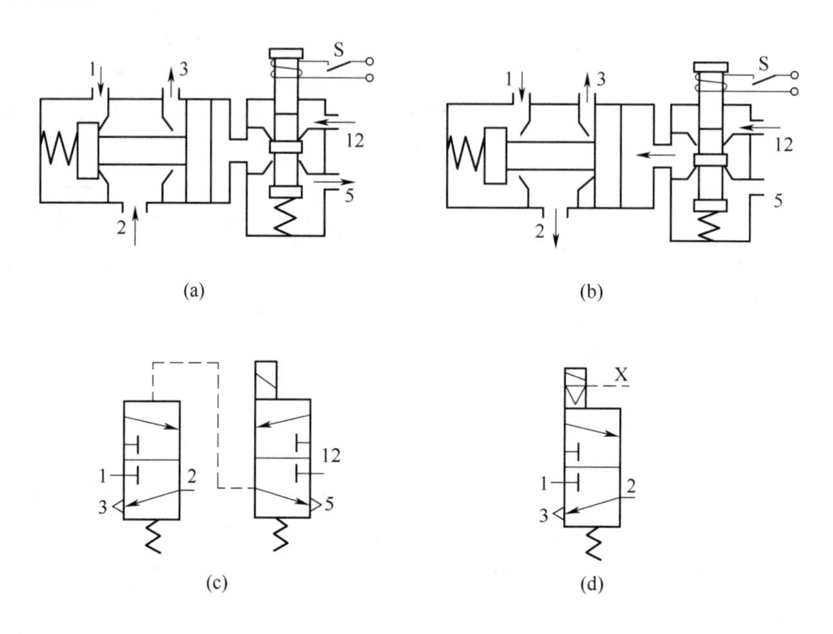

图 13-20　外部先导式单电控换向阀

如图 13-21 所示为内部先导式双电控电控换向阀的动作原理图。如图 13-21(a) 所示，开关 S_1 闭合，先导阀电磁线圈 Y_1 通电，开关 S_2 断开，先导阀电磁线圈 Y_2 断电，左侧先导阀芯在电磁力的作用下克服弹簧反力下移，进气口 1 的气体通过左侧先导阀的 12 口作用在主阀芯左侧，主阀芯移动到右端。此时，进气口 1 和工作气口 2 连通，工作气口 4 和排气口 5 连通；如图 13-21(b) 所示，开关 S_2 闭合，先导阀电磁线圈 Y_2 通电，开关 S_1 断开，先导阀电磁线圈 Y_1 断电，右侧先导阀芯在电磁力的作用下克服弹簧反力下移，进气口 1 的气体通过右侧先导阀的 14 口作用在主阀芯右侧，主阀芯移动到左端。此时，进气口 1 和工作气口 4 连通，工作气口 2 和排气口 3 连通。双电控换向阀具有记忆功能，即线圈通电时换向阀换向，断电后仍保持换向位置不变，所以双电控换向阀可以用脉冲信号控制，也称为脉冲阀。为保证主阀正常工作，两个先导阀电磁线圈不能同时通电，电路中应进行互锁保护。

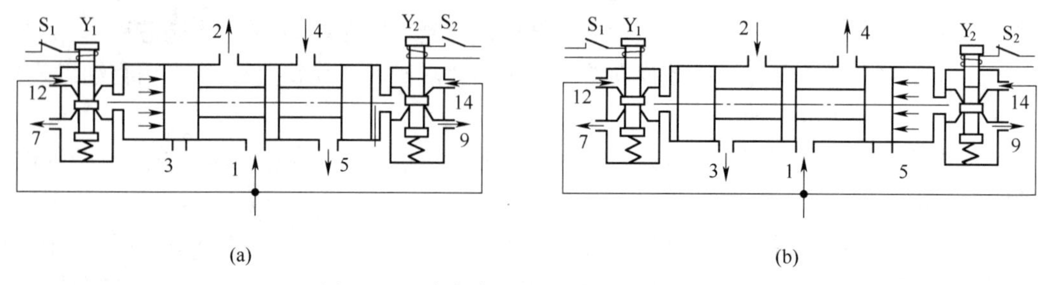

图 13-21　内部先导式双电控电控换向阀

如图 13-22 所示为内部先导式双电控电控换向阀的职能符号。

直动式电磁阀依靠电磁力直接推动阀芯动作，阀的通径一般较小或采用间隙密封的结构形式，常用于小流量控制系统或作为先导式电磁阀的先导阀；先导式电磁阀的电磁力推动先导阀芯，由先导阀导入气流推动主阀芯动作，通径大的电控换向阀都采用先导式结构。

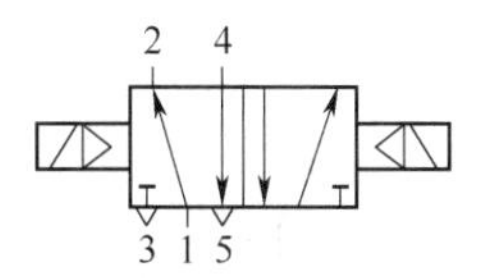

图 13-22　内部先导式双电控换向阀的职能符号

4. 机械控制换向阀

机械控制换向阀是靠外部机构部件产生的外力作用在阀的滚轮、杠杆或撞块等触发机构上，推动阀芯动作实现换向的元件。机械控制的换向阀可简称为机动阀。如图 13-23 所示为不同触发机构的机械控制换向阀。在图 13-23 的触头形式中，图(a)为直动圆头式，图(b)为杠杆滚轮式，图(c)为杠杆单向滚轮式，图(d)为旋转杠杆式，图(e)为可调旋转杠杆式，图(f)为弹簧触须式。

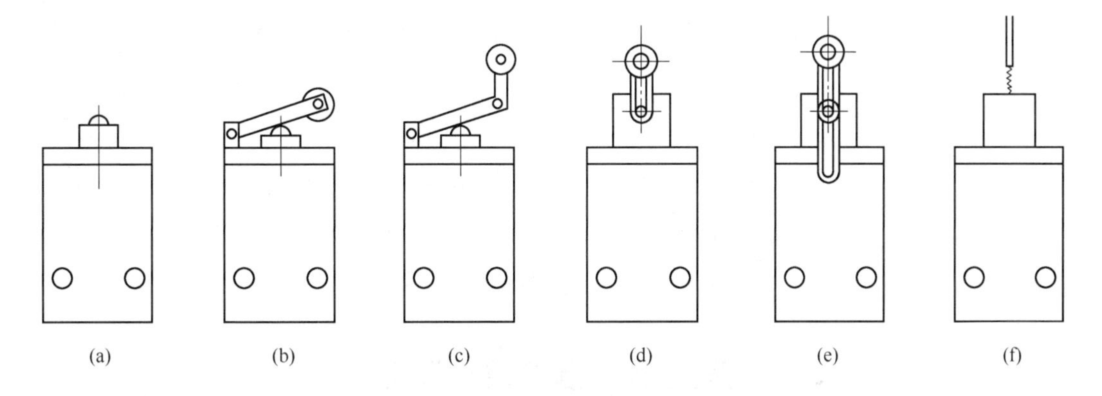

图 13-23　机械控制阀的触头形式

如图 13-24 所示为直动圆头式机动阀，图中的触头机构为受机械力触发后的状态，阀芯在下位。此时的进气口 1 和工作气口 2 接通，与排气口 3 相通的弹簧套筒腔被阀芯封闭。若撤消外部的机械力，阀芯受弹簧 1 的作用上移，关闭进气口 1，弹簧 2 推动触头机构上移，触头机构的套筒离开阀芯，工作气口 2 和排气口 3 接通。

如图 13-25 所示为杠杆单向滚轮先导式机动阀。当触发轮处于释放状态时，顶杆被下面的复位弹簧推到上端，封闭先导通道，进气口 1 封闭，工作气口 2 和排气口 3 接通；当有机械部件从右往左运动时，触发轮不能转动，推动导向轮下移，杠杆推动顶杆下移，进气口 1 口的气流经过先导通道进入到先导活塞的上腔，推动先导活塞下移，先导活塞关闭主阀芯通往排气口 3 的通道，主阀芯继续下移，进气口 1 和工作气口 2 接通；当有机械部件从左往右运动时，触发轮被触发，只是绕着导向轮的转轴顺时针转动，导向轮在垂直方向上没有位置，顶杆无动作，先导机构不动作，主阀芯不能换向。该阀能实现外部机械部件单方向触发阀芯阀芯动作的功能。需要注意的事，该阀通常安装在执行机构的行程中，执行机构接触驱动轮动作后应释放驱动轮的位置，用于发出单向动作的位置信号，不能安装在执行元件的极限行程位置，否则会失去产生单向动作位置信号的功能。机动阀的职能符号如图 13-26(a)和(b)所示。

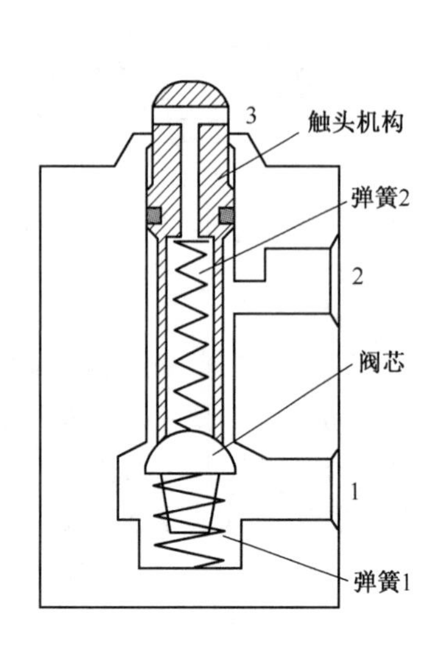

图 13-24　直动圆头式机动阀

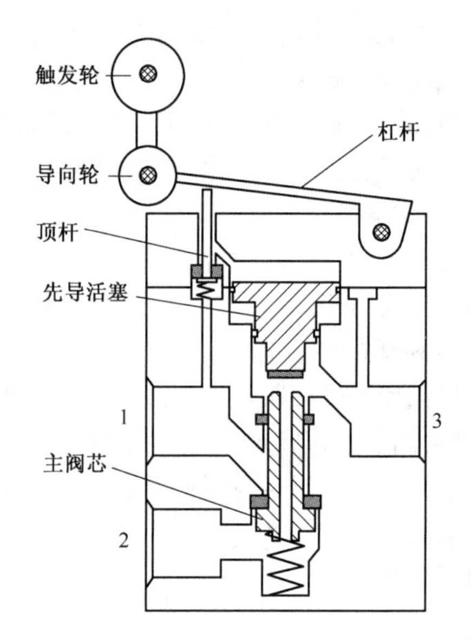

图 13-25　杠杆单向滚轮先导式机动阀

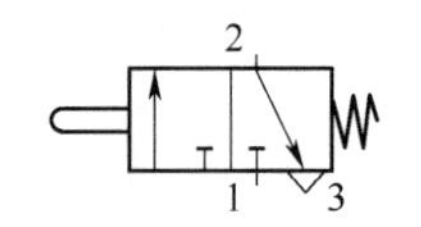

(a) 直动圆头式机动阀

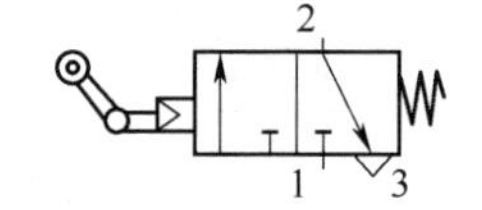

(b) 杠杆单向滚轮先导式机动阀

图 13-26　机动阀职能符号

第二节　压力控制元件

压力控制元件是指调节和控制压力大小的气动元件,也称压力控制阀。它包括溢流阀、减压阀、增压阀等。

一、溢流阀

如图 13-27(a)所示为溢流阀工作在非溢流状态,调节手柄用于调节调压弹簧作用在阀芯上的力,当进气口 1 的压力小于弹簧作用在阀芯上的力时,阀芯关闭,排气口 3 无溢流发生;如图 13-27(b)所示为溢流阀工作在溢流状态,此时进气口 1 的压力大于阀芯的开启压力,活塞上移,阀口开启,从排气口 3 排气溢流;进气口 1 的压力下降,阀芯在弹簧的作用下有下移的趋势,阀口趋于关闭,进气口 1 的压力稍微升高,阀芯稍微开启溢流,基本维持进气口 1 的压力基本恒定。调节弹簧的预紧力,即可改变阀的开启压力。如图 13-27(c)所示为溢流阀的职能符号。

把溢流阀安装在需要限制系统压力的位置,可以起到防止系统过载的作用,此时的溢流阀也称为安全阀。

二、减压阀

减压阀又称调压阀,它是将较高的进口压力降低并调节到符合使用要求的压力,并保证调

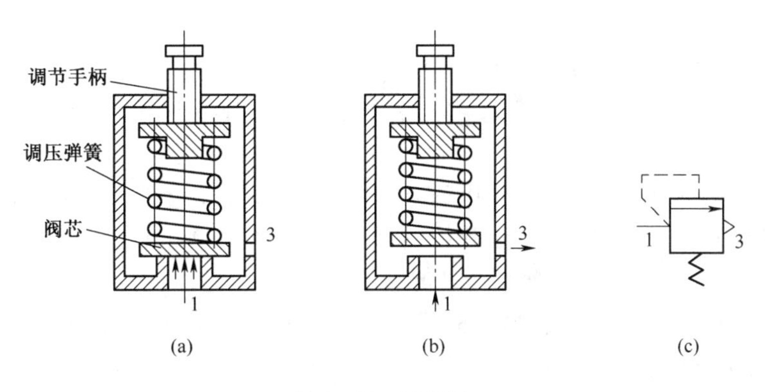

图 13-27　溢流阀

节后的出口压力稳定的阀。减压阀按压力调节方式,可分成直动式和先导式;按调压精度,分为普通型和精密型。

1. 结构原理

在实际回路中,为满足正向调压和反向稳压的需要,在系统中通常使用溢流减压阀,溢流减压阀是一种带溢流功能的减压阀,如图 13-28 所示为直动式溢流减压阀。如图 13-28(a)所示,操作者通过手柄直接调节调压弹簧的压力,其压力直接作用到阀芯上,控制阀的出口压力。其操作过程是:顺时针旋转手柄 1,压缩调压弹簧 2,膜片 4 受力下移,膜片 4 又推动阀芯 5 下移,阀口 7 被打开,未通气时,阀口开度最大;工作时,出口的气流经反馈通道 6 进入膜片 4 的下腔,产生向上的推力,当推力与弹簧力相平衡时,出口压力便稳定在一定值。如图 13-28(b)所示为直动式溢流减压阀的职能符号。

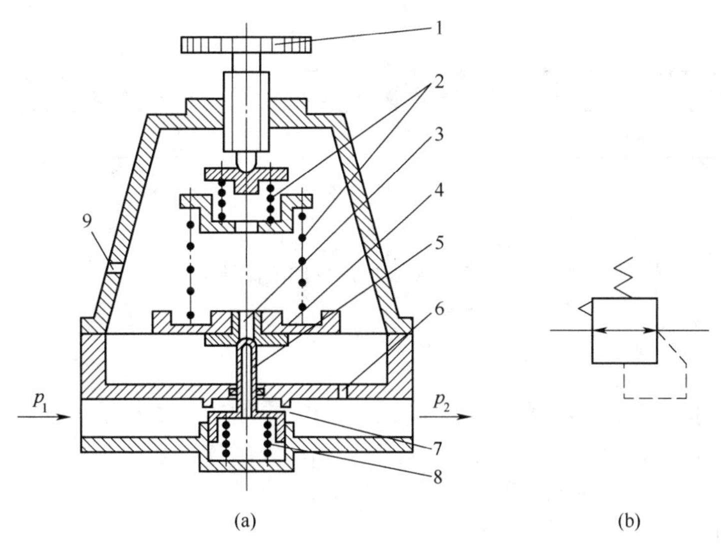

图 13-28　直动式溢流减压阀

1—手柄;2—调压弹簧;3—溢流口;

4—膜片;5—阀芯;6—反馈通道;7—阀口;8—复位弹簧;9—排气口

若入口压力产生波动,比如 p_1 瞬时升高,则出口压力 p_2 也随之升高,作用在膜片 4 下表面的推力增大,膜片 4 上移并压缩调压弹簧 2,在阀芯 5 和溢流口 3 之间产生顺时间隙,膜片 4 下腔的气体从溢流口 3 瞬时溢流。与此同时,在复位弹簧 8 的作用下,阀芯整体上移,阀门开度减小,节流作用增大,使出口压力 P_2 回降,直到膜片重新达到平衡。重新平衡后的输出压力又基本上恢复至原值。反之,若入口压力 P_1 瞬时下降,则出口压力 P_2 也随之下降,膜片 4 下移,阀芯 5 整体下移,阀口 7 开度增大,节流作用减小,输出压力 P_2 又基本上回升至调定得数值。

若入口压力 P_1 不变,负载发生变化导致出口压力 P_2 发生波动(增高或降低)时,其压力通过反馈通道 6 作用膜片 4 下表面。当 P_2 压力增高时,膜片 4 上移,膜片 4 下腔的压力气体通过溢流口 3 溢流,阀芯 5 上移,阀口 7 开度减小,节流作用增加,使 P_2 回降;当 P_2 压力降低时,膜片 4 下移,溢流口 3 无溢流,阀芯 5 下移,阀口 7 开度增大,节流作用减小,使 P_2 回升,以维持出口 P_2 的压力基本恒定。

逆时针旋转手柄 1,压缩弹簧 2 的弹力不断减小,膜片下腔中的压缩空气经溢流口不断从排气孔 9 排出,阀芯 5 不断上移直到关闭,出口压力降为零。

2. 溢流结构

溢流减压阀的溢流结构有溢流式、恒量排气式和非溢流式三种,如图 13-29 所示。其中如图 13-29(a)所示为溢流式结构,其作用是当出口压力大于调定压力时,出口侧的气体能从溢流口排出,维持出口压力不变(其稳压值稍大于调定压力);如图 13-29(b)所示为恒量排气式结构,工作时,始终有微量气体从溢流阀座上的小孔排出,用于小流量溢流减压阀。上述两种溢流结构在工作时经常要通过溢流孔排出少量气体,不适合用在工作介质为有害气体的气路中;图 13-29(c)所示为非溢流式结构,它与溢流式的区别就是溢流阀座上没有溢流孔。使用非溢流式减压阀时,要安装一个旁路阀,当需要降低输出压力时,打开旁路阀排出部分气体,直至达到新的调定值。

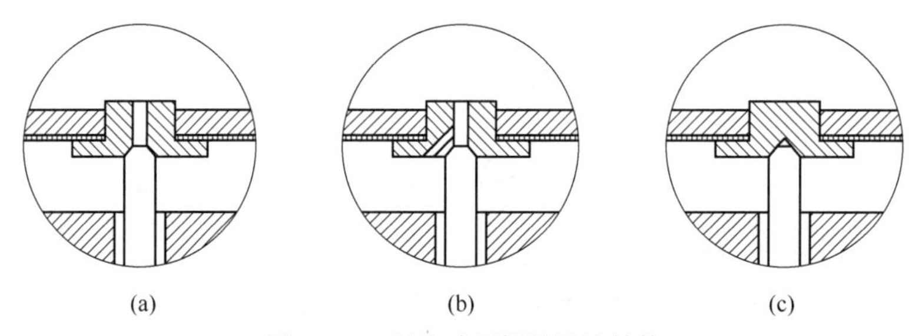

图 13-29　溢流减压阀的溢流结构

3. 主要技术参数

(1)调压范围

调压范围也称为设定压力范围,即出口压力的可调范围。此压力范围是在能够达到一定的稳压精度的前提下设定的。通常的使用压力为调压上限值的 30%～80%。由于减压阀要通过与弹簧力的平衡来调压,所以出口压力一定低于入口压力。

(2)压力特性

压力特性是指在一定出口流量下,出口压力和入口压力之间的关系。若入口压力的变化是 ΔP_1,出口压力的变化是 ΔP_2,则压力特性好的减压阀的 $\Delta P_2/\Delta P_1$ 越小越好。

(3)流量特性

减压阀的流量特性是指在一定入口压力下,出口压力与出口流量之间的关系。一个减压阀的稳压精度高,指的是在某设定压力 P_2 下,出口流量在很大范围内变化时,出口压力的相对变化($\Delta P_2/P_2$)越小越好。

（4）溢流特性

溢流特性是指出口压力高于设定值时，溢流口打开，空气从溢流口流出。溢流压力和溢流流量之间的关系是，溢流流量越大，需要更大的压力开启溢流口，溢流压力越高。

4. 减压阀使用时的注意事项

（1）普通减压阀的出口压力不要超过进口压力的 85%，出口压力不要超过设定压力最大值。

（2）连接配管应进行充分冲洗，安装时注意防尘、切屑末等混入。

（3）入口和出口按照箭头方向安装，不得装反。

（4）为防止阀芯动作不良，要对入口的工作介质进行油、水、杂志的过滤。

（5）入口不能安装油雾器，需要时应安装在减压阀的出口。

（6）减压阀不用时，应旋松手柄回零，以免膜片经常受压产生塑性变形。

（7）使用常泄式减压阀时，为降低排气噪声可安装消声器。

（8）根据现场的使用环境，选择材料适合的减压阀。

三、增压阀

工厂气路中的压力通常低于 1 MPa，但是在使用高压装置的场合，在空间小、不能安装大缸径气缸而输出力要求高的场合，在需要提高气液阻尼缸的液压力的场合，在希望缩短向储气罐充气到一定压力的时间等场合，增压阀可以方便的满足局部增压的需求。

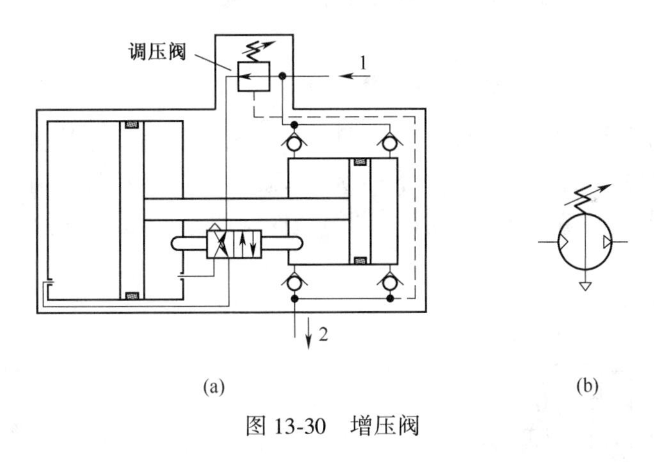

图 13-30　增压阀

增压阀的动作原理如图 13-30（a）所示。低压腔的大活塞和高压腔的小活塞刚性连接在一起同步动作，1 口为低压进气口，2 口为增压后的高压出气口，阀内的二位四通机控换向阀结构用于切换两活塞的运动方向。当大、小活塞向左运动时，小活塞左腔的气体被压缩并从单向阀排出，其右腔的压力气体用增加活塞的驱动力并成为回程的被压缩气体，当小活塞运动到腔体左侧，触发四通机控换向阀，大活塞左腔进气，推动大、小活塞向右移动，小活塞右腔的气体被压缩并从右下侧的单向阀排出，排出的气体经过增压阀的 2 口送给一个高压储气罐，调节调压阀就能在出气口 2 得到压力稳定的增压气体。增压阀的职能符号如图 13-30（b）所示。

第三节　流量控制元件

在气动系统中，气缸的运动速度、控制信号的时间延迟、油雾器的滴油量、气缓冲气缸的缓冲能力等都是依靠控制工作介质的流量实现的,控制压缩空气流量的元件称为流量控制阀。流量控制阀是通过改变阀口的通流截面积来实现流量控制的。流量控制可分为固定流量控制和可调流量控制两类。固定流量控制的元件如细长管、板孔、不可调节流阀等,可调流量控制的元件如可调节流阀、可调单向节流阀、可调排气节流阀等。

一、节流口形式

节流阀常用的节流口形式如图 13-31 所示。节流阀调节性能的要求是:流量调节范围大,阀芯的位移量与通流流量的线性关系好。节流阀节流口的形状对调节特性有很大影响。如图 13-31(a)所示为针阀式节流口,当阀开度较小时,调节比较灵敏,当超过一定开度时,调节流量的灵敏度明显减低;如图 13-31(b)所示为三角槽形节流口,通流面积与阀芯位移量的线性关系较好;如图 13-31(c)所示为圆柱斜切式节流口,其通流面积与阀芯位移量成大于 1 的指数关系,小流量精密调节性能好。

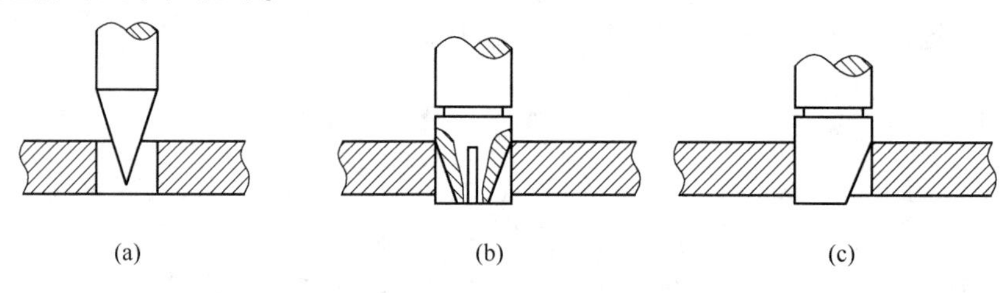

图 13-31 常用节流口形式

二、节流阀

如图 13-32(a)所示为节流阀的结构原理和职能符号。压力气体从 1 口进入,通过节流通道从 2 口流出。旋转阀芯螺杆,阀芯上、下移动,节流口开度发生变化,阀口的通流面积改变,实现流量控制。若阀芯位置固定,则为不可调节流阀。如图 13-32(b)和(c)所示为可调和不可调节流阀的职能符号。

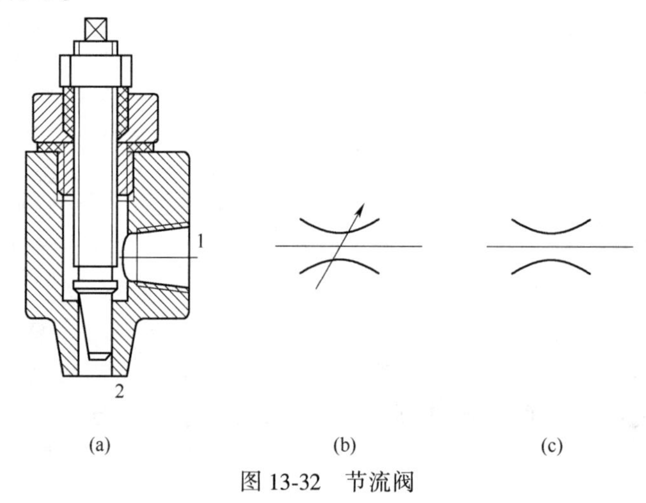

图 13-32 节流阀

三、单向可调节流阀

单向可调节流阀是由单向阀结构和可调节流阀结构相并联构成的一种流量控制阀。单向可调节流阀常用于气缸运动速度的控制，也叫做“速度控制阀”。如图 13-33 所示的图(a)和图(b)是单向可调节流阀的结构原理和职能符号。当 1 口进气时，单向阀结构关闭，从 2 口输出的流量由可调节流阀结构控制；当 2 口进气时，单向阀结构开启，节流口和单向口都可以通流，节流口不起节流作用。此元件具有单方向调节流量的作用。若用单向可调节流阀控制气缸的运动速度，应尽量靠近气缸安装，并根据气缸的控制需求选择相应的节流方向，避免在安装方向上出现错误。

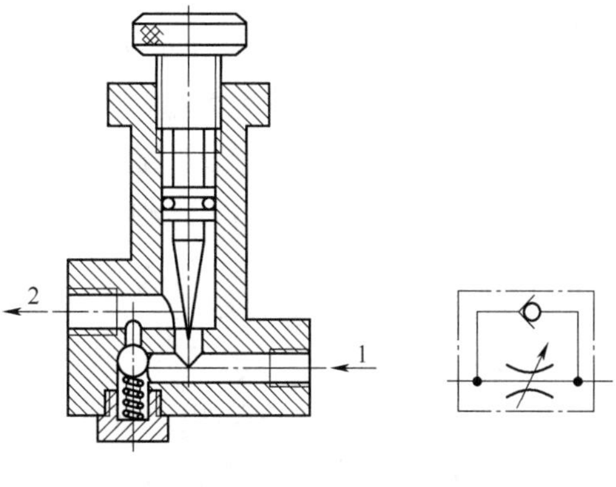

(a)　(b)

图 13-33　单向可调节流阀

四、带消声器的排气节流阀

如图 13-34 所示的图(a)和图(b)为带消声器的排气节流阀的结构原理和职能符号。带消声器的排气节流阀一般安装在换向阀的排气口上，通过控制排入大气的气流量，达到控制执行机构运动速度的目的。带消声器的排气节流阀可以降低排气噪声 20 dB 以上，并能防止通过排气孔污染气路中的元件。

排气节流阀常用在换向阀与气缸之间不能安装速度控制阀的场合。排气节流阀的流量特性低于速度控制阀，此外由于其对换向阀回路会产生一定的背压，会增加某些结构形式的换向阀阀芯的摩擦力，造成换向阀动作不顺畅。

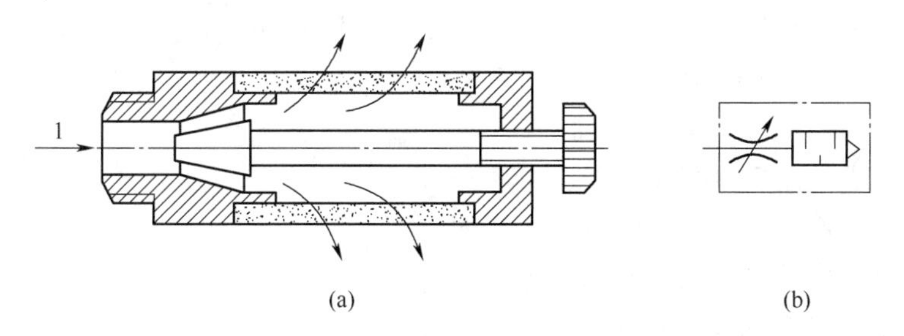

(a)　(b)

图 13-34　带消声器的排气节流阀

五、使用流量控制阀的注意事项

(1)安装时先将配管吹净，按照正确的方向安装。

(2)顺时针为关闭阀口，调节时应从全闭状态逐渐打开阀口，调节完毕，用锁紧螺母锁紧。

(3)调节时注意调节圈数，避免损坏针阀。

(4)流量控制阀可能存在微漏，不能当作截止阀或对气缸进行低速控制。

(5)安装时应尽量靠近执行元件以提高控制性能。

自测题十三

一、填空题(每空 2 分，共 32 分。得分________)

1. 根据用途和工作特点不同，气动控制元件可以分为________、________、________

三类。

2. 方向控制元件按照其作用的不同可分为________元件和________元件两种。

3. 换向型方向控制元件按照其驱动方式分为________驱动、________驱动、________驱动、________驱动和________驱动五种。

4. 流量控制阀是通过改变阀口的________来实现流量控制的。流量控制可分为________流量控制和________流量控制两类。

5. 常见的压力控制元件有________、________、________等。

二、判断题(每题 2 分,共 10 分。得分________)

1. 气动系统中的减压阀可以维持其出口压力恒定,且可以调高或调低压力值。 (　　)

2. 快速排气阀属于单向型方向控制元件。 (　　)

3. 单向节流阀的两个气口必须按照要求安装才能实现单方向调节流量的作用。 (　　)

4. 换向型方向控制阀的功用是改变气流通道的通断或接通关系。 (　　)

5. 压力顺序阀是一种泻压控制型的方向控制阀。 (　　)

三、选择题(每题 3 分,共 15 分。得分________)

1. 以下不属于方向控制元件的是________。

A. 与门型梭阀　B. 或门型梭阀　C. 排气节流阀　D. 快速排气阀

2. 与其他控制方式相比,使用频率较低、动作速度较慢的控制方式是________。

A. 气压控制　B. 电磁控制　C. 人力控制　D. 机械控制

3. 关于双压阀描述正确的是________。

A. 又叫做与门阀　B. 又叫做或门阀

C. 属于压力控制元件　D. 属于流量控制元件

4. 气动系统的调压阀通常指的是________。

A. 溢流阀　B. 减压阀　C. 安全阀　D. 顺序阀

5. 关于先导式电控换向阀描述正确的是________。

A. 先导式电控换向阀只适用于双电控换向阀。

B. 先导式电控换向阀只适用于单电控换向阀。

C. 先导式电控换向阀分为内部先导和外部先导两种方式。

D. 通常直动式电控换向阀比先导式电控换向阀的额定流量更大。

四、问答题(共 43 分。得分________)

1. 气动换向阀按控制方式不同可分为哪几种?各有何特点及应用?(本题 10 分)

2. 普通滚轮式机动阀和单向滚轮式机动阀在结构和使用上有什么区别?(本题 8 分)

3. 画出下列阀的职能符号(本题 10 分)。

(1)二位三通双气控换向阀(静态时阀口断开)

(2)双电控二位五通先导式单电控换向阀

(3)二位二通按钮式手动换向阀(静态时阀口接通)

(4)梭阀(或门型)

(5)气控延时阀

(6)溢流减压阀

(7)增压缸

(8)排气节流阀

(9)单向滚轮向导式机动阀

(10)快速排气阀

4. 用一个单电控二位五通阀、一个单向节流阀、一个快速排气阀,设计一个可使双作用气缸慢进–快速返回的控制回路。(本题 8 分)

5. 描述内部先导式双电控换向阀的工作过程。(本题 7 分)

第十四章　气动真空元件

教学目标

了解真空元件在现代制造业中的应用以及在使用时的注意事项，了解真空泵和真空发生器构成的典型回路以及二者在性能上区别，了解真空吸盘的结构形式和各自的特点，了解真空压力开关、真空过滤器等真空元件的结构和作用，了解真空元件和压力元件的区别和联系；能熟练识读真空回路功能，会进行真空吸盘的吸力计算和选型。

第一节　真空发生装置

真空元件以真空压力为动力源实现能量或信号的传递。随着自动化技术的快速发展，真空技术在食品机械、医疗机械、印刷机械、塑料制品机械、包装机械、锻压机械、工业机器人应用等许多方面得到广泛的应用。如组装电子元件；搬运汽车车身冲压线上的钢板；辅助汽车装配线上的玻璃涂胶；真空包装机械中对包装纸的吸附、送标、贴标以及包装袋的开启；印刷机械中对纸张的检测、印刷、运输等。真空技术对于非金属材料或不适合夹紧的物体，如薄而柔软的纸张、塑料膜、铝箔、易碎的玻璃及其制品、集成电路等微型精密零件都表现出非常好的适用性。

真空发生装置有真空泵和真空发生器两种。二者的特点和应用场合见表 14-1。

表 14-1　两种真空发生装置的特点和应用场合

<table>
<tr><th>项目</th><th colspan="2">真空泵</th><th colspan="2">真空发生器</th></tr>
<tr><td>最大真空度</td><td>达 101.3 kPa</td><td rowspan="2">能同时获得最大值</td><td>达 88 kPa</td><td rowspan="2">不能同时获得最大值</td></tr>
<tr><td>吸入流量</td><td>很大</td><td>不大</td></tr>
<tr><td>结构</td><td colspan="2">复杂</td><td colspan="2">简单</td></tr>
<tr><td>体积</td><td colspan="2">大</td><td colspan="2">很小</td></tr>
<tr><td>重量</td><td colspan="2">重</td><td colspan="2">很轻</td></tr>
<tr><td>功耗</td><td colspan="2">较大</td><td colspan="2">较大</td></tr>
<tr><td>价格</td><td colspan="2">高</td><td colspan="2">低</td></tr>
<tr><td>安装</td><td colspan="2">不方便</td><td colspan="2">方便</td></tr>
<tr><td>维护</td><td colspan="2">需要</td><td colspan="2">不需要</td></tr>
<tr><td>与套件结合</td><td colspan="2">困难</td><td colspan="2">容易</td></tr>
<tr><td>真空的产生及消除</td><td colspan="2">慢</td><td colspan="2">快</td></tr>
<tr><td>真空压力脉动</td><td colspan="2">有脉动，需真空罐</td><td colspan="2">无脉动，不需真空罐</td></tr>
<tr><td>应用场合</td><td colspan="2">适合连续、大流量工作，
不宜频繁启停，适合集中使用</td><td colspan="2">需供应压缩空气，适合小流量、
间歇工作，适合分散使用</td></tr>
</table>

一、真空泵

真空泵是吸入口形成负压,排气口直接通大气,对容器进行抽气,以获得真空的机械设备。真空泵的真空回路如图 14-1 所示。

在图 14-1(a)的真空回路中,真空切换阀 7 控制在吸盘 1 处是否接入真空以吸起工件,真空破坏阀 6 控制在吸盘 1 处破坏真空以释放工件。当阀 7 通电、阀 6 断电时,真空泵 5 产生的真空使吸盘 1 将工件吸起;当阀 7 断电、阀 6 通电时,压缩空气进入吸盘,真空被破坏,吹力使吸盘与工件脱离。

在图 14-1(b)的真空回路中,当真空电磁阀 10 断电时,真空泵 5 产生真空,工件被吸盘吸起;当阀 10 通电时,压缩空气使工件脱离吸盘。

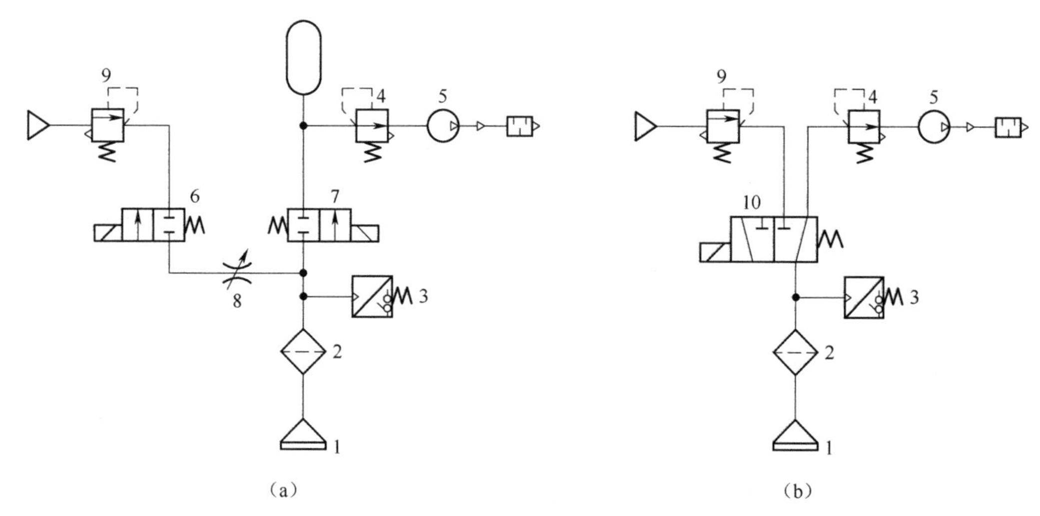

图 14-1　采用真空泵的真空回路

1—吸盘;2—真空过滤器;3—压力开关;4—真空减压阀;
5—真空泵;6—真空破坏阀;7—真空切换阀;8—节流阀;9—减压阀;10—真空选择阀

二、真空发生器

真空发生器是利用压缩空气通过喷嘴时的高速流动,在喷口处产生一定真空度的气动元件。由于采用真空发生器获取真空容易,因此它的应用十分广泛。

1. 结构原理

如图 14-2(a)所示为真空发生器结构原理,其核心部件由先收缩后扩张的喷嘴、扩散管和吸附口等组成。压缩空气从输入口供给,在喷嘴两端压差高于一定值后,喷嘴射出超声速射流。由于高速射流的卷吸作用,将扩散腔的空气带走,使该腔形成真空。接在吸附口上的真空吸盘便可形成一定的吸力吸吊物体。如图 14-2(b)所示是真空发生器的图形符号。

2. 特性曲线

如图 14-3 所示为真空发生器的特性曲线。其中图 14-3(a)表示真空发生器的排气特性曲线。排气特性表示最大真空度、空气消耗量和最大吸入流量三者分别与供给压力之间的关系。最大真空度是指真空口被完全封闭时,真空口内的真空度;空气消耗量是指通过供给喷管的流量(标准状态);最大吸入流量是指真空口向大气敞开时从真空口吸入的流量(标准状态下)。

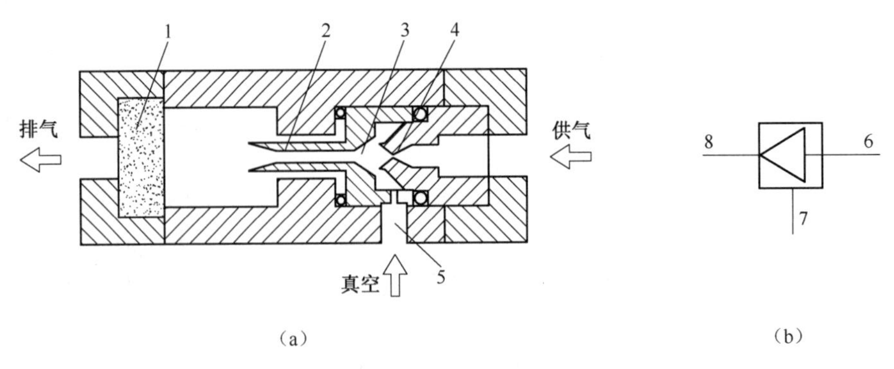

图 14-2　真空发生器结构原理图和图形符号

1—过滤片；2—扩散管；3—扩散腔；4—喷嘴；

5—吸附口；6—供气口；7—真空口；8—排气口

图 14-3(b)表示真空发生器的流量特性曲线。流量特性是指供给压力为 0.45 MPa 条件下，真空口处于变化的不封闭状态下，吸入流量与真空度之间的关系。

从图 14-3 的排气特性曲线可以看出，当真空口完全封闭时，在某个供给压力下，最大真空度达极限值；当真空口完全向大气敞开时，在某个供给压力下的最大吸入流量达极限值。达到最大真空度的极限值和最大吸入流量的极限值时的供给压力不一定相同。为了获得较大的真空度或较大的吸入流量，真空发生器的供给压力宜处于 0.25~0.6 MPa 范围内，最佳使用范围为 0.4~0.45 MPa。真空发生器的使用温度范围为 5~60 ℃，不得给油工作。

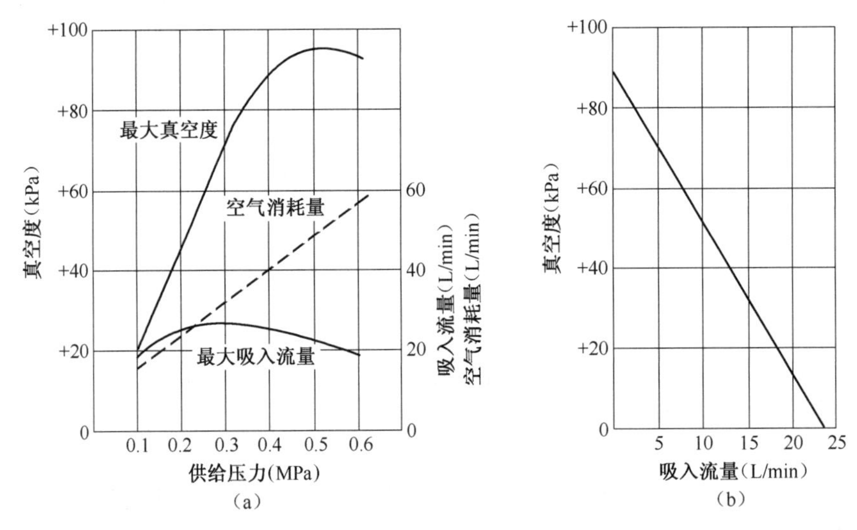

图 14-3　真空发生器的特性曲线

3. 真空发生器的应用

如图 14-4 所示为采用三位三通电控阀的联合真空发生回路，可以实现真空吸着和真空破坏。

当三位三通电控阀 4 的电磁铁 Y_1 通电，真空发生器 1 与真空吸盘 7 接通，吸盘 7 将工件吸起，真空开关 6 检测真空度并发出是否达到调定值信号。当三位三通电磁阀不通电时，真空吸着状态能够短时持续。当三位三通阀 4 的电磁铁 Y_2 通电，压缩空气进入真空吸盘，真空被破坏，吹力使吸盘与工件脱离。吹力的大小由减压阀 2 设定，流量由节流阀 3 设定。采用此回

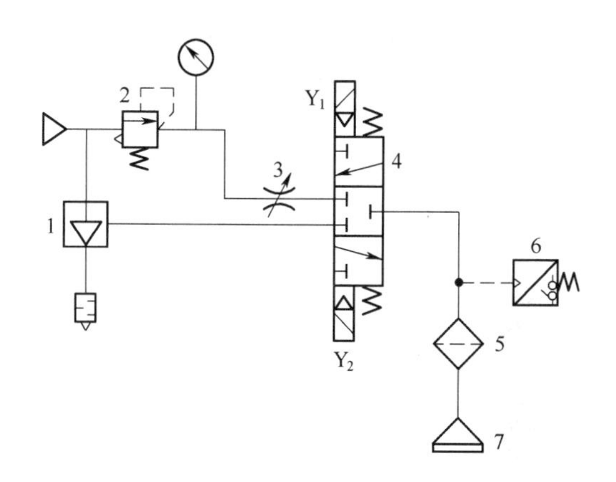

图 14-4　采用真空发生器的真空回路

1—真空发生器;2—溢流减压阀;3—节流阀;

4—三位三通电控换向阀;5—过滤器;6—真空开关;7—真空吸盘

路时应注意配管的泄漏和工件吸着面处的泄漏。

第二节　真空吸盘

真空吸盘是直接吸吊物体的元件。

吸盘是直接吸吊物体的元件。吸盘通常是由橡胶材料与金属骨架压制成型的,制造吸盘所用的各种橡胶材料的性能见表 14-2。

表 14-2　吸盘橡胶材料的性能

吸盘的橡胶材料	性能													搬运物体举例
	弹性	扯断强度	硬度	使用温度(℃)	透气性	耐磨性	耐老化性	耐油性	耐酸性	耐碱性	耐溶剂性	耐水性	电气绝缘性	
丁腈橡胶	良	中	良	0~120	良	优	差	优	良	良	差	良	差	硬壳纸、胶合板、铁板等
聚氨酯橡胶	良	优	良	0~60	良	优	优	优	差	差	差	差	良	
硅橡胶	良	差	良	-30~200	差	差	良	差	差	良	差	良	良	薄或不规则件
氟橡胶	中	中	优	0~250	良	良	优	优	优	差	优	优	中	药品

如果橡胶材料在高温下长时间工作,则使用寿命将会变短。硅橡胶的使用温度范围较宽,但在湿热条件下工作则性能变差。吸盘的橡胶出现脆裂,是橡胶老化的表现,除过度使用的原因外,多由于受热或日光照射所致,故吸盘宜保管在冷暗的室内。

常用吸盘的直径系列有 $\phi2$、$\phi4$、$\phi6$、$\phi8$、$\phi10$、$\phi13$、$\phi16$、$\phi20$、$\phi25$、$\phi32$、$\phi40$、$\phi50$ mm等。

真空吸盘的安装方式有螺纹连接、面板安装和使用缓冲体连接等,常见的真空吸盘形式及应用场合见表 14-3。除此之外,还可以一些定制品种,如抗静电型、长杆带缓冲型、喷射型、防滑移型、小型喷嘴型和面板固定型等。

表 14-3　常用吸盘的形式及其应用

名称	实物图	吸盘直径(mm)	适合吸吊物
平型		$\phi2 \sim \phi50$	表面平整不变形的工件
带肋平型		$\phi10 \sim \phi50$	易变形工件
深型		$\phi10 \sim \phi40$	呈曲面形状的工件
风琴型		$\phi6 \sim \phi50$	无安装缓冲的空间、吸着面倾斜的场合
薄型		$\phi6 \sim \phi32$	薄型工件
带肋薄型		$\phi10$、$\phi13$、$\phi16$	纸、胶片等薄工件
重载型		$\phi40 \sim \phi125$	显像管、汽车主体等大型重物
重载风琴型		$\phi40 \sim \phi125$	吸着面为曲面、斜面或瓦楞板面等
头可摆动型		$\phi10 \sim \phi50$	适合倾斜(±15°)工件

吸盘吸持重物的吸力可按下式计算

$$F = pAn/\alpha$$

式中　F——吸盘产生的吸力(N)；

p——真空度(MPa)；

A——吸盘的有效面积(m^2)；

n——吸盘数量；

α——安全系数。

在进行吸力计算时，考虑到吸附动作的响应快慢，真空度一般取最高真空度的63%～95%，通常选75%。安全系数与吸盘吸物的受力、状态、吸附表面粗糙度、吸附表面有无油污和吸附物的材质等有关。水平起吊时如图14-5(a)所示，标准吸盘(吸盘头部直杆连接)的取安全系数$\alpha \geqslant 2$；摇头式吸盘、回转式吸盘的$\alpha \geqslant 4$。垂直起吊时如图14-5(b)所示，标准吸盘的安全系数$\alpha \geqslant 4$；摇头式吸盘、回转式吸盘$\alpha \geqslant 8$。

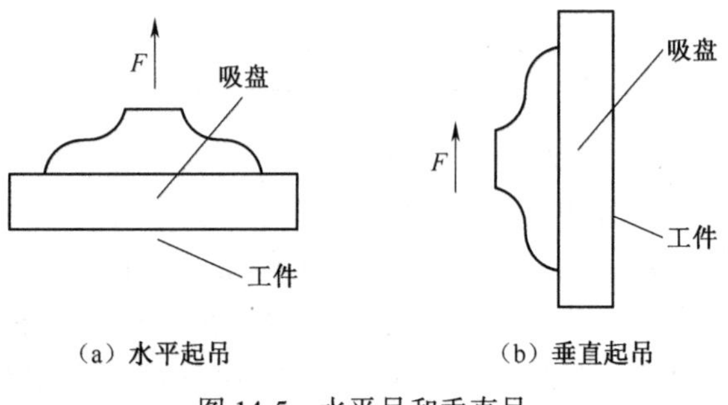

图 14-5　水平吊和垂直吊

第三节　其他真空用气阀

一、真空减压阀

通常正压力管路简称为压力管路,负压力管路称为真空管路。压力管路中的压力调节应使用一般减压阀,真空管路中的压力调节应使用真空减压阀。真空减压阀可调节设定侧的真空压力并保持其压力稳定,其结构原理如图 14-6 所示。

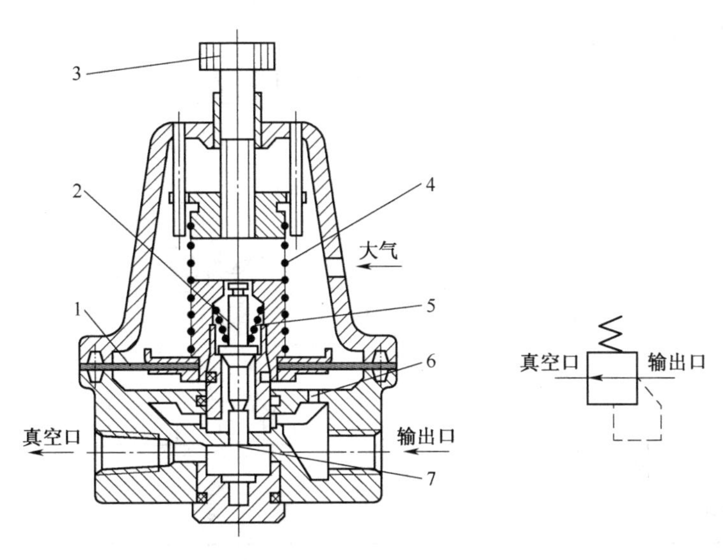

图 14-6　真空减压阀

1—膜片组件;2—给气阀芯;3—调节螺母;
4—设定弹簧;5—复位弹簧;6—反馈孔;7—给气孔

真空减压阀使用时,其真空口接真空泵,输出口接负载用的真空罐。当真空泵工作后,真空口压力降低。顺时针旋转调节螺母 3,设定弹簧 4 被拉伸,膜片组件 1 上移,带动给气阀芯 2 抬起,则给气孔 7 打开,输出口与真空口接通。输出真空压力通过反馈孔 6 作用于膜片下腔。当膜片处于力平衡时,输出真空压力便达到一定值,且吸入一定流量。当输出口真空压力上升时,膜片上移。阀的开度加大,则吸入流量增大。当输出口压力接近大气压力时,吸入流量达最大值。反之,当吸入流量逐渐减小至零时,输出口真空压力逐渐下降,直至膜片下移关闭给气口,真空压力达最低值。调节螺母 2 逆时针全松,复位弹簧推动给气阀芯 2,封住给气口,则输出口和设定弹簧室都与大气相通。

二、真空换向阀

使用真空发生器的回路中的换向阀,有供给阀和真空破坏阀、真空切换阀和真空选择阀等。供给阀(如图 14-1 中的阀 7)是供给真空发生器压缩空气的阀。真空破坏阀(如图 14-1 中的阀 6)是破坏吸盘内的真空状态,将真空压力变为大气压力或正压力,使工件脱离吸盘的阀;真空切换阀(如图 14-1 中的阀 10)是接通或断开真空压力源的阀;真空选择阀(如图 14-4 中的阀 4)可控制吸盘对工件力吸着或脱离,一个阀具有供给真空和破坏真空两个功能,以简化回路。

供给阀因设置于压力管路中,可选用一般的换向阀。真空破坏阀、真空切换阀和真空选择阀设置于真空回路或存在有真空状态的回路中,故必须选用能在真空压力条件下工作的换向阀。

真空用换向阀要求不泄漏,且不用油雾润滑,故使用截止式和膜片式阀芯结构比较理想。通径大时可使用外部先导式电磁阀。不给油润滑的软质密封滑阀,由于其通用性强,也常作为真空用换向阀使用;间隙密封滑阀存在微漏,只宜用于允许存在微漏的真空回路中。

破坏阀和切换阀一般使用二位二通阀,选择阀应使用二位三通阀,使用三位三通阀可节省能量并减少噪声,控制双作用真空气缸应使用二位五通阀。

真空换向阀的常用连接方法见表 14-4。

表 14-4　真空换向阀的常用连接方法

供给阀	破坏阀	切换阀	选择阀
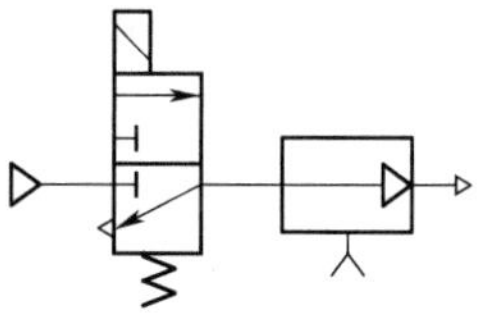	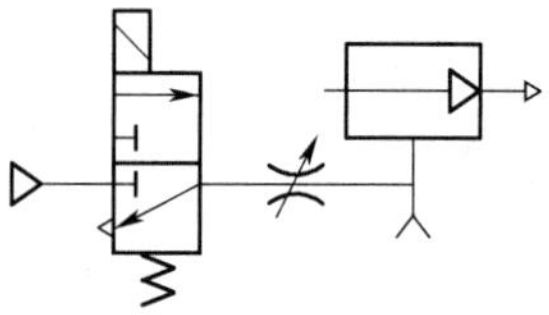	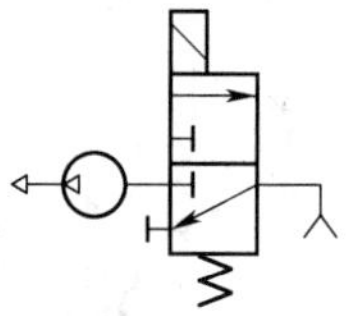	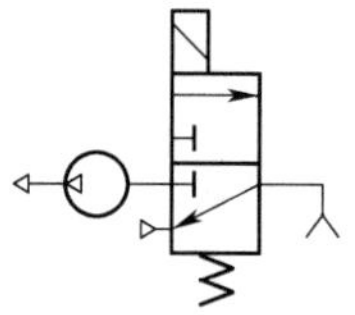
		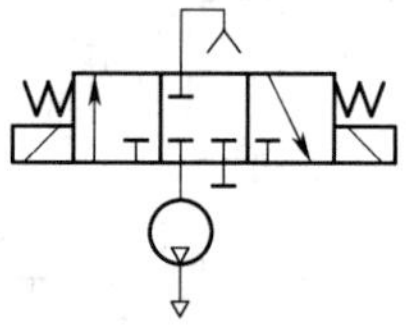	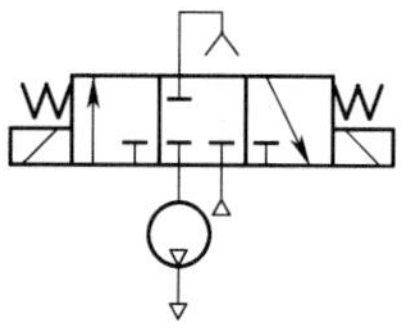

三、节流阀

真空系统中的节流阀用于控制真空破坏的快慢,节流阀的出口压力不得高于 0.5 MPa,以保护真空压力开关和抽吸过滤器。

四、单向阀

单向阀有两个作用:一是为节省能源,当供给阀停止供气时,保持吸盘内的真空压力不变;二是一旦停电,可延缓被吸吊工件脱落的时间,以便采取安全对策。一般应选用流通能力大、开启压力低(0.01 MPa)的单向阀。

五、真空压力开关

真空压力开关是用于检测真空压力的开关。当真空系统因泄漏、吸盘破损或气源压力变动等因素影响到真空压力大小时,装上真空压力开关可以保障真空系统安全可靠工作。真空压力信号转换成电信号的过程是:当真空压力未达到设定值时,开关处于断开状态;当真空压力达到设定值时,开关处于接通状态,发出电信号。此信号可用于真空系统的真空度控制、有无工件的确认、工件吸着确认以及工件脱离确认。

真空压力开关按功能分为通用型和小孔口吸着确认型;按压电转换触点的形式分为无触点式(电子式)和有触点式(磁性舌簧开关式等)。一般的压力开关主要用于确认设定压力,而真空压力开关确认设定压力的工作频率更高,具有较高的开关频率,响应速度快。

如图 14-7 所示为小孔口吸着确认型真空压力开关的外形，它与吸着孔口的连接方式如图 14-8 所示。如图 14-9 所示为小孔口吸着确认型真空压力开关的工作原理。图中 S_4代表吸着孔口的有效截面积，S_2是可调针阀的有效截面积，S_1和 S_3是吸着确认型开关内部的孔径，$S_1=S_3$。工件未吸着时，S_4值较大。调节针阀，即改变 S_2值大小，使压力传感器两端的压力平衡，即 $p_1=p_2$；当工件被吸着时，$S_4=0$，出现压差(p_1-p_2)，可被压力传感器检测出。

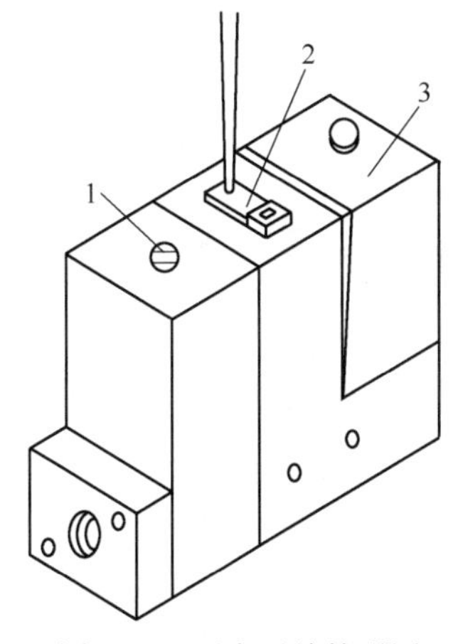

图 14-7　压力开关外形图

1—调节用针阀；2—指示灯；3—抽吸过滤器

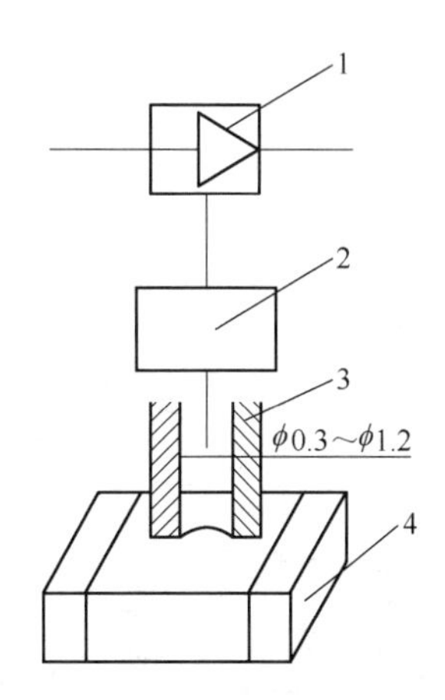

图 14-8　吸着孔口连接

1—真空发生器；2—吸着确认开关；3—吸着孔口；4—数毫米宽小工件

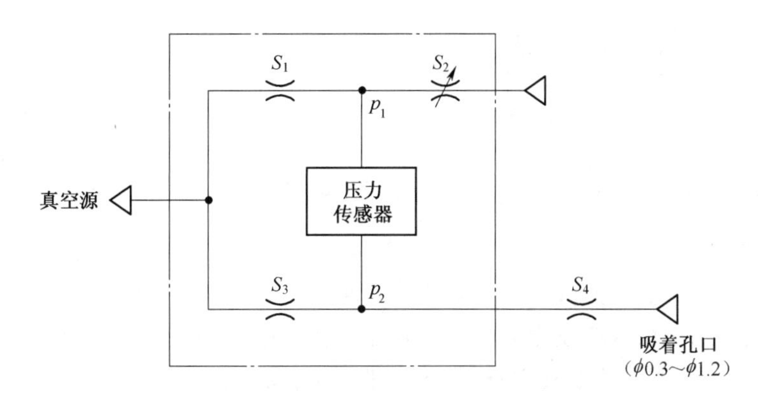

图 14-9　真空压力开关的工作原理

六、真空过滤器

真空过滤器是将从大气中吸入的污染物(主要是尘埃)收集起来，以防止真空系统中的元件受污染而出现故障。吸盘与真空发生器(或真空阀)之间，应设置真空过滤器。真空发生器的排气口、真空阀的吸气口(或排气口)和真空泵的排气口也都应装上消声器，这不仅能降低噪声而且能起过滤作用，以提高真空系统工作的可靠性。

对真空过滤器的要求是：滤芯污染程度的确认简单，清扫污染物容易，结构紧凑，利于快速形成真空度。真空过滤器有箱式结构和管式连接两种。如图 14-10 所示为箱式过滤器，该种过滤器便于集成化，滤芯呈叠褶形状，故过滤面积大，可通过流量大，使用周期长；如图 14-11 所示为管式过滤器，此种过滤器可使用万向接头，配管可在 360°范围内自由安装，若使用快换接头，装卸配管更迅速。

真空过滤器耐压 0.5 MPa,滤芯耐压差 0.15 MPa,使用压力范围在(-100~0)kPa,过滤精度通常有 30 μm 和 10 μm 两种级别。安装时,注意进、出口方向不得装反,配管处不得有泄漏,过滤器入口压力不要超过 0.5 MPa,入口压力可通过减压阀和节流阀来保证。维修时,密封件不得损伤,当过滤器两端压差大于 0.02 MPa 时,滤芯应卸下清洗或更换。真空过滤器内流速不大,空气中的水分不会凝结,故真空过滤器不需分水功能。

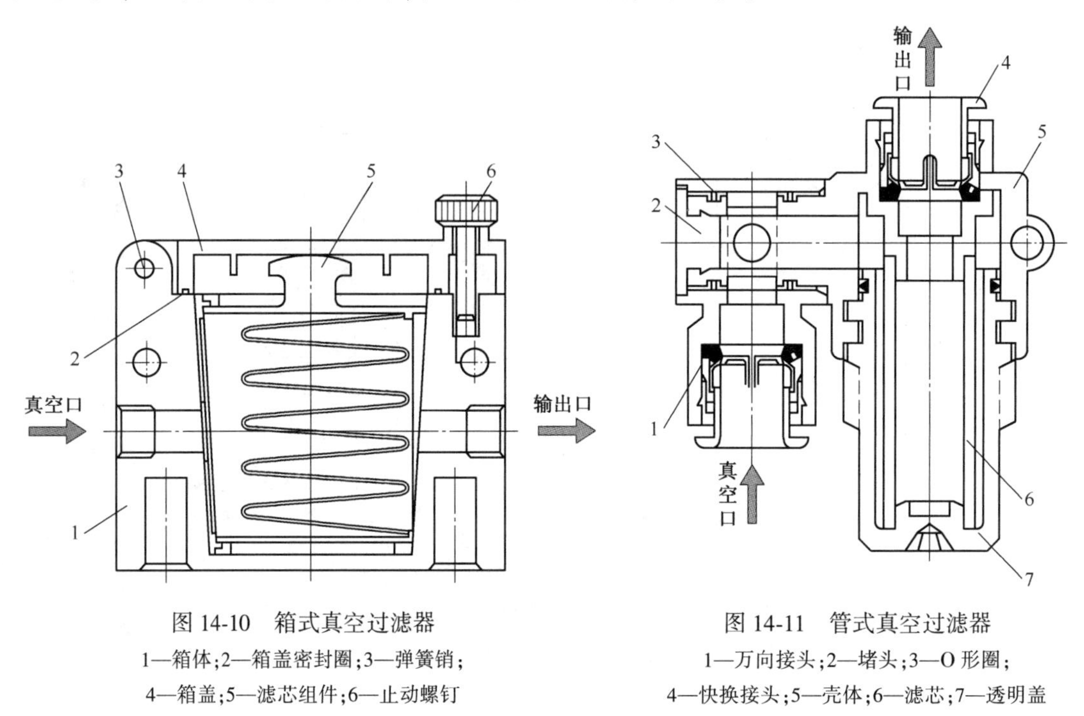

图 14-10　箱式真空过滤器

1—箱体;2—箱盖密封圈;3—弹簧销;
4—箱盖;5—滤芯组件;6—止动螺钉

图 14-11　管式真空过滤器

1—万向接头;2—堵头;3—O 形圈;
4—快换接头;5—壳体;6—滤芯;7—透明盖

七、其他真空元件

1. 真空组件

真空组件是将各种真空元件组合起来的功能元件。如图 14-12 所示为采用真空发生器组件的回路。该真空组件由真空发生器 3、真空吸盘 7、压力开关 5 和供给阀 1、破坏阀 2、节流阀 4 等构成。当电磁阀 1 通电后,真空发生器 3 产生真空,吸盘 7 将工件吸起,真空开关 5 检测真空度并发出是否可靠吸着信号。当电磁阀 1 断电,电磁阀 2 通电时,真空发生器停止工作,真空消失,压缩空气进入真空吸盘,将工件与吸盘吹开。过滤器 6 用于防止在抽吸过程中将异物和粉尘吸入发生器。

如图 14-13 所示为采用真空泵组件系统的回路。当电磁阀 1 通电后,外部真空泵在吸盘内部产生真空,吸盘 7 将工件吸起,真空开关 5 检测真空度并发出是否可靠吸着信号。当电磁阀 1 断电,电磁阀 2 通电时,压缩空气进入真空吸盘,将工件与吸盘吹开。

2. 真空表

真空表是测定真空压力的计量仪表,装在真空回路中,显示真空压力的大小,便于检查和发现问题。常用真空计的量程是 0~100 kPa,3 级精度。

3. 管道及管接头

真空回路中,应选用真空压力下不变形、不变瘪的管子,可使用硬尼龙管、软尼龙管和聚氨酯管。管接头要选用可在真空状态下工作的。

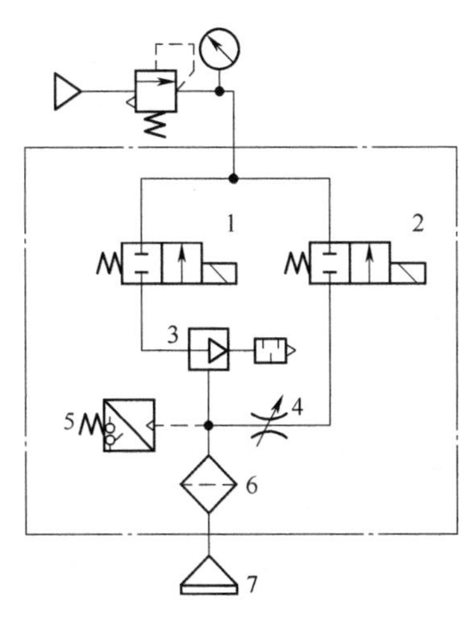

图 14-12　真空发生器组件系统图

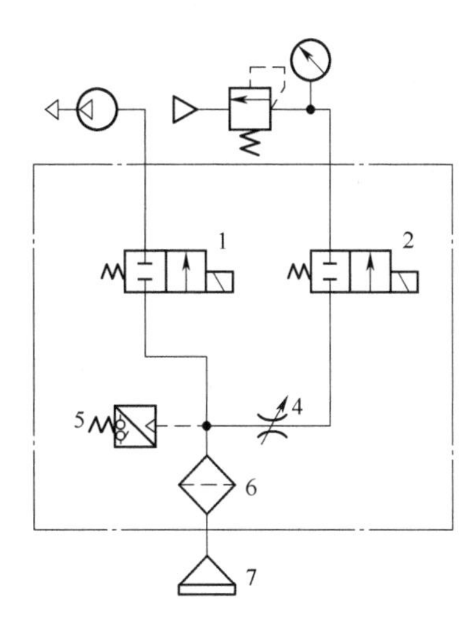

图 14-13　真空泵组件系统图

4. 空气处理元件

压力回路可使用过滤精度为 5 μm 的空气过滤器,过滤精度为 0.3 μm 的油雾分离器,出口侧油雾浓度小于 1.0 mg/m^3。在吸盘附近有水分的地方,可在吸盘与真空过滤器之间加装真空用水滴分离器。

5. 真空用气缸

真空用气缸的工作原理同普通气缸,常用的真空用自由安装型气缸具有以下特点。

(1)属于双作用带缓冲无给油方形体气缸,有多个安装面可供自由选用,安装精度高。

(2)活塞杆带导向杆,属于防回转型缸。

(3)活塞杆内有通孔,作为真空通路,用于端部安装吸盘,有螺纹连接和倒钩安装两种方式。

(4)真空口有缸盖连接型和活塞杆连接型。前者缸盖及真空口连接管不动,活塞运动,真空口端活塞杆不会伸出缸盖外;后者气缸轻、结构紧凑,缸体固定,活塞杆运动。

(5)在缸体内可以安装磁性开关。

八、真空元件的选用

1. 吸盘的选用

单个吸盘的理论吸吊力是吸盘内的真空度 p 与吸盘的有效吸着面积 A 的乘积。除了要考虑被吸吊工件的重量和搬运过程中的运动加速度外,还应给予足够的余量,以保证吸吊的安全。搬运过程中的加速度包括启动加速度、平移加速度、转动加速度(包括摇晃)和停止加速度。面积特别大的板状物,还应考虑搬运过程中风阻的影响。

对面积大的吸吊物、重的吸吊物、有振动的吸吊物,或要求快速搬运的吸吊物,为防止吸吊物脱落,通常使用多个吸盘进行吸吊。这些吸盘应合理布置,使吸吊合力的作用点靠近被吸吊物的重心。使用 n 个相同型号的吸盘吸吊物体,其单个吸盘直径 D 可按下式选定:

$$D \geqslant \sqrt{\frac{4W\alpha}{\pi np}}$$

式中　D ——吸盘直径,mm;

　　W ——吸吊物重力,N;

α——安全系数,水平吸吊时可选 $\alpha \geqslant 4$;垂直吸吊时可选 $\alpha \geqslant 8$;

p——吸盘内的真空度, MPa。

吸盘内真空度应选择真空发生器或真空泵产生最大真空度的 63% ~95% ,以提高吸着能力和降低吸着响应时间。

2. 吸着响应时间 T 的确定

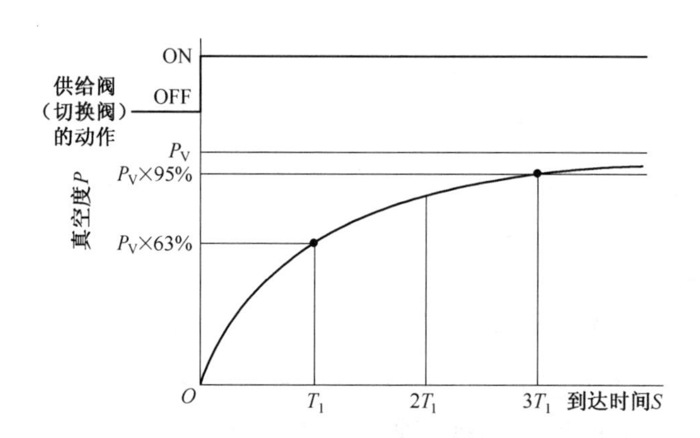

图 14-14　吸盘内的真空度与到达时间的关系曲线

吸着响应时间是指从供给阀(或真空切换阀)换向开始,到吸盘内达到吸着工件所必须的真空度为止所需的时间。供给阀(或真空切换阀)换向后,吸盘内的真空度与到达时间的关系如图 14-14 所示。其中 p 表示真空度,p_V 表示最大真空度,T 表示真空度到达某量值的时间。

假设吸盘内的压力从大气压降至真空度达 63% p_V 所需时间为 T_1,降至真空度为 95% p_V 所需时间为 T_2,则有

$$T_1 = \frac{60V}{q_V} \qquad T_2 = 3T_1$$

式中　V——真空发生器(或真空切换阀)到吸盘的配管容积,L,其值为

$$V = \frac{\pi}{4\ 000} d^2 l$$

其中　d——配管的内经,mm,

l——配管的长度,m;

T_1(或 T_2)——吸着响应时间,s;

q_V——通过真空发生器(或真空切换阀)的平均吸入流量 q_{V1} 和通过配管的平均流量 q_{V2} 中的小者,L/min。

对真空发生器　$q_{V1} = C_q q_{Ve}$

对真空切换阀　$q_{V1} = C_q \times 11.1 S_C$

式中　q_{Ve}——真空发生器的最大吸入流量,L/min;

S_C——真空发射阀的有效截面积,mm^2;

C_q——系数, $C_q = \frac{1}{3} \sim \frac{1}{2}$,一般 $C_q = \frac{1}{2}$,若流动阻力大,可取 $C_q = \frac{1}{3}$;

通过配管的平均吸入流量:

$$q_{V2} = C_q \times 11.1 S$$

式中　S——配管的有效截面积，mm^2。

3. 工件吸着时的泄漏量 q_{VL}

吸着透气性工件或表面粗糙工件时会出现真空泄漏现象，由此会导致吸盘内的真空度达不到吸着工件所必须的真空度，所以在选定真空发生器(或真空切换阀)时，必须考虑吸着工件的泄漏量。工件吸着时的泄漏量可用下式进行估算：

$$q_{VL} = 11.1 \times S_L$$

式中　q_{VL}—— 工件吸着时的泄漏量，L/min；

S_L——吸着漏气工件的有效截面积，mm^2。

4. 真空发生器或真空换向阀的选定

当系统使用真空发生器作为真空源时，可以根据系统的最大吸入流量确定真空发生器规格；当系统使用真空泵作为真空源时，真空切换阀的最大流量应满足系统最大吸入流量要求，所以必须确定适合的真空切换阀的规格。

(1)无泄漏量 q_{VL}时，最大吸入流量 $q_{V\max}$

$$q_{V\max} = (2 \sim 3) \times q_V = (2 \sim 3) \times \frac{60V}{T}$$

式中　$q_{V\max}$——最大吸入流量，L/min；

T——吸着响应时间，可选 T_1或 T_2。

(2)有泄漏量 q_{VL}时，最大吸入流量 $q_{V\max}$

$$q_{V\max} = (2 \sim 3) \times q_V = (2 \sim 3) \times \left(\frac{60V}{T} + q_{VL}\right)$$

当使用真空发生器时，根据有、无泄漏量 $q_{V\max}$选择定真空发生器规格；

当使用真空泵时，根据有、无泄漏量 $q_{V\max}$，用公式 $S_C \geqslant \frac{q_{V\max}}{11.1}$ 确定真空切换阀的有效截面积 S_C(规格)。

九、使用注意事项

在使用真空系统时，应注意以下事项：

(1)供给气源应是净化的、不含油雾的空气。因真空发生器的最小喷嘴喉部直径为0.5 mm，故供气口之前应设置过滤器和油雾分离器。

(2)真空发生器与吸盘之间的连接管应尽量短，连接管不得承受外力，拧动管接头时要防止连接管被扭变形或造成泄漏。

(3)真空回路的各连接处及各元件应严格检查，不得让灰尘等从气路连接处向真空系统内部漏气。

(4)真空发生器的排气口不能堵塞，必须设排气管时禁止节流，以免影响真空发生器性能。

(5)由于各种原因使吸盘内的真空度未达到要求时，为防止被吸吊工件吸吊不牢而跌落，回路中必须设置真空压力开关。吸着电子元件或精密小零件时，应选用小孔口吸着确认型真空压力开关；吸吊重工件或搬运危险品的情况，除要设置真空压力开关外，还应设真空表，以便随时监视真空压力的变化，及时处理问题。

(6)在恶劣环境中工作时，真空压力开关前也应装过滤器。

(7)为了在停电情况下仍保持一定真空度，以保证安全，对真空泵系统，应设置真空罐。

在真空发生器系统、吸盘与真空发生器之间应设置单向阀。供给阀宜使用具有自保持功能的常通型电磁阀。

(8)真空发生器的供给压力在 0.40~0.45 MPa 为最佳,压力过高或过低都会降低真空发生器的性能。

(9)吸盘吸着工件时应尽量靠近,避免受大的冲击力,以免吸盘过早变形、龟裂和磨耗。

(10)配管容积应与吸盘相适应,配管容积过大会延长吸着时间。

(11)吸入流量应与工件大小相适应,若使用大流量吸着小工件则会导致真空压力开关难以设定。

(12)吸盘的吸着面积要比吸吊工件表面小,以免出现泄漏。

(13)面积大的板材宜用多个吸盘吸吊,但要合理布置吸盘位置,增强吸吊平稳性,要防止边上的吸盘出现泄漏。为防止板材翘曲,宜选用大口径吸盘。

(14)吸着高度上有变化的工件应使用缓冲型吸盘或带回转止动的缓冲型吸盘。

(15)对有透气性的被吊物,如纸张、泡沫塑料,应使用小口径吸盘。漏气太大,应提高真空吸吊能力,加大气路的有效截面积。

(16)吸着柔性物,如纸、乙烯薄膜,由于易变形、易皱折,应选用小口径吸盘或带肋吸盘,且真空度宜小。

(17) 一个真空发生器带一个吸盘最理想。若带多个吸盘,其中一个吸盘有泄漏,会减小其他吸盘的吸力。为克服此缺点,可设计成如图 14-15 所示那样,每个吸盘都配有真空压力开关。一个吸盘泄漏导致真空度不合要求时,便不能起吊工件。另外,各节流阀也能减少由于一个吸盘的泄漏对其他吸盘的影响。

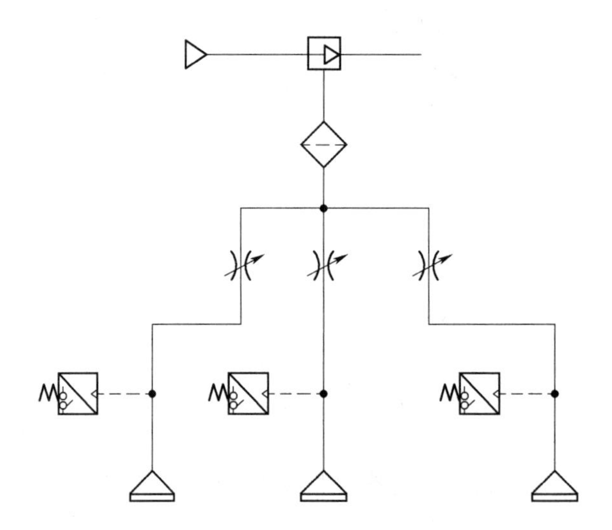

图 14-15　一个真空发生器带多个吸盘

(18)对真空泵系统来说,真空管路上一条支线装一个吸盘是理想的,如图 14-16(a)所示。若真空管路上要装多个吸盘,由于吸着或未吸着工件的吸盘个数变化或出现泄漏,会引起真空压力源的压力变动,使真空压力开关的设定值不易确定,特别是对小孔口吸着的场合影响更大。为了减少多个吸盘吸吊工件时相互间的影响,可设计成图 14-16(b)那样的回路。使用真空罐和真空调压阀可提高真空压力的稳定性。必要时,可在每条支路上装真空切换阀。这样当一个吸盘泄漏或未吸着工件,也不会影响其他吸盘的吸着工作。

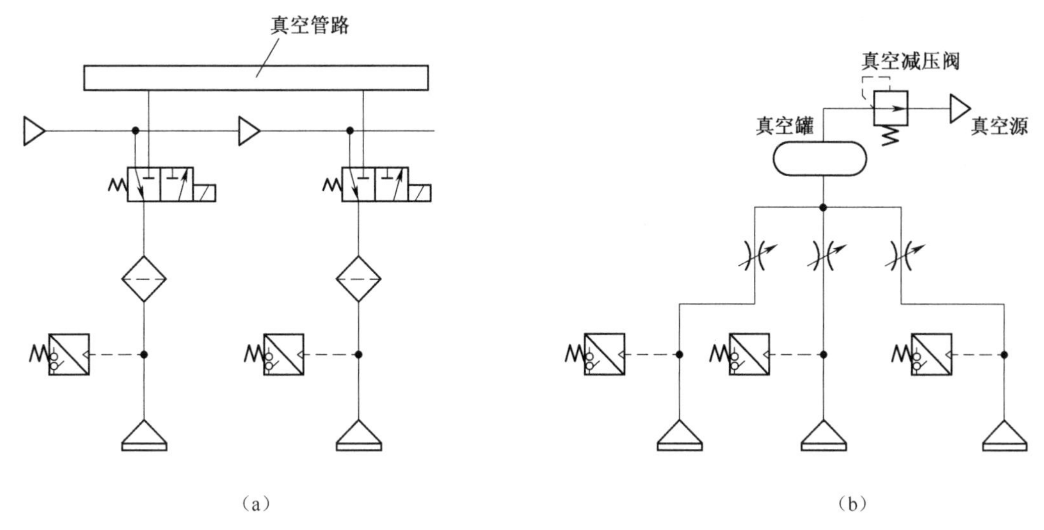

图 14-16　多个吸盘的匹配

(19)在有腐蚀性气体、化学药品的环境中使用时应防止泄露;在有振动、冲击的场合应增大安全系数;在有日光照射的地方应加保护罩;在有热源的地方应进行隔热;此外,必须保证真空组件工作在使用温度范围内。

(20)要定期清理过滤器和消声器,拆卸元件前,管路内真空度应消除并回到大气压力,真空泵应停机。

自测题十四

一、填空题(每空 2 分,共 20 分。得分________)

1. 真空泵是吸入口形成________,排气口直接通________,对容器进行抽气,以获得真空的机械设备。

2. ________是利用压缩空气通过喷嘴时的高速流动,在喷口处产生一定真空度的气动元件。

3. 吸盘是直接吸吊物体的元件,它通常是由________与________压制成型的。在进行吸力计算时,考虑到吸附动作的响应快慢,真空度一般取最高真空度的________到________,通常选________。

4. 真空压力开关是用于检测________的气电转换开关。

5. 吸盘与真空发生器(或真空阀)之间,应设置________,以便排除从大气中吸入的污染物,防止真空系统中的元件受污染而出现故障。

二、判断题(每题 2 分,共 10 分。得分________)

1. 真空吸盘适合对薄而柔软的纸张、塑料膜、铝箔等具有较光滑表面的物体完成作业。（　　）

2. 真空发生器的最大真空度和最大流量一定发生在同一真空压力下。（　　）

3. 真空发生器的理想供给压力是 0.4 到 0.5 MPa。（　　）

4. 真空组件是将各种真空元件组合起来的实现某些功能的元件。（　　）

5. 真空压力开关和真空表都是用于检测真空压力的计量工具。（　　）

三、选择题(每题 3 分,共 15 分。得分________)

1. 以下属于真空执行元件的是________。

A. 真空泵　B. 真空压力开关　C. 真空吸盘　D. 真空发生器

2. 真空压力的形成主要依靠________。

A. 真空气缸　B. 真空阀　C. 真空吸盘　D. 真空发生装置

3. 真空系统中的________用于控制真空破坏的快慢。

A. 减压阀　B. 节流阀　C. 破坏阀　D. 切换阀

4. 一个真空发生器带________个吸盘最理想。

A. 一　B. 二　C. 三　D. 四个以上

5. 吸盘水平吸吊物体时,被吸吊物需要回转,此时吸盘的安全系数 α 应确定为________。

A. 2　B. 4　C. 6　D. 8

四、问答题(共 55 分。得分________)

1. 真空减压阀是如何进行工作的?(本题 10 分)

2. 真空发生装置有哪些类型,简述其产生真空的原理?(本题 10 分)

3. 真空换向阀中的真空供给阀、真空破坏阀、真空切换阀和真空选择阀如何工作?(本题 14 分)

4. 画出真空减压阀和一般减压阀的图形符号,比较它们在回路中的不同用法。(本题 10 分)

5. 有一个真空泵产生真空的重物吸持系统,供给的真空压力是 0.5 MPa,被吸持的工件为一个金属板材,板材质量为 10 kg,板材在搬运过程中有水平移动和垂直移动,板材在搬运过程中无回转,试确定标准平型吸盘的数目和吸盘的直径。(本题 11 分)

第十五章　气 动 回 路

教学目标

了解预伸出式单作用气缸和预收回式单作用气缸在控制上的区别；能够顺利分析压力控制回路、速度控制回路、位置控制回路、同步控制回路、往复动作回路和安全保护回路等典型回路的构成和功能；能够将气动元件进行结合，设计具有一定功能的气动回路，以实现方向控制、压力控制、速度控制、位置（角度）控制等功能。

第一节　方向控制回路

一、单作用气缸的换向回路

单作用气缸靠气压力使活塞杆朝一方向动作，靠弹簧力或其他外力返回。通常采用二位三通阀或三位三通换向阀控制。

1. 二位三通换向阀控制单作用气缸

如图 15-1 所示为二位三通换向阀控制单作用气缸回路。其中，图 15-1(a)和图 15-1(b)控制的是预伸出式的单作用气缸，图 15-1(c)和图 15-1(d)控制的是预收回式的单作用气缸。四个气路图的控制元件分别是二位三通带自锁的手动换向阀、二位三通单电控换向阀、二位三通单气控换向阀和脚踏式自复位换向阀。

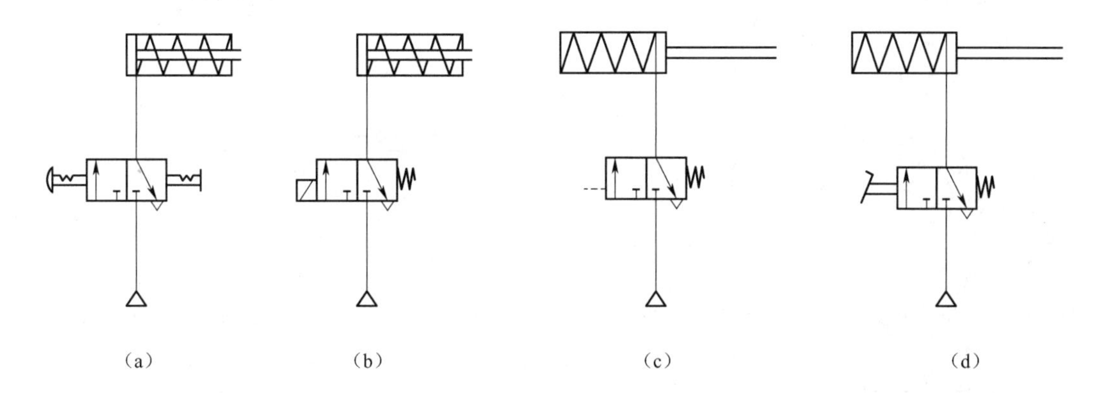

图 15-1　二位三通换向阀控制单作用气缸的回路

如图 15-2 所示为逻辑元件控制的单作用气缸回路。图 15-2(a)为梭阀控制的单作用气缸动作回路；图 15-2(b)为双压阀控制的单作用气缸动作回路。

如图 15-3 所示为单作用气缸的自锁回路。按下阀 MV01，阀 LV01 右侧进气，使得阀 PV01 动作，气缸无杆腔进气并伸出，同时阀 LV01 左侧进气。此时，松开阀 MV01，来自 PV01 出气口的压力气体维持阀 PV01 的控制气口持续供气。阀 PV01 的持续工作是由通过自身出气口的气体锁住的,因此称为自锁。需要解锁时,按下阀 MV02,阀 PV01 的控制口的气路断开,阀 PV01 复位,整个气路恢复到初始状态。

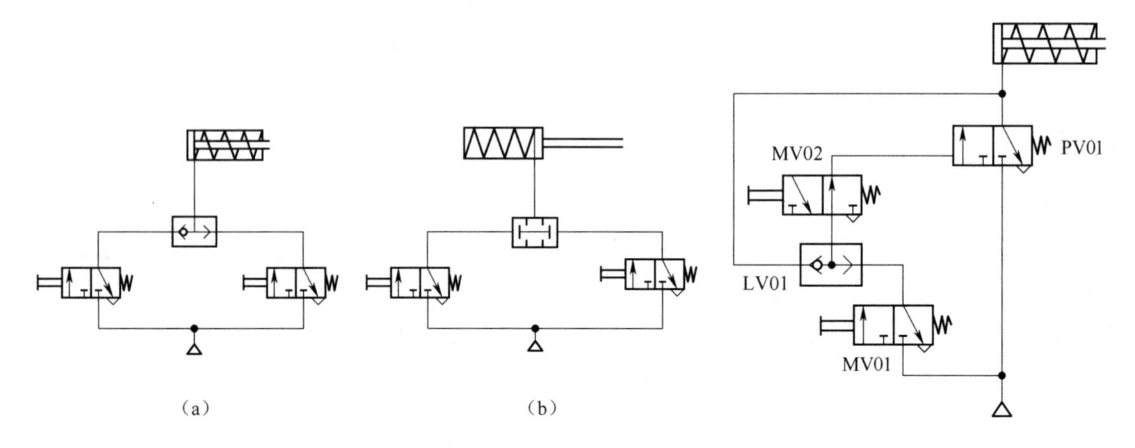

图 15-2 逻辑元件控制的单作用气缸的回路

图 15-3 单作用气缸的自锁回路

2. 三位三通换向阀控制单作用气缸

如图 15-4 所示为三位三通换向阀控制单作用气缸的回路。图中换向阀的电磁线圈 Y_1 和 Y_2 不能同时得电,当 Y_1 得电时气缸伸出,当 Y_2 得电时气缸收回,当 Y_1 和 Y_2 都不得电时,气缸可以停在任意位置,但是由于气体的可压缩性,其定位效果欠佳。

3. 二位五通换向阀控制单作用气缸

如图 15-5 所示为二位五通换向阀控制单作用气缸的回路。图中的二位五通换向阀的一个工作气口被封闭,此时五通的换向阀相当于一个三通的换向阀的作用,可用于应急替代使用。

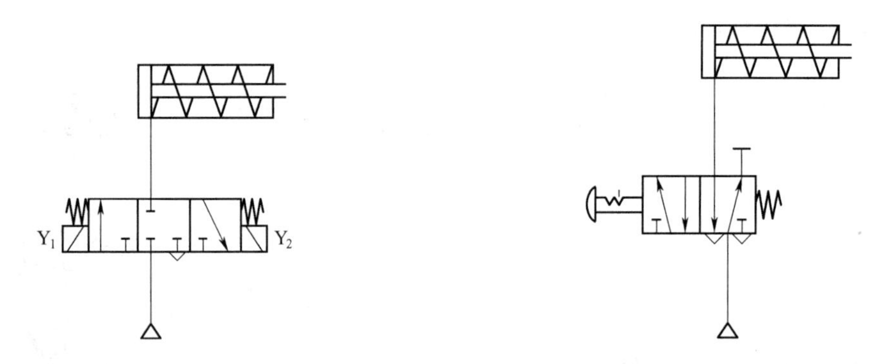

图 15-4 三位三通换向阀控制单作用气缸的回路

图 15-5 二位五通换向阀控制单作用气缸的回路

二、双作用气缸的换向回路

双作用气缸的换向回路是指气缸的伸出和收回的运动都靠气压驱动的回路,一般用二位五通换向阀或三位五通换向阀控制。

1. 二位五通换向阀控制双作用气缸

如图 15-6 所示为二位五通换向阀控制双作用气缸的回路。图 15-6(a)为手动换向阀控制方式,按下手动阀时,气缸伸出,松开手动阀时,气缸自动收回;图 15-6(b)为气控换向阀控制方式；控制气口通气时，气缸伸出，控制气口断气时，气缸自动收回；图 15-6(c)为双电控换向阀控制方式；图 15-6(d)为双气控换向阀控制方式。其中图(c)和图(d)的换向阀为有记忆功能的换向阀，阀芯动作信号不需保持。

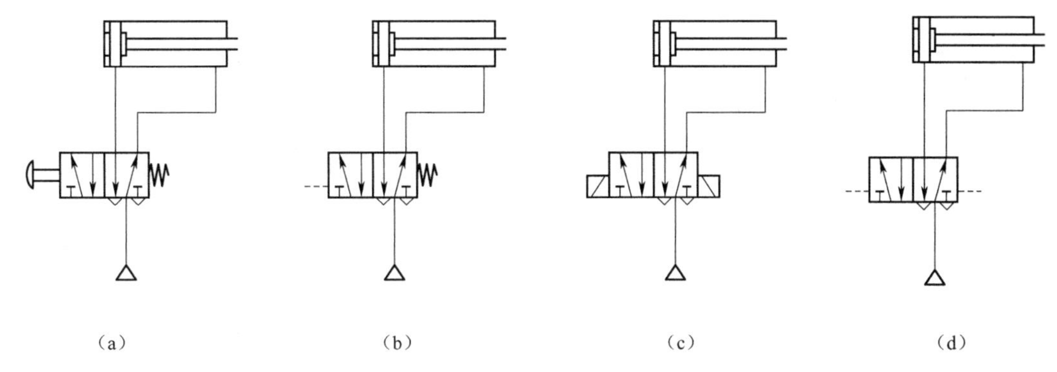

图 15-6　二位五通换向阀控制双作用气缸回路

2. 三位五通换向阀控制双作用气缸

当执行元件需要中间停位时，可用如图 15-7 所示的三位五通换向阀控制双作用气缸的回路。图 15-7(a)的执行元件为双端伸出杆式气缸，当两侧的电磁线圈都断电时，气缸活塞两端同时进气，气缸可靠停在任意位置。图 15-7(b)也能实现气缸的可靠停位，但气缸失去了气源压力的维持。图 15-7(c)的执行元件为无杆气缸，也可以实现气缸的可靠停位。

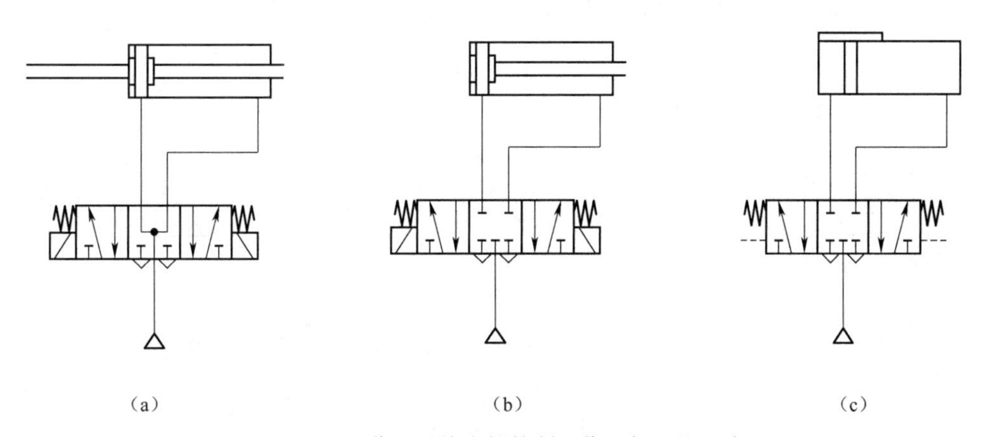

图 15-7　三位五通换向阀控制双作用气缸的回路

3. 二位三通换向阀控制双作用气缸

如图 15-8 所示为二位三通换向阀控制双作用气缸的回路。其中图 15-8(a)的两个换向阀 PV01 和 PV02 都不通电时，气缸处于浮动状态，可任意拖动；当阀 PV01 的 12 控制口通气时，气缸伸出；当阀 PV02 的 14 控制口通气时，气缸收回；当阀 PV01 的 12 控制口和 PV02 的 14 控制口都通气时，气缸为差动连接形式。

图 15-8(b)中的执行元件为无杆气缸，当图的两个换向阀 PV03 和 PV04 都不通电时，气缸处于可靠停位的状态；当阀 PV03 的 12 控制口通气时，气缸收回；当阀 PV04 的 14 控制口通气时，气缸伸出；当阀 PV03 的 12 控制口和 PV04 的 14 控制口都通气时，气缸处于浮动状态，可任意拖动。

图 15-8(c)为二位三通换向阀驱动重力负载情况下的双作用气缸回路。当按下举升换向

阀阀时,双作用气缸的无杆腔进气,推动重物上升;需要下放重物时,复位举升换向阀,在重物自重的作用下,双作用气缸缓慢收回。

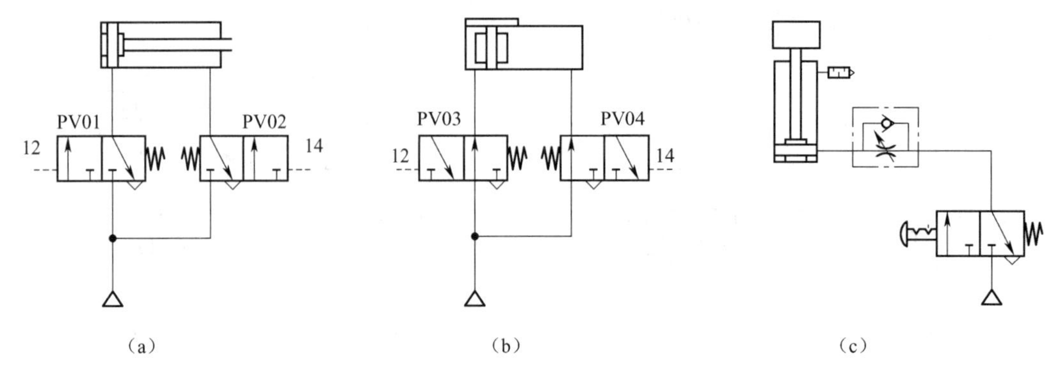

图 15-8　二位三通换向阀控制双作用气缸的回路

三、气动马达换向回路

气动马达换向回路如图 15-9 所示。图 15-9(a)所示为气动马达的单方向旋转的控制回路,用二位二通单气控换向阀实现马达的转、停控制,马达的转速用节流阀来调节;图 15-9(b)所示的回路用两个二位三通单电控换向阀 PV01 和 PV02 进行控制,当阀 PV01 通电时,马达为某一转向旋转;当阀 PV02 通电时,马达向另一转向旋转;图 15-9(c)所示的回路为用三位五通双气控换向阀来控制气动马达实现正、反向转动的回路。

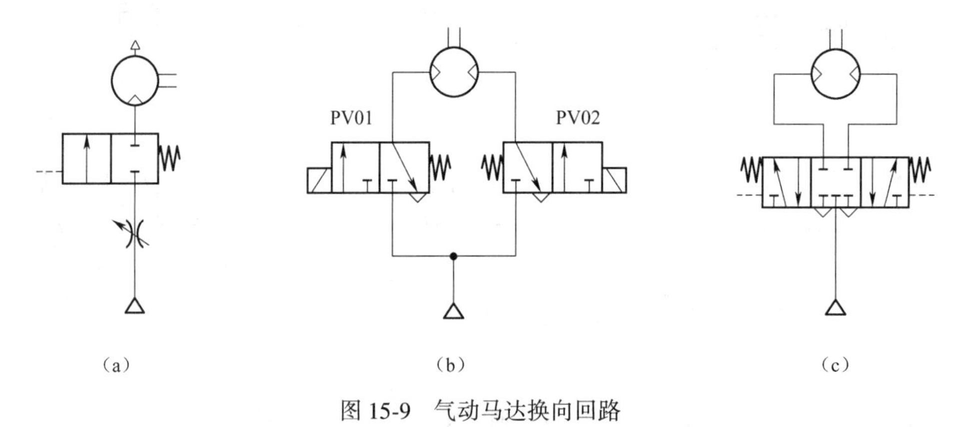

图 15-9　气动马达换向回路

第二节　压力控制回路

在气动系统中,压力控制不仅是维持系统正常工作所必需的,而且也关系到经济性、安全性以及可靠性的重要因素。压力控制通常可分为气源压力控制、工作压力控制、双压驱动、多级压力控制、增压控制等。

一、气源的压力控制回路

气源压力控制回路通常又称为一次压力控制回路,如图 15-10 所示。该回路用于控制气源储气罐的输出压力 p_S 稳定在一定的压力范围内,既不超过调定的最高压力值,也不低于调定的最低压力值,以保证用户对压力的需求。

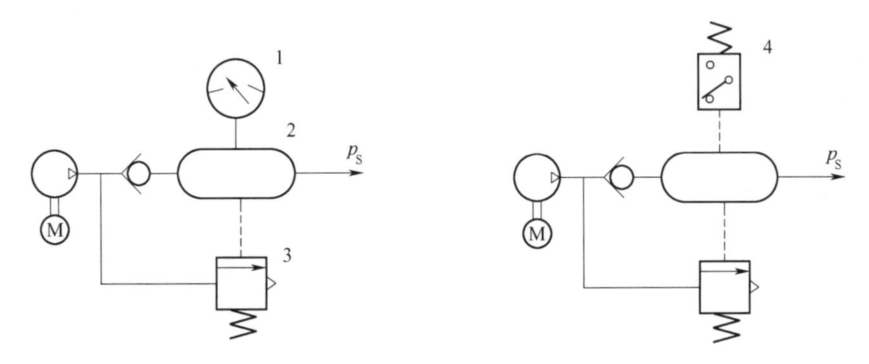

（a）电触点压力表调压回路　（b）压力继电器调压回路

图 15-10　气源的压力控制回路

1—安全阀;2—储气罐;3—电触点压力表;4—压力继电器

如图 15-10(a)所示为电触点压力表调压回路。启动后,电动机带动空气压缩机工作,压缩空气经单向阀向储气罐 2 内送气,罐内压力上升。当 p_S 上升到最大值时,电触点压力表 1 内的指针碰到上触点,被控制的中间继电器断电,电动机停转,压缩机停止运转,压力不再上升;当压力 p_S 下降到最小值时,指针碰到下触点,被控制的中间继电器闭合通电,电动机起动并带动压缩机运转,向储气罐供气,p_S 上升。调节电触点压力表的上、下两触点即可调节储气罐内的极限压力范围。

如图 15-10(b)所示为压力继电器调压回路。压力继电器(压力开关)4 的作用相当于图 15-10(a)中的电触点压力表 1。压力继电器可调节储气罐内压力的上限值和下限值,该回路常用于小容量压缩机的控制。当电触点压力表、压力继电器或电路发生故障时,空气压缩机不能自动停止,此时储气罐内的压力不断上升,当压力达到调定值时,图 15-10 回路中的安全阀 3 打开泄压,使 p_S 稳定在调定压力值的范围内。

二、工作压力控制回路

为了使系统得到清洁、压力值稳定或有一定润滑性能的压缩空气,需要对来自气源系统的工作介质进行调节和控制。如图 15-11 所示的压力控制回路中,从压缩空气站的一次回路过来的压缩空气,经分水滤气器 1、减压阀 2 和油雾器 3 处理后供给气动设备使用,此三种元件的组合称为气动三联件。构成气动三联件的三种元件的安装顺序不能颠倒,否则影响各元件的使用寿命和压缩空气的调控效果。其中,分水滤气器 1 用于分离水、固体颗粒和杂质;减压阀 2 用于调节后继设备所需的压力值;油雾器 3 要用于对气动换向阀和执行元件进行润滑。若系统采用免润滑的气动元件,则不需要油雾器,直接使用如图 15-12 所示的气动二联件。

三、高、低压转换回路

有些气动系统需要驱动两种差别较大的负载,这时就需要选择高、低两种驱动压力。如图 15-13(a)所示为减压阀直接控制的高、低压力转换回路。当高、低压力需要进行切换控制时,可以使用如图 15-13(b)所示为二位三通换向阀控制的高、低压力转换回路,操作手动换向阀就可输出 P_1 或 P_2 两种高、低压力。

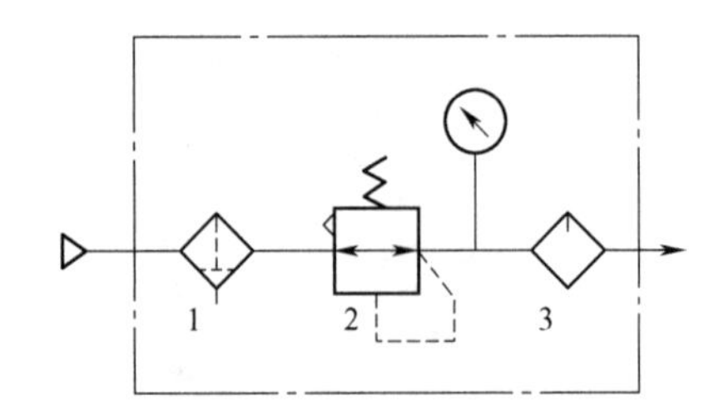

图 15-11　一种工作压力控制回路

1—空气过滤器;2—减压阀;3—油雾器

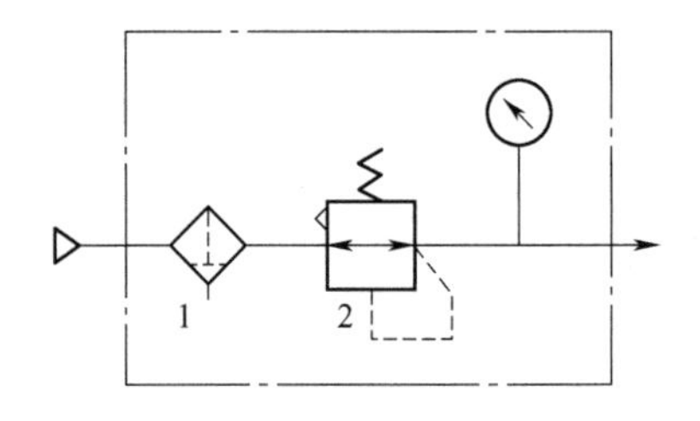

图 15-12　气动二联件

1—空气过滤器;2—减压阀;3—油雾器

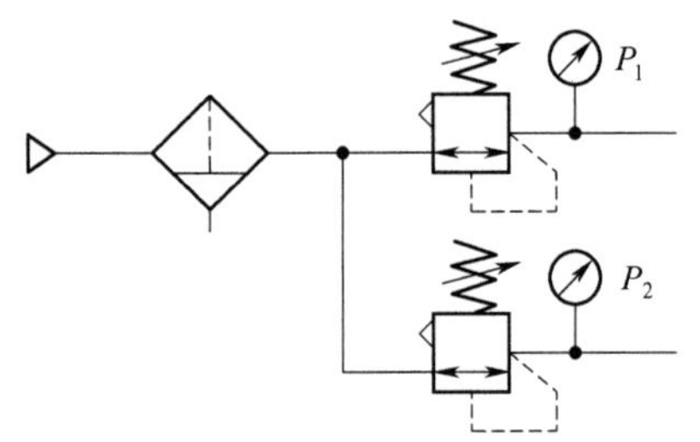

(a) 减压阀直接控制的高低压转换回路

(b) 二位三通换向阀控制的高低压转换回路

图 15-13　高、低压力转换回路

四、多级压力控制回路

在某些场合,如在重力负载系统中,需要根据不同重量的工件提供多种平衡压力。这时就需要用到多级压力控制回路。如图 15-14 所示为一种采用远程减压阀控制的多级压力控制回路。该回路中的外控式调压阀 1 的先导控制压力分别由三个二位三通电控换向阀 2、3、4 的切换来控制,可根据需要设定高、中、低三种先导压力,通过分别给 Y_3、Y_2、Y_1 通电实现切换。在进行压力切换前,必须通过电磁阀 5 将先导压力泄压,然后再选择新的先导压力。

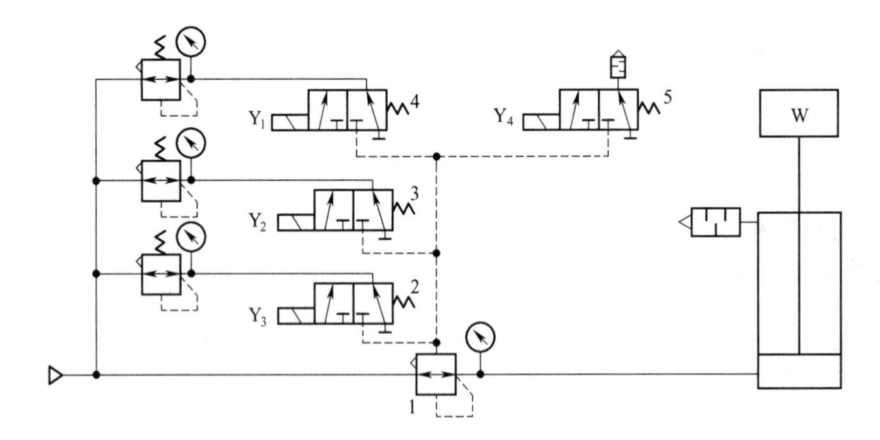

图 15-14　远程减压阀控制的多级压力控制回路

五、双压驱动回路

有些场合,气缸在伸出时为大负载状态,收回时为空载或小负载状态。为了使驱动气压力与气缸的带载状态相适应，可以采用如图 15-15(a)图所示的双压驱动回路：气缸伸出时，驱动压力为 p_1，快速排气阀用于气缸伸出时快速排气；气缸收回时，驱动压力为 p_2，快速排气阀排气口关闭。

有些场合，需要气缸能适应负载的变动，要求回路具有过载保护的功能，可以采用如图 15-15(b)图所示的双压驱动回路。图中的快速排气阀和溢流阀串联，实现气缸动作过程中的背压，溢流阀的溢流压力不同则气缸的背压压力不同，驱动压力也不同。

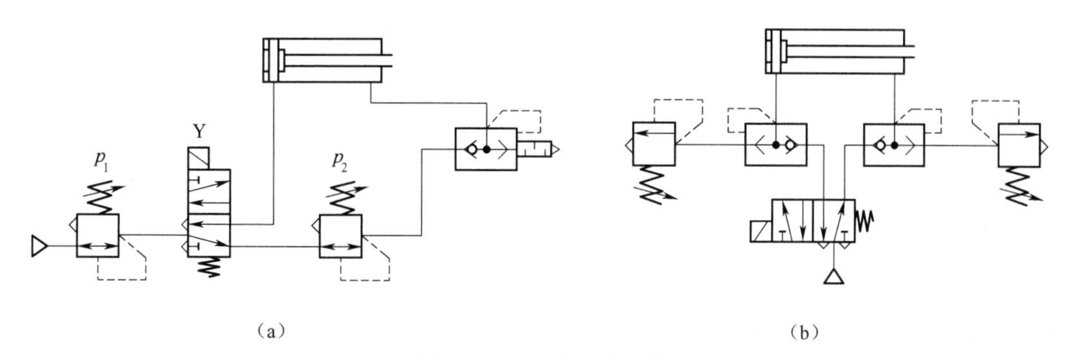

图 15-15　双压驱动回路

六、利用串联气缸的多级力输出回路

在气动系统中，力的控制除了可以通过改变输入气缸的工作压力来实现外，还可以通过改变气缸活塞的有效作用面积来实现。如图 15-16 所示为利用串联气缸实现的多级压力输出回路，串联气缸的活塞杆上有三个活塞，每个活塞的左侧可以分别供给压力，电控阀 1、2、3 的通电个数在进行组合时，阀 3 必须通电，气缸产生 4 种不同的伸出压力；当所有电磁阀断电时，在阀 3 的作用下串联气缸收回。

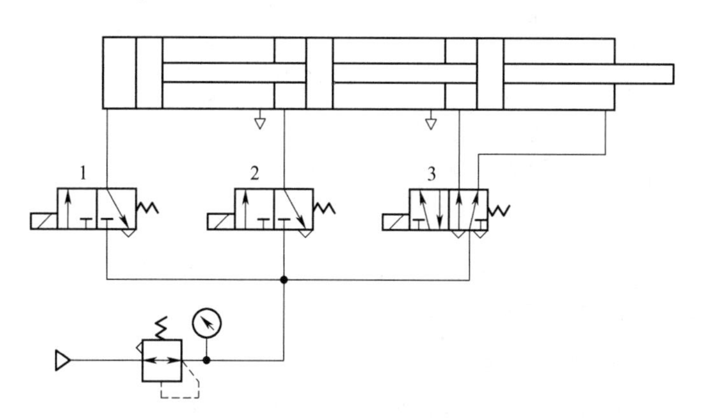

图 15-16　串联气缸的多级力输出回路

七、压力的无级控制回路

当设定的压力等级较多时，就需要使用大量减压阀和电磁阀，这时可使用电气比例减压阀。如图 15-17 所示为采用电气比例减压阀构成的压力无级控制回路。重力负载上升的驱动力由外控式的大流量减压阀 1 控制，调节流过电气比例减压阀 2 的控制电流的大小，就能无级的调节阀 1 的输出压力的大小。为保证阀 2 的可靠工作，使用油雾分离器 3 进行空气过滤，重物的升、降由换向阀 4 控制。

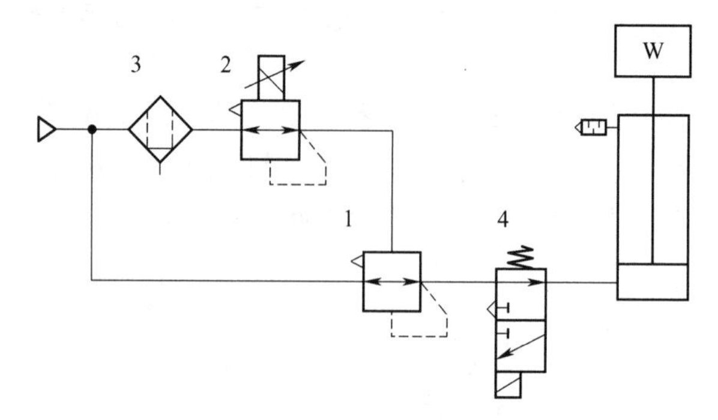

图 15-17　压力无级控制回路

八、增压回路

一般气动系统的工作压力在 0.7 MPa 以下，当气缸设置在狭窄的空间里，不能使用较大面积的气缸，而又要求很大的输出力时，或者局部需要使用高压时可采用增压回路。常用的增压回路有使用气体增压器的增压回路和使用气液增压器的增压回路。

1. 使用气体增压器的增压回路

使用气体增压器的增压回路如图 15-18 所示。增压器 3 一次侧的油雾分离器 1 用于保护增压器正常工作；二次侧的分水滤气器 5 用于净化增压后的压缩空气；储气罐 4 用于储存高压空气；手动阀 2 和 6 分别用于增压器回路不工作时的一次侧残压释放和二次侧残压释放。电磁换向阀 7 用于控制输出的高压气体。

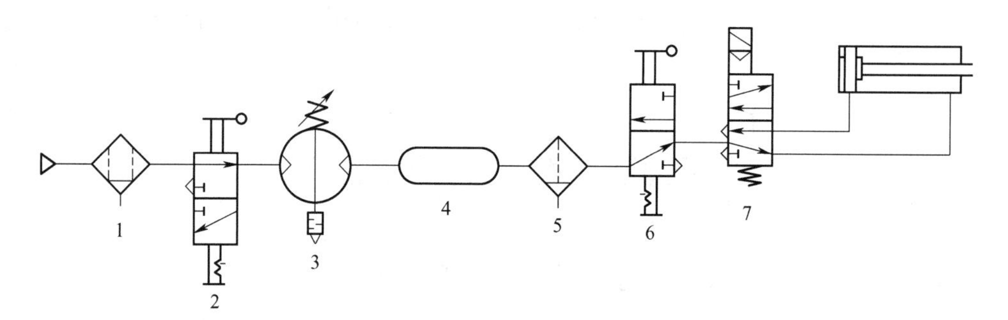

图 15-18　使用气体增压器的增压回路

1—油雾分离器；2、6—手动阀；3—增压器；4—储气罐；5—分水滤气器；7—电磁换向阀

2. 使用气液增压器的增压回路

如图 15-19 所示为采用气液增压器的增压回路。电磁阀的 Y_1 通电，对气液增压器低压侧施加压力，增压器动作，其高压侧产生高压油液推动工作缸活塞动作，输出高压力；电磁阀 Y_2 通电，工作缸及气液增压器回程。使用该增压回路时，必须保证油、气关联处密封性良好，油路中不得混入空气。

3. 使用气液转换器的增压回路

此增压回路主要用于薄板冲床、压装用压力机等设备中。在实际冲压过程中，执行器往往只在最后一段行程时作功，其他行程不做功。因而可使用低压、高压二级回路，在执行器与工件无接触时采用低压驱动，作功时转为高压驱动。如图 15-20 所示为使用气液转换器的增压回路。电磁阀 Y 通电后，压缩空气进入气液转换器，使工作缸动作。当活塞前进到指定位置并触动高、低压转换的机动阀时，压缩空气供入气液增压器，使增压器动作。由于增压器活塞动作，气液转换器到增压器的低压液压回路被切断（由内部结构实现），高压油作用于工作缸进行冲压作功。当电磁阀 Y 断电时，气压力使增压器和工作缸分别回程。

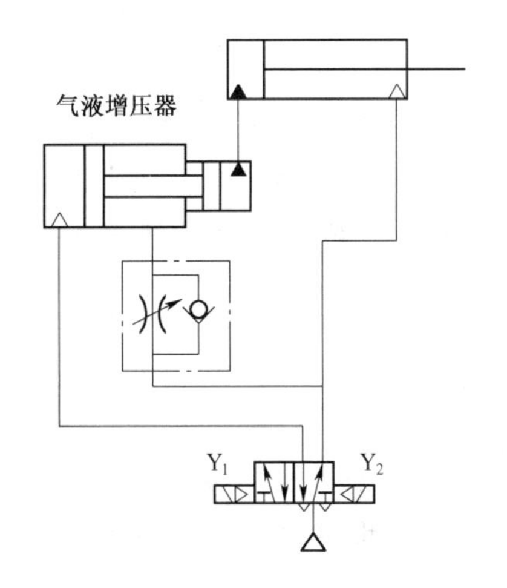

图 15-19　使用气液增压器的增压回路

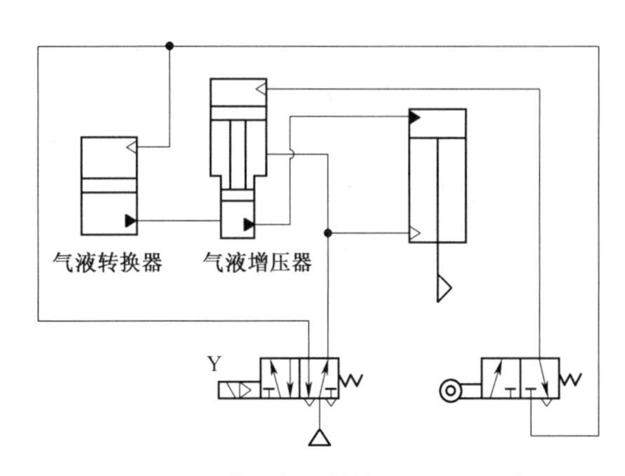

图 15-20　使用气液转换器的增压回路

第三节　速度控制回路

控制气动执行元件运动速度实质是控制作用于执行元件的工作介质的流量。

一、单作用气缸的速度控制回路

1. 进气节流调速回路

如图 15-21（a）所示的回路为使用单向节流阀的进气节流调速回路。按下手动换向阀，压缩空气经单向节流阀的节流口调节流量后进入到气缸内，称为进气节流调速。松开手动换向阀，气缸收回，气缸无杆腔的气体经单向节流阀的单向口通换向阀的排气口。由于没有节流，气缸可以快速返回。

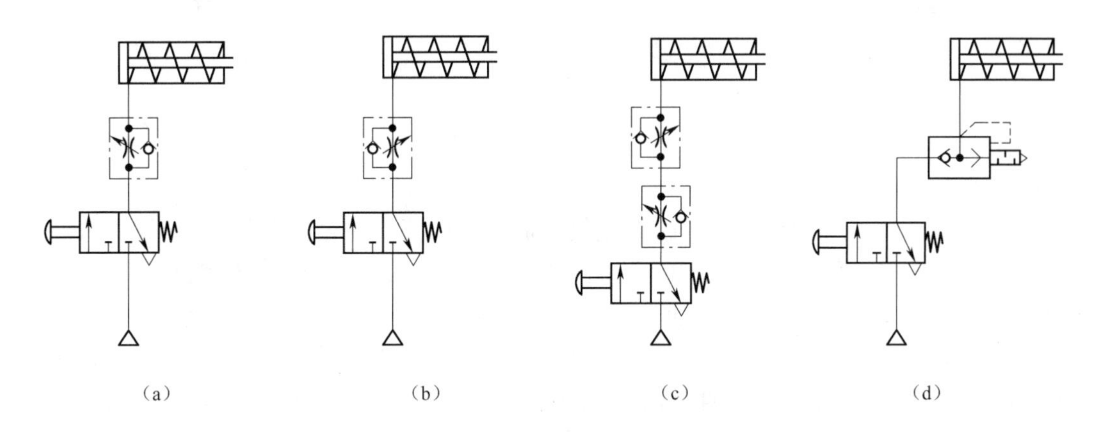

图 15-21　单作用气缸的速度控制回路

2. 排气节流调速回路

如图 15-21(b)所示的回路为使用单向节流阀的排气节流调速回路。按下手动换向阀,压缩空气经单向节流阀的单向口不节流进入到气缸内,气缸快速伸出。松开手动换向阀,气缸收回,气缸无杆腔的气体经单向节流阀的节流口调节流量后排气,气缸缓慢收回,称为排气节流调速。

3. 双向节流调速回路

如图 15-21(c)所示的回路为使用单向节流阀的双向节流调速回路。按下手动换向阀,进入到气缸内的气体经过下面的单向节流阀调节流量,气缸缓慢伸出;松开手动换向阀,从气缸无杆腔内排出的气体经过上面的单向节流阀调节流量,气缸缓慢收回。该回路实现气缸双方向的速度控制。

4. 快速排气回路

如图 15-21(d)所示的回路为使用快速排气阀的快速排气回路。按下手动换向阀,压缩空气经过快速排气阀进入到气缸内,气缸快速伸出;松开手动换向阀,气缸排出的气体经过快速排气阀直接排到大气中,由于缩短了排气路径,所以使得气缸收回的阻力减小,收回速度得以提高。该回路的速度平稳性和速度刚性都较差,容易受到负载的影响,适用于对速度稳定性要求不高的场合。

二、双作用气缸的速度控制回路

双作用气缸的调速回路可采用如图 15-22 所示的几种回路。

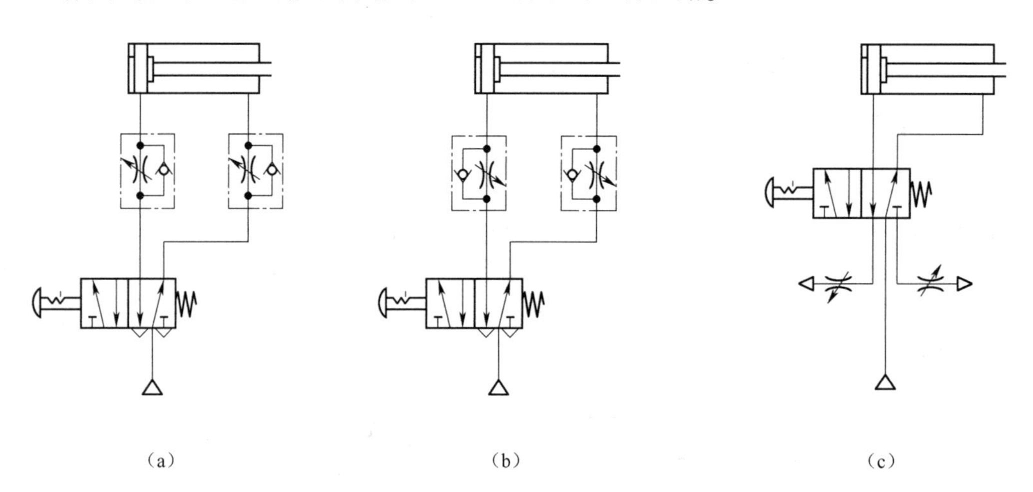

图 15-22　双作用气缸的双向调速回路

1. 进气节流调速回路

如图 15-22(a)所示为双作用气缸的进气节流调速回路。在进气节流时,气缸排气腔压力很快降至大气压,而进气腔压力的升高的速度比排气腔压力的降低速度缓慢。当进气腔压力产生的合力大于活塞静摩擦力时,活塞开始运动。由于动摩擦力小于静摩擦力,所以活塞启动时运动速度较快,进气腔容积急剧增大,由于进气节流限制了供气速度,使得进气腔压力降低。因此,气体流量小时,容易造成气缸的“爬行”现象。进气节流调速回路的承载能力大,但不能承受于气缸运动同向的负载,进气节流多用于气缸垂直安装的支撑性质的供气回路。

2. 排气节流调速回路

如图 15-22(b)所示为双作用气缸的排气节流调速回路。在排气节流时,由于节流作用,使排气腔内可以建立与负载相适应的背压,受负载变化的影响小,运动比较平稳。排气节流调速还可以采用如图 15-22(c)所示的排气节流阀构成的调速回路。

无论是进气节流调速还是排气节流调速,调节节流阀的开度即可调节气缸往复运动的速度。另外,根据需要还可以选择一个单向节流阀构成的单向节流调速回路。

3. 慢进—快退回路

如图 15-23 所示为慢进—快退回路。气缸伸出时,通过单向节流阀进行排气节流调速,实现慢进,气缸收回时,通过快速排气阀快速排气,提高气缸的返回速度,实现快退。

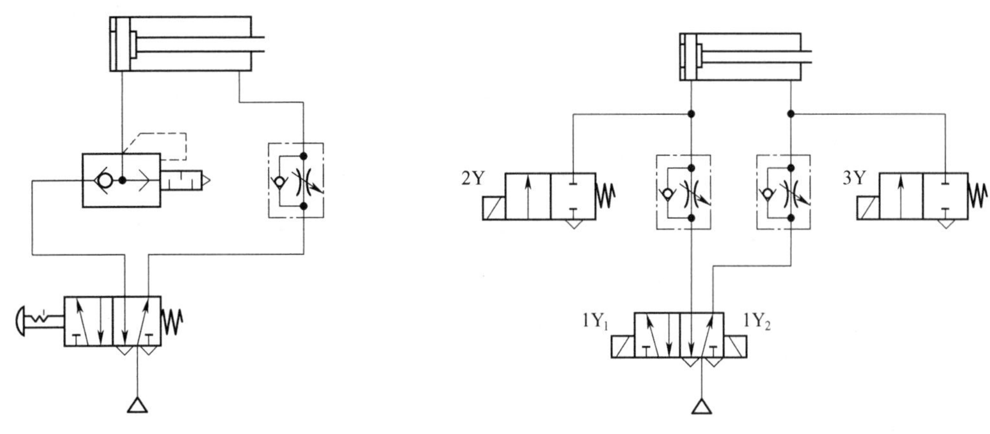

图 15-23　慢进—快退回路　　图 15-24　行程中的变速回路

4. 行程中的变速回路

如图 15-24 所示为行程中的变速回路。回路中的每个单向节流阀都与一个二位二通单电控换向阀并联。气缸伸出时,给主换向阀的 $1Y_1$ 通电的同时,给速度切换阀 3Y 通电,则气缸快速伸出;行程中,速度切换阀 3Y 断电,气缸以调定的速度伸出。气缸收回时,给主换向阀的 $1Y_2$ 通电的同时,给速度切换阀 2Y 通电,则气缸快速收回;行程中,速度切换阀 2Y 断电,气缸以调定的速度收回。

5. 缓冲回路

为了降低气缸驱动较大负载高速移动时产生的巨大动能,从某一位置开始逐渐减慢气缸的速度,使其在指定位置平稳停止的回路称为缓冲回路。最直接的缓冲方法是使用带缓冲的气缸,在其活塞运动到接近气缸末端时,关闭正常排气口,剩余气体通过缸体内部的阻尼通道排出,实现缓冲。对于行程短、速度高的情况,气缸内设气压缓冲装置吸收动能比较困难,可采用缓冲液压缸辅助缓冲,如图 15-25 所示;对于运动速度较高、惯性力较大、行程较长的气缸,可采用两个节流阀并联使用的方法,如图 15-26 所示。在图 15-26 所示的回路中,单向节流阀 3 的节流口开度大于节流阀 2 的节流口。当阀 1 通电时,无杆腔进气,有杆腔的气体经节流阀 3、行程阀 4、阀 1 的排气口排出。调节阀 3 的节流口开度,可改变活塞杆的前进速度。当活塞杆挡块压下行程末端的行程阀 4 后,节流阀 3 的通路切断,此时有杆腔的余气只能从阀 2 的节流口排出。由于阀 2 的节流口开度很小,使得有杆腔内压力猛增,对活塞产生的反向作用力减低活塞的高速运动,从而达到在行程末端减速和缓冲的目的。根据负载大小调整行程阀 4 的位置,便可调整气缸伸出时有杆腔的缓冲容积,能获得较好的缓冲效果。

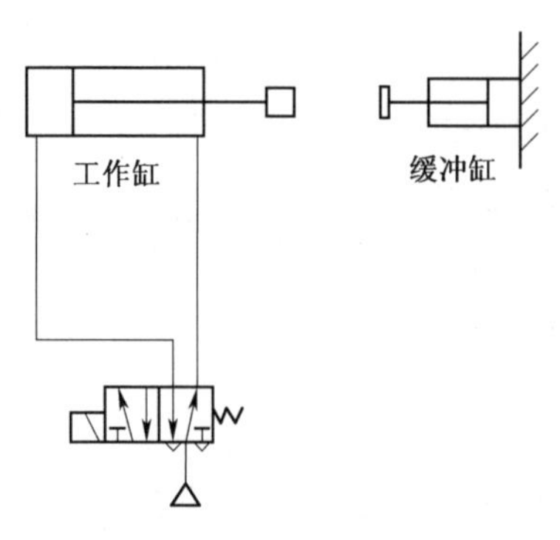

图 15-25　缓冲液压缸的缓冲回路

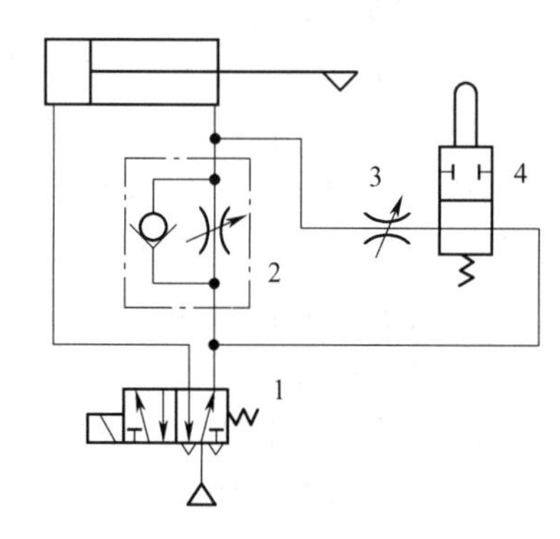

图 15-26　行程阀缓冲回路

6. 冲击回路

冲击回路是利用气缸的高速运动给工件以冲击的回路。

如图 15-27 所示,此回路由储气罐 1、快速排气阀 4、控制气缸动作的单电控换向阀 3 和单气控换向阀 2 等元件组成。电控换向阀 3 断电时,系统处于初始状态,若气缸已伸出,则未触发的机动阀的下位在工作位置,使得气缸收回,直到触发机动阀后自动停止。需要冲击工件时,给二位五通电磁阀 3 通电,二位三通气控阀 2 换向,气罐内的压缩空气快速冲入冲击气缸,气缸活塞因突然受力而快速动作,快速排气阀快速排气,活塞以极高的速度对工件产生巨大的冲击力。使用该回路时,应尽量缩短各元件与气缸之间的距离。

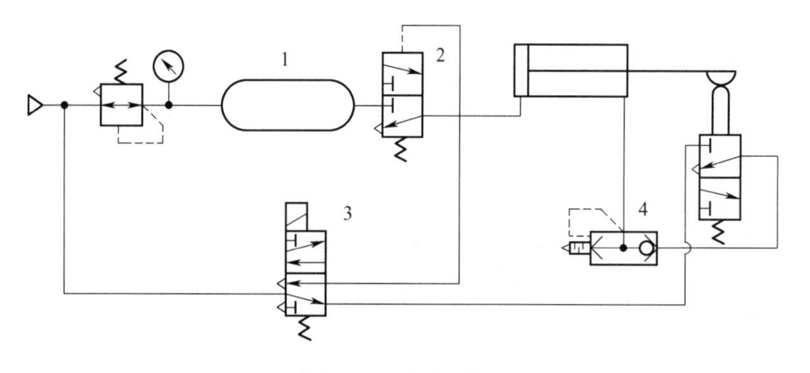

图 15-27　冲击回路

三、气液转换速度控制回路

由于空气的可压缩性,气缸活塞的速度很难平稳,尤其在负载变化时,其速度波动更大。在有些场合,例如用于机械切削加工中的进给气缸,要求进给速度平稳均匀以保证加工精确,普通气缸难以满足此要求。为此可使用气液转换器或气液阻尼缸,通过调节油路中的节流阀开度来控制活塞运动的速度,实现低速和平稳的进给运动。

1. 使用气液转换器的速度控制回路

如图 15-28(a)所示为采用气液转换器的双向调速回路。回路中使用的是液压缸,但动力源还是压缩空气。由换向阀 1 输出的压缩空气的压力通过气液转换器 2 转换成油压,推动液压缸 5 前进或后退。单向可调节流阀 3 串联在油路中,用于调节液压缸活塞进、退运动的速度。由于液压油是不可压缩的介质,因此调速容易、调速精度高、活塞运动平稳。需要注意的是,气液转换器的储油容积应大于液压缸的容积,使用时必须保证气液转换器内的油液对液压缸的需求有足够的剩余。此外,要避免气体混入油中。

如图 15-28(b)所示为采用气液转换器和气液转换缸的调速回路。本回路常用在金属切削机床上控制刀具的进给和退回,行程阀 4 的位置可根据加工工件的长度进行调整。

其动作过程如下。

在快进阶段,当换向阀 1 通电时,气液阻尼缸 6 的气压腔进气,其液压腔经行程阀 4 快速排油至气液转换器 2,活塞杆快速前进。

在慢进阶段,当活塞杆的挡块压下行程阀 4 后,油路切断,液压腔的油液只能经单向节流阀 3 的节流口回流到气液转换器 2,因此活塞杆慢速前进,调节节流阀 3 的开度,就可得到所需的进给速度。

在快退阶段,当阀 1 断电复位后,压缩空气作用于气液转换器 2,油液经单向节流阀 3 迅速流入缸 6 的液压腔,同时缸 6 的气压腔的压缩空气经过阀 1 排出,使活塞杆快速退回。

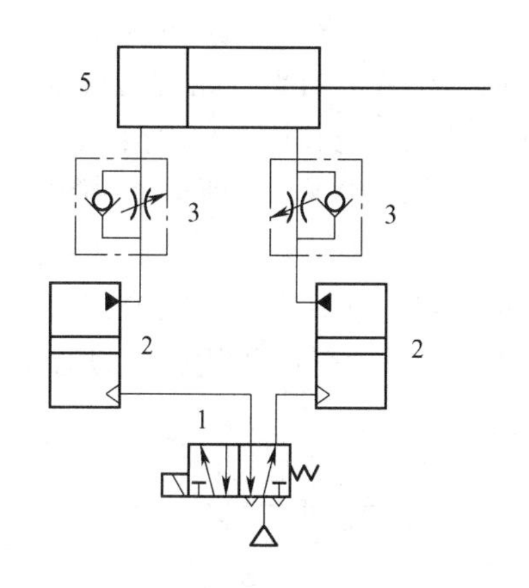

(a)气液转换器的双向调速回路

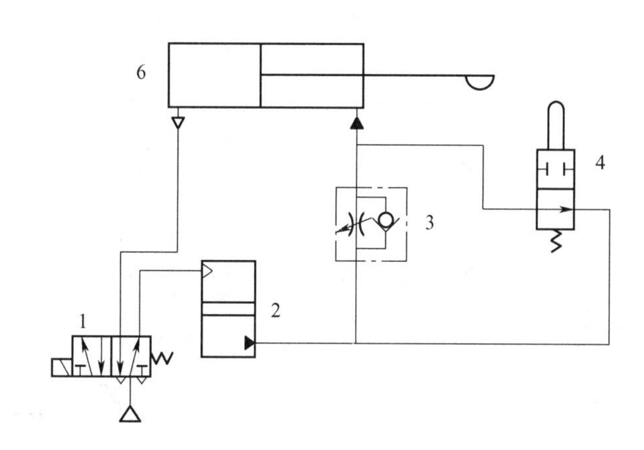

(b)气液转换器和气液转换缸的调速回路

图 15-28　采用气液转换器的速度控制回路

2. 使用气液阻尼缸的速度控制回路

此回路使用气缸传递动力,由液压缸进行阻尼和稳速。由于执行元件的调速是在液压缸的油路中进行的,因而调速精度高、运动速度平稳。这种调速回路被广泛应用于金属切削机床中。

如图 15-29 所示为串联型气液阻尼缸双向速度控制回路。该回路由气液阻尼缸 1 实现力的传递和调速,电控换向阀 2 控制气液阻尼缸 1 的活塞杆伸出与收回,节流阀 3 和节流阀 4 用于调节活塞杆的进、退速度,油杯 5 中的油液用于漏油补充,单向阀 6 用于防止阻尼缸 1 内的油液流向油箱。

如图 15-30 所示为气液阻尼缸的快进—工进—快退回路。在气动回路中,当电控换向阀 2 通电后,气压力推动气液阻尼缸 1 的活塞杆伸出。在液压回路中,b 口腔内的油液可以直接回到 a 口腔内,实现油液的快速流动,阻尼缸 1 的活塞杆快速伸出,实现快进动作;当活塞运动到 b 口处后,缸的结构保证 b 口被封闭,油液只能通过 c 口的单向节流阀 3 再流回到 a 口腔,实活塞杆的慢速工进;电控换向阀 2 断电后,气压力使缸 1 的活塞杆收回,阻尼缸两腔的油路通路顺畅,实现缸 1 的活塞杆快速退回。由于该回路的快进转工进的过程是通过缸 1 的结构保证,所以其速度转换位置和行程比较固定。

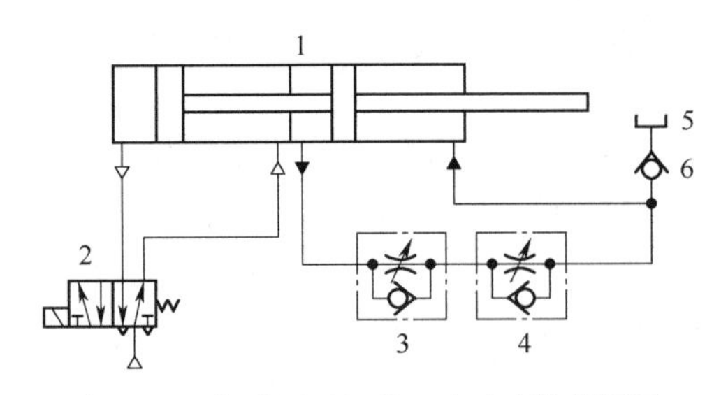

图 15-29　气液阻尼缸的双向速度控制回路

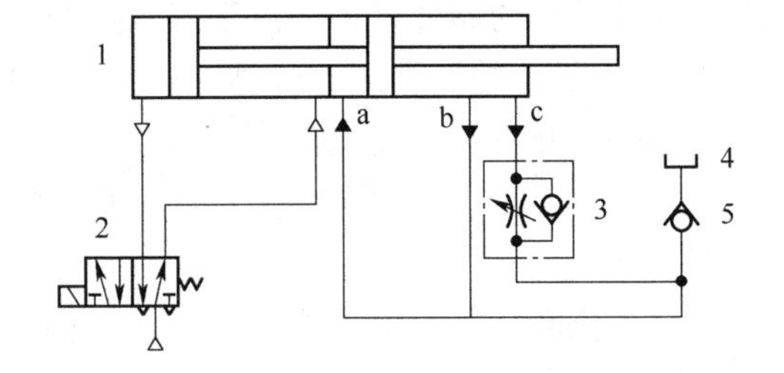

图 15-30　气液阻尼缸的快进—工进—快退回路

第四节　位置控制回路

一、换向阀实现的位置控制

如图 15-31(a)所示为使用三位五通封闭式换向阀的位置控制回路。当换向阀处于中位时,气缸两腔的压缩空气被封闭,活塞可以停留在行程中的某一位置。由于气路的密封靠换向阀的阀芯实现,因此密封效果有限,停位后活塞仍有微小位移,且不能长时间可靠停位。

如图 15-31(b)所示的回路使用中泄式换向阀,由于加装了气控单向阀,所以大幅提高了气体的密封性,承载能力也有所增强。

如图 15-31(c)所示的回路使用了双端伸出杆式气缸和三位五通中位加压式换向阀。此回路适用于活塞两侧作用面积相等的气缸的停位。由于空气的可压缩性,采用纯气动控制方式难以得到较高的位置控制精度。

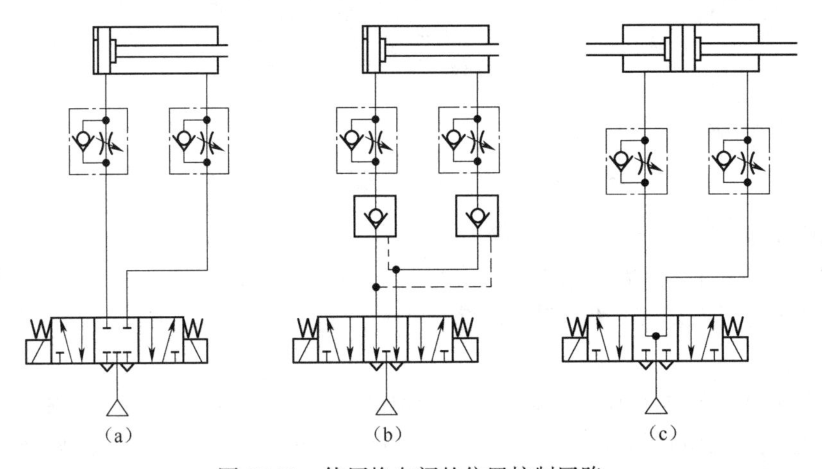

图 15-31　使用换向阀的位置控制回路

二、利用机械挡块的位置控制

为了使气缸在行程中的某个位置定位,最可靠的办法是在定位点设置机械挡块,如图 15-32 所示为使用机械挡块进行辅助定位的控制回路。该回路定位精度高,简单可靠,但调整困难。挡块的设置既要考虑有较高的刚度,又要考虑具有吸收冲击的缓冲能力。

三、利用制动气缸的位置控制

如图 15-33 所示为使用制动气缸实现的位置控制回路。该回路中,三位五通换向阀 1 的中位机能为中位加压型,二位五通阀 2 用来控制制动活塞的动作,利用带单向阀的溢流减压阀 3 来进行负载的压力补偿。当阀 1、2 断电时,气缸在行程中的某个被制动并定位;当阀 2 通电时,制动解除。

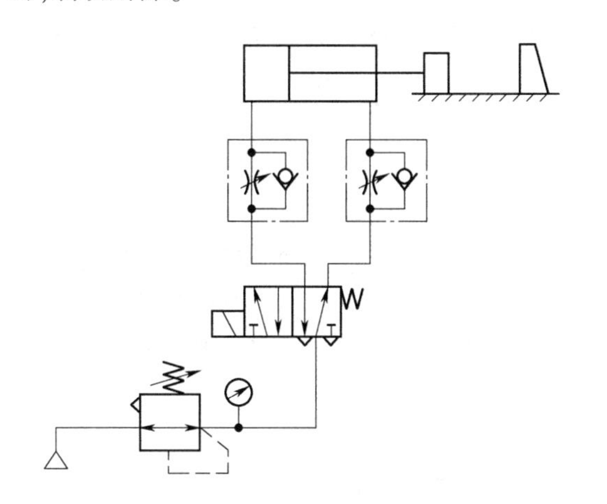

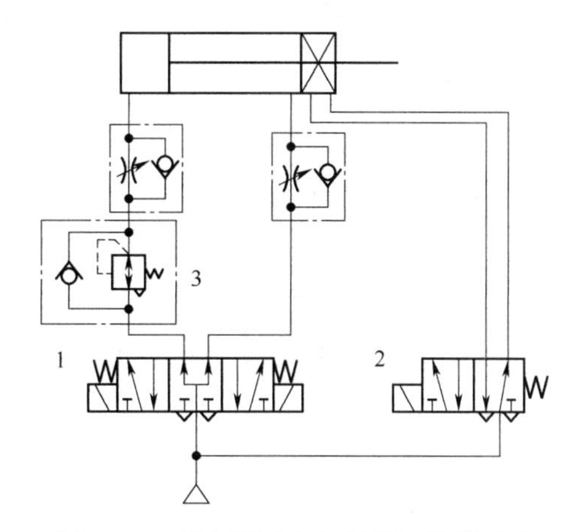

图 15-32　使用机械挡块的位置控制回路　　图 15-33　使用制动气缸的位置控制回路

四、气缸的原位位置控制

如图 15-34 所示为供气压力低时气缸自动返回的位置控制回路。当气源供气压力达到安全压力控制阀 2 的调定压力以上时,换向阀 3、4 动作,气缸在主换向阀 1 的作用下正常动作;当供气压力低于安全控制阀 2 的调定压力时,换向阀 3、4 复位,气缸无杆腔经过阀 3 排气,储气罐 5 内的气体推动活塞收回并定位。单向阀 6 用于保证气体向储气罐 5 供气。

如图 15-35 所示为断电时气缸保持在两端停位的回路。机动阀 A_0 安装在气缸杆收回到原位后被触发的位置,机动阀 A_1 安装在气缸杆伸出到伸出位后被触发的位置。当主换向阀的 Y_1 通电后,气缸杆伸出到伸出位置并触发机动阀 A_1,此时若系统断电,三位五通主换向阀中位到工作位置,气缸无杆腔可以通过机动阀 A_1 的气路继续接通气源,维持气缸处于伸出状态。气缸杆收回到原位时,系统断电的情形类似于上述情况。

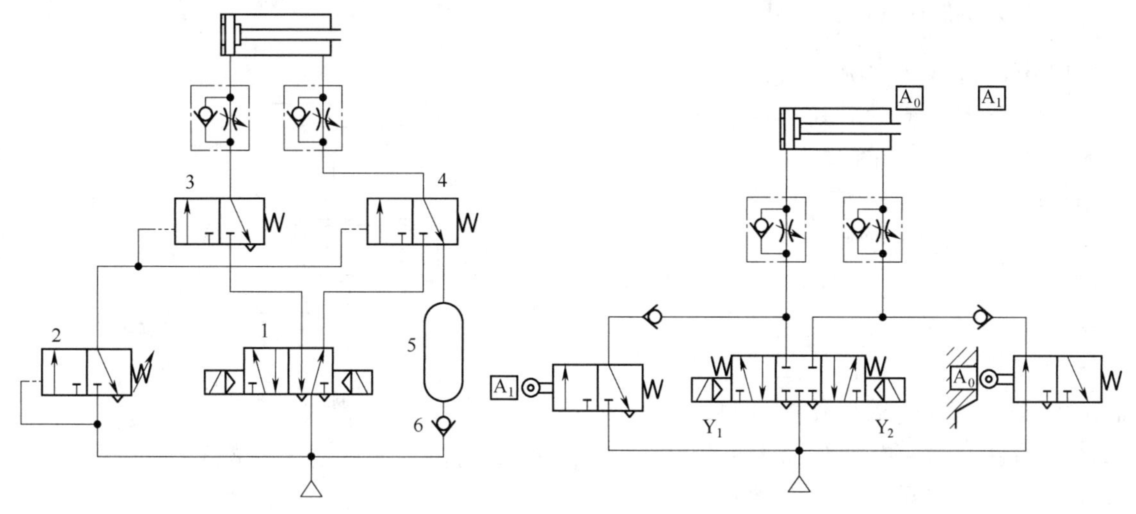

图 15-34　供气压力低时气缸自动收回回路　　图 15-35　断电时气缸保持在两端停位回路

五、使用气液转换器的位置控制

如图 15-36 所示为采用气液转换器的位置控制回路。当液压缸运动到指定位置时，电控换向阀 1、2、3 同时断电，气液转换器的气体泄压，液压缸两腔的液体被封闭，液压缸停止运动。由于使用了气液转换器，因此可以达到高精度的位置控制效果。为保证定位精度，执行元件运动速度不宜过高。

六、使用气动位置传感器的位置控制

如图 15-37 所示为使用气动位置传感器的位置控制回路。按下手动换向阀 2，主换向阀 1 动作，气缸杆伸出，当活塞杆前端的挡板靠近气动背压式位置传感器 4 的喷嘴时，传感器内的背压升高，使换向阀 3 动作，气缸活塞杆返回。减压阀 5 和节流阀 6 用于减小耗气量。使用气动位置传感器可以保证气缸伸出的位置精度。

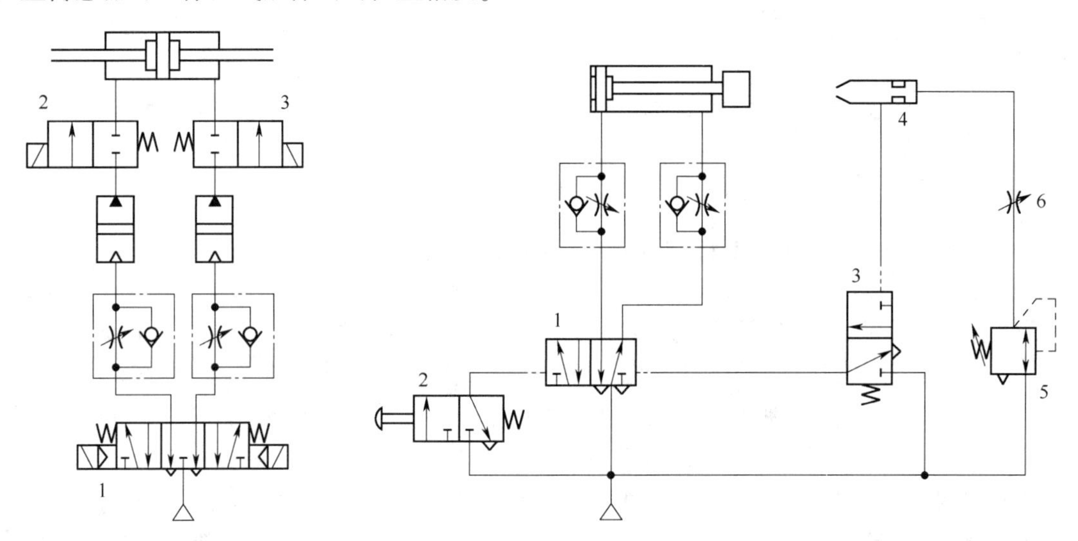

图 15-36　气液转换器的位置控制回路　　图 15-37　气动位置传感器的位置控制回路

七、使用伺服阀的位置控制

伺服阀可连续控制压力或流量的变化，通过闭环控制的方式实现较高精度的位置控制。如图 15-38 所示为采用流量伺服阀的位置控制回路。该回路由气缸、流量伺服阀、位移传感器及信号处理与控制系统组成。位移传感器将活塞的位移转换成不同量值的电信号，该电信号送给信号处理与控制系统，通过与设定的位置信号相比较，计算算出位置偏移量控制电信号的大小，该信号控制流量伺服阀芯的位置，直到偏移量消除，活塞杆停留在期望的位置上。

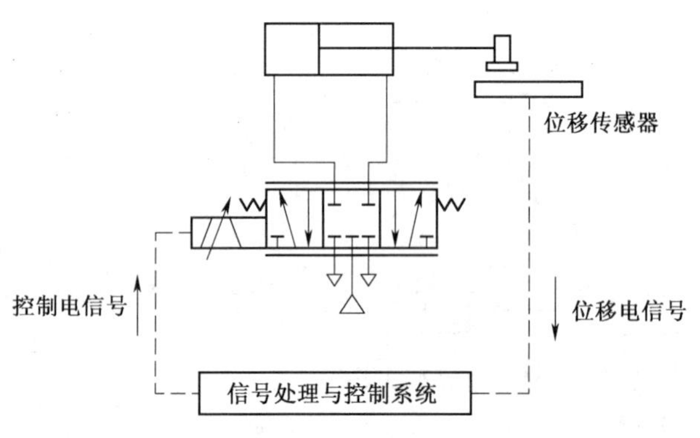

图 15-38　使用流量伺服阀的连续位置控制回路

第五节　同步控制回路

同步控制回路是指驱动两个或多个执行机构以相同的速度移动或在指定的位置同时停止的回路。由于气体的可压缩性及负载的变化等因素,气动系统的同步控制可使用以下方法。

一、使用机械连接的同步控制

将两个气缸的活塞杆通过机械结构连接在一起,可以实现可靠的同步动作。如图 15-39(a)所示的同步装置使用齿轮齿条将两只气缸的活塞杆连接起来,使其同步动作。图 15-39(b)为使用连杆机构的气缸同步装置。使用机械连接同步控制的缺点是机械误差会影响同步精度,两个气缸的设置距离不能太大,机构较复杂。

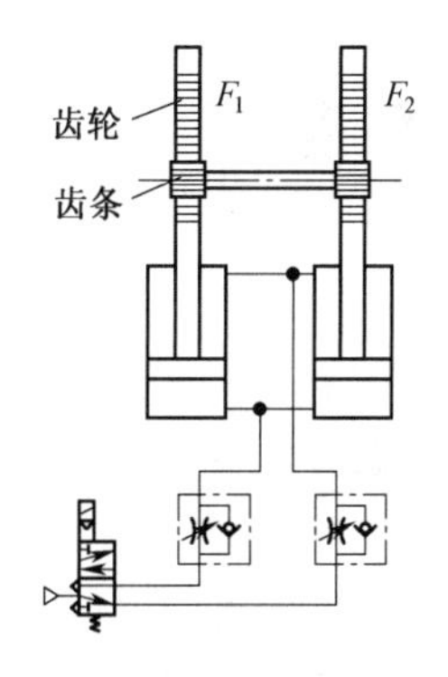

（a）齿轮齿条机械连接的同步控制

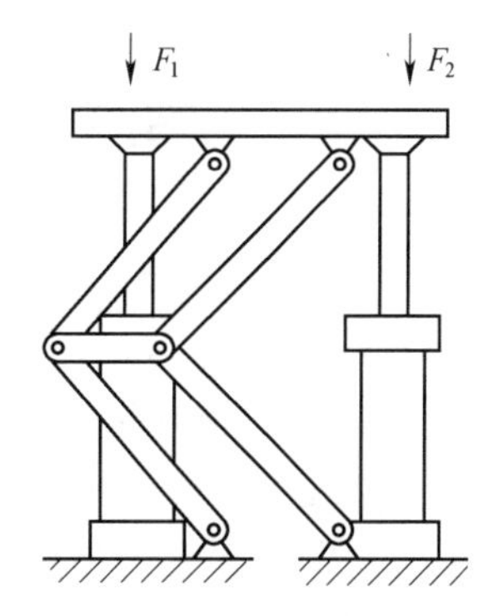

（b）连杆机构的气动同步装置

图 15-39　使用机械连接的同步控制

二、利用节流阀的同步控制回路

如图 15-40 所示为使用排气节流调速的同步控制回路。由单向节流阀 4、6 控制缸 1、2 同步上升,由单向节流阀 3 和 5 控制缸 1、2 同步下降。此回路适用于气缸产生的输出力远大于负载的场合,若两个气缸的负载差别很大,同步精度将会降低。

三、采用气液阻尼缸的同步控制回路

当负载在运动过程中有变化,负载差别较大,系统的运动平稳性要求高时,使用气液阻尼缸可取得较好的同步效果。如图 15-41 所示为使用两个气液阻尼缸的同步控制回路。图中的双电控换向阀 7 的 Y_1 通电时,阀 7 左位职能在工作位置,压力气体的一条气路经过梭阀 5 使二位二通气控液压换向阀 3、4 断开;另一条气路进入气液阻尼缸 1、2 的下腔,推动阻尼缸活塞动作,缸 1 上腔的油液进入到缸 2 下腔,缸 2 上腔的油液进入到缸 1 的下腔,实现两缸的同步动作。当阀 7 的 Y_2 通电时,可使气液阻尼缸同步下降。阀 8、9 为排气阀,将油液中混入的空气排除。当阀 7 完全断电时,阀 3、4 接通,使油箱 6 内的油液补充到阻尼缸的液压回路中。

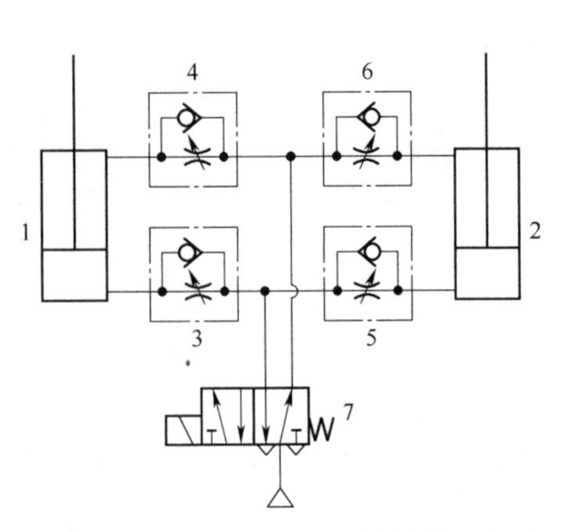

图 15-40　排气节流阀同步控制回路

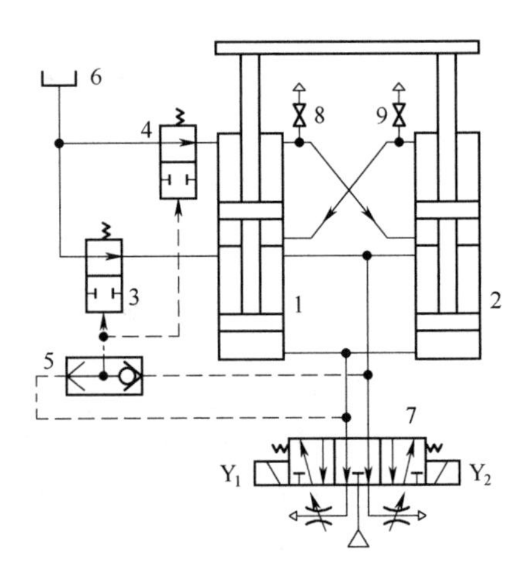

图 15-41　采用气液阻尼缸的同步回路

第六节　往复动作回路

一、单缸单往复动作回路

如图 15-42 所示为单缸单往复动作回路。在图(a)的回路中,按下阀 1,阀 2 的左位到工作位置,气缸的活塞杆伸出。松开阀 1,活塞杆继续伸出并触发机动阀 S_1,阀 2 动作,活塞杆收回并停在原位。操作此回路时,阀 1 必须在气缸活塞杆触发到机动阀 S_1 前松开,否则活塞杆无法在触发机动阀 S_1 时立即收回。在图(b)的回路中,安装在活塞杆原位的机动阀 S_1 和用于启动的阀 1 串联,可以实现气缸在原位时才能启动,这种控制方式称为原位启动。活塞杆离开原位后,机动阀 S_1 被释放,此时即使未松开阀 1,阀 2 的左侧气控口也会断气,使得活塞杆触发机动阀 S_2 时立即收回。需要注意的是,若活塞杆回到原位后仍未松开阀 1,则活塞杆会再次伸出,所以阀 1 的启动信号发出后应及时撤销。

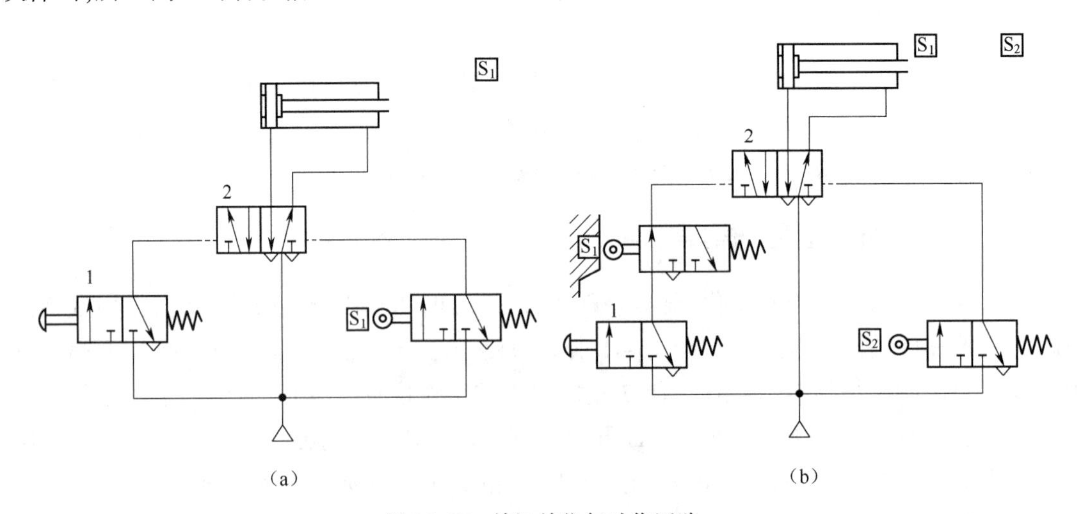

图 15-42　单缸单往复动作回路

如图 15-43 所示为时间原则下的单缸单往复动作回路。按下手动阀,主换向阀动作,气缸的活塞杆伸出,气控延时阀开始通气延时,经过一段时间后,延时阀动作,主换向阀复位,气缸收回，完成一次单往复动作，往复时间通过气控延时阀调定。

如图 15-44 所示为压力原则下的单缸单往复动作回路。按下手动阀，主换向阀动作，气缸的活塞杆开始伸出，只有当活塞杆伸出到位后，气缸的无杆腔压力升高，迅速达到压力顺序阀的动作压力，主换向阀复位，气缸收回，完成一次单往复动作。气缸返回的信号由压力顺序阀发出，其动作压力应远大于气缸的活塞杆推动负载动作的驱动压力，否则气缸的活塞杆无法伸出。

当需要实现气缸杆伸出到位再延时返回或者气缸杆伸出到位达到检测压力再返回的控制时，可以在图 15-43 的气控延时阀的控制气口和图 15-44 的压力顺序阀的控制气口串联一个安装在气缸伸出位置的机动阀。

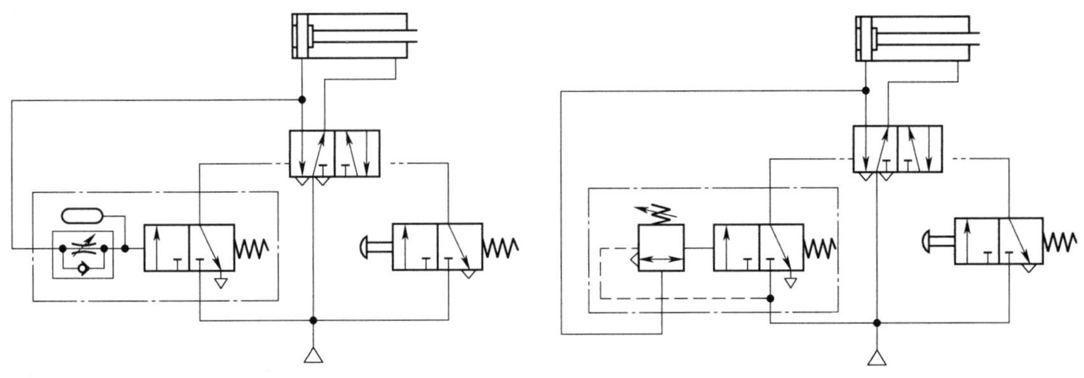

图 15-43 时间原则下的单缸单往复动作回路　　图 15-44 压力原则下的单缸单往复动作回路

二、单缸两次往复动作回路

如图 15-45 所示为单缸两次往复动作回路。按下阀 1，阀 5 左位到工作位置，为阀 4 右侧气控口通气做好准备，同时阀 2 动作后使阀 3 左侧气控口通气并动作，气缸活塞杆第一次伸出；活塞杆上的部件触发机动阀 A_2 动作，通过阀 5 使阀 4 的右位到工作位置，为第二次给阀 2 进气口通气作准备，同时阀 3 动作并复位，气缸的活塞杆第一次收回；活塞杆回到原位，触发机

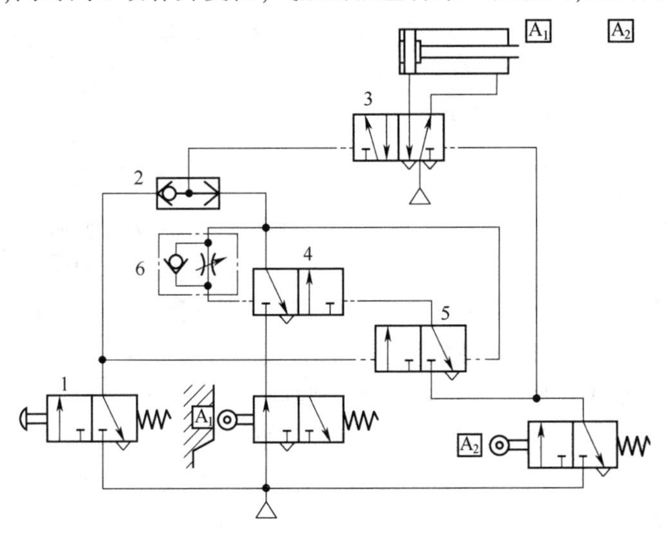

图 15-45 单缸两次往复动作回路

动阀 A_1 后,阀 4 的出气口分成三条气路:第一条气路通过阀 2 使阀 3 动作,气缸活塞杆第二次伸出,第二条气路使阀 5 右位到工作位置,禁止阀 4 右侧气控口通气,避免气缸杆第二次回到原位后再次伸出,第三条气路通过单向节流阀 6 让阀 4 滞后于阀 3 动作,保证气缸杆先伸出;气缸杆第二次伸出并再次触发机动阀 A_2,阀 3 的右侧气控口通气,气缸杆第二次收回。A_1 再次被触发,但由于阀 4 已经断开,所以阀 2 的右侧进气口断气,气缸杆停在收回的位置。再次按下阀 1,气缸再次完成两次伸出和收回的动作。

三、单缸循环往复动作回路

如图 15-46 所示为单缸循环往复动作回路。按下阀 2 后松开手,阀 2 的左位保持在工作位置,压缩空气通过阀 3 到达阀 4 左侧进气口,由于气缸此时处于原位,机动阀 A0 已经被触发,阀 4 两侧进气口都进气,阀 6 动作,气缸杆伸出,离开原位后释放机动阀 A0;气缸杆触发 A1 后,气控延时阀 5 开始计时,延时时间到并驱动阀 6 复位,气缸杆收回;气缸杆回到原位后再次触发机动阀 A0,由于阀 2 为通路,所以阀 4 两侧进气口再次同时通气,阀 6 再次动作,气缸杆再次伸出,实现在机动阀 A0 到 A1 行程之间自动循环往复动作。

在此回路中,若启动时按下阀 1,则实现气缸的单往复动作控制。

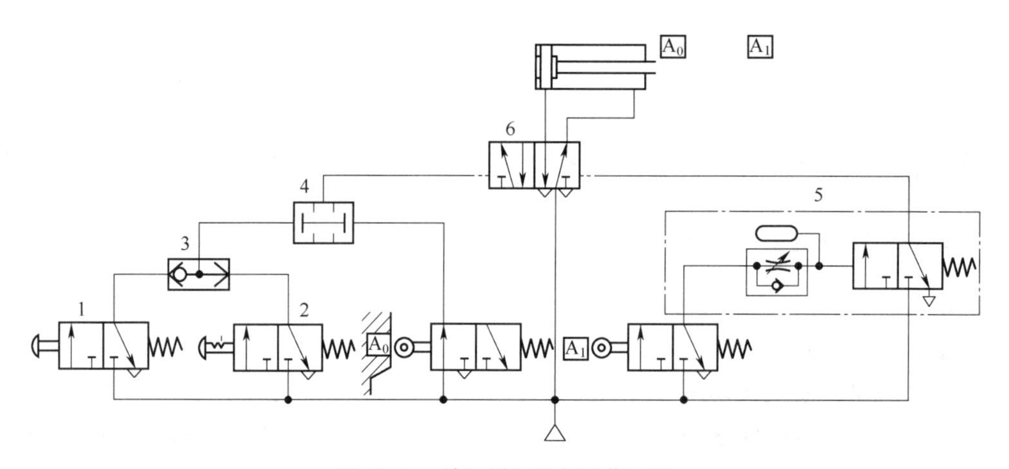

图 15-46　单缸循环往复动作回路

四、双缸单往复动作回路

如图 15-47 所示为一种动作顺序的双缸单往复动作回路。A_0 为安装在 A 缸原位的机动阀,A_1 为安装在 A 缸伸出位的机动阀,B_1 为安装在 B 缸伸出位的机动阀。系统启动前,两只气缸 A、B 都在原位,A 缸的活塞杆触发机动阀 A_0。按下阀 1,阀 2 动作,A 缸的活塞杆伸出;A 缸的活塞杆触发机动阀 A_1,阀 3 动作,B 缸的活塞杆触发机动阀 B_1,A 缸的活塞杆收回;A 缸活塞杆回到原位并触发机动阀 A_0,阀 3 复位,B 缸收回并停在原位。此回路实现两只气缸的单往复动作顺序为:A 缸伸出→B 缸伸出→A 缸收回→B 缸收回。

如图 15-48 所示为另一种动作顺序的双缸单往复动作回路。此回路实现两只气缸 A、B 的动作顺序是:A 缸伸出→B 缸伸出→B 缸收回→A 缸收回。在系统启动前,两只气缸都处于原位,机动阀 A_0 和 B_0 均被触发。按下阀 1 时,阀 2、阀 4、阀 5 的左位均到工作位置,阀 5 动作后为阀 3 左侧气控口通气作准备,阀 4 动作后断开机动阀 B_0 这条气路,保证阀 2 在其左侧气控

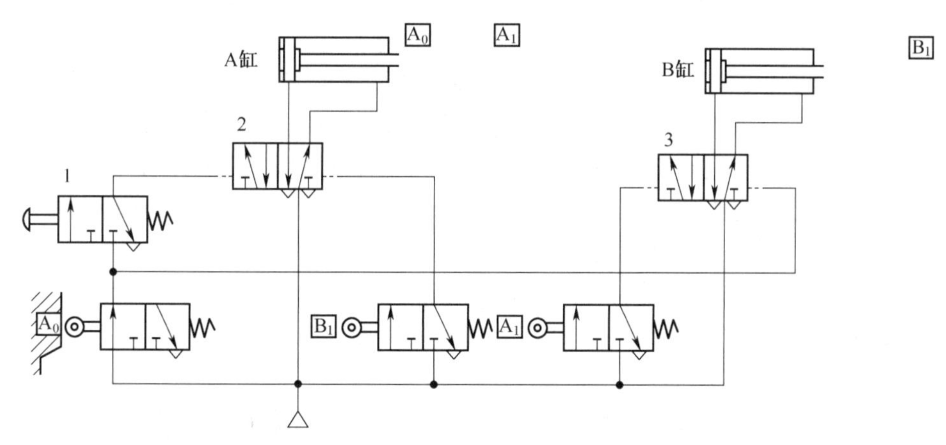

图 15-47　双缸单往复动作回路一

口通气时顺利动作,A 缸活塞杆伸出;A 缸活塞杆伸出后,触发机动阀 A_1,阀 3 左侧气控口通气并动作,B 缸伸出;B 缸伸出到位后触发机动阀 B_1,阀 3、阀 4、阀 5 右侧气控口通气,阀 4 动作后为恢复阀 2 的右侧气控口通气作准备,阀 5 动作后保证阀 3 在其右侧气控口通气时顺利动作,B 缸收回;B 缸收回到原位后,触发机动阀 B_0,阀 2 右侧气控口通气,A 缸收回并停在原位。在此回路动作过程中,机动阀 B_0 和 A_1 会对阀 2 的动作和阀 3 的复位动作产生阻碍,所以设置了带有记忆功能的阀 4 和阀 5 用于消除动作过程中的信号重叠。

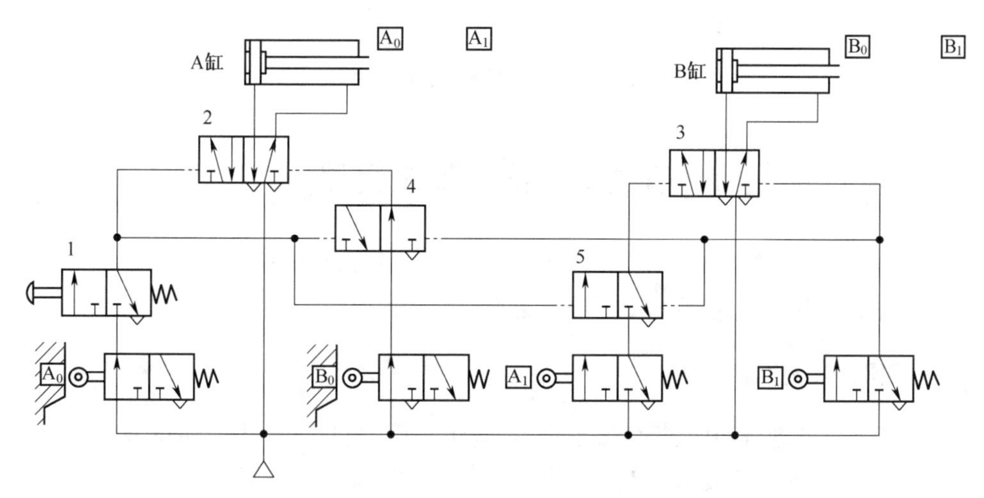

图 15-48　双缸单往复动作回路二

五、双缸循环往复动作回路

如图 15-49 所示为双缸循环往复动作回路。带有阀芯自锁功能的阀 1 和机动阀 A_0 串联用于实现产生循环的原位启动信号。具有单方向触发功能的机动阀 A_1 安装在 A 缸活塞杆的极限伸出位置之前,其安装位置和安装方式应保证 A 缸活塞杆在伸出的方向上被瞬时触发,活塞杆继续伸出,释放机动阀 A_1,随即到达极限伸出位置。具有单方向触发功能的机动阀 B_0 安装在 B 缸活塞杆的极限原位位置之后,其安装位置和安装方式应保证 B 缸活塞杆在收回的方向上被瞬时触发,活塞杆继续收回,释放机动阀 B_0,随即到达极限原位。

其动作过程如下:按下阀 1,阀 2 动作,A 缸活塞杆伸出并在接近其行程末端时触发机动阀 A_1,阀 3 动作,B 缸活塞杆伸出。同时,随着 A 缸活塞杆运行到极限伸出位置,机动阀 A_1 又被释放;B 缸活塞杆伸出到极限位置后,触发机动阀 B_1,阀 3 复位,B 缸活塞杆收回。当 B 缸活塞杆收回到接近原位附近时,触发机动阀 B_0,阀 2 动作,A 缸活塞杆收回。同时,随着 B 缸活塞杆收回到极限原位,机动阀 B_0 又被释放;A 缸活塞杆继续收回并在原位触发机动阀 A_0,A 缸再次伸出,循环上述动作过程。A 缸活塞杆在收回方向上和 B 缸活塞杆在伸出方向上经过的时刻,机动阀 A_1 和 B_0 都不被触发。

具有单方向触发功能的机动阀往往用于产生某个单方向的位置信号。如果将其安装在气缸两端的极限位置,该元件就会失去产生单方向触发信号的作用。

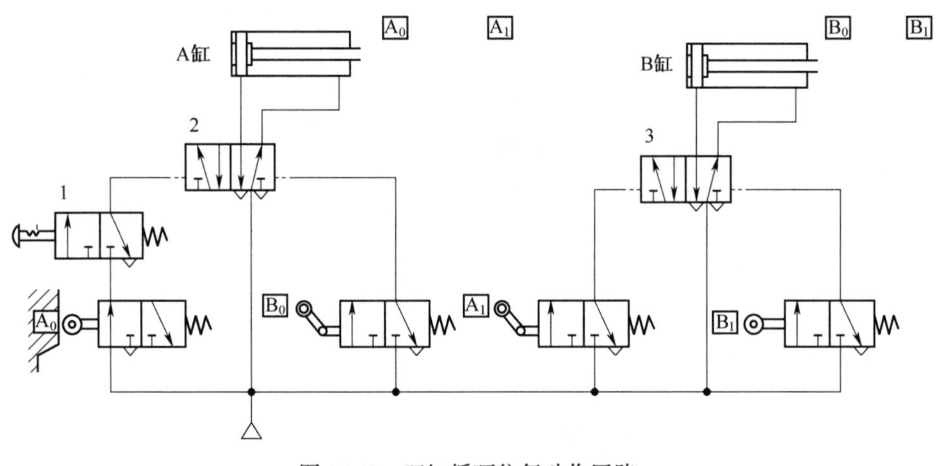

图 15-49　双缸循环往复动作回路

第七节　安全保护回路

由于气动执行元件的过载、气压的突然变化、气动执行机构的快速动作等情况对操作人员或设备产生安全隐患,因此在系统中需要设置安全保护回路。

一、双手操作安全回路

在使用气动设备进行冲压、折弯等场合,为避免一手送料、一只手启动设备产生的安全隐患,通常把设备的操作方式设置成双手操作。如图 15-50(a)所示的回路中,只有双手按下手动阀 1、2,才能切换主换向阀 3,气缸的活塞杆才能伸出并冲压工件。如果阀 1 或阀 2 的弹簧因为折断不能复位,此时单独操作剩下的一个手动阀,气缸也能动作,所以此回路仍有安全隐患。

如图 15-50(b)所示的回路中,不操作任何阀时,储气罐 3 中预先充满的压缩空气。当只操作阀 2 时,压缩空气从阀 2 的排气口排气;当只操作阀 1 时,储气罐 3 内的气体通过阀 1 排气,阀 5 都不能动作。只有在储气罐 3 内的气体压力足够时,同时按下阀 1 和阀 2,储气罐 3 内的气体经过节流阀 4 使阀 5 动作,气缸杆才能伸出并完成冲压。如果其中任何一个手动阀的弹簧因折断不能复位,储气罐 3 内的气体都会排空,此后,再操作两个换向阀,阀 5 也无法动作,无法进行冲压。所以,此回路是较图(a)更安全的双手操作回路。

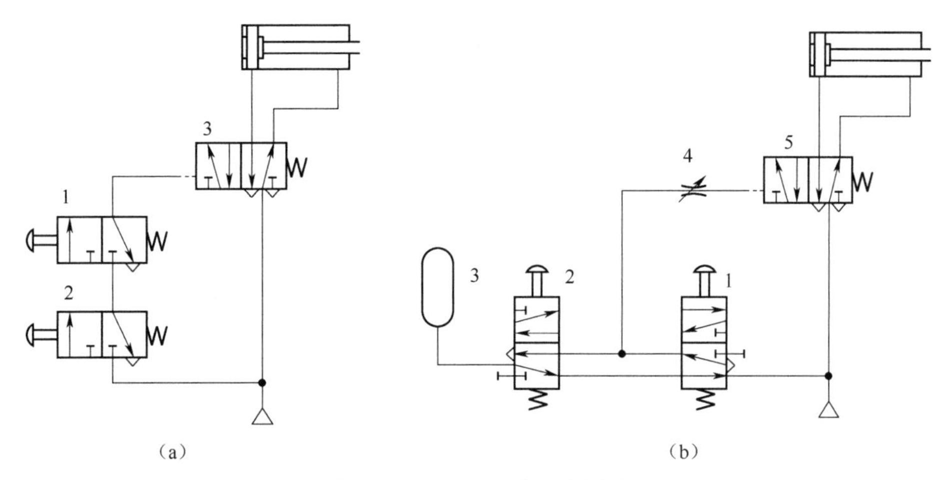

图 15-50　双手操作安全回路

二、过载保护回路

当气缸的活塞杆在伸出途中遇到障碍或其他原因使气缸过载时,活塞杆能自动返回的回路,称为过载保护回路。如图 15-51 所示为过载保护回路。按下手动换向阀 1,二位五通换向阀 2 左位到工作位置,活塞杆右移前进。在正常情况下,机动阀 5 被触发后,活塞杆自动返回;如果活塞杆在前进途中遇到障碍物 6,气缸无杆腔压力会迅速升高,超过顺序阀 3 的调定压力时,顺序阀 3 开启,控制气体经过梭阀 4 将主控换向阀阀 2 的右位切换至工作位置,于是活塞杆自动收回,达到防止系统过载的目的。

三、互锁回路

如图 15-52 所示为互锁回路。该回路能防止各气缸的活塞杆同时动作,从而保证只有一个气缸动作。该回路使用梭阀 7、8、9 及二位五通换向阀 4、5、6 实现互锁。例如,当气控换向阀 1 动作,其左位到工作位置,则换向阀 4 到工作位置,使 A 缸活塞杆向上伸出。与此同时,A 缸进气管路的压缩空气使梭阀 7、8 动作,把换向阀 5、6 锁住,B 缸和 C 缸的活塞杆均处于下降状态。此时,即使换向阀 2、3 有控制信号,B、C 两只气缸也不会动作,除非气控换向阀 1 的控制信号首先撤销。

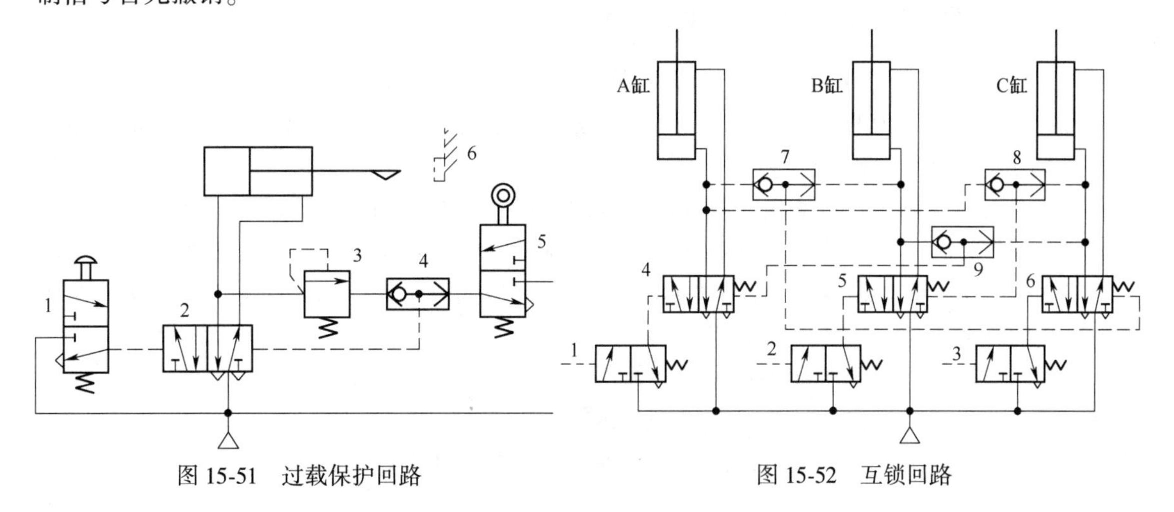

图 15-51　过载保护回路　　图 15-52　互锁回路

四、残压释放回路

气动系统停止工作后，在系统内会残留一定量的压缩空气，这会对系统的维护造成不便，严重时可能发生伤亡事故。气源处的残压释放回路如图 15-53 所示。当系统故障时，关闭截止阀 1，操作手动阀 2，释放截止阀 1 右侧的压力。

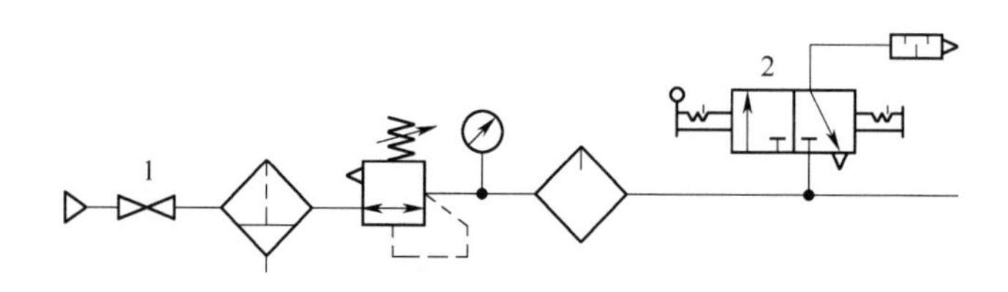

图 15-53　供气侧的残压释放回路

如图 15-54 所示为负载侧残压释放回路。其中，图 15-54(a) 所示为使用截止阀对气缸两腔进行残压释放的回路，图 15-54(b) 所示为使用梭阀和截止阀对换向阀的出气口进行残压释放的回路。这两个回路可用于重力负载垂直落下时残压释放，再次启动前必须关闭截止阀。

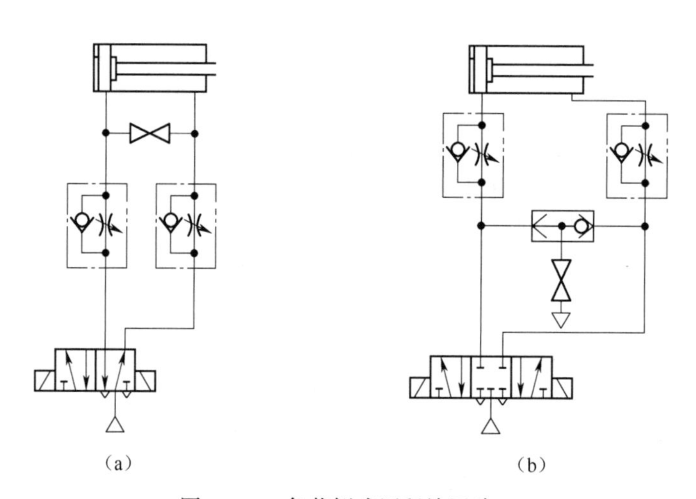

图 15-54　负载侧残压释放回路

五、防止起动时活塞杆急速冲出回路

气缸在起动时，如果排气侧没有背压，活塞杆会急速伸出，这种情况容易造成人员的伤害或者设备的损坏。为避免此种情况的发生，需要做到两点：一是气缸起动前使排气侧产生背压；二是调节进气侧的气流流量。

如图 15-55(a) 所示为使用三位五通中位加压机能换向阀的防止起动冲出的回路。当使用单作用气缸时，由于中位加压方式会导致气缸无法在原位停止，所以在气缸无杆腔侧的气路中串联一个单向减压阀，在保证气缸有杆腔侧产生背压的同时，维持负载系统的原位要求。当电磁换向阀通电后，其左位到工作位置，由于背压的作用，气缸在起动时不会快速冲出。

如图 15-55(b) 所示为使用双向节流调速的防止起动冲出回路。当图中的电磁换向阀断电时，气缸两腔都泄压。当电磁阀的某侧线圈通电时，进气侧通过节流阀调节进气流量、排气侧通过节流阀产生背压，从而起到防止起动时活塞杆急速冲出的目的。

如图 15-55(c)所示为使用防止活塞杆急速伸出阀的防止起动冲出回路。气缸的活塞杆收回时为排气节流调速;当需要活塞杆伸出时,电磁阀左位到工作位置,气流进入到防止活塞杆急速伸出阀的进气口,通过其内部的固定节流口调节进气流量,气缸无杆腔的压力逐渐升高,活塞杆缓慢右移,当活塞杆到达行程末端时,无杆腔压力升高到防止活塞杆急速伸出阀的切换压力,气缸无杆腔变为大流量、全压供气。

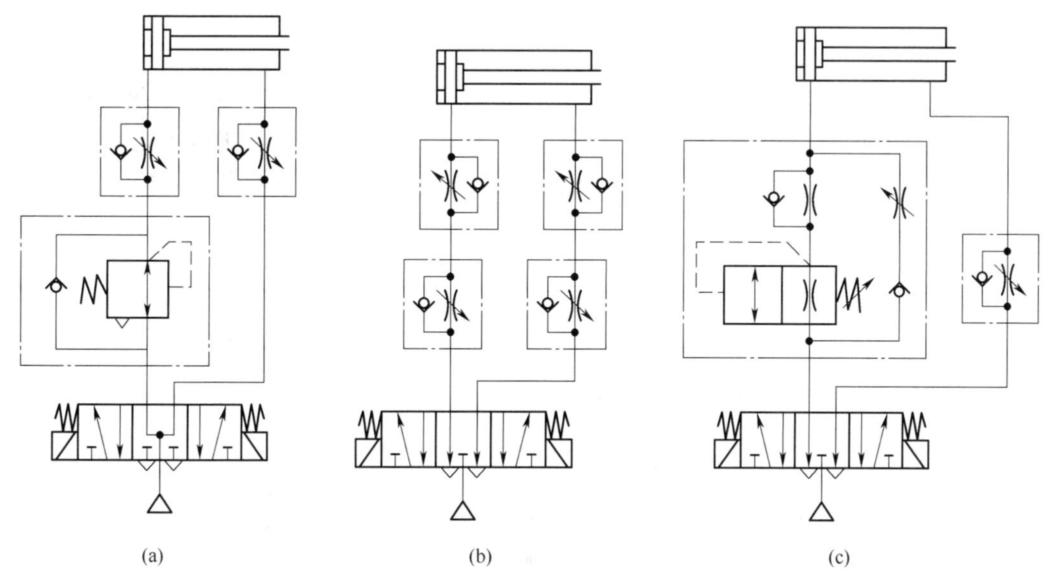

图 15-55　防止起动时活塞杆急速冲出回路

六、防止下落回路

气缸在举起重物或吊起重物时,一旦断气,必须有防止重物下落的机构来保证安全。如图 15-56(a)所示为使用气控单向阀的防止下落回路。当图中的电控换向阀断电后,通过中位进行泄压,两个气控单向阀关闭,由于气控单向阀良好的密封效果,可以长时间保证气缸活塞杆在任意位置停止并且不会下落。

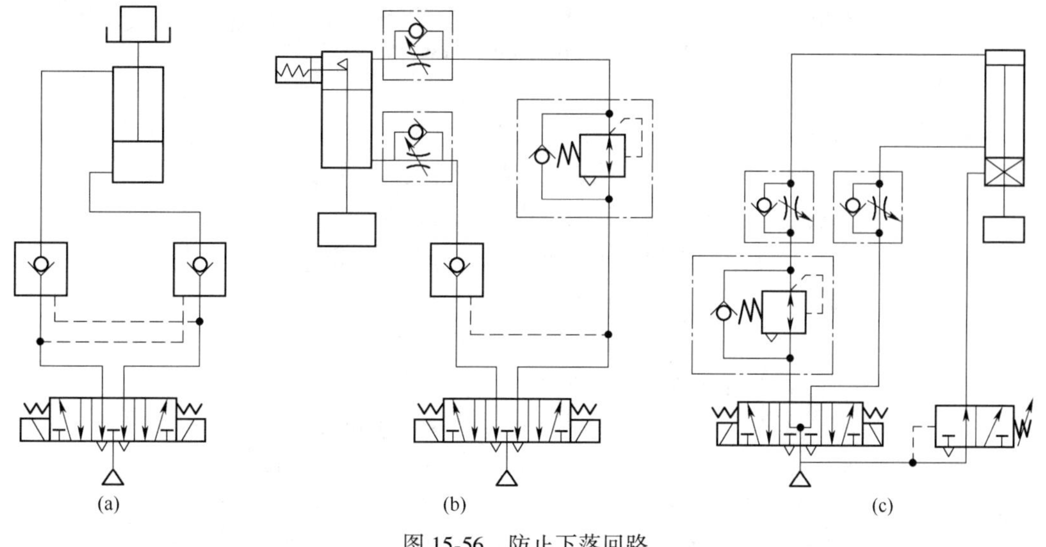

图 15-56　防止下落回路

如图 15-56(b)所示为使用端锁气缸的防止下落回路。需要吊起重物时,电控换向阀的左侧电磁线圈通电,换向阀左位到工作位置,系统以排气节流调速方式吊起重物;当气缸上升至行程末端时,电磁阀断电,气缸内部的锁定机构将活塞杆锁定,防止重物下落;需要下放重物时,电控换向阀的右侧电磁线圈通电,换向阀右位到工作位置,气缸上腔压力升高,气压将锁打开,气缸向下运动。该回路适用于断电和断气防止下落保护,更适用于需要在气缸端部的长时间、可靠停止的控制系统。

如图 15-56(c)所示为使用锁紧气缸的防止下落回路。当系统中的工作压力达到二位三通可调气控锁定阀的调定压力时,该锁定阀的左位到工作位置,锁紧气缸的锁紧机构通压力气体,解除对气缸杆的锁紧,气缸杆可以升、降重物;当系统压力低于该锁定阀的调定压力或气源突然断气时,锁定阀右位到工作位置,锁紧气缸的锁紧机构排气,锁紧机构锁紧气缸,防止重物下落。

自测题十五

一、填空题(每空 2 分,共 22 分。得分________)

1. 气动回路按功能不同,可以分为________、________、________、________、同步控制、往复动作控制和安全保护等多种控制回路。

2. ________是各种方向控制回路的核心元件,压力控制的核心元件是________。

3. 控制气动执行元件运动速度实质是控制作用于执行元件的工作介质的________。

4. 同步控制回路是指驱动两个或多个执行机构以相同的________或在指定的位置________的回路。

5. 安全回路的作用是保证________和________的安全。

二、判断题(每题 2 分,共 10 分。得分________)

1. 气源压力控制回路通常也称为一次压力控制回路。（　　）

2. 当需要中间定位时,可采用三位五通加压型换向阀构成的换向回路。（　　）

3. 使用气液阻尼缸是为了保证执行元件的位置精度和平稳性。（　　）

4. 为获得大的输出力可以使用气液转换器的控制方式。（　　）

5. 机械连接的同步回路适用于大型机构的同步控制。（　　）

三、选择题(每题 3 分,共 15 分。得分________)

1. 选出不能控制一只双作用气缸动作的方式________。

A. 使用一只五通换向阀　　B. 使用两只三通换向阀

C. 使用一只三通换向阀　　D. 使用两只五通换向阀

2. 气动系统中,有时需要输出两种不同的压力,这时可使用________。

A. 双压驱动回路　　B. 高低压转换回路

C. 双向速度回路　　D. 无级压力控制回路

3. 在气动系统中,不能实现系统增压的是________。

A. 使用气体增压器的回路　　B. 使用气液增压器的回路

C. 使用气液转换器的回路　　D. 使用减压阀的压力控制回路

4. 能实现回路缓冲功能的回路是________。

A. 节流阀进气节流调速回路　　B. 节流阀排气节流调速回路

C. 行程阀节流缓冲回路　　　　D. 快速排气阀构成的快速排气回路

5. 气液联动速度控制回路常用元件是________。

A. 气液转换器　　B. 气液阻尼缸　　C. 气液控制阀　　D. 气液增压缸

四、简答题(每题 5 分,共 30 分。得分________)

1. 单作用气缸和双作用气缸在普通负载和重力负载状况下如何实现换向控制?

2. 使用气体增压器和气液增压器的回路在增压原理上有什么区别?

3. 高低压转换回路和双压驱动回路有何不同?

4. 描述进气节流调速回路和排气节流调速回路有何区别?

5. 常用的缓冲回路是如何实现缓冲的?

6. 安全保护回路有哪些种类,各有什么作用?

五、分析题(共 23 分。得分________)

1. 说明如图 15-57 所示气动系统中各组成元件的名称及作用,分析回路功能。(本题 11 分)

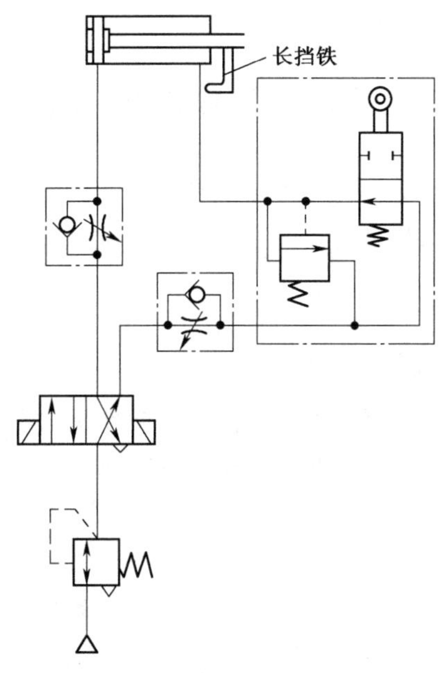

图 15-57

2. 有一只双作用气缸,其动作要求是:启动后,气缸往复动作,换向时较平稳,气缸杆可以在任意位置停止,画出其纯气动控制原理图和电气动控制原理图。(本题 12 分)

第十六章　纯气动控制系统设计

教学目标

了解纯气动控制系统；理解单往复运动和多往复运动的区别，理解时间原则、行程原则和时间、行程混合原则下的顺序控制的特点，理解信号重叠产生的原因及排除方法；能设计实现纯气动系统中的与逻辑、或逻辑、非逻辑等逻辑功能，掌握纯气动顺序控制的动作顺序图的绘制方法，能够分析复杂的纯气动系统原理图，能进行多执行元件系统的单往复顺序动作分析和设计，能够手工绘制气动系统原理图。

第一节　纯气动控制系统中的基本逻辑及实现

在气动装置和气动设备中，如果气动系统的控制信号或驱动压力全部由压缩空气提供，在控制系统内没有电信号参与，这样的气动系统可以成为纯气动控制系统。

一、与逻辑及实现

1. 串联气动元件实现与逻辑

若用两个三通换向阀作为与逻辑的对象元件，把每个元件的通气状态看作“1”，不通气状态看作“0”，则两元件串联后气路的接通状态看作“1”，不通状态看作“0”，其逻辑结果符合与逻辑的输入、输出关系，即有0出0，全1出1。其逻辑状态的表示如图16-1所示。

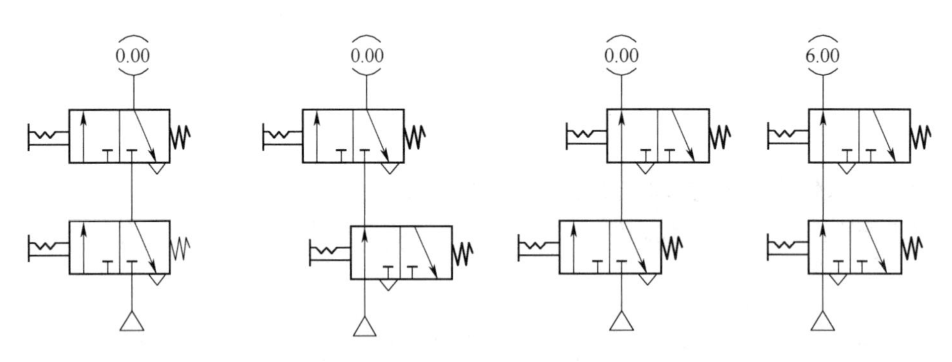

图16-1　元件串联构成的与逻辑

2. 双压阀实现与逻辑

把两个要实现与逻辑的元件的输出端作为输入信号接在双压阀的输入端，利用双压阀实现与逻辑，如图16-2所示。

3. 单气控三通换向阀实现与逻辑

常断式单气控三通换向阀通气的条件是控制口和进气口必须同时通气，利用该特性可以

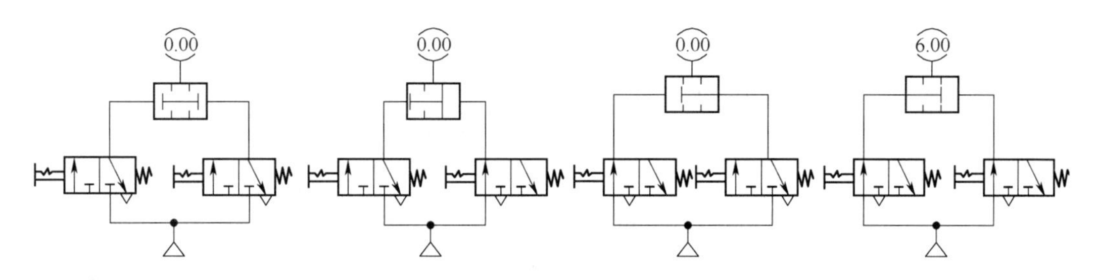

图 16-2　双压阀实现与逻辑

实现与逻辑，如图 16-3 所示。

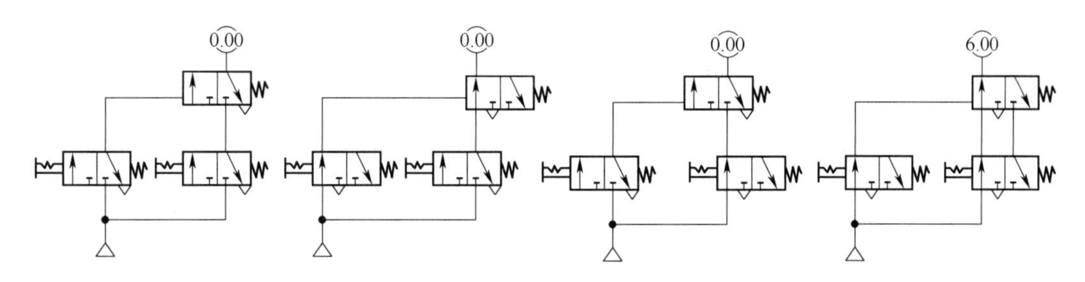

图 16-3　单气控三通换向阀实现与逻辑

二、或逻辑及实现

1. 两个元件并联实现或逻辑

把两个元件进气口和出气口分别相连，在形式上完成元件的并联，并把两个元件的排气口经节流阀调节流量后经过消声器接大气，这种接法可以实现或逻辑，如图 16-4 所示。但是这种接法存在信号介质泄露（排气）现象，所以实际应用中极少使用。

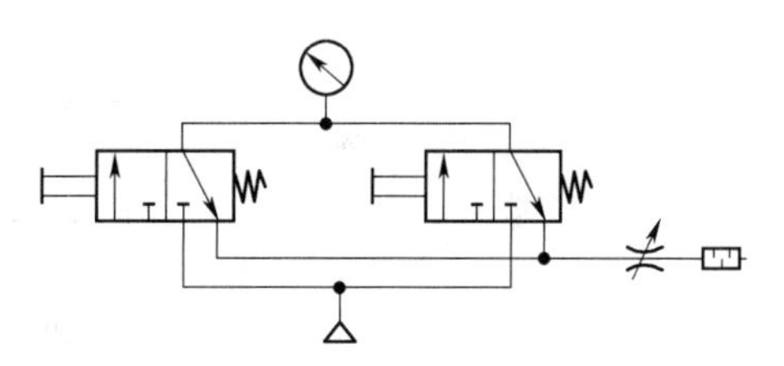

图 16-4　元件并联实现或逻辑

2. 梭阀实现或逻辑

把要实现或逻辑的两个元件的输出端作为输入信号接在梭阀的输入端，如图 16-5 所示。

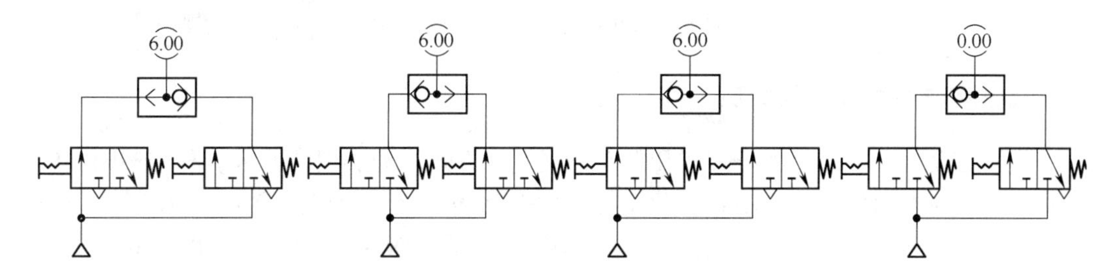

图 16-5　梭阀实现或逻辑

3. 非逻辑及实现

不触发换向阀时，气路接通；触发手动阀后，气路反而被断开，实现非逻辑。如图 16-6（a）所示为手动直接触发的气动非逻辑回路；图 16-6（b）所示为气控触发的气动非逻辑回路。

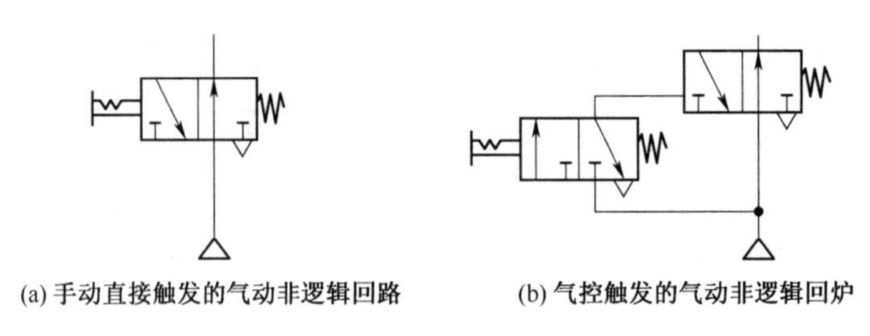
(a) 手动直接触发的气动非逻辑回路　　(b) 气控触发的气动非逻辑回炉

图 16-6　常通换向阀实现非逻辑

第二节　基本逻辑的应用

如图 16-7 所示为包含气动基本逻辑具体应用的例子。机动阀 6 用于检测和发出气缸杆在收回位置的信号;机动阀 3 用于检测气缸杆在伸出位置的信号;换向阀 5 用于控制气缸动作;双压阀 7 用于实现原位启动控制;梭阀 8 用于实现气缸单循环和往复循环的方式选择;手动阀 9 用于发出气缸往复动作的信号;手动阀 10 用于发出气缸单循环的信号;手动阀 2 用于控制气路通断;气源 1 负责供气。

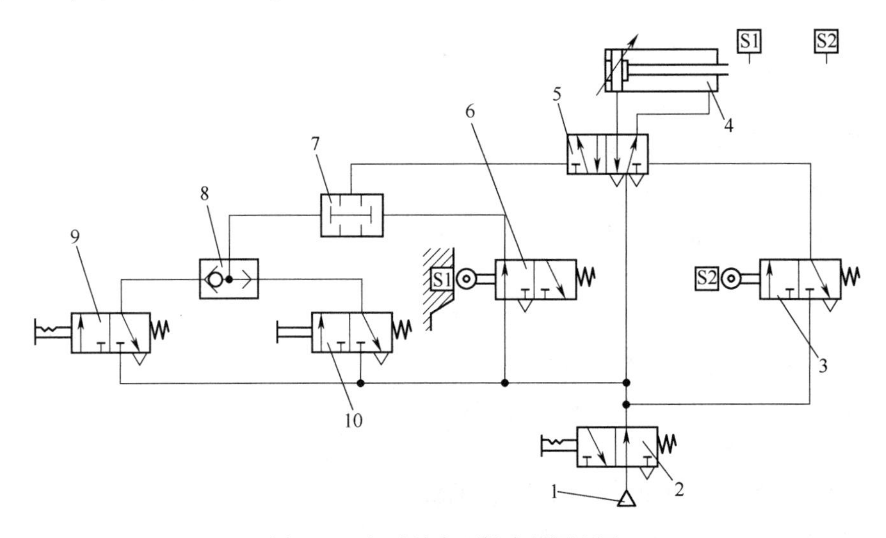

图 16-7　气动基本逻辑应用原理图

1—气源;2、9、10—手动阀;3、6—机动阀;4—气缸;5—气控换向阀;7—双压阀;8—梭阀

一、单循环与往复循环的实现

有些气动设备有手动单循环方式和自动往复循环方式均需实现的要求。利用梭阀的或逻辑功能可以实现点动单循环控制和长动往复循环控制的选择。须要注意的是,往复循环信号的优先级高于点动单循环信号的优先级,这一功能主要通过阀 8、9、10 实现,如图 16-7 所示。

二、原位启动控制

很多生产设备要求执行元件在回复到初始状态下才能进行下一循环的动作。比如用于推料的气缸,气缸推料结束后必须回到原位才能进行第二次推料。阀 6 的原位信号和阀 8 输出的启动选择信号是原位启动的两个充分条件,用双压阀实现该逻辑,如图 16-7 所示。

三、气路总开关

阀 2 常态时接通气路,动作后断开气路,用于气动系统的紧急停止,如图 16-7 所示。

第三节　顺序控制系统综述

一、气动顺序控制系统的控制方式

所谓气动顺序控制是指根据生产过程的要求,使被控制的多个执行元件按照预定的动作顺序协调动作的一种自动控制方式。控制系统根据控制方式不同,顺序控制可分为时间原则下的顺序控制、行程原则下的顺序控制和时间、行程混合原则下的顺序控制三种。

时间原则下的顺序控制是指,各执行元件的动作顺序按照时间顺序动作的一种自动控制方式。时间信号通过控制回路,按照一定的时间间隔分配给相应的执行元件,令它们产生有序的动作。它属于开环式的控制系统。

行程原则下的顺序控制是指,每个当前执行元件运动到相应位置后,发出下一步动作的控制信号,才允许下一个执行元件动作的自动控制方式。行程原则下的控制方式具有结构简单、动作稳定、故障特征明显的优点,特别是当系统出现动作节拍故障时,系统会自动停下来实现自动保护。

时间、行程混合原则下的顺序控制是指,在行程原则下的顺序控制系统中包含了一些时间信号,若将时间信号也作为行程信号的一种,则该种控制实际上也属于行程原则下的控制系统。

二、气动顺序控制系统的动作方式

气动顺序动作的方式包括单往复顺序控制和多往复顺序控制两种:单往复顺序控制是指在一个循环中,系统中所有执行元件都只做一次往复运动的控制;多往复顺序控制是指在一个循环中,系统中的某一或多个执行元件进行多次往复运动的控制。如图 16-8 所示,图(a)为单往复顺序动作方式,图(b)和(c)为多往复顺序控制的动作方式。

其中图(a)为 A、B、C、D 四个动作在一个循环内各顺序完成一次动作;图(b)为动作 A、B、C 完成后,返回去重复执行一遍 C 动作,然后再执行 D 动作的多往复动作程序;图(c)为 A、B 动作执行完后,根据条件执行 C、D 或 C′、D′分支的动作程序。

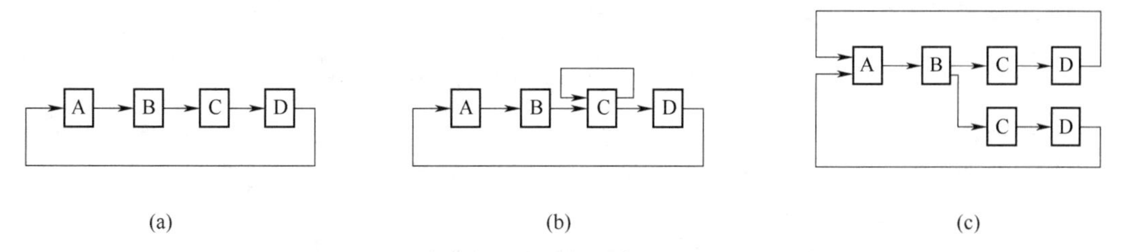

图 16-8　单往复和多往复顺序控制动作方式图

三、顺序控制系统的构成

一个典型的气动顺序控制系统主要由六部分组成,如图 16-9 所示。

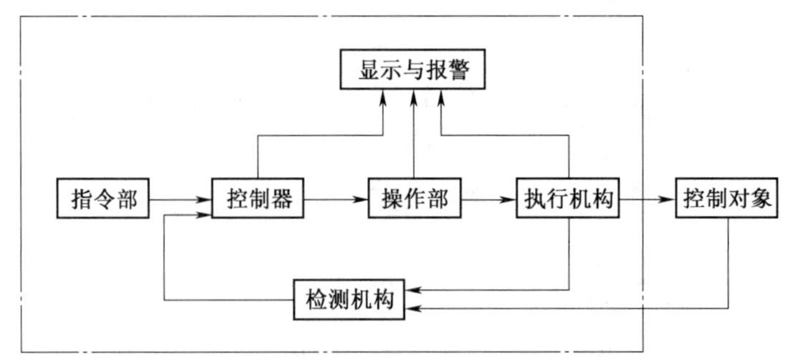

图 16-9　气动顺序控制系统的组成

1. 指令部分

指令部分是顺序控制系统的人机接口部分，该部分主要采用各种按钮开关、选择开关等元件，以实现装置的启动，运行模式的选择等操作。

2. 控制器

控制器是顺序控制系统的核心部分。它接受输入控制信号，并对输入信号进行处理，产生完成各种控制功能的输出控制信号。常用的控制器有：继电器、IC、定时器、计数器、可编程控制器等。

3. 操作部分

操作部分的作用是接受控制器的微小信号，并将其转换成具有一定压力和流量的气动信号，驱动后面的执行机构动作。常用的元件有：电磁控制、机械控制、气压控制等换向阀，以及各类压力、流量控制阀等。

4. 执行机构

执行部分可以将操作部的输出信号转换成各种机械动作。常用的元件有：气缸和气马达等。

5. 检测机构

检测机构用于检测执行机构、控制对象的实际工作情况，并将测量信号反馈给控制器。常用的元件有：行程开关、接近开关、压力开关、流量开关等。

6. 显示与报警

这部分的作用是监视系统的运行情况，出现故障时发出故障报警。常用的元件有压力表、显示面板、报警灯等。

四、行程原则下的顺序控制系统的设计步骤

行程原则下的顺序控制系统在气压传动中应用极为广泛，其设计步骤如下。

1. 明确工作任务与环境要求

(1)工作环境要求，如温度、粉尘、冲击、振动、易燃、易爆等。

(2)输出力和转矩情况。

(3)执行元件的运动速度、行程和摆动缸的摆动角度等。

(4)具体动作顺序要求。

(5)单循环和往复自动寻黄等控制方式

2. 回路设计

(1)根据任务要求列出工作流程，包括执行元件的数量、形式、动作顺序关系。

(2)根据控制要求画出动作顺序图。
(3)找出信号重叠,并确定排除信号的形式和位置。
(4)画出气动回路图。
3. 选择和计算执行元件
(1)计算各执行元件的运动速度、行程、角速度、输出力、转矩及气缸直径等。
(2)计算气源的供气流量和压力。
4. 选择控制元件
(1)确定控制元件的类型和数量。
(2)确定控制元件的驱动方式。
(3)设计安全保护回路33。
5. 选择气动辅助元件
(1)选择过滤器、油雾器、储气罐、干燥器等辅助元件的形式和容量。
(2)确定管径、管长、管接头形式。
(3)验算各种阻力损失,包括沿程压力损失和局部损失。
6. 根据整个系统的耗气量确定空气压缩机的容量及台数。

第四节　单往复顺序动作功能设计

一、绘制动作顺序图

在多执行元件的单往复顺序控制系统中,三执行元件的顺序动作具有设计的代表性,下面以三执行元件的顺序动作为例子说明纯气动系统的顺序控制的设计思路。其动作过程如图16-10所示。

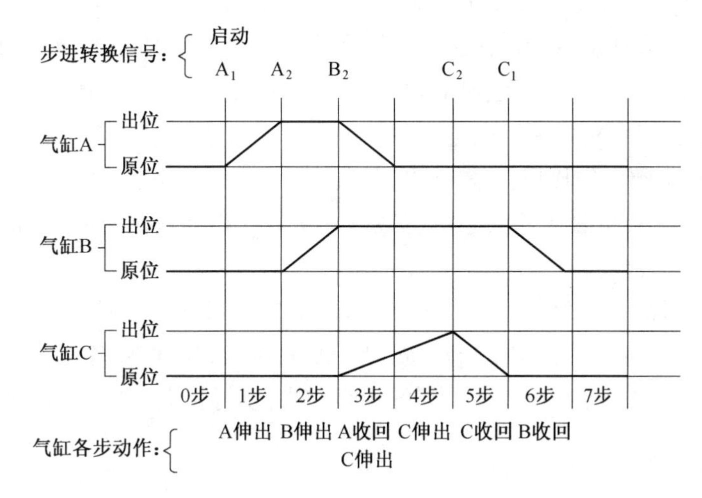

图16-10　三只气缸的动作顺序图

假如有A、B、C三只双作用单杆活塞缸,每只气缸的活塞杆都有完全收回和完全伸出两种静态。活塞杆完全收回并静止的状态称为原位状态,活塞杆完全伸出并且静止的状态称为出位状态。此外,气缸还有正在伸出和正在收回的两种动态。以粗实线表示气缸活塞杆的状态,则水平线条表示气缸杆处于某种静止状态,斜率大于零的线条表示气缸杆处于伸出状态,斜率小于零的线条表示气缸杆处于收回状态。以“0 步”为初始状态，从左往右表示了各气缸的活塞杆在各步的动作情况。

三只气缸的动作顺序是：“0 步”为初始状态，三只气缸杆都处于原位收回状态（为简化描述，后面所说的“气缸杆的动作”均简称为“气缸的动作”）；“1 步”时，A 缸必须在原位并且有启动信号后，A 缸伸出并停在出位；“2 步”时，B 缸收到 A 缸到达出位的信号，开始伸出并停在出位；“3 步”时，B 缸发出到出位的信号使得 A 缸收回，C 缸同时伸出，A 缸迅速收回到原位并停止；“4 步”时，C 缸在节流阀的作用下延续了前步的缓慢伸出动作，到达出位后停止；“5 步”时，C 缸发出的到达出位信号使得自身收回并停在原位；“6 步”时，B 缸收回并停在原位；“7 步”时，三只气缸再次均处于原位状态，完成一个动作循环。

系统的启动动作是在 A 缸必须在原位的前提下进行的，否则按下启动按钮时系统不能启动，所以系统的启动信号是 A 缸在原位的信号和启动按钮两个信号的逻辑与的结果，可以把两个元件串接起来实现逻辑与的功能。为了检测气缸动作之后的状态，在气缸必要的原位位置和出位位置分别安装一个二位三通的机动阀。A_1是气缸 A 原位的机动阀；A_2 是气缸 A 出位的机动阀；B_2 是气缸 B 出位的机动阀，C_1是气缸 C 原位的机动阀；C_2 是气缸 C 出位的机动阀。因为此设计是一个单循环动作设计，未考虑 B 缸最后回到原位去触发下一个循环的过程，所以 B 缸的原位不需要安装机动阀。三只气缸的伸出和收回动作由二位五通双气控换向阀进行控制。根据上述顺序动作的要求，可以按照前后的控制关系，完成初步的纯气动系统动作顺序的设计。

二、按照被控对象的控制顺序完成系统的初步设计

设计时，可先绘制气缸 A 和控制 A 缸的换向阀，把 A 缸原位的机动阀 A_1 和启动按钮的逻辑与信号接 A 缸换向阀的气控端口，按照顺序动作要求，想象 A 缸已经伸出并到达出位，触发机动阀 A_2；绘出 B 缸和相应的换向阀，A_2 的信号接到控制 B 缸伸出的换向阀的气控端口，此时 B 缸可伸出并到出位，触发 B_2；绘出 C 缸及其换向阀，把 B_2 的信号送控制 A 缸收回的换向阀气控接口（A 缸可收回并停在原位，触发 A_1，为下个手动循环作准备），同时分出一条支路送控制 C 缸伸出的换向阀气控接口，C 缸伸出并到出位，触发 C_2；把 C_2 的信号接控制 C 缸收回的换向阀气控端口，C 缸可收回并到原位，触发 C_1；把 C_1 的信号接控制 B 缸收回的换向阀气控端口，B 缸可收回并停在原位。

根据上述设计过程，可以得到如图 16-11 所示的初步设计图。通过分析可知，此图并不能实现设计要求。分析的结果是：按下启动按钮后，A 缸伸出到出位就停止了，B 缸和 C 缸都不动作。其原因是原理图中存在驱动信号间的相互干扰，使得相应的换向阀不能动作。

三、分析信号重叠

双气控换向阀工作时，某一时刻只有使一端的气控端口接控制信号，才能使换向阀有效动作。如果气控口两端同时存在控制信号，则后出现的信号不能推动换向阀的阀芯动作，即不能改变先到达的控制信号对阀芯的作用，这种情况是由双气控换向阀的结构决定的。由于三只气缸的初始状态均在原位，故原位机动阀 A_1 和 C_1 都被触发，A_1 被触发会产生期望的运行 A 缸控制伸出的信号；C_1 被触发就限制了 B 缸对应换向阀的动作，所以 A 缸产生驱动 B 缸换向

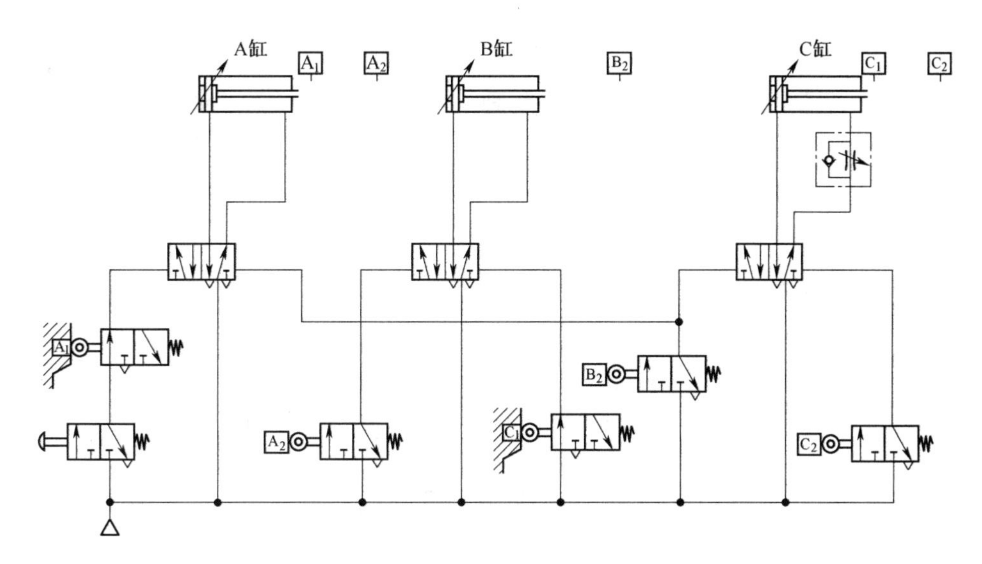

图 16-11　带信号重叠的初步设计图

阀换向的信号时，B 缸换向阀不能动作，导致 B 缸无法动作。

此种情形也出现在 B 气缸和 C 气缸都处于伸出状态后的动作（因为此时 A 缸已回原位，所以 A_2 被释放）。当 C_2 被触发后，由于 B_2 已经被触发，B_2成为使得 C 缸换向阀动作的信号重叠，导致 C 缸不能收回。所以解决信号干扰问题成了完成系统设计的关键。

四、消除初步顺序控制设计中的信号干扰

在纯气动元件中有一类元件叫做二位三通双气控换向阀，其进、出气口有接通和断开两种状态。如果根据需要对此阀的控制端口施加控制信号，就能改变接有该元件支路的气路的通断状态。所以，如果在有信号重叠的气路上串接一个二位三通双气控换向阀，当出现信号重叠时，令其断开气路，就能消除信号重叠了；如果需要接通该气路时，给该阀的另外一端气控口施加控制信号，就能恢复该气路的通畅。

由于顺序动作系统的动作顺序必须严格，所以通常可以在出现信号重叠的时候再引入消除干扰的控制信号，如图 16-12 所示。为解决 A 缸伸出到位后不能使 B 缸伸出的问题，需要消除由于 C 缸在原位产生的机动阀 C_1 的信号重叠，所以在 C_1 机动阀上串接一个二位三通双气控换向阀。其控制气口的接法是：三通阀的断开气路侧的职能状态的气控端口接 A_2，以去除 C_1 信号对 A_2 信号的干扰；因为该支路的作用是让 B 缸收回，所以在产生 B 缸收回的触发信号前，应恢复该阀的通路状态。在本例设计中，由于 B 缸收回是受 C 缸回原位触发 C_1 实现的，但是 C_1 已经接在该支路上，所以可以选择更上一个动作的触发信号 C_2 作为恢复接通的控制信号。

为解决 B 缸伸出后机动阀 B_2产生对 C 缸收回的信号干扰问题，同样可以在机动阀 B2 支路串接一个二位三通双气控换向阀。其控制气口的接法是：三通阀的断开气路的职能状态的气控端口接 C_2，以去除 B_2 信号对 C_2 的干扰；因为该支路的作用是让 A 缸收回同时让 C 缸伸出，所以恢复该阀接通气路的状态的控制信号应是其前一步的触发信号 B_2。因为 B_2 已经串接在本支路中，所以把其前一步的 A 缸到伸出位的 A_2 信号作为恢复接通本支路的控制信号。

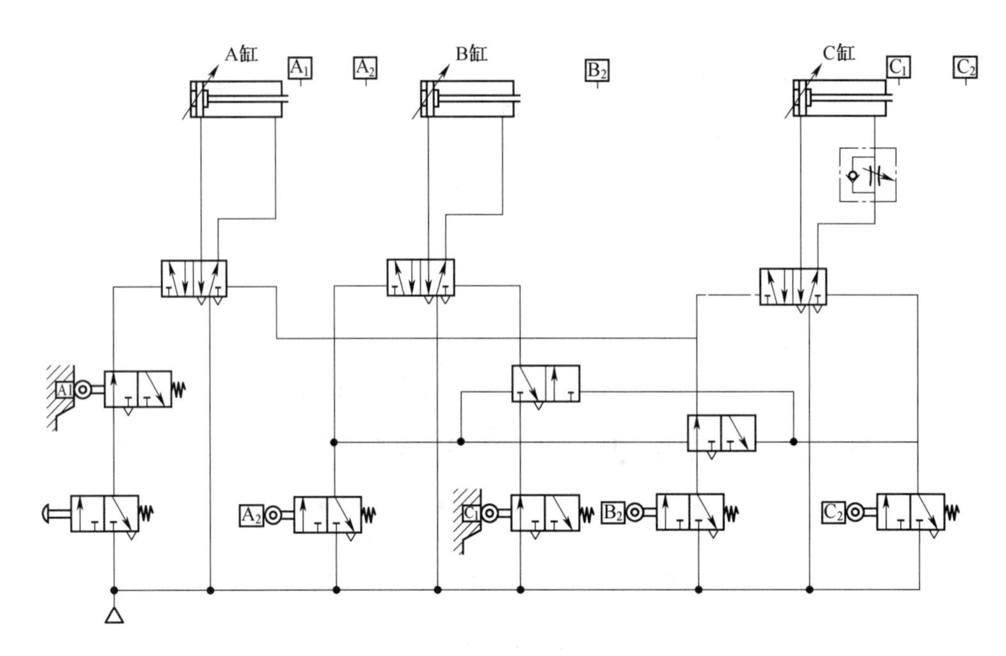

图 16-12　消除触发信号干扰后的设计原理图

可见，使用了上述屏蔽信号重叠的方法，触发信号相互干扰的问题便迎刃而解了。如果设计好的气动系统中，某时刻同时出现多个触发信号存在逻辑关系，还可以使用双压阀和梭阀等逻辑元件使设计形式变得灵活多样。

第五节　多往复顺序动作功能设计

一、门式气动搬运单元多往复系统

如图 16-13 所示为门式气动搬运单元系统。该系统由手臂升降缸 A、气爪驱动缸 B 和横向移动无杆缸 C 构成。A 缸升降的上位、下位位置由磁性先导式机动阀 A_1、A_2完成检测；驱动手爪的 B 缸的开、合位置由磁性先导式机动阀 B_1、B_2 完成；横向移动无杆气动的左、右位置由磁性先导式机动阀 C_1、C_2 完成。

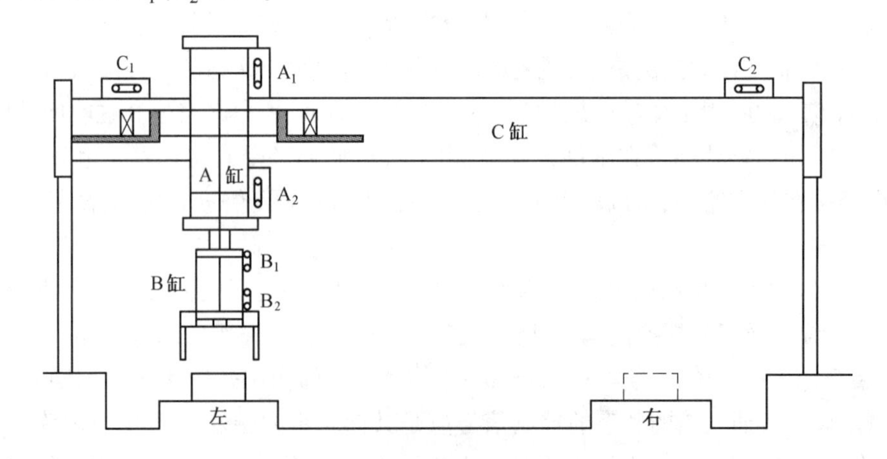

图 16-13　门式气动搬运单元结构图

二、门式气动搬运单元的动作分析

该系统的初始状态是横向移动缸 C 带着 A 缸和 B 缸在左位，触发机动阀 C_1；A 缸在收回位，触发机动阀 A_1；B 缸在收回位，触发机动阀 B_1。三只气缸的动作顺序图如图 16-14 所示，实现将物块儿从左侧搬运到右侧。

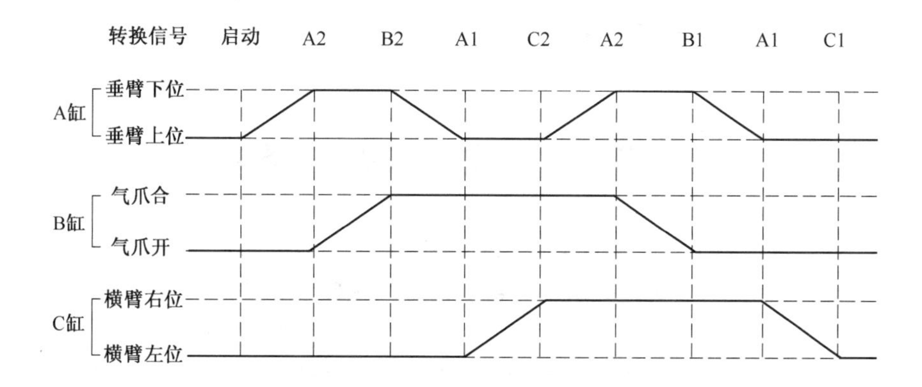

图 16-14　门式气动搬运单元动作顺序图

在系统的一个工作循环中，A 缸完成两次伸出、收回动作，所以该系统属于多往复动作系统。由于 A 缸有两次伸出、收回动作，必须区分第一次收回信号是对第一次伸出信号的回应以及第二次收回信号对第二次伸出信号的回应。因此，两次伸出和收回信号之间不能相互干扰。A 缸动作的不同次数的信号可以通过选择两次循环中的差异信号来区分。在设计时，可以用梭阀实现两个信号对同一个换向阀的驱动控制。可参考的气动系统如图 16-15 所示。

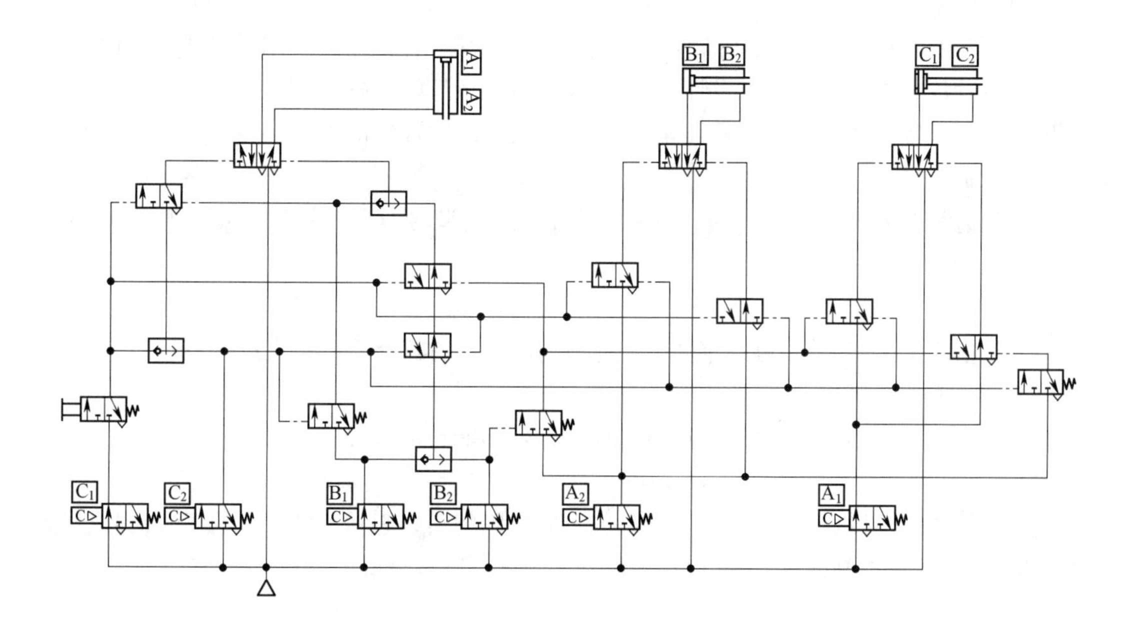

图 16-15　门式气动搬运单元气动原理图

三、门式气动搬运单元系统分析

三执行元件的门式气动搬运单元(图 16-15)比同样是三缸的单往复系统(图 16-12)复杂很多,其原因是:使用普通的气动元件区分往复动作时,重复的控制逻辑容易混淆,必须通过多个记忆功能的元件加以区分。当然,随着气动元件的日益丰富,也可以使用气动计数器,则整个气动系统会得到相应的简化。更简便的方式是使用继电器或可编程逻辑控制器来控制多个电磁换向阀,使用电路逻辑来代替气动逻辑,采用电、气一体化的控制方式会大大简化系统并易于维护。

第六节　气动系统原理图的绘制

完整的气动原理图是工程技术人员交流的重要媒介,是对气动设备进行维护、操作和技术革新的重要前提。在绘图时,所有的绘图元素要符合国家标准和行业规范,便于相关技术人员阅读。

图 16-16 所示为纯气动搬运小系统原理图绘图案例。在绘制气动系统原理图时应注意如下事项。

(1)气动系统原理图的图纸幅面

机械制图国标规定了五种标准图纸的幅面,即 A0、A1、A2、A3、A4,可参考选择此五种图幅。

(2)气动系统原理图的图框格式

无论图纸是否装订,都必须用粗实线画出图框,根据需要选择不留装订边或留装订边格式。

(3)标题栏

在每张图框的右下方必须有标题栏。标题栏应尽量简洁清晰的表示出与原理图相关的重要信息。如设备名称、设计单位、设计者、设计者电话和传真、审核者、制造令、材料、数量、比例、设计日期、交货日期、图号、方案号等;还可以留出修改设计的信息栏。

(4)明细表

明细表通常在标题栏上方,涉及元件的编号、名称、型号、厂家等信息,必要时可加入备注项。

(5)字体

字体包括汉字、数字及字母的字体。字体应清晰端正、排列整齐,不宜过大或过小。

(6)图形符号

图形符号必须使用国家标准和行业规范的符号,不能自创符号。

(7)其他注释

气动系统原理图可以对线条进行注释,如不同粗细的实线表示不同管径的气管;实线代表工作回路,虚线代表控制回路;也可以在图中标出线号,代表不同的气管。

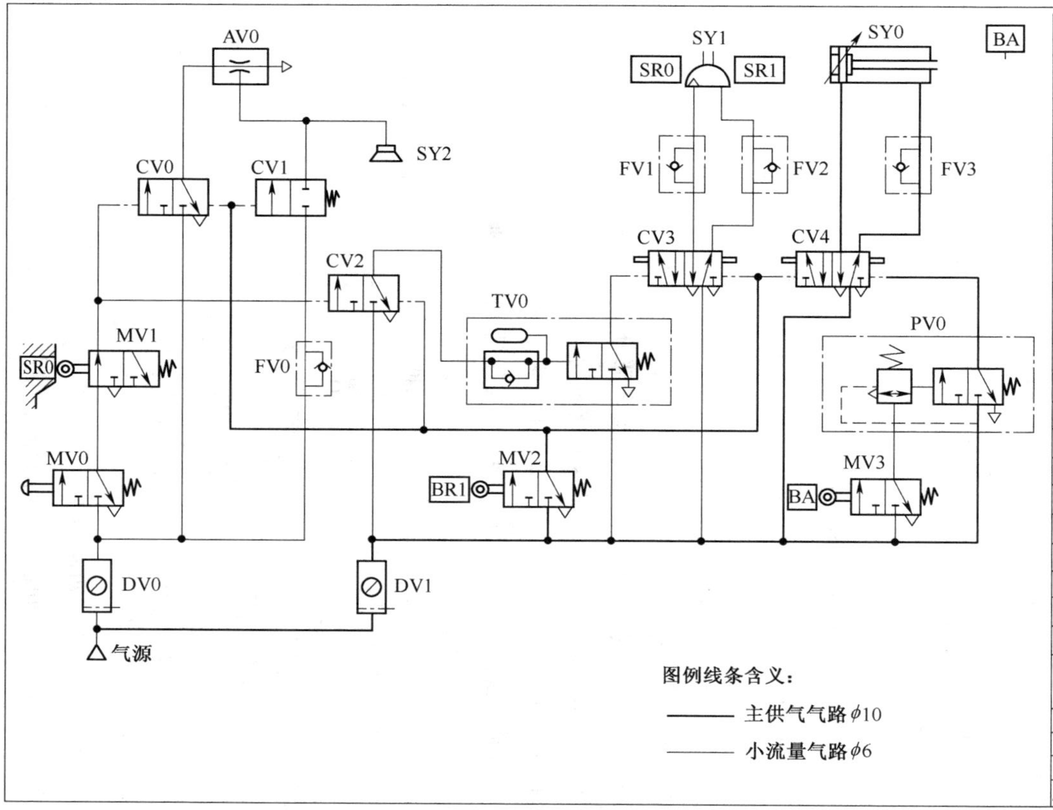

序号	编号	名称	型号	品牌
21	SY2	真空飘盘	VAS1S	FEST0
20	SY1	移动气缸	DAPS-0960-090-RS4	FEST0
19	SY0	双作用缓冲缸	SDA-80×10	A1RTAC
18	FV0	真空发生器	VHH12-601	FEST0
17	FV3	单向节流阀	AS1001F-04	SMC
16	FV2	单向节流阀	AS1001F-04	SMC
15	FV1	单向节流阀	AS1001F-04	SMC
14	FV0	单向节流阀	AS1001F-04	SMC
13	CV4	双气控五通阀	SYA5220-01	SMC
12	CV3	双气控五通阀	SYA5220-01	SMC
11	CV2	双气控三通阀	3A320-10	A1RTAC
10	CV1	单气控三通阀	VXA21	SMC
9	CV0	双气控三通阀	3A320-10	A1RTAC
8	TV0	气控延时阀	VZ-3-PK-3	FEST0
7	PV0	压力顺序阀	VD-3-PK-3	FEST0
6	MV3	位置检测阀	RW-3-M5	FEST0
5	MV2	位置检测阀	RW-3-M5	FEST0
4	MV1	位置检测阀	RW-3-M5	FEST0
3	MV0	启动阀	SV-3-1/8-C-SA·T-22-R	FEST0
2	DV1	气动二联件	M4000-15-Y-B3-X1	CKD
1	DV0	气动二联件	M4000-15-Y-B3-X1	CKD

设计单位	电话		数量		制造令	
	传真		材料		比例	
	设计		气动设备名称			
	审核					
	客户名称		图号		方案号	
序号 日期 改动 姓名			日期		交货期	

图例线条含义：

主供气气路 $\phi 10$

小流量气路 $\phi 6$

图 16-16　纯气动搬运小系统原理图绘图案例

自测题十六

一、填空题(每空 2 分,共 26 分。得分________)

1. 如果气动系统的控制信号或驱动压力全部由压缩空气提供,在控制系统内没有电信号参与,这样的气动系统可以成为________系统。

2. 气动顺序动作的方式包括________顺序控制和________顺序控制两种。

3. 气动顺序控制系统主要由________、________、________、________、________和________显示报警六部分组成。

4. 控制系统根据控制方式不同,顺序控制可分为________下的顺序控制、________下的顺序控制和________下的顺序控制三种。

5. 在多执行元件的单往复顺序控制系统中,________执行元件的顺序动作具有设计的代表性。

二、判断题(每题 2 分,共 10 分。得分________)

1. 在气动顺序控制系统中,信号重叠的存在通常是不可避免。 (　　)

2. 纯气动控制方式因为无需控制电路,所以系统元件数量少、结构简单。 (　　)

3. 多往复顺序控制是指在系统的一个动作循环中,所有执行元件有多次往复动作的系统。 (　　)

4. 使用单向滚轮式机动阀可以消除气动顺序控制中的信号重叠。 (　　)

5. 设计有相同数目执行元件的多往复顺序控制系统比单往复顺序控制系统要复杂得多。 (　　)

三、选择题(每题 3 分,共 15 分。得分________)

1. 顺序控制系统的核心部分是________。

A. 指令部分　　B. 控制器　　C. 操作部分　　D. 执行机构

2. 随着控制器技术的日趋成熟,使用越来越多的是________。

A. 纯气动控制系统　　B. 继电器控制系统

C. 可编程控制器控制系统　　D. 电气控制系统

3. 纯气动系统中不包括的元件是________。

A. 启动阀　　B. 与阀　　C. 延时阀　　D. 时间继电器

4. 顺序控制系统的设计原则不包括________。

A. 时间原则　　B. 行程原则

C. 时间和行程混合原则　　D. 压力原则

5. 不能实现气动与逻辑功能的是________

A. 使用双压阀　　B. 相关元件串联

C. 使用二位三通单气控换向阀　　D. 使用梭阀

四、问答题(共 49 分。得分________)

1. 顺序控制的原则有哪些,如何实现?(8 分)

2. 设计能实现与非、或非、同或、异或四种气动逻辑的气动回路。(12 分)

3. 说明纯气动系统单往复顺序动作设计的思路。(5 分)

4. 使用单向滚轮式机动阀消除图 16-11 中的信号重叠,绘制气动原理图,说明此种方案的

优缺点。(12 分)

5. 设计一个纯气动顺序动作系统,三个执行元件都是双作用气缸,动作顺序为:初始状态是三气缸 A、B、C、都在收回位置,按下启动元件后,A 缸最先伸出到极限位置并停止,B 缸再伸出到极限位置并停止,C 缸伸出到极限位置并停止,3 s 后,按照 C 缸首先收回到原位,B 缸再收回到原位,A 缸最后回到原位的顺序完成整个动作过程。要求系统能够实现单次循环和多次循环两种方式选择。(12 分)

第十七章　气动技术在汽车生产线上的应用

教学目标

了解气动技术在汽车生产线上的具体应用，了解气动平衡吊的结构和工作原理；理解抽真空安全防掉保护气路的优点和防掉的原因，理解精密型外部先导式减压阀结构和原理；能够读懂用于汽车前座椅搬运的气动平衡吊的气动原理图，会分析气动平衡吊常见故障的可能原因，掌握分析气动原理图的方法。

第一节　搬运板料的安全防掉保护气路

在现代化的汽车总装线上，有的工业机器人负责玻璃搬运和定位，有的负责涂胶。搬运机器人以真空吸盘作为吸持工具；在自动化的汽车冲压线上，各工位的搬运机器人利用真空吸盘进行不同工序间待加工板料的输送，直至将板料冲压成成料。在这些应用中，为避免气动系统突然断气导致的工件滑落，设计的气路系统应具有断气后短时吸持工件的能力。抽真空安全防掉保护气路原理图如图 17-1 所示。

供气系统的输气路径是：压缩空气经气源 AS00 输出，经过旋开的气路开关阀 MV04，进入到除油过滤器 IF00，为压缩空气去除油份，再经过溢流减压阀 RG01 调压后送给增压缸 OC00 和单向阀 DV01 的并联系统，此并联系统用于缩短获得足够的输出压力的时间；被增压的气体经过单向阀 DV02 进入到储气罐 RE00，单向阀 DV02 在此作为止回阀使用；最后压缩空气经过过滤减压阀 PRF00 进一步过滤调压后送给吸持系统，压力表 PM01 用于显示供气压力的大小。

吸持工件的过程是：操作者同时按下公共按钮 MV01 和吸取按钮 MV02，梭阀 LV00 下端进气，并将压缩空气送到主换向阀 MCV00 的左侧控制口，换向阀 MCV00 的左位职能到工作位置，输出的压缩空气分成两条路径：一条经单向可调节流阀 CV03 调节流量后进入到梭阀 LV00 上端，其出气口的小压力气体继续维持主换向阀 MCV00 的左侧气控口持续供气，此时，松开公共按钮 MV01 和吸取按钮 MV02，该压力可以保证 MCV00 阀芯可靠停位，压力指示器 LS01 用于指示推动主换向阀 MCV00 阀芯的控制信号的存在；另一条进入到真空发生器 PC00 的供气端，经消声器 DE00 排气，此时若吸盘 CC01 和 CC02 接触工件，则从吸盘内部到气控单向阀 AV01 和 AV02，再到真空发生器 PC00 的真空腔所连通的气体被抽走，于是在吸盘处形成一定的真空度，只要气源持续供气，吸盘就可靠吸持。

释放工件的过程是：操作者同时按下公共按钮 MV01 和释放按钮 MV03，压缩空气分成两条路径：一条是进入到气控单向阀 AV01 和 AV02 的控制口，直接推开各自的阀芯，为吹气打开通路；另一条是进入到主换向阀 MCV00 的右侧气控口，压力指示器 LS02 用于指示该侧压力的

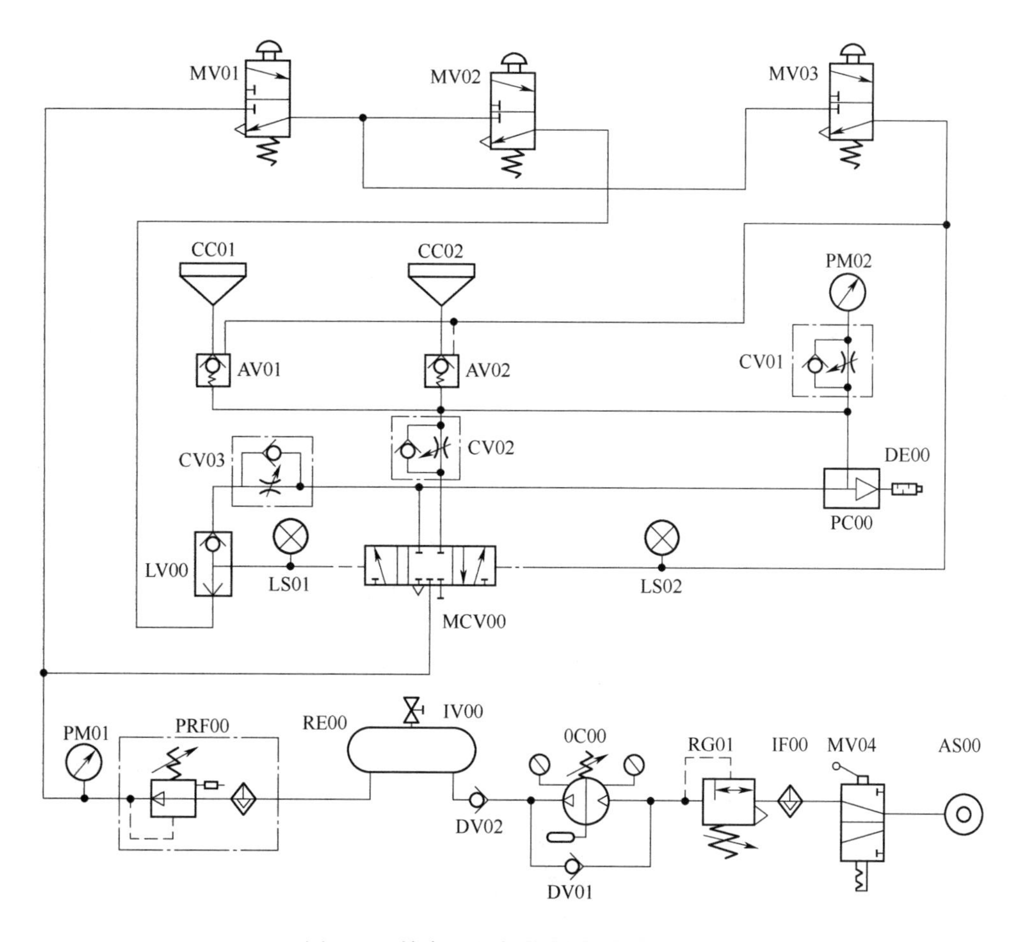

图 17-1　抽真空安全防掉保护气路原理图

存在,由于其右侧压缩空气的压力高于左侧的维持压力,换向阀 MCV00 阀芯动作,右位职能到工作位置,来自气源的压缩空气经主换向阀 MCV00 的出气口,再经单向可调节流阀 CV02 调节吹气流量后进入到吸盘,迅速消除吸盘内的真空度,并将工件吹离吸盘。

断气保护的原理是:当由于某些原因导致压缩空气的供气中断时,真空发生器真空腔侧的压力会升高,在气控单向阀 AV01 和 AV02 阀芯的上下两侧产生压力差,该压力差使得气控单向阀的阀芯迅速关闭,外部的气体不能进入到吸盘内部,若吸盘边缘无泄露,则吸盘内的真空度不会在短时间内自动消除,从而短时维持工件的吸持,避免工件因断气后立即滑落。

第二节　气动平衡吊吊装汽车前座椅

一、气动平衡吊的基本工作原理

气动平衡吊是一种省力搬运工具,现广泛用于汽车装配线的生产现场以降低工人的劳动强度。气动平衡吊依靠调节主驱动气缸产生的托举力托起重物以起到省力的目的。气动平衡吊的卡具必须能自动发出位置侦测信号;必须适应多种起吊重量的选择;必须保证在气源压力不足或突然断气情况下的系统安全;必须让平衡吊在闲置时安全可靠停位。汽车生产线上使用平衡吊设备可以用于搬运座椅、仪表盘、车门、蓄电池、备胎、DVD 等很多设备。为满足不同的要求,其气动系统的结构也不尽相同,但其平衡重物的原理基本相同。汽车前座椅吊装用平衡吊的工作原理如图 17-2 所示。

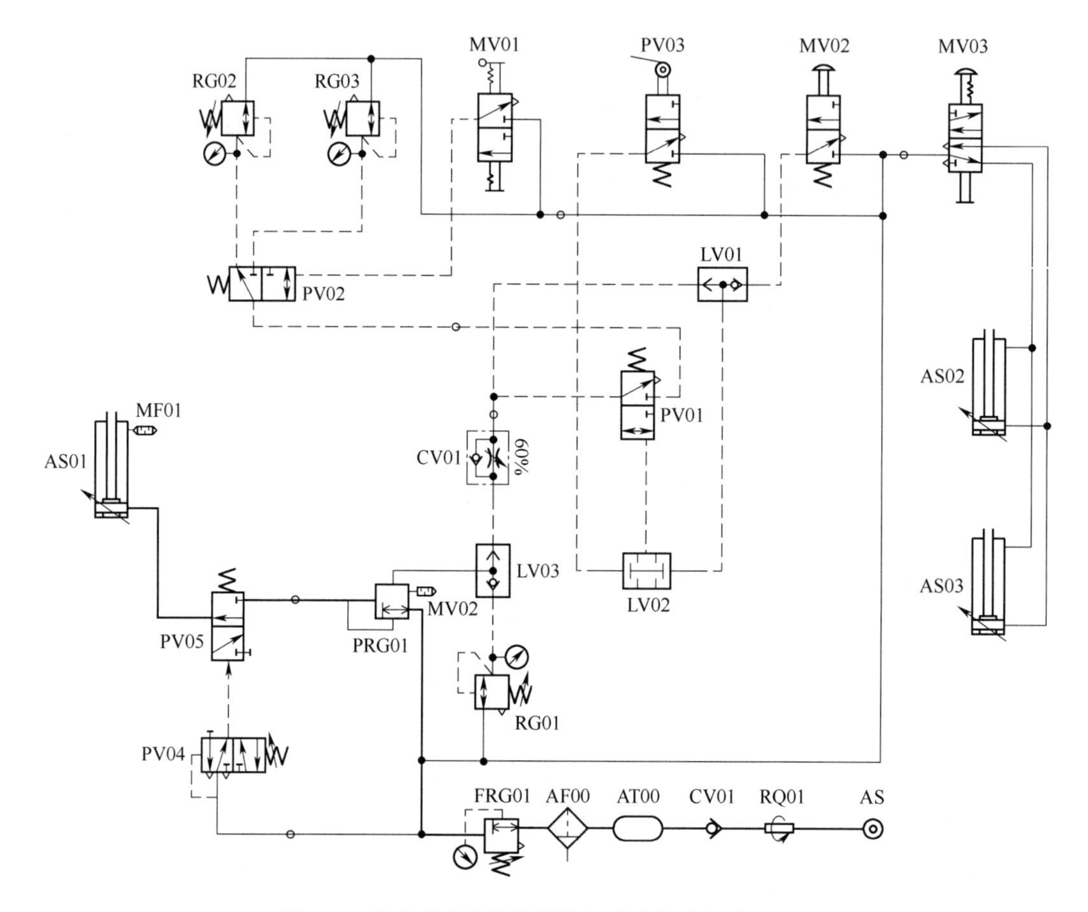

图 17-2　汽车前座椅吊装用的气动平衡吊气路原理图

从功能上来看,气动平衡吊的气路可分为安全保护回路,手臂刹车回路,负载选择回路,部件侦测及加载回路,以及气源及处理系统几部分构成。

1. 手臂刹车回路

平衡吊的刹车回路如图 17-3 所示。当不使用气动平衡吊时,平衡吊应置于生产线相应的停放区域并停止不动。每节手臂的关节都有制动盘,气缸杆带动制动片挤压制动盘就可以对手臂进行制动。气缸 AS02 用于制动大臂,气缸 AS03 用于制动小臂。

2. 平衡吊负载选择回路

在汽车装配线上,不同车型的部件重量不尽相同。为了使气动平衡吊能以最佳效果吊起不同重量的部件(负载),需要先选择好设定的托举压力。其气路功能如图 17-4 所示。精密调压阀 RG02 设置为负载 1 对应的压力,精密调压阀 RG03 设置为负载 2 对应的压力。根据两种不同的负载,操作者操作手动阀 MV01,于是通过高低压选择阀 PV02 可以得到两种需要的压力控制信号。

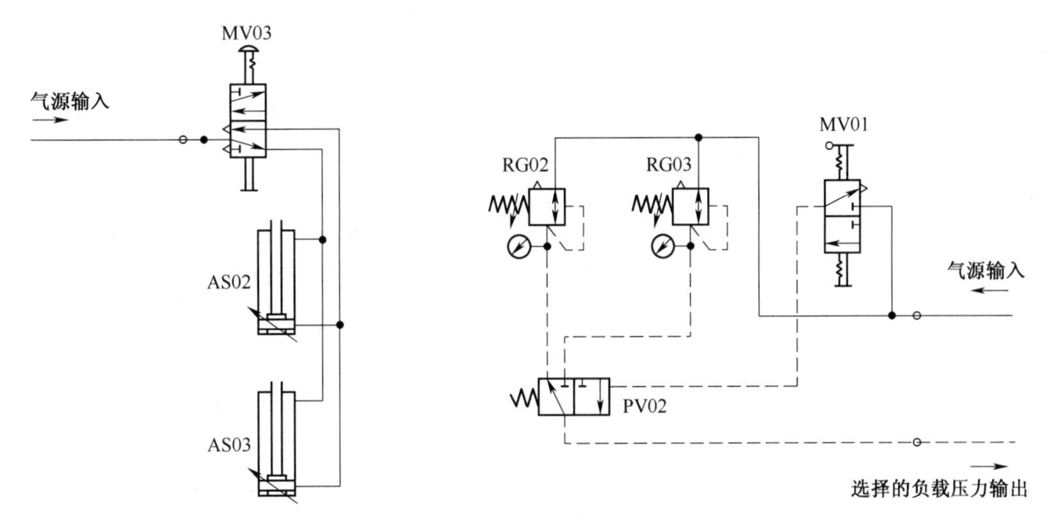

图 17-3　平衡吊刹车回路　　　　图 17-4　平衡吊负载选择回路

3. 部件侦测及加载回路

如图 17-5 所示为气动平衡吊的部件侦测及加载回路。图中的 RG01 为精密减压阀,其调定的压力是平衡吊设备自身空载时的驱动压力,该阀的压力小于图 17-4 中的负载选择阀 RG02 和 RG03 的调定压力。当松开图 17-3 中的刹车阀 MV03 时,平衡吊处于空载的悬浮状态,可轻松地任意移动平衡吊。操作者推动平衡吊及其卡具对准被搬运部件,部件侦测阀 PV03 被触发,双压阀 LV02 左侧进气口通气,完成部件侦测;接着,操作者按下加载按钮 MV02,

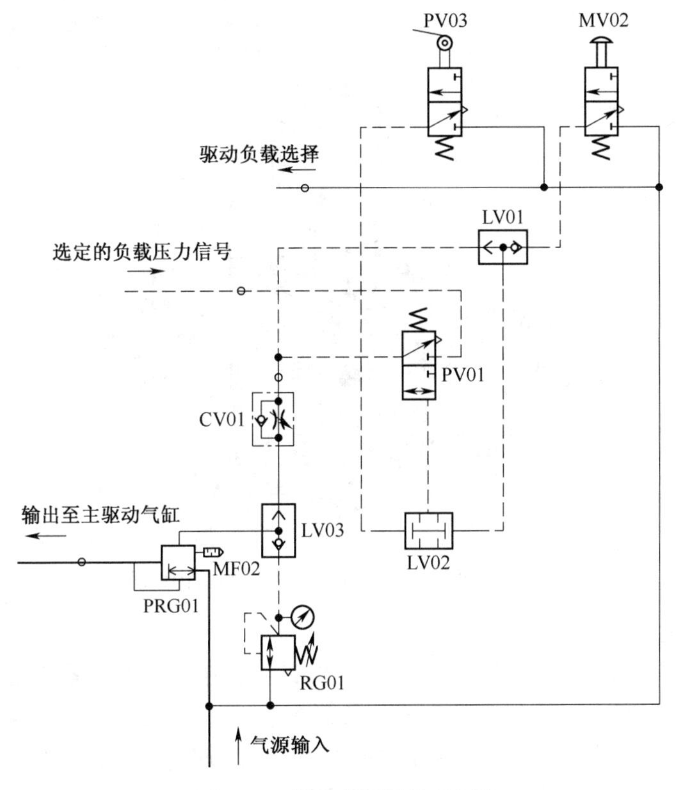

图 17-5　部件侦测及加载回路

来自气源的压缩空气从梭阀 LV01 的右侧进入，经出气口到双压阀 LV02 的右侧进气口。此时，双压阀输出压力气体并使单气控阀 PV01 动作，将选定的负载压力信号输出至可调单向节流阀 CV01 的上端并分成两条气路：一条气路往上，然后进入到梭阀 LV01 的左侧，通常此负载信号的调定压力低于气源压力。

当松开加载按钮 MV02 时，该负载压力信号经梭阀 LV01 的出气口送至双压阀 LV02 的右侧进气口，继续维持双压阀输出调定的压力信号，于是信号输送阀 PV01 持续接通；另一条气路往下经可调单向节流阀 CV01 进入到梭阀 LV03 的上端。此时，梭阀 LV03 上端的负载压力高于下端的空载压力，由梭阀的高压选择输出功能可知，给精密型外部先导式减压阀 PRG01 的控制压力由空载压力转换成负载压力，被搬运的部件被平衡吊托起，完成加载过程。

精密型外部先导式减压阀的结构如图 17-6 所示。当外部输入信号的控制压力上升时，膜片 A 上腔建立的压力推动挡板，关闭喷嘴。进气口的压力气体经过进气侧通路的固定节流孔进入膜片 B 的上腔，推动阀杆并使得主阀芯开启，出气口有压力输出。出气口的压力反馈至膜片 C 的下腔，与膜片 B 上腔的压力相平衡，以维持出气口压力不变。

若出气口压力增大，通过出气侧通路，压力气体进入膜片 A 的下腔，使膜片 A 上移，喷嘴开启，膜片 B 上腔的压力从常泄孔泄压，由于压力下降，膜片 B、C 组件上移，溢流阀芯瞬时开启，从排气口排气，以维持出气口压力不变。若外部输入的控制压力下降，出气口的压力也随之下降，达到新的设定压力。气动平衡吊系统中的空载压力信号、高低两种负载压力信号，均从外部输入口进入此阀，从而实现系统所需的驱动压力的转换。调节调零螺钉可产生一定的初始控制压力。

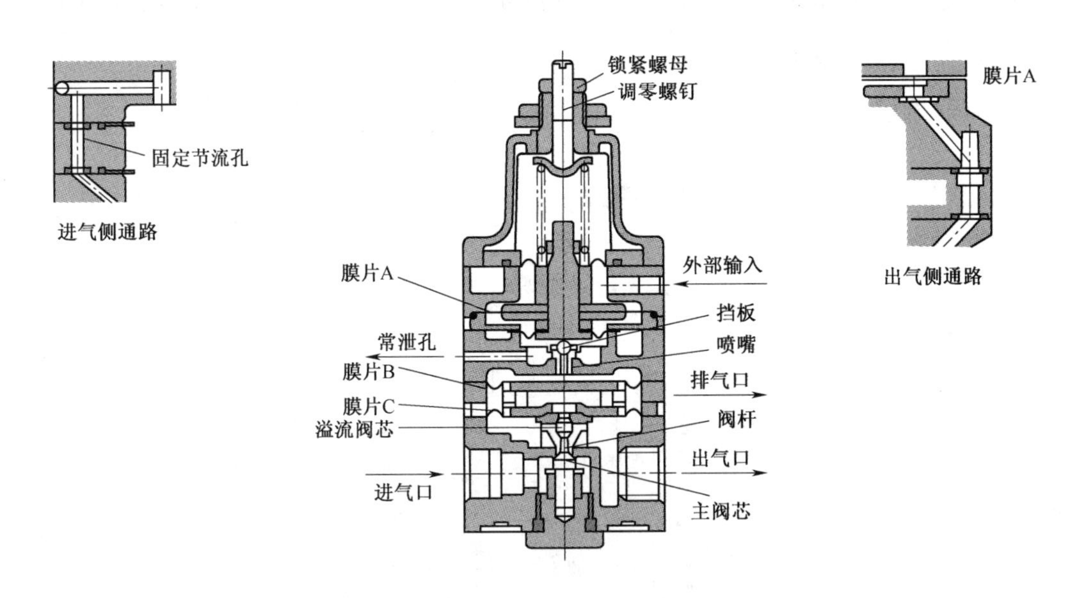

图 17-6　精密型外部先导式减压阀的结构原理图

4. 安全保护回路

气动平衡吊的负载形式为重力负载，无论是空载状态还是负载状态都需要有一定的气压来维持设备处于平衡状态。当系统压力不足或突然断气时，安全阀 PV04 达不到调定的开启压力，换向阀 PV05 断开对主驱动缸 AS01 的低压供气；同时，主驱动缸内的气体被封在气缸内，平衡吊的高度得以维持。其安全保护回路如图 17-7 所示。

5. 气源及处理系统

为保证系统可靠运行,气源应该清洁、去除油分、水分和湿气。从气源到系统之间的长度不超过 30 m,系统供气管道的通径应不小于 10 mm。气源压力至少为 500 kPa,但不应大于 700 kPa,最大固态颗粒的尺寸小于 5 μm,最大颗粒密度小于 5 mg/m^3,最大压力露点-20 ℃,最大含油浓度小于 1 mg/m^3。根据现场的空气清洁程度,可选择两级以上的过滤装置进行过滤。基本的气源供气系统如图 17-8 所示。

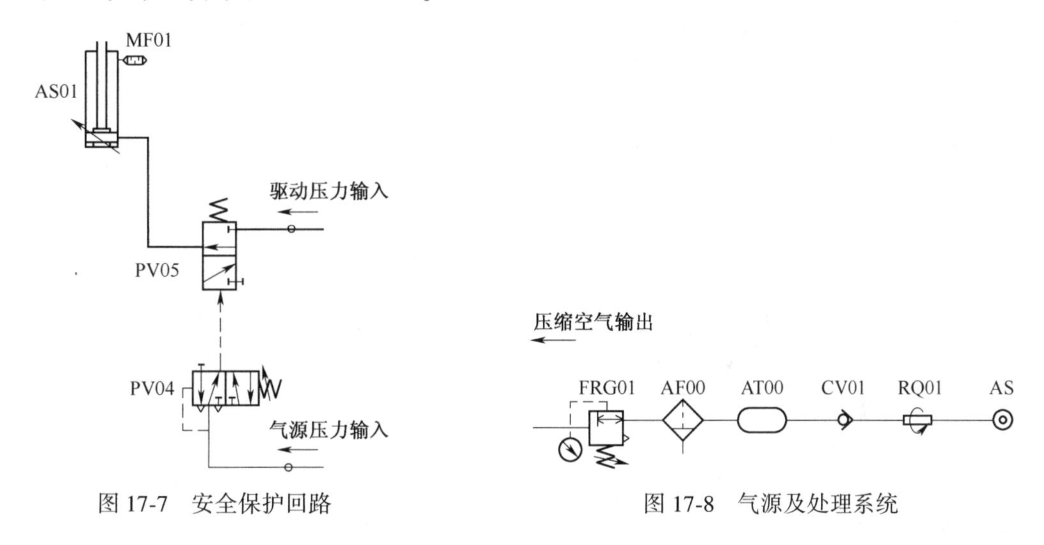

图 17-7　安全保护回路　　图 17-8　气源及处理系统

6. 汽车前座椅气动平衡吊操作过程

汽车前座椅的吊装示意图如图 17-9 所示。操作前确保平衡吊处于调节好的良好工作状态。操作者双手抓住控制手柄,松开关节刹车按钮;根据实际情况选择负载挡,手动移动平衡吊的夹具到前座椅放置处;调整并固定夹爪与前座椅对位,将夹具托板插入座椅靠背下方的缝隙中;按下"加载"按钮,系统切换到负载平衡状态,此时,夹具控制盒上的负载指示器转变为红色,即加载状态;移动夹具到车身处,将前座椅安装到车身上;负载指示器转变为白色后,移动夹具脱离前座椅;将机械臂移动到指定位置,按下"刹车"按钮,锁住各回转关节,完成本次操作。

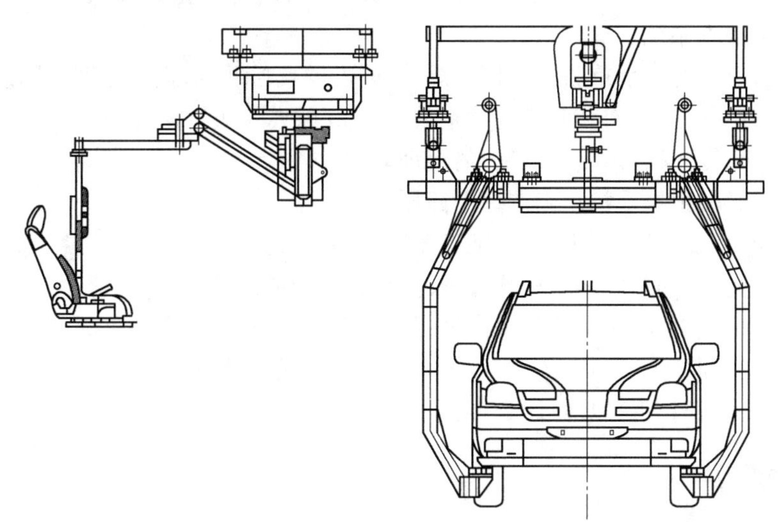

图 17-9　汽车前座椅吊装示意图

当出现意外时，如供气突然中断，平衡吊设备无论有无负载，升降都将自动锁定，不会出现突然坠落现象。操作者应利用系统储气罐中的压缩空气顺速将工件从夹具上卸下，再启动刹车装置，锁定臂杆回转关节，然后再去检查和排除相应的故障。

二、气动平衡吊的安全操作规程

安全操作规程，用以提醒操作人员应避免的行为，保障设备安全运行，规定如下。

(1)必须使用清洁、干燥的压缩空气。

(2)在安全环境下培训、调试及操作本设备。

(3)只允许操作者在身体状态良好时启用本设备。

(4)当写有“请勿使用”的标牌挂在机械手上或控制器上时，请不要使用本产品。

(5)使用前先检查相应的承重螺栓是否松动。

(6)每次使用前，检查设备有无磨损或损伤。

(7)不要提升超出设备额定负载的重物。

(8)不要将手放在设备的活动部位。

(9)不要使用钢丝绳或链条作为吊具。

(10)确认负载和夹具连接良好。

(11)在操作系统时，时刻注意起吊的重物。

(12)在确认移动的通道上无人及障碍物后才能移动设备。

(13)本设备下方禁止有人。

(14)不要使用设备升降人员，不允许任何人悬挂在机械手悬臂上。

(15)不要摆动设备上悬挂的负载。

(16)不使用本设备(包括操作者短时离开)时，务必将工件卸载。

(17)当工件在机械手上处于悬挂状态时，禁止无人看管。

(18)不要对悬挂的负载进行焊接或切割。

(19)确定设备上安装了安全钢丝绳。

(20)每班次结束时，务必将设备卸载、回复至原始位，并关闭动力源。

(21)进行任何维修之前，都必须关闭供气开关并排空各个气缸的残余气压。

(22)避免冲撞本系统。

(23)定期检查所有的承重联接螺栓及焊接部位，发现松动、磨损应立即紧固或更换。

(24)外部气源接入前，勿必使其持续空放 30 min 以去除颗粒物。

(25)设备应由专人操作并经过专门的培训。

(26)起吊前必须根据重物正确选择平衡压力。

(27)已经调节好的平衡压力，禁止随意调节。

(28)主机停止工作时，应刹车锁死臂杆，防止臂杆漂移。

(29)在恢复供气之前，必须确认平衡吊夹具处于最低位置，且夹具上无重物。

(30)定期检查回转关节附近的气管，查看是否有磨损、绞接和老化现象。

(31)停工或下班时，将夹具收回到半径最小的位置，按下刹车按钮。

三、设备保养与维护

设备的保养与维护对设备持久正常运行至关重要。如气动二联件在最初使用的一个月内，应每天排空水和杂质，以后定期清理；检查气管有无磨损、胶接和老化，在使用的最初一个月内，每天检查，之后每周检查；所有的承重联接螺栓及焊接部位，必须每周进行一次细致的检查，一旦发现松动或损坏，应立即重新紧固或更换；进行设备维护和检修前，应将夹具降至最低处，将气源关闭，禁止在有空气压力的情况下拆装气缸；设备中的直线滑块需每个月加油一次，其他为无油润滑部件，无需额外润滑。气动平衡吊设备的保养与维护内容见表 17-1。

表 17-1　气动平衡吊设备的点检明细表

检查部位	检查项目	检 查 内 容	1天	1周	1个月	6个月
立柱连接件	紧固件	有无零件松脱			★	★
平衡吊机械本体	焊接部位	有无脱焊或出现裂缝			★	★
	上下及旋转的操作	运转平滑，无阻滞	★	★	★	★
	紧固件及限位	各紧固件是否有松动 限位块联接是否牢固		★	★	★
	杆系及各关节焊接部位	有无脱焊或出现裂缝				★
气动控制及供气系统	运动部位的磨损状况	各活动部位是否有明显的异常磨损和活动间隙				★
	供气二联件及过滤器	无漏气，气压不低于 500 kPa，排除冷凝水		★		
	气管	无鼓胀、裂缝、扭结，与机械活动部位无磨损现象	★		★	
	夹具操作按钮	联接无松动现象，阀件换向及复位无阻滞	★			
	气缸	联接无松动现象，动作顺滑无爬行现象		★		

四、气动平衡吊常见故障及排除

气动平衡吊常见故障及排除方法见表 17-2。

表 17-2　气动平衡吊常见故障及排除方法

序号	故障现象	产生原因	检查及排除方法
1	机械手无法上升	气源未打开； 气源压力过低； 负载切换未实现； 气管折住或接头脱落； 负载超过额定量	检查工厂主供气管路压力，调节两联件供气压力； 检查精密型外部先导式减压阀是否正常工作； 理顺气管或更换气管和接头； 在额定负载下使用
2	机械手无法下降	使用过程中，气源压力降低或意外断气，安全保护装置启动； 精密型外部先导式减压阀未正常工作	检查气源供气压力，须始终保持在 500 kPa 以上，修复气路意外断气处； 检查气流是否顺利进入精密型外部先导式减压阀的气控口
3	自行下降或上升	空负载平衡未调节好	重新调节空负载平衡
4	臂杆不能旋转或释放刹车	刹车阀失灵或相关气管折住； 到达限位位置	理顺气管或更换气管和接头，检查刹车阀； 调整限位挡块

第三节　气动平衡吊吊装蓄电池

蓄电池是汽车装配线上重量非常大的装配部件。由于蓄电池外形规整，同一品牌的轿车均使用相同规格的蓄电池，所以吊装时，调定一种负载状态的压力就可以起吊所有车型的蓄电池。和前座椅吊装的平衡吊相比，该气路系统中省去了选择负载的环节。

一、气动平衡吊吊装蓄电池工作原理

气动平衡吊吊装蓄电池的示意图如图 17-10 所示，气动平衡吊吊装蓄电池的气动原理如图 17-11 所示。其操作过程如下：操作者双手抓住控制手柄，松开关节刹车按钮 MV03；根据蓄

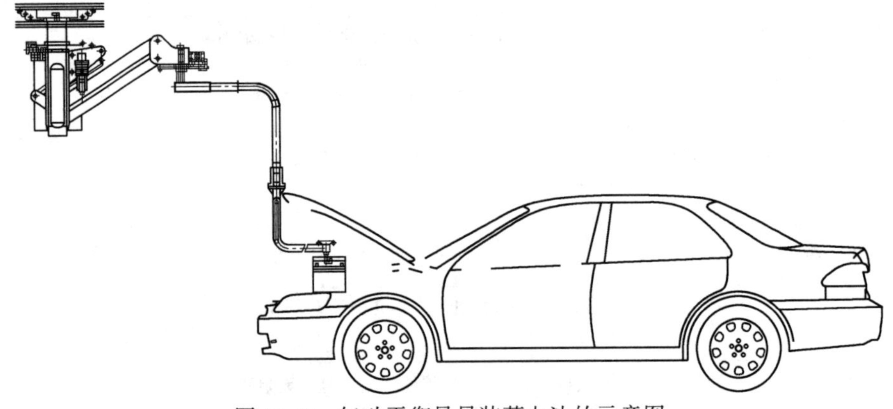

图 17-10　气动平衡吊吊装蓄电池的示意图

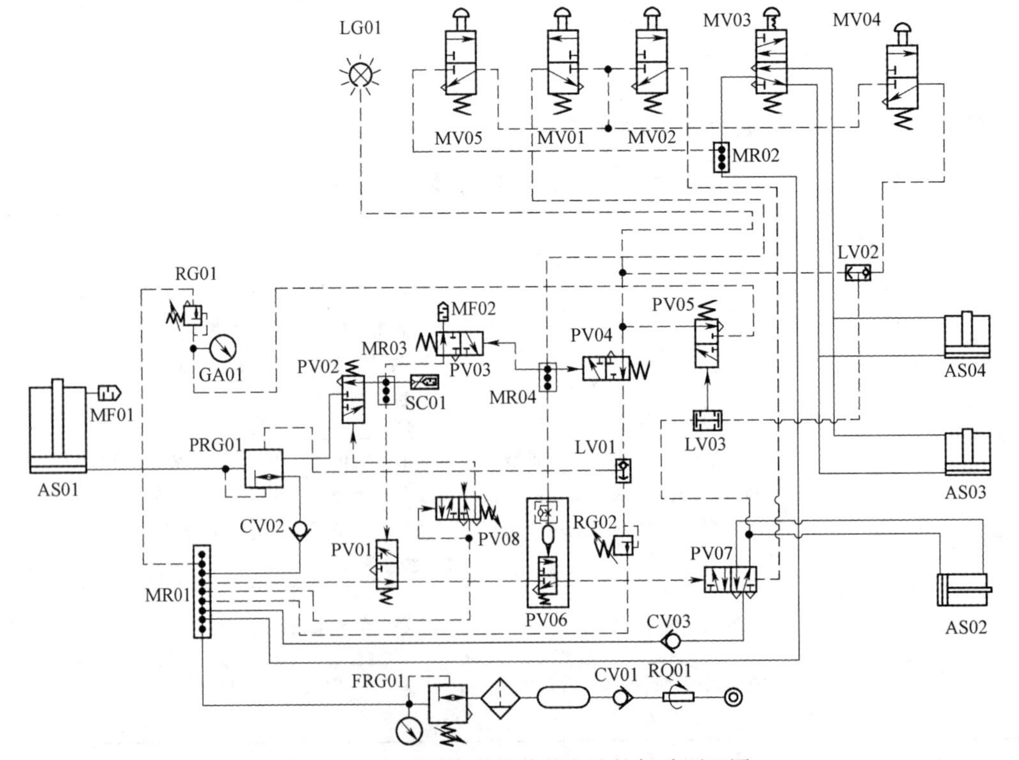

图 17-11　气动平衡吊吊装蓄电池的气动原理图

电池放置情况,手动移动夹具到蓄电池放置处;调整并固定夹爪与蓄电池对位,夹具夹爪靠近蓄电池;同时按下公共按钮 MV05 和夹紧按钮 MV02,夹具夹持蓄电池;再按下公共按钮 MV05 和加载按钮 MV04,夹具系统有效夹紧蓄电池;此时,系统切换到负载平衡状态,夹具控制盒上的负载指示器转变为红色;移动夹具到车身处,将蓄电池安装到车身上;同时按下公共按钮 MV05 和放松按钮 MV01,夹具释放蓄电池,负载指示器转变为白色;移动夹具脱离蓄电池;将机械臂移动到指定位置,按下“刹车”按钮,锁住各回转关节,完成本次操作。

在图 15-11 中使用的各气动元件标号的含义见表 17-3。

表 17-3　气动平衡吊吊装蓄电池的气动原理图标号含义明细表

气动元件标号	名称及作用	气动元件标号	名称及作用
AS01	主驱动气缸	PV01	单气控三通排气压力侦测阀
AS02	卡具夹紧气缸	PV02	单气控三通排气阀
AS03	大臂刹车气缸	PV03	单气控三通排气切换阀
AS04	小臂刹车气缸	PV04	单气控三通负载通断阀
MV01	卡具放松按钮	PV05	单气控三通负载接入阀
MV02	卡具夹紧按钮	PV06	可调气控延时阀
MV03	手臂刹车按钮	PV07	蓄电池夹紧阀
MV04	加载按钮	PV08	安全阀
MV05	公共按钮	LV01	梭阀
MR01	主分气块	LV02	梭阀
MR02	分气块	LV03	双压阀
MR03	分气块	CV01	供气气路单向阀
MR04	分气块	CV02	主驱动气路单向阀
PRG01	精密型外部先导式调压阀	CV03	卡具供气回路单向阀
MF02	PRG01 调压阀排气消声器	SC01	排气节流阀
MF01	主驱动气缸排气消声器	FRG01	供气气路调压阀
RG01	负载驱动信号调压阀	LG01	负载指示器
RG02	空载驱动信号调压阀	RQ01	旋转接头

二、气路动作分析

1. 移动平衡吊设备

操作刹车阀 MV03,控制大臂刹车缸 AS03 和小臂刹车缸 AS04 动作,松开对制动盘的刹车。操作者双手把持并移动平衡吊到蓄电池码放区,调整平衡吊夹具到能够抓取蓄电池的位置。

2. 夹紧蓄电池

同时按下公共按钮 MV05 和夹紧按钮 MV02。蓄电池夹紧阀 PV07 右侧控制口通气,右位机能到工作位置。PV07 的出气口分成两条气路:一条气路驱动卡具夹紧缸 AS02 动作,可靠夹持电池;另一条气路接双压阀 LV03,保证在平衡吊夹持可靠的情况下加载有效。

3. 加载

同时按下公共按钮 MV05 和加载按钮 MV04，梭阀 LV02 右侧进气，双压阀 LV03 的输入输出条件得以满足，负载接入阀 PV05 动作，PV05 的出气口分成三条气路：第一条气路使梭阀 LV02 左侧进气，用于松开加载按钮后维持加载信号；第二条气路接梭阀 LV01，将调好的负载驱动控制信号送给精密型外部先导式调压阀 PRG01，主驱动气缸获得更大的驱动压力，将蓄电池吊起至悬浮状态；第三条气路驱动负载指示器变为红色，指示加载完毕。

4. 释放蓄电池

移动夹具到车身处，将蓄电池安装到车身上。同时按下公共按钮 MV05 和放松按钮 MV01，该信号进入到分气块 MR04 并分成三条气路：第一条气路使得负载通断阀 PV04 左位机能到工作位置，从而切断负载时的压力信号；第二条气路接排气切换阀 PV03 的右侧进气口，使得精密型外部先导式调压阀 PRG01 的直接排气通路被断开，只能通过排气节流阀 SC01 缓慢排气，使得阀 PRG01 的出气口压力逐渐降低至空载压力。当分气块 MR03 处的排气压力降低至排气压力侦测阀 PV01 的动作压力时，阀 PV01 复位，接通气控延时阀 PV06 的供气气路；第三条气路接气控延时阀 PV06 的控制口，适当延时后，使得阀 PV07 动作，气缸 AS02 被复位并松开卡具，与此同时，阀 LV03 左侧进气口断气，阀 PV05 复位，解除维持加载的信号状态，负载指示器 LG01 自动变为白色。

第四节　气动平衡吊吊装 DVD 设备

使用气动平衡吊卡具安装 DVD 时，将 DVD 放入夹具托盘内，根据实际车型操作车型选择按钮 MV01；移动夹具从后风挡进入车内，将夹具前端两个滚轮卡住后风挡上沿，按下卡具夹紧按钮 MV06，夹具对中滚轮向两侧撑开，到位后，后端两个滚轮自动向后移动支撑在后风挡下边沿，实现夹具与车身的相对定位；按下顶升按钮 MV08，夹具托盘托举 DVD 与车体贴合；停留数秒后，按下卡具放松按钮 MV07，夹具托盘下降脱离 DVD，滚轮收回；移动夹具系统返回原位；开启刹车按钮 MV02，锁死臂杆并等待下一次操作。搬运 DVD 的气动平衡吊示意图如图 17-12 所示。

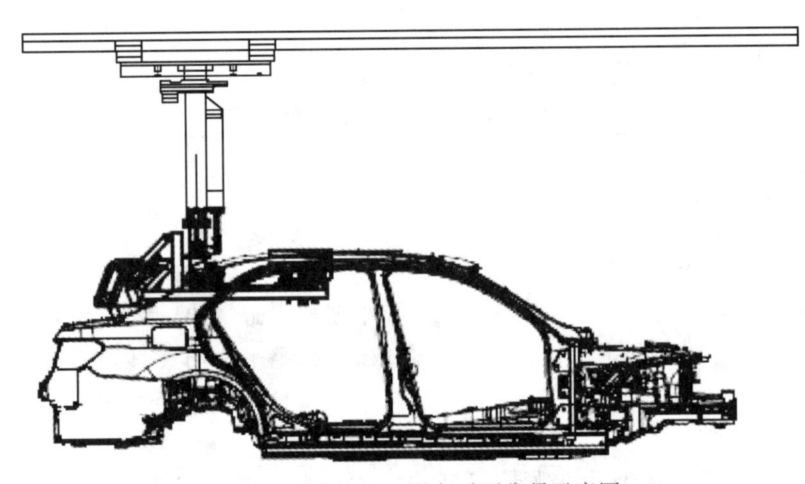

图 17-12　搬运 DVD 的气动平衡吊示意图

气动平衡吊吊装 DVD 的原理图如图 17-13 所示。

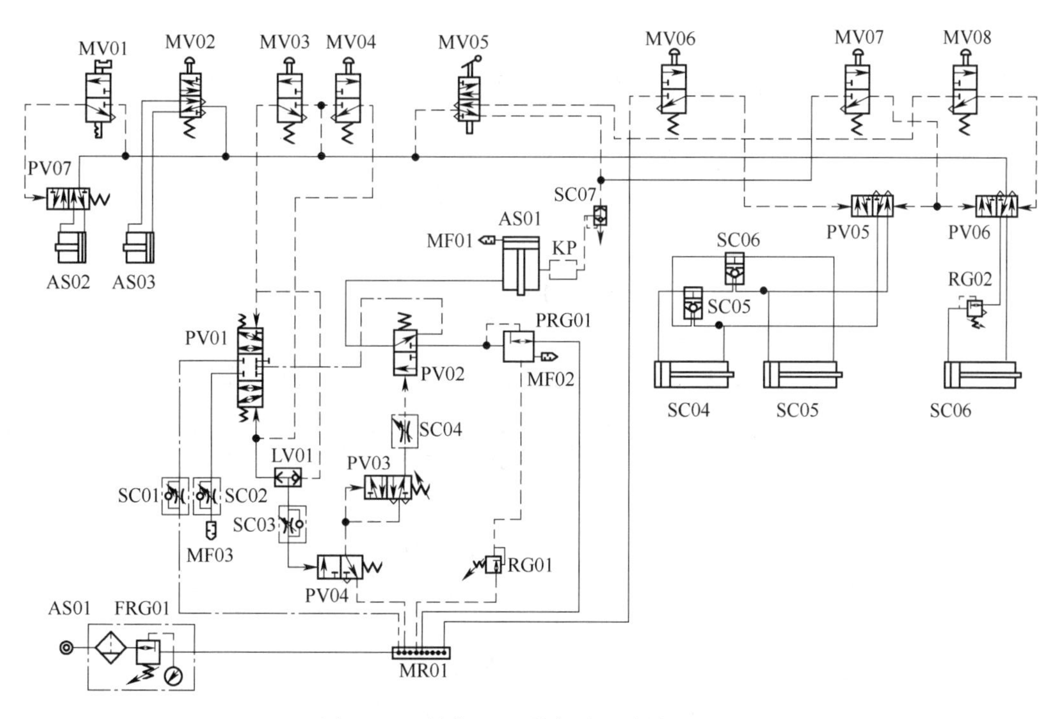

图 17-13　吊装 DVD 的气动平衡吊原理图

在图 17-13 中使用的各气动元件标号的含义见表 17-4。

表 17-4　气动平衡吊吊装 DVD 的气动原理图标号含义明细表

气动元件标号	名称及作用	气动元件标号	名称及作用
AS01	主驱动气缸	PV01	手动升降换向阀
AS02	车型选择调整气缸	PV02	主驱动压力接入阀
AS03	刹车气缸	PV03	安全阀
AS04	前后夹紧气缸	PV04	手动升降转换阀
AS05	对中夹紧气缸	PV05	卡具夹紧阀
AS06	顶升气缸	PV06	DVD 顶升阀
MV01	车型选择按钮	PV07	车型选择阀
MV02	刹车按钮	SC01	可调单向节流阀
MV03	手动上升按钮	SC02	可调单向节流阀
MV04	手动下降按钮	SC03	可调单向节流阀
MV05	压力锁定按钮	SC04	可调单向节流阀
MV06	卡具夹紧按钮	SC05	单向节流阀
MV07	卡具放松按钮	SC06	单向节流阀
MV08	顶升按钮	SC07	快速排气阀
PRG01	精密型外部先导式调压阀	MF01	消声器
RG01	空载调压阀	MF02	消声器
RG02	顶升力调压阀	MF03	消声器
FRG01	气动二联件	AS01	气源
LV01	梭阀	KP	调压模块
MR01	分气块		

自测题十七

一、填空题(每空 2 分,共 30 分。得分________)

1. 如图 17-1 所示的回路中,开始吸持工件需要同时操作按钮________和________,释放工件需要同时操作按钮________和________。

2. 如图 17-2 所示的回路中,MV01 的作用是________、MV02 的作用是________、MV03 的作用是________、PV03 的作用是________。

3. 如图 17-2 所示的回路中,PV04 的作用是________,LV01 的作用是________。

4. 气动平衡吊可以吊装汽车装配线上的________、________和________等设备。

5. 每班次结束时,操作者必须将平衡吊设备卸载,回复至________,关闭________。

二、判断题(每题 2 分,共 10 分。得分________)

1. 如图 17-1 所示的回路中,除油过滤器 IF00 可以省略。 ( )

2. 如图 17-2 所示的回路中,LV02 的作用是使得加载操作在工件侦测到的同时有效。 ( )

3. 如图 17-2 所示的回路中,LV03 的作用是选择低压输出。 ( )

4. 空载时,气动平衡吊的吊臂自动下降,可能是因为空载压力调节低的原因。 ( )

5. 给气动平衡吊恢复供气前,应确认平衡吊臂处于最低位置。 ( )

三、选择题(每题 3 分,共 15 分。得分________)

1. 如图 17-1 所示的回路中,对于 CV02 和 CV03 的作用描述正确的是________。

A. CV02 用于调节产生真空的气流流量,CV03 用于调节推动主换向阀动作的气流流量

B. CV02 用于调节产生消除真空的气流流量,CV03 用于调节推动主换向阀动作的气流流量

C. CV02 用于调节产生真空的气流流量,CV03 用于调节推动主换向阀动作的气流压力

D. CV02 用于调节产生消除真空的气流流量,CV03 用于调节推动主换向阀动作的气流压力

2. 如图 17-2 所示的回路中,关于三个精密减压阀的压力描述正确的是________。

A. RG01 的压力最高,RG02 的压力次之,RG03 的压力最低

B. RG01 的压力最高,RG03 的压力次之,RG02 的压力最低

C. RG01 的压力最低,RG02 和 RG03 的压力相等

D. RG01 的压力最低,RG02 和 RG03 的压力高低跟据实际情况调定

3. 如图 17-11 所示的回路中,PV06 的作用描述正确的是________。

A. 用于控制加载时间　　B. 用于控制释放时间

C. 用于控制从按下松卡按钮到卡具打开的时间　　D. 用于控制搬运时间

4. 对气动平衡吊操作描述错误的是________。

A. 只允许操作者在身体状态良好时启用本设备

B. 当提升超出设备额定负载的重物时必须加安全绳

C. 已经调节好的平衡压力,禁止随意调节

D. 主机停止工作时,应刹车锁死臂杆,防止臂杆漂移

5. 气动平衡吊按下加载按钮后,手臂无法上升,其原因分析错误的是________。

A. 气源未打开或压力过低

B. 按下加载按钮后,没切换到负载压力状态

C. 空载减压阀的压力过低

D. 没有松开刹车

四、问答题(共 45 分。得分________)

1. 在如图 17-1 所示的回路中,AV01 和 AV02 有什么作用?(13 分)

2. 在如图 17-2 所示的回路中,描述从工件侦测到完成加载的所有元件的动作过程。(18 分)

3. 把气动平衡吊原理图中的精密型外部先导式减压阀换成压力顺序阀可以吗?为什么?(14 分)

附录　常见液压气动元件职能符号及英文注释

中文名称	英文名称	符　号
主管路 （工作管路）	Main line (Work line)	
软管管路	Flexible line	
控制管路	Control line	
连接管路	Joining line	
交叉管路	Passing line	
组合元件	Composite component	
单面回转接头	Single path rotary joint	
三面回转接头	Three-path rotary joint	
带单向阀的快换接头	Quick change coupler with non-return valve	
不带单向阀的快换接头	Quick change coupler without non-return valve	
液压源	Hydraulic source	
气压源	Air pressure source	
油箱	Oil tank(Reservoir)	
回油口在液面下的油箱	Reservoir below the oil surface of pipe mouth	
回油口在液面以上的油箱	Reservoir above the oil surface of pipe mouth	
管端连接油箱底部	Pipe end connects to the reservoir bottom	
密闭式油箱	Closed reservoir	

续上表

中文名称	英文名称	符　号
直接排气	Exhaust directly	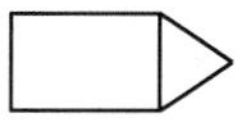
带连接排气	Exhaust indirectly	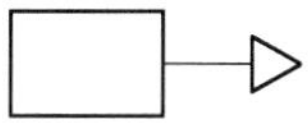
按钮式人力控制	Button control by manpower	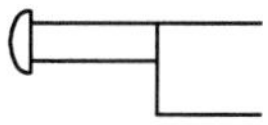
手柄式人力控制	Handle control by manpower	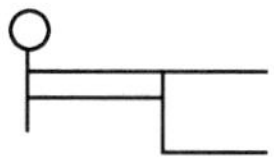
脚踏式人力控制	Pedal control by manpower	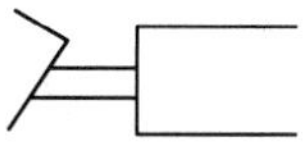
弹簧控制	Spring control	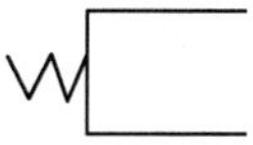
顶杆式机械控制	Eject-rod mechanical control	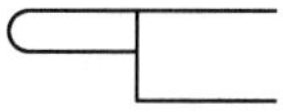
滚轮式机械控制	Roller mechanical control	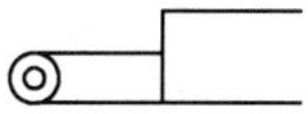
单向滚轮式机械控制	One-way roller mechanical control	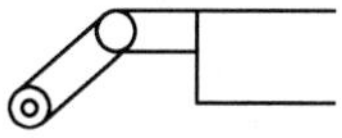
加压或卸压控制	Pressurizing or Depressurizing control	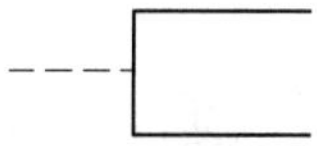
内部压力控制	Inner pressure control	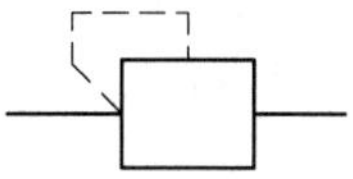
外部压力控制	Outer pressure control	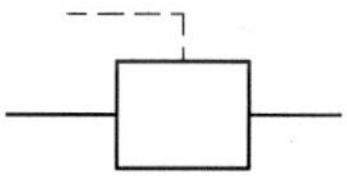
单作用电磁控制	Single-acting solenoid control	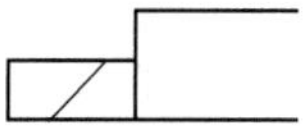
双作用电磁控制	Double-acting solenoid control	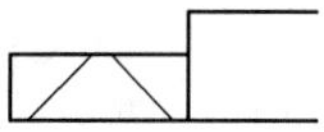
液压先导控制	Hydraulic pilot control	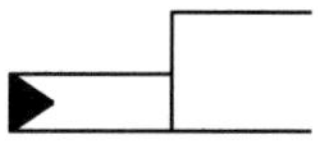
气压先导控制	Pneumatic pressure pilot control	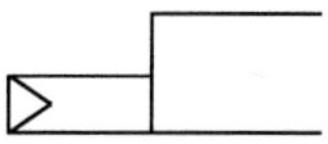

续上表

中文名称	英文名称	符　　号
气液先导控制	Air-hydraulic pilot control	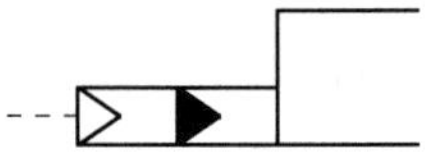
电液先导控制	Electro-hydraulic pilot control	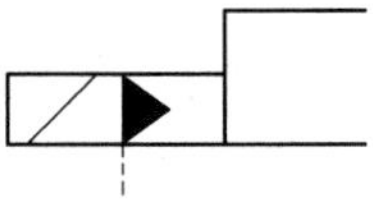
电气先导控制	Electro-pneumatic pilot control	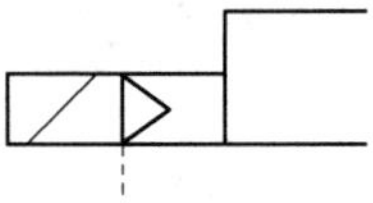
电反馈控制	Electronic-feedback control	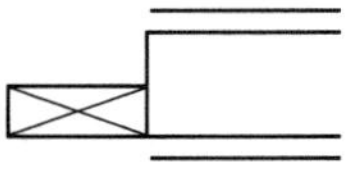
差动控制	Differential control	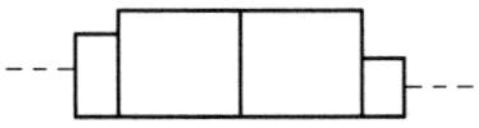
二位二通换向阀	Two-way two-ported directional control valve	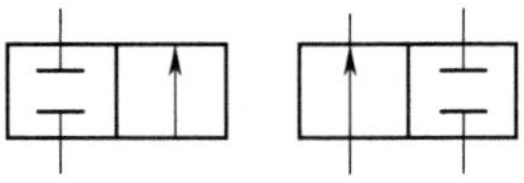
二位三通换向阀	Two-way three-ported directional control valve	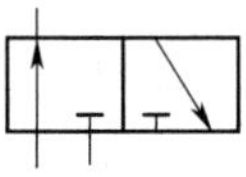
二位四通换向阀	Two-way four-ported directional control valve	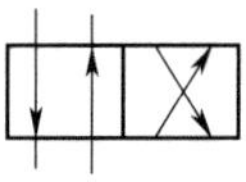
二位五通换向阀	Two-way five-ported directional control valve	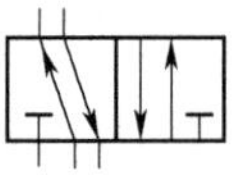
三位三通换向阀	Three-way three-ported directional control valve	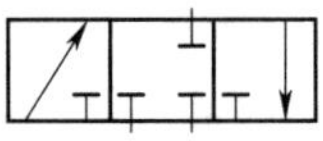
三位四通换向阀	Three-way four-ported directional control valve	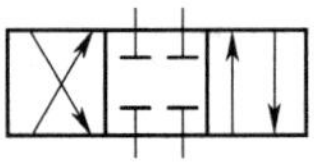
三位五通换向阀	Three-way five-ported directional control valve	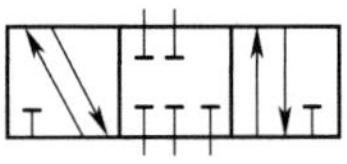
截止阀	Isolating valve	
不可调节流阀	Unadjustable throttle valve	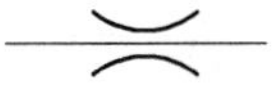
可调节流阀	Adjustable throttle valve	
带消声器节流阀	Throttle valve with silencer	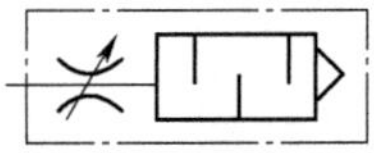

续上表

中文名称	英文名称	符　号
单向阀	Non-return valve	
单向节流阀	Adjustable non-return throttle valve	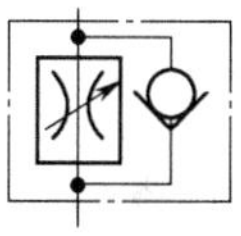
调速阀	Flow regulating valve	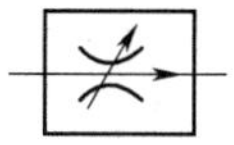
单向调速阀	One-way flow regulating valve	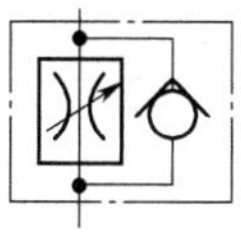
液控单向阀	Pilot-controlled check valve	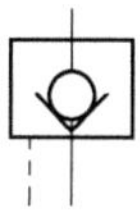
直动式溢流阀	Spring load type relief valve	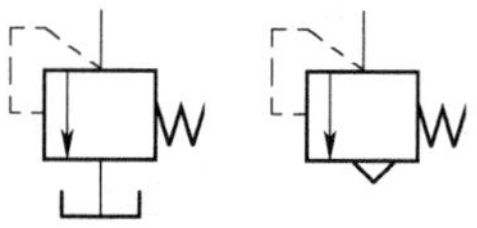
先导式溢流阀	Pilot operated relief valve	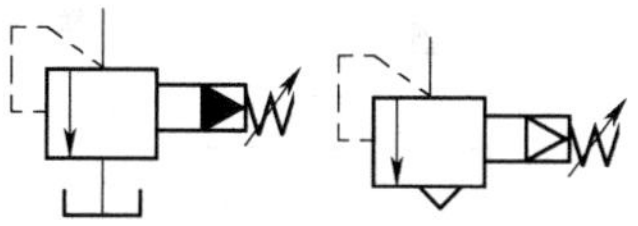
先导式电磁比例溢流阀	Pilot solenoid proportional relief valve	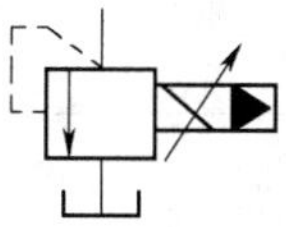
直动式卸荷阀	Spring load type unloading relief valve	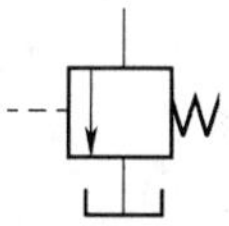
直动式减压阀	Spring loaded type pressure reducing valve	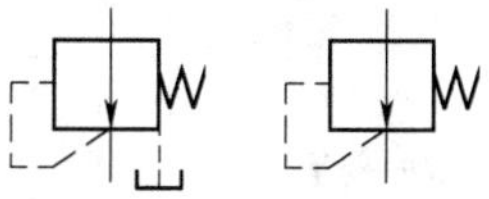
先导式减压阀	Pilot operated reducing valve	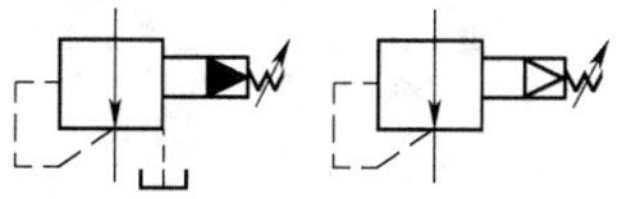
溢流减压阀	Pressure reducing and relieving valve	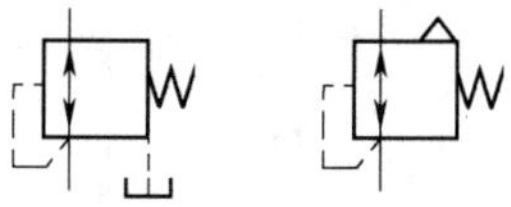
直动式顺序阀	Spring load type sequence valve	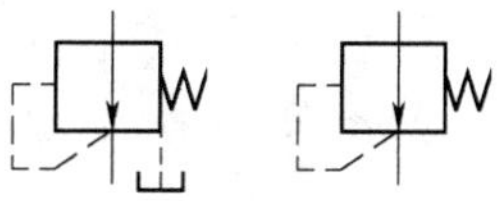

续上表

中文名称	英文名称	符　　号
先导式顺序阀	Pilot operated sequence valve	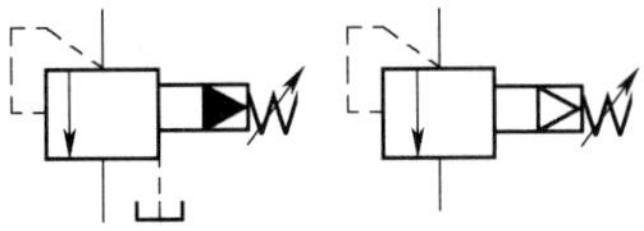
单向顺序阀	Non-return sequence valve	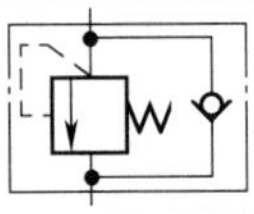
分流阀	Flow-dividing valve	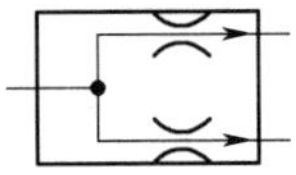
集流阀	Flow-combining valve	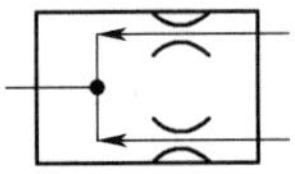
分流集流阀	Flow dividing/combining valve	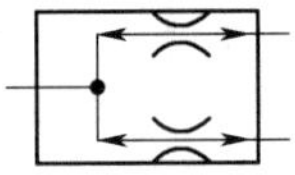
与门型梭阀	AND' shuttle valve	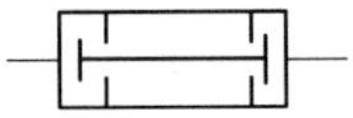
或门型梭阀	OR' shuttle valve	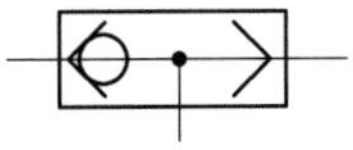
单向定量泵	One-way fixed displacement pump	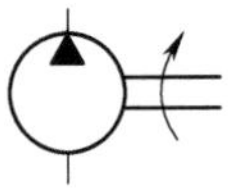
双向定量泵	Double-way fixed displacement pump	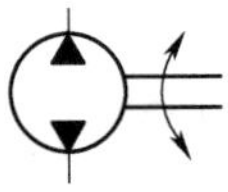
单向变量泵	One-way variable Displacement pump	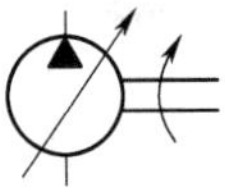
双向变量泵	Double-way variable displacement pump	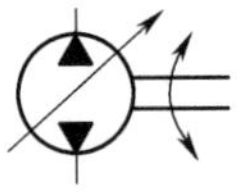
单向定量马达	One-way fixed displacement motor	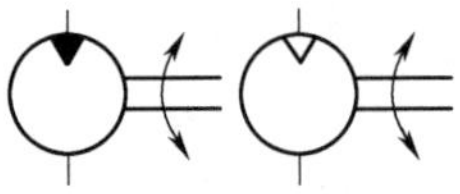
双向变量马达	Double-way variable displacement motor	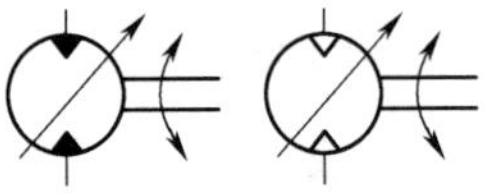
摆动马达	Swing motor	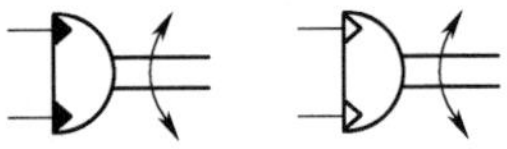

续上表

中文名称	英文名称	符　　号
单作用弹簧复位缸	Single-acting cylinder returned by spring	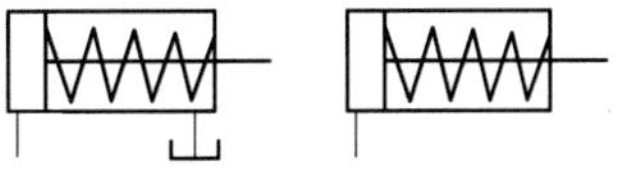
单向缓冲缸	One-way buffer cylinder	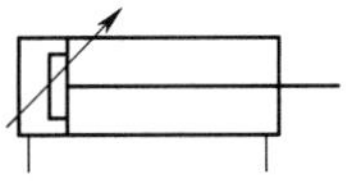
单作用伸缩缸	Single-acting telescopic cylinder	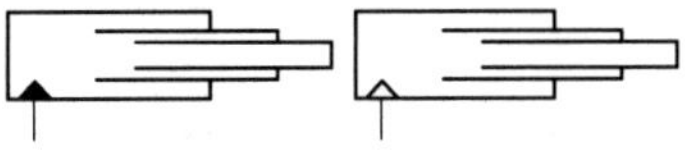
双作用单活塞杆缸	Double-acting single piston rod cylinder	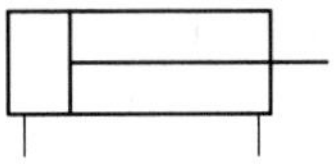
双作用双端活塞杆缸	Double-acting double piston rod cylinder	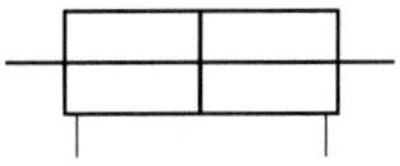
双向缓冲缸	Double-way buffer cylinder	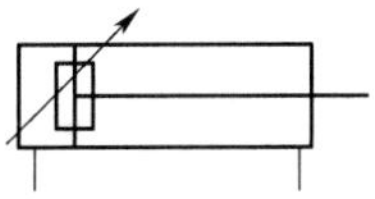
双作用伸缩缸	Double-acting telescopic cylinder	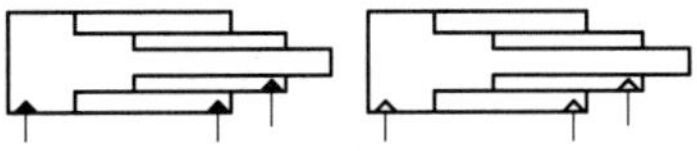
增压缸	Supercharger	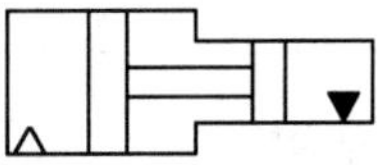
多位缸	Multi-position cylinder	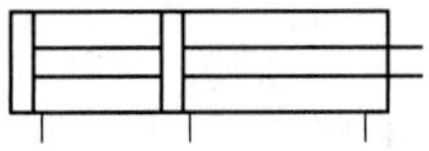
无杆缸	Nun-rod piston cylinder	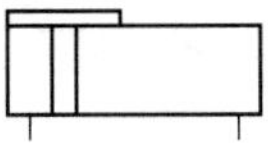
储气罐	Air tank	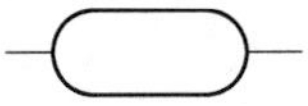
蓄能器	Receiver	
液位计	Liquid level gauge	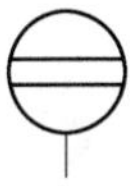
压力计	Pressure meter	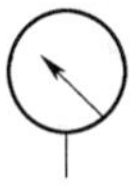
流量计	Flow meter	

续上表

中文名称	英文名称	符　　号
温度计	Temperature gauge	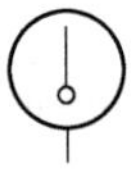
过滤器	Filter	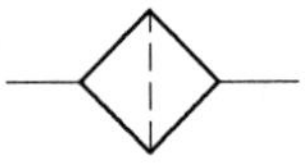
磁芯过滤器	Magenetic core filter	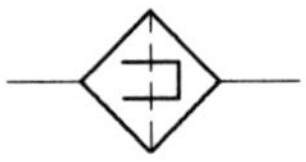
污染指示过滤器	Pollution indicated filter	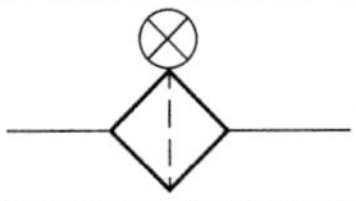
分水排水器	Dewater drainage device	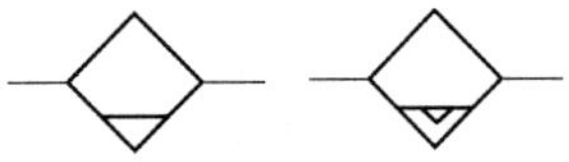
分水滤气器	Air filter	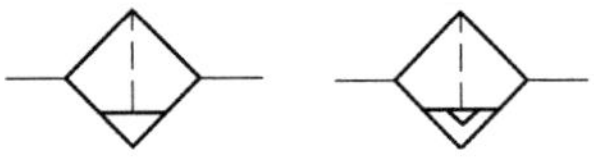
冷却器	Cooler	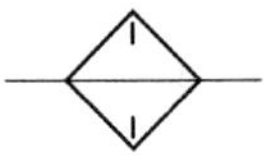
加热器	Heater	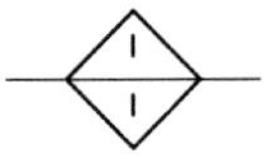
油雾器	Oil mist lubricator	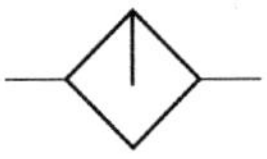
除油器	Oil filter	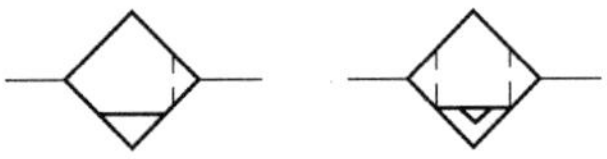
空气干燥器	Air dryer	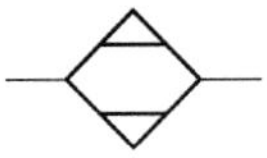
消声器	Silencer	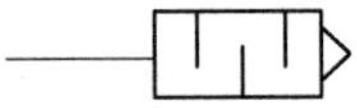
气液转换器	Air-hydraulic converting device	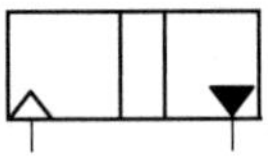
压力继电器	Pressure switch	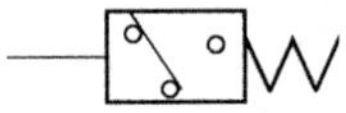
快速排气阀	Quick exhaust valve	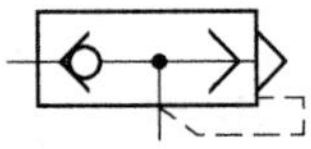
气源调节装置	Air source adjusting device	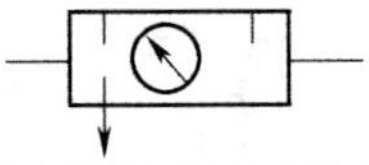

参 考 文 献

[1] 左健民．液压与气压传动［M］．北京:机械工业出版社,2008.
[2] SMC(中国)有限公司．现代实用气动技术[M].3版．北京:机械工业出版社,2008.
[3] 曹建东,恭肖新．液压传动与气压技术［M］．北京:北京大学出版社,2005.
[4] 王守成,容一鸣．液压与气压传动［M］．北京:北京大学出版社,2008.
[5] 陈淑梅．液压与气压传动(英汉双语)［M］．北京:机械工业出版社,2010.
[6] 张利平．现代液压技术应用［M］．北京:化学工业出版社,2009.
[7] 崔培雪,冯宪琴．典型液压气动回路600例［M］．北京:化学工业出版社,2011.
[8] 杨务滋,王昌平,黄亚光．图解液压气动技术英语［M］．北京:化学工业出版社,2012.